普通高等教育"十一五"国家级规划教材

高等学校Visual Basic课程系列教材

Visual Basic 程序设计实用教程（第4版）

王 栋 编著

清华大学出版社
北 京

内容简介

本书是 Visual Basic 的基础教程，详细介绍了 Visual Basic 语言与算法，通过大量的实例阐述了 Visual Basic 的基本概念、语言特性、程序设计的基本方法和技巧，以及面向对象的程序设计思想与事件驱动的编程机制。本书在叙述上力求做到严谨、详尽而又深入浅出，知识点的安排和格式的编排符合认知规律，是为方便教学而专门设计的。本书中每章都配有习题，所有的例子都调试通过。

本书的主要内容包括：Visual Basic 集成开发环境，数据类型、变量、常量、数组、运算符、表达式、控制结构与过程，窗体与各种内部控件的常用属性、方法和事件，常用内部函数，控件数组、菜单、绘图和文件操作等。

本书适合作为高等学校学生第一门计算机程序设计语言的教材，或供高年级学生学习使用；也可作为培训教程以及各类人员的学习资料和参考手册。

图书在版编目(CIP)数据

Visual Basic 程序设计实用教程/王栋编著. —4 版. —北京：清华大学出版社，2013（2021.1重印）
（高等学校 Visual Basic 课程系列教材）
ISBN 978-7-302-34097-3

Ⅰ. ①V… Ⅱ. ①王… Ⅲ. ①Basic 语言－程序设计－教材 Ⅳ. ①TP312

中国版本图书馆 CIP 数据核字(2013)第 240726 号

责任编辑：闫红梅
封面设计：傅瑞学
责任校对：焦丽丽
责任印制：刘海龙

出版发行：清华大学出版社
网　　址：http://www.tup.com.cn，http://www.wqbook.com
地　　址：北京清华大学学研大厦 A 座　　**邮　　编**：100084
社 总 机：010-62770175　　**邮　　购**：010-83470235
投稿与读者服务：010-62776969，c-service@tup.tsinghua.edu.cn
质量反馈：010-62772015，zhiliang@tup.tsinghua.edu.cn
课件下载：http://www.tup.com.cn，010-83470236
印 刷 者：北京富博印刷有限公司
装 订 者：北京市密云县京文制本装订厂
经　　销：全国新华书店
开　　本：185mm×260mm　　**印　　张**：23　　**字　　数**：556 千字
版　　次：2000 年 10 月第 1 版　2013 年 12 月第 4 版　　**印　　次**：2021 年 1 月第9 次印刷
印　　数：12001～13000
定　　价：49.00元

产品编号：056434-02

前言

Visual Basic 是非常适合入门学习的程序设计语言,被大量高校选为大学生的第一门编程语言进行教学。本教材基于 Visual Basic 6.0 中文版编写。

《Visual Basic 程序设计实用教程》第一版于 2000 年出版,获南京理工大学优秀教材一等奖;第二版于 2002 年出版,被评为江苏省精品教材;第三版于 2007 年出版,入选教育部普通高等教育"十一五"国家级规划教材,获第八届全国高校出版社优秀畅销书二等奖。迄今已重印二十余次,被几十所高校选为教学用书,受到了教师、学生和各类自学人员的好评。借本次改版的机会,作者对内容和格式进行了优化,使之进一步达到作者心目中的"好学、好教、好用"的教材标准。

本书具有以下特点,也是作者的编写准则:(1)完全面向第一门语言,不需要任何编程经验;(2)基础知识、基本概念讲深、讲透;(3)知识点安排循序渐进,符合认知规律,便于自学与施教;(4)精心设计的近百个实例贯穿了基本算法,针对性极强的大量习题使读者巩固升华所学知识;(5)图表、附录、索引,以及源程序的行号使得本书处处体现作者的匠心独具。

与本书配套的课件和例题、习题的源程序可从清华大学出版社的网站(www.tup.tsinghua.edu.cn)下载,也可直接与作者联系获取更新的版本。

配套的习题集《Visual Basic 同步练习试题精解》(含答案与题目解析,已由清华大学出版社出版)可与课程教学同步使用。作者的另外两本后续教材——《Visual Basic 课程设计》和《Visual Basic 程序开发实例教程》(已由清华大学出版社出版)适用于学过"Visual Basic 程序设计"课程之后的实践环节和提高,欢迎选用。

感谢读者,感谢教师,感谢所有为本书出版和使用而辛勤劳作的人们。王涛、陆静、李向东、袁红兵、张小兵、李忠新、宋斌、符意德、冯元、杜珊珊、朱曙光等教师也参与了本书的编写和改版工作,在此表示真诚的谢意。

因作者水平有限,书中定会有不少的缺点或错误,恳请读者将意见和建议告知作者。

王栋

2013 年 8 月于紫金山麓

wangdong@njust.edu.cn

符号说明

(1) 为了便于阐述,本书使用了下列符号。这些符号在实际编程时不能使用。

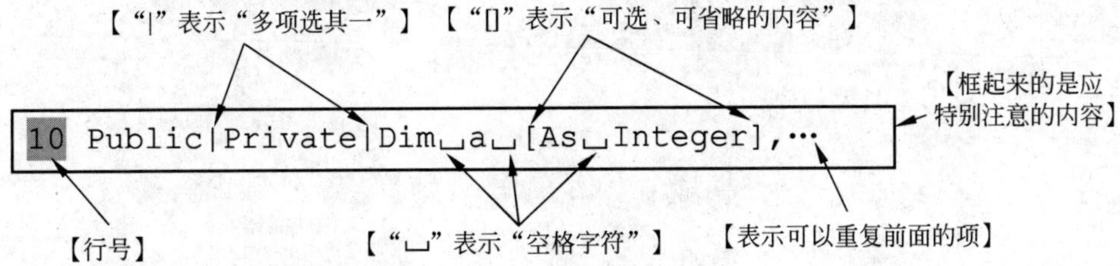

(2) 章节标题上或习题中标有“*”者,表示选学内容,对于 48 学时之内的学生不作要求。

(3) 附录 H“知识点索引”中,标有“★”者,表示重要的知识点。

常用关键字

And	As	Boolean	ByRef	Byte
ByVal	Call	Case	CheckBox	Click
Close	ComboBox	CommandButton	Const	Currency
Data	Date	Debug	Dim	DblClick
Do	Double	Else	End	Eqv
Error	Exit	False	For	Form
Function	GoSub	GoTo	HScrollBar	If
Image	Imp	Input	Integer	Is
Label	Like	Line	ListBox	Long
Loop	Me	Mod	Move	Next
Not	Object	On	Open	Optional
OptionButton	Or	ParamArray	PictureBox	Preserve
Print	Private	Public	ReDim	Rem
Return	Select	Shape	Single	Static
Stop	String	Sub	TextBox	Then
Timer	To	True	Type	TypeOf
Unload	Until	Variant	VScrollBar	Wend
While	Xor			

目录

第 1 章　引言 …… 1

1.1　程序设计语言 …… 1

1.1.1　机器语言 …… 1

1.1.2　汇编语言 …… 1

1.1.3　面向过程的语言 …… 2

1.1.4　面向对象的程序设计语言 …… 2

1.1.5　程序的执行方式和运行环境 …… 2

1.2　面向对象的基本概念 …… 3

1.2.1　对象与类 …… 3

1.2.2　属性 …… 4

1.2.3　方法 …… 4

1.2.4　事件 …… 5

1.2.5　PME 模型 …… 5

1.3　Visual Basic 简介 …… 6

1.3.1　Visual Basic 发展史 …… 6

1.3.2　Visual Basic 的特点 …… 7

1.3.3　Visual Basic 的版本 …… 7

1.3.4　Visual Basic 6.0 中文企业版的安装与启动 …… 8

1.3.5　获得帮助信息 …… 11

习题 1 …… 14

第 2 章　程序设计入门 …… 15

2.1　Visual Basic 集成开发环境 …… 15

2.1.1　"工具箱"窗口 …… 17

2.1.2　"工程"窗口 …… 17

2.1.3　"属性"窗口 …… 18

2.1.4　"窗体布局"窗口 …… 19

2.1.5　"对象"窗口 …… 19

2.1.6　"代码"窗口 …… 21

2.1.7　窗口的排布 …… 21

2.1.8 关闭工程与退出 Visual Basic 集成环境 …… 22
2.2 程序的设计、运行和中断状态 …… 22
2.3 窗体 …… 23
2.3.1 窗体对象的创建 …… 23
2.3.2 窗体对象的常用属性 …… 24
2.3.3 通过程序代码为对象的属性赋值 …… 27
2.3.4 窗体对象的常用方法 …… 27
2.3.5 窗体对象的常用事件 …… 29
2.4 编写事件过程 …… 30
2.4.1 使用"代码"窗口 …… 30
2.4.2 一个"最简单"的程序 …… 32
2.4.3 两个简单程序 …… 32
2.4.4 事件驱动机制 …… 33
2.5 命令按钮控件 …… 34
2.5.1 命令按钮的常用属性 …… 34
2.5.2 命令按钮的 Move 方法 …… 36
2.5.3 命令按钮的 Click 事件 …… 36
2.6 文本框控件 …… 37
2.6.1 文本框的常用属性 …… 38
2.6.2 文本框的 Move 方法 …… 40
2.6.3 文本框的常用事件 …… 40
2.7 标签控件 …… 41
2.7.1 标签的常用属性 …… 41
2.7.2 标签的 Move 方法 …… 41
2.7.3 标签的常用事件 …… 42
2.8 Visual Basic 语法规则 …… 42
2.9 开发应用程序的主要步骤 …… 44
2.10 工程的管理和可执行文件的生成 …… 45
2.10.1 工程中的模块与文件 …… 45
2.10.2 向工程中添加模块 …… 46
2.10.3 保存工程 …… 48
2.10.4 打开工程 …… 48
2.10.5 移除模块 …… 49
2.10.6 工程组* …… 49
2.10.7 生成可执行文件 …… 49
2.10.8 发布应用程序 …… 50
习题 2 …… 51

第 3 章 数据类型、常量与变量 …… 53

3.1 基本数据类型 …… 53

3.1.1 数值型 …… 53

3.1.2 String 型 …… 53

3.1.3 Boolean 型 …… 54

3.1.4 Date 型 …… 54

3.2 直接常量 …… 54

3.2.1 整型常量 …… 54

3.2.2 浮点型常量 …… 55

3.2.3 字符串型常量 …… 55

3.2.4 逻辑型常量 …… 56

3.2.5 日期时间型常量 …… 56

3.3 变量 …… 56

3.3.1 变量命名规则 …… 56

3.3.2 定义变量 …… 57

3.3.3 变量的赋值与取值 …… 60

3.3.4 变量的同名问题 …… 63

3.3.5 定长字符串与变长字符串变量 …… 64

3.3.6 对象型变量 …… 64

3.3.7 变体数据类型 …… 65

3.3.8 类型转换 …… 66

3.3.9 类型声明符 * …… 68

3.3.10 DefType 语句 * …… 68

3.4 符号常量 …… 69

习题 3 …… 70

第 4 章 运算符与表达式 …… 74

4.1 运算符 …… 74

4.1.1 算术运算符 …… 74

4.1.2 比较运算符 …… 75

4.1.3 字符串运算符 …… 76

4.1.4 日期时间运算符 …… 78

4.1.5 对象型比较运算符 …… 78

4.1.6 逻辑运算符 …… 79

4.2 表达式 …… 82

4.2.1 表达式的求解顺序 …… 82

4.2.2 运算符的优先级 …… 83

4.2.3 使用括号改变计算顺序 …… 84

4.2.4 正确编写表达式 …… 84
4.2.5 表达式求值 …… 86
习题 4 …… 87

第 5 章 控制结构 …… 90

5.1 If 语句 …… 91
5.1.1 单行形式的 If...Then...语句 …… 91
5.1.2 块形式的 If...Then...End If 语句 …… 91
5.1.3 单行形式的 If...Then...Else...语句 …… 92
5.1.4 块形式的 If...Then...Else...End If 语句 …… 92
5.1.5 If 语句的嵌套 …… 93
5.1.6 If...Then...ElseIf...End If 语句 …… 96
5.2 Select Case 语句 …… 98
5.2.1 Select Case 语句的语法结构 …… 98
5.2.2 关于"匹配"的定义 …… 99
5.3 Do...Loop 语句 …… 100
5.3.1 Do While...Loop 形式 …… 101
5.3.2 Do...Loop While 形式 …… 102
5.3.3 Do Until...Loop 形式 …… 103
5.3.4 Do...Loop Until 形式 …… 103
5.3.5 Do...Loop 形式 …… 104
5.3.6 Exit Do 语句 …… 104
5.4 For...Next 语句 …… 104
5.4.1 For...Next 语句语法结构 …… 104
5.4.2 Exit For 语句 …… 106
5.4.3 For...Next 循环的"终止值"和"步长"问题 …… 106
5.5 While...Wend 语句 * …… 106
5.6 循环的嵌套 …… 106
5.6.1 嵌套的规则 …… 106
5.6.2 Exit Do 和 Exit For 语句在循环嵌套时的作用 …… 107
5.6.3 循环嵌套的执行流程 …… 108
5.7 GoTo 语句、GoSub...Return 语句 * …… 109
5.7.1 GoTo 语句 …… 109
5.7.2 GoSub...Return 语句 …… 109
5.8 With 语句 …… 110
5.9 控制结构的应用 …… 111
习题 5 …… 122

第 6 章 过程 …… 128

6.1 Sub 过程 …… 128

6.1.1 定义 Sub 过程 …… 128
6.1.2 调用 Sub 过程 …… 130
6.1.3 通用过程的重名问题 …… 131
6.1.4 过程调用时的执行流程 …… 131
6.2 Function 过程 …… 132
6.2.1 定义 Function 过程 …… 132
6.2.2 调用 Function 过程 …… 133
6.3 过程的参数传递方式 …… 136
6.3.1 按值传递参数(ByVal) …… 136
6.3.2 按地址传递参数(ByRef) …… 137
6.4 可选参数* …… 140
6.5 命名参数* …… 140
6.6 递归 …… 141
习题 6 …… 143

第 7 章 数组与自定义数据类型 …… 149

7.1 数组概述 …… 149
7.2 常规数组 …… 150
7.2.1 一维数组 …… 150
7.2.2 二维数组 …… 152
7.2.3 多维数组 …… 153
7.2.4 常规数组占用的内存大小 …… 153
7.3 动态数组 …… 156
7.4 数组函数与语句 …… 160
7.5 变体类型数组* …… 161
7.6 数组作参数与返回值 …… 163
7.6.1 数组作参数 …… 163
7.6.2 不定数量的参数(ParamArray)* …… 165
7.6.3 函数返回数组* …… 166
7.7 自定义数据类型 …… 168
7.7.1 定义自定义数据类型 …… 168
7.7.2 自定义类型的变量和数组 …… 169
7.7.3 自定义数据类型参数 …… 170
7.7.4 函数返回自定义类型值 …… 170
习题 7 …… 171

第 8 章 内部控件 …… 177

8.1 图形与图像类控件 …… 177
8.1.1 直线控件 …… 177
8.1.2 形状控件 …… 178

8.1.3 图像控件 …… 180
8.1.4 图片框控件 …… 181
8.1.5 使用图片框作控件容器 …… 182
8.2 滚动条、框架与定时器控件 …… 182
8.2.1 滚动条控件 …… 182
8.2.2 框架控件 …… 184
8.2.3 定时器控件 …… 185
8.3 提供选项的控件 …… 186
8.3.1 复选框控件 …… 186
8.3.2 单选框控件 …… 188
8.3.3 列表框控件 …… 190
8.3.4 组合框控件 …… 196
8.4 文件系统控件* …… 197
8.4.1 驱动器列表框控件 …… 198
8.4.2 目录列表框控件 …… 199
8.4.3 文件列表框控件 …… 199
8.4.4 联合使用三个文件系统控件 …… 200
8.5 控件的键盘输入焦点与 Tab 键次序* …… 200
8.6 鼠标与键盘事件 …… 201
8.6.1 MouseDown 事件、MouseUp 事件、MouseMove 事件 …… 202
8.6.2 MousePointer 属性、MouseIcon 属性* …… 203
8.6.3 KeyDown 事件、KeyUp 事件 …… 204
8.6.4 KeyPress 事件 …… 204
8.6.5 KeyPreview 属性 …… 205
8.6.6 SendKeys 语句* …… 205
8.7 控件数组 …… 206
8.7.1 创建控件数组 …… 207
8.7.2 编写事件过程 …… 208
8.7.3 动态添加、删除控件数组元素 …… 210
8.8 菜单 …… 210
8.8.1 菜单控件的属性 …… 211
8.8.2 创建菜单 …… 212
8.8.3 设置菜单控件的属性 …… 213
8.8.4 菜单控件的 Click 事件 …… 213
8.8.5 弹出式菜单* …… 214
习题 8 …… 215

第 9 章 内部函数 …… 218

9.1 数学函数 …… 218

9.2 字符串函数 …… 220
9.3 日期与时间函数 …… 229
9.4 类型测试函数* …… 232
9.5 分支函数* …… 233
9.6 预定义对话框函数 …… 233
9.6.1 消息框函数 MsgBox …… 234
9.6.2 输入框函数 InputBox …… 236
习题 9 …… 237

第 10 章 绘图* …… 242

10.1 颜色 …… 242
10.2 绘制文字与图形 …… 244
10.2.1 输出文字 …… 244
10.2.2 绘制图形 …… 246
10.3 与绘图有关的属性、事件和方法 …… 250
10.4 与文字输出有关的属性和方法 …… 255
10.5 绘图坐标系统 …… 257
习题 10 …… 259

第 11 章 多模块程序设计与调试 …… 263

11.1 多模块程序设计 …… 263
11.1.1 启动对象 …… 263
11.1.2 窗体的加载与卸载 …… 264
11.1.3 窗体加载时的事件 …… 266
11.1.4 窗体卸载时的事件 …… 267
11.1.5 多模块之间的数据共享 …… 268
11.1.6 程序的终止 …… 269
11.2 程序的调试 …… 270
11.2.1 错误的种类 …… 270
11.2.2 调试窗口 …… 270
11.2.3 切换到中断状态的方法 …… 275
11.3 捕获并处理运行时错误* …… 277
11.3.1 Err 对象 …… 277
11.3.2 On Error 语句 …… 277
11.3.3 Resume 语句 …… 277
11.3.4 错误的捕获与处理 …… 278
11.3.5 Err 对象的 Raise 方法和 Clear 方法 …… 279
习题 11 …… 279

第 12 章　文件操作 ………………………………………………………… 281

12.1　文件操作概述 ………………………………………………………… 281

12.1.1　文件操作的必要性 ……………………………………………… 281

12.1.2　文件的标识方法 ………………………………………………… 281

12.2　顺序访问文件 ………………………………………………………… 282

12.2.1　打开顺序文件 …………………………………………………… 282

12.2.2　关闭文件 ………………………………………………………… 283

12.2.3　写顺序文件 ……………………………………………………… 283

12.2.4　读顺序文件 ……………………………………………………… 284

12.2.5　关于顺序文件的几点说明 ……………………………………… 285

12.3　随机访问文件 ………………………………………………………… 287

12.4　二进制文件 …………………………………………………………… 294

12.5　文件的共享与访问权限* …………………………………………… 297

12.6　文件操作函数与语句 ………………………………………………… 297

习题 12 …………………………………………………………………… 306

附录 A　习题参考答案 ………………………………………………… 313

附录 B　对象的命名前缀与默认属性 ………………………………… 339

附录 C　变量的命名前缀 ……………………………………………… 340

附录 D　键码 …………………………………………………………… 341

附录 E　ASCII 码字符集 ……………………………………………… 343

附录 F　SendKeys 语句特殊击键 ……………………………………… 344

附录 G　可捕获的错误 ………………………………………………… 345

附录 H　知识点索引 …………………………………………………… 347

参考文献 ………………………………………………………………… 351

第1章

引　　言

从现在开始，要学习使用 Visual Basic 编制 Windows 操作系统下的应用程序了。如果将使用程序比作开汽车，那么编程就是制造汽车，在技术上属于更高的一个层次。编程是一项既有挑战性又有乐趣的智力活动，让我们在学习编程的过程中有所收获吧！

程序是计算机的灵魂，正是在各种类型程序的功能实现下，计算机才能像今天这样被广泛地应用。本书所提到的“程序”(Program)是指人们使用编程语言开发的、为了解决一定问题的、计算机能够执行的指令代码。

对于 Visual Basic 来说，我们是“用户”，因为我们使用它来编程；对于我们所编制的程序来说，我们是“作者”，我们要对程序和它将来的用户负责。有时，我们编程只是为了自己使用，所以我们又是自己所编程序的“用户”。作为“用户”，我们要掌握 Visual Basic 的编程知识；作为“作者”，我们应使用 Visual Basic 编写出好的程序。

1.1　程序设计语言

计算机程序设计人员(又称为编程人员、程序员，Programmer)编制程序是在一个被称为“计算机程序设计语言”的环境中进行的。计算机程序设计语言(又称为计算机语言、编程语言)是人为规定的、编程人员应遵守的、计算机可以识别的程序代码规则，是人指挥计算机进行工作、与计算机进行交流的工具。

程序设计语言是随着计算机技术的进步而不断地发展的。纵观其历史，可以将其分为机器语言、汇编语言、面向过程的高级语言和面向对象的高级语言四大类。

1.1.1　机器语言

机器语言是一种 CPU 指令系统，也称为 CPU 的机器语言，它是 CPU 可以识别的一组由 0 和 1 序列构成的指令码。用机器语言编程序，就是从所使用的 CPU 的指令系统中挑选合适的指令，组成一个指令序列。这种程序可以被机器直接理解并执行，速度很快，但由于它们不直观、难记、难以理解、不易查错、开发周期长，所以，现在只有专业人员在编制对于执行速度有很高要求的程序时才采用。

1.1.2　汇编语言

为了减轻编程者的劳动强度，人们使用一些帮助记忆的符号来代替机器语言中的 0、1 指令，使得编程效率和质量都有了很大的提高。由这些助记符组成的指令系统称为汇编语言。汇编语言指令与机器语言指令基本上是一一对应的。因为这些助记符号不能被机器直接识别,所以汇编语言程序必须被编译成机器语言程序才能被机器理解和执行。编译之前的程序被称为"源程序(Source Program)",编译之后的程序被称为"目标程序(Object Program)"。

汇编语言与机器语言都是因 CPU 的不同而不同,所以统称为"面向机器的语言"。使用这类语言,可以编出效率极高的程序,但对程序设计人员的要求也很高。他们不仅要考虑解题思路,还要熟悉机器的内部结构,所以,非专业人员很难掌握这类程序设计语言。

1.1.3 面向过程的语言

与机器语言和汇编语言相比,面向过程的语言被称为"高级语言"。这类语言提供了大量的与人类语言相类似的控制结构和具有通用功能的函数库,使程序设计者可以不关心机器的内部结构甚至工作原理,把主要精力集中在解决问题的思路和方法上。这类摆脱了硬件束缚的程序设计语言的出现是计算机技术发展的里程碑,使得编程不再是少数专业人员的"专利"。

面向过程的语言引入了丰富的数据类型、关键字和语句,并允许将程序分解为多个子程序(或函数)。这使得同一个程序可由多人分工开发,大大提高了编程效率,使人们能够开发出规模越来越大、功能越来越强的应用软件和系统软件。

常用的面向过程语言有 C、FORTRAN、BASIC、Pascal 等。

1.1.4 面向对象的程序设计语言

随着计算机技术的进一步发展,特别是像 Windows 这类具有图形用户界面(GUI, Graphics User Interface)的操作系统的广泛使用,人们又形成了一种面向对象的程序设计思想。这种思想把整个现实世界或是其一部分看作是由不同种类对象(Object)组成的有机整体。同一类型的对象既有共同点,又有各自不同的特性。各种类型的对象之间通过发送消息进行联系,消息能够激发对象作出相应的反应,从而构成了一个运动的整体。采用了面向对象思想的程序设计语言就是面向对象的程序设计语言,是面向过程高级语言的发展。当前使用较多的面向对象的语言有 Visual Basic、C++、C#、Java、Object Pascal 等。面向对象的程序设计方法又称为 OOP(Object Oriented Programming)。

随着人们对客观世界认识的不断变化以及计算机技术的不断发展,可以预料,将来一定会有新的计算机程序设计语言类型出现。

1.1.5 程序的执行方式和运行环境

计算机硬件在安装了操作系统之后才能使用各种应用软件。作为最重要的一类系统软件,操作系统的功能包括处理器管理、存储管理、文件管理、设备管理和任务管理等。如图 1.1 所示,一般程序并不能直接操作计算机硬件,必须在操作系统的支持与控制下进行。

根据所开发程序的运行方式不同,高级语言可分为"解释型"和"编译型"两种。如果使用解释型语言,编好的源程序必须在程序设计语言环境的支持下,将语句转换为机器代码后执行,如图 1.1(a)所示。每次运行程序时,都要进行转换和执行两个步骤,所以解释型语言的执行速度不快，源程序保密性不强，并且每次执行都不能离开语言环境。

编译型语言在程序设计完成之后，使用语言本身提供的编译(Compile)程序与连接(Link)程序把源程序编译为目标程序，再与库文件连接成为可执行程序(扩展名一般为“.exe”)。可执行程序能脱离源程序和语言环境独立运行，如图1.1(b)所示。因为可执行程序是二进制格式，所以其执行效率和保密性都很高。

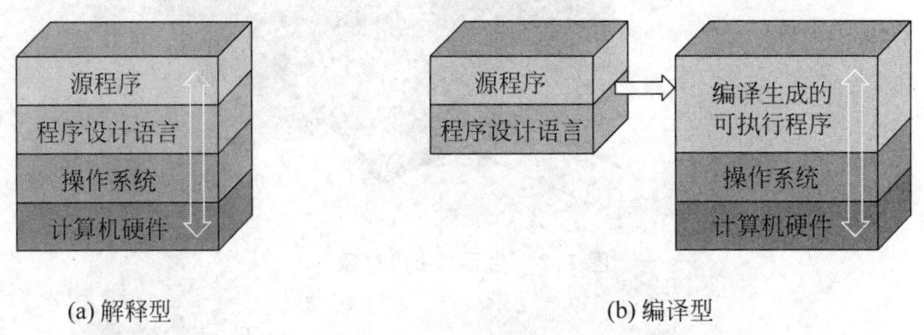

图1.1 程序的运行环境

目前常用的编程语言多数是编译型的，如C、C++、C#、Java等。也有些语言(如我们学习的Visual Basic)既可以解释型地运行程序，也可以对程序进行编译连接后运行。解释型运行一般用在程序的调试过程中，而设计完成之后便可将其编译成为独立的可执行文件发布给用户。

因为有了图1.1所示的程序执行层次关系，所以在大多数情况下，使用高级语言的编程人员没必要关心程序每一个细节在计算机中的执行情况(因为这些操作已交给操作系统或硬件完成)，而是把主要精力集中于分析实际问题并使用语言提供的功能来解决问题上。当然，对语言、操作系统及计算机硬件的结构与工作原理了解得越多，对编程的帮助就越大。

1.2 面向对象的基本概念

Visual Basic是面向对象的编程工具。在面向对象的程序设计思想中，自然界中所有的事物(包括计算机中的事物)都可以被看作一个个的对象(Object)。针对对象的描述和操作方式是面向对象编程的技术核心。

1.2.1 对象与类

在图1.2所示的画面中，我们可以认为共有7个对象：3个人、3只杯子和1张桌子，都是独立的对象。在这7个对象中，3个人属于同一类，3只杯子又属于同一类，1张桌子单独属于一个类。3个人虽然属于同一个类(Class)，但是作为独立的对象又各有不同。所以，我们认为：类是同种对象的统称(或抽象)，而对象是类的具体表现。

在编程过程中，我们可以将“对象”理解为编程的基本单元。如图1.3所示，程序的窗口界面就是由多个不同类型的对象组成的。文本框、单选框、复选框和按钮等类型的对象将在本书的第2章和第8章中详细讲解。

图 1.2 生活中的"对象"

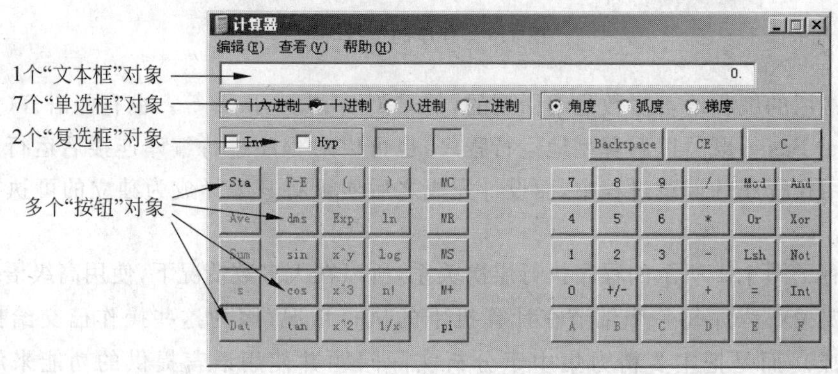

图 1.3 编程中的"对象"

在面向对象的思想中,对于任何一个对象,都可以从属性(Property)、方法(Method)与事件(Event)三个方面去描述它,这就是"PME 模型"。PME 模型将贯穿本书的始终,也是 Visual Basic 编程的基础。

1.2.2 属性

属性是指一个对象所具有的性质、特征。这些特征可能是看得见、摸得着的,也可能是内在的。例如,某个人(看作一个对象)的姓名叫张三,性别为男,身高是 1.75 米,学历为博士。这里的姓名、性别、身高和学历是这个人的属性。其中,"姓名"、"性别"、"身高"和"学历"称为属性名,而相应的"张三"、"男"、"1.75 米"和"博士"是属性值。

对于自然界中任何一个对象,可以从不同方面概括出它的许多属性来,并且每一个属性均有相应的属性值。比如,桌子可以有以下的属性:长、宽、高、材质、颜色、桌腿的数目、价格、制造厂、生产日期等。

在编程时,一个按钮是一个对象,它具有高度、宽度、颜色、所显示的文字等属性。

1.2.3 方法

方法指的是对象所具有的动作和行为。例如,一个人能够执行的动作和行为有:呼吸、吃饭、跑步、唱歌、跳舞等。那么，这些行为就是这个人(对象)的方法。即使是一些无生命的对象，也可以找出它的方法来。例如，桌子的倒下、杯子的破裂等。

在编程时，一个按钮在窗口上移动便是它的方法。

1.2.4　事件

事件是指对象能够识别并作出反应的外部刺激。例如，下课铃声响了、天下雨了、周末到了，都是人所能识别并作出反应的事件。对于一个拿在手上的杯子来讲，人的放手，就是一个事件。

在编程时，按钮被鼠标单击、双击就是它的事件。

1.2.5　PME 模型

掌握了 PME 模型，应能用面向对象的眼光去分析周围的事物。例如，把一只气球作为一个对象(如图 1.4 所示)，则它的属性有：色彩、体积、重量、材料、厚度、高度、速度等；它的方法有：膨胀、收缩、上升、下降、破裂等；它的事件有：被充气、被放气、被释放、被扎破等。

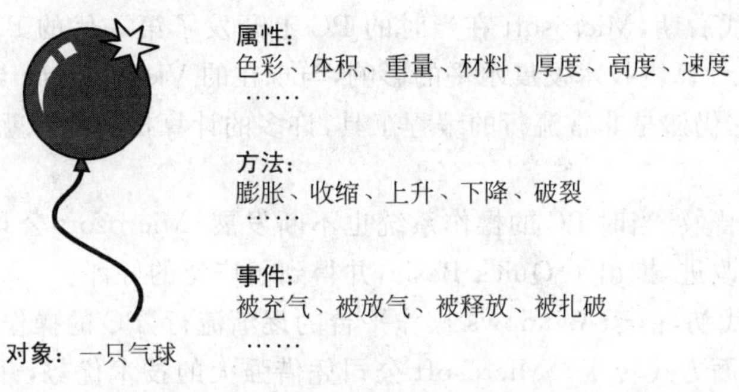

图 1.4　一只气球对象的属性、方法和事件

同一个对象的属性、方法和事件是相互联系、相互作用的。例如，当一个迟到的同学(对象)听到上课铃声时(事件)，会往教室跑(方法)，同时他的心率(属性)会加快。

一个系统中的不同对象之间是相互作用、相互关联、相互影响的，使整个系统不断地运动发展。例如，一个人拿着一只气球(两个对象构成的系统)，如果人放手(对于人来说是方法，对于气球来说是事件)，气球会飘走(气球的方法)，其高度(气球的属性)会不断变大。

如果所观察的角度不同，研究的问题不同，对象的划分也会不同。对于一个人来说，他本身是一个对象。但如果研究的是人体的组成，则每个器官都可以看成是独立的对象。甚至一个细胞、一个分子都可以作为对象来研究。

面向对象思想中的 PME 模型是从现实生活中提炼出来的，在编程应用时做了一些变化：①编程时对象类型是已经规定好的，不是随意划分的；②编程时每类对象的属性、方法和事件的数量和名称也是已经规定好的，不能增加或删除；③编程时能更灵活地改变对象的属性值、执行方法，指定对事件的反应。例如，在实际生活中，给气球打气(事件)，它只能膨胀(方法)；但是在编程时，编程人员可以决定对象的事件发生时(如按钮被单击)执行什么操作。

1.3 Visual Basic 简介

要进行 Windows 操作系统下应用程序的设计开发,方法有多种。如果把编程序比作制造汽车的话,制造的方法可以分为两大类:第一类是使用原材料制造,第二类是使用现成的零部件装配。第一类方法的优点是可以完全控制汽车的性能和结构,但是工艺复杂、生产周期长。第二类方法生产汽车的性能虽然在很大程度上受零部件的规格和质量的影响,但是制造过程相对简单、生产周期短,更能降低成本。如果零部件的质量过硬的话,后一类方法生产的汽车可以比前一类方法的更好。

使用 Visual Basic 编程,如同组装汽车一样简便易行,它提供了窗体和各种控件等多种对象,编程人员可以使用这些现成的对象像组装玩具汽车一样来开发应用程序。

Visual Basic(简称为 VB)是美国 Microsoft 公司推出的、专门用于开发运行在 Windows 操作系统上的应用程序的编程语言和集成开发环境。

1.3.1 Visual Basic 发展史

20 世纪 70 年代后期,Microsoft 在当时的 PC 上开发了第一代的 BASIC 语言,那时的 BASIC 因为受当时计算机技术发展水平的影响,与现在的 Visual Basic 当然不可同日而语。尽管这样,在当时它仍然是非常流行的编程工具,许多的计算机初学者就是使用它来编制各种各样小程序的。

随着计算机的普及,当时 PC 的操作系统也不断发展,Microsoft 公司对其 BASIC 产品也作了许多方面的改进,推出了 Quick Basic,并得到了广泛的好评。

20 世纪 90 年代初,由于 Windows 操作平台的逐渐流行,PC 的操作方式开始由命令行方式向图形用户界面方式转变。Microsoft 公司凭借强大的技术优势,开始把 Basic 向可视化编程方向发展,于是就有了第一代的 Visual Basic 产品。虽然第一代的 Visual Basic 产品功能很少,但是它具有跨时代的意义。

随着 Windows 操作系统的不断成熟,Visual Basic 产品由 1.0 版升级到 3.0 版,此时 Visual Basic 已初具规模了,利用它可以快速地创建各种应用程序,包括非常流行的多媒体应用程序和各种图形操作界面。

20 世纪 90 年代中期,面向对象技术逐步成熟,Microsoft 公司迅速地把这一技术加入到了 Visual Basic 产品中。Visual Basic 4.0 还提供了强大的数据库管理能力,这使得它成为管理信息系统(MIS,Management Information System)的重要开发工具。

随着 Internet 的迅猛发展,Microsoft 公司的 ActiveX 技术出现了,并被不失时机地加入到 Visual Basic 5.0 版本中(1997 年)。在 1998 年,Microsoft 公司推出了 Visual Basic 6.0 版本,这一版本得到了很大的扩充和增强。它还引入了使用部件编程的概念,实际上这是对面向对象编程思想的扩展。迄今为止,Visual Basic 6.0 已经发展成为快速应用程序开发(RAD,Rapid Application Development)工具的代表,全世界有数以百万计的程序员在使用 Visual Basic 开发各类应用软件。

从 5.0 版开始,VB 不再支持 Win16(即 16 位 Windows),只支持 Win32(即 32 位 Windows,Windows 95 以后的版本)。本书是以 Visual Basic 6.0 为背景的。

随着计算机技术的进一步发展,新概念与新技术不断出现。2001 年、2003 年和 2005 年,Microsoft 公司相继推出了 VB 的后续版本:VB. NET 1.0、VB. NET 1.1 和 VB 2005。这些新版本与 VB 6.0 不完全兼容,读者需要补充一些新的知识才能使用新版本的 VB。

1.3.2 Visual Basic 的特点

为什么取名为 Visual Basic? 从字面上看,Visual 指的是开发图形用户界面的方法,即"可视化"。不必编写大量的代码去描述界面元素的外观和位置,只要把预先建立的对象放置在想要的位置再设置大小即可。有过开发 DOS 平台下应用程序经验的人都有这样的体会:开发 DOS 程序,60%~70%的时间与精力是用在构造界面上了,而真正解决实际问题的代码却不到整个程序的一半。这样导致的后果一是生产效率低,二是因为各个程序员的习惯不同,开发出来的程序操作方式也各异,使得 DOS 程序不容易学习使用。而 Windows 操作系统提供了一致的用户界面,这对用户是一个福音,对程序开发者也是个好消息。它使得可视化地设计程序成为可能,程序员可以把主要精力放在解决实际问题上。

Basic 这个词是 Beginners All-Purpose Symbolic Instruction Code 的简称。BASIC 本身是在计算机发展史上起过巨大作用的语言。Visual Basic 在原来的 BASIC 语言的基础上进行了大量的扩充,增加了数百条的语句、函数和关键词,增加了面向对象的机制,使之适用于 Windows 程序的开发。实际上老的 BASIC 语言早已不能和 Visual Basic 相提并论了。

Visual Basic 是 Windows 平台上一个强大的开发工具,无论是初学者,还是专业人员都可以方便地使用它进行程序设计。Visual Basic 提供的是真正的面向对象的可视化编程方法,开发人员只需少量的代码就可以编制出具有标准 Windows 风格的程序,代码维护非常方便。

使用 Visual Basic 语言,不但可以编制常规的应用程序,而且还可以使用 VB 的脚本语言——VBScript 进行 Web 开发,使用嵌入式 VB 语言——VB for Application(VBA)对一些流行软件(如 Word、Excel、Access、AutoCAD、SolidWorks 和 CorelDRAW 等)进行二次开发,还可以设计 ActiveX 控件,用于 Web 或其他支持这一技术的程序中。Microsoft 公司不断地把最新的技术融入 Visual Basic 中,无论是网络应用程序、多媒体软件,还是数据库系统,使用 Visual Basic 都能够容易地实现。

1.3.3 Visual Basic 的版本

在 Visual Basic 语言发展过程中,每一次大的改进都伴有新版本的诞生,如 VB 1.0、VB 3.0、VB 5.0 以及 VB 6.0。这种版本从时间上可以看成"纵向版本"。在同一个"纵向版本"下还有不同的"横向版本"。例如,同样是 Visual Basic 6.0,Microsoft 公司针对不同的国家或地区对它进行了"本地化",有 Visual Basic 6.0 简体中文版、Visual Basic 6.0 繁体中文版、Visual Basic 6.0 日文版等。对软件进行本地化,无疑会使世界上更多的人学习使用它,这正是 Visual Basic 以及其他 Microsoft 产品成功的一大原因。

除了推出 Visual Basic 的"本地版",Microsoft 公司还为不同类型的用户提供了不同的版本,如 Visual Basic 6.0 有学习版(Learning Edition)、专业版(Professional Edition)和企业版(Enterprise Edition)。学习版主要针对刚入门的初学者设计,专业版是为专业编程人员提供的,企业版允许专业人员以小组的形式来创建分布式应用程序。每个版本都包括了前面版本的所有功能并且有很大的增强。这三个版本均提供了详细的用户手册和联机文档,联机文档包括了所有关于 Visual Basic 的知识与参考资料以及一些编程实例。

本书使用的是 Visual Basic 6.0 中文企业版,其他两个版本与企业版之间在语法上可能有极细微的差别。

1.3.4 Visual Basic 6.0 中文企业版的安装与启动

1. Visual Basic 6.0 安装的软硬件要求

下面列出了安装 Visual Basic 6.0 中文企业版所需软硬件的最低要求。要让 Visual Basic 运行流畅,所有的配置都是越高越好。

(1) 操作系统要求为 Microsoft Windows 95/98/2000/XP/2003 或更新版本。

(2) Microsoft Internet Explorer 4.01 或更新版本。

(3) CPU 为 Intel Pentium(奔腾)90MHz 或更高的处理器,或任何运行 Microsoft Windows NT Workstation 的 Alpha 处理器。

(4) 一个 CD-ROM 光盘驱动器。

(5) Microsoft Windows 支持的 VGA 或分辨率更高的显示器。

(6) 24MB 内存(Windows 95)或 32MB 内存(Windows NT Workstation)。

(7) 鼠标或其他指点设备。

(8) 硬盘空间要求:

标准版: 典型安装 48MB,完全安装 80MB。

专业版: 典型安装 48MB,完全安装 80MB。

企业版: 典型安装 128MB,完全安装 147MB。

附加部件: MSDN(帮助文档)67MB; Internet Explorer 4.x 约 66MB。

2. Visual Basic 6.0 的安装过程

购买来的 Visual Basic 是存储在 CD-ROM 光盘上的,只有把它安装到计算机中之后才可以使用。Visual Basic 可能是单独的一张光盘,也可能作为 Microsoft Visual Studio 套件的一个组件而存储在多张光盘上。两种光盘的安装方法类似,但后一种因为涉及到其他的组件,如 Visual C++、Visual J++、Visual FoxPro 等,而稍微复杂一些。下面以单张光盘为例,讲解一下安装 Visual Basic 6.0 中文企业版的大体步骤。不同的版本会有些差异。

(1) 在光盘驱动器中放入光盘。一般情况下,安装程序会自动启动。如果等待一会儿没有自动启动,可以执行光盘中的 Setup.exe 文件。因为 Windows 下软件安装程序的可执行文件一般都以"Setup.exe"为文件名,所以执行之前要确认是 Visual Basic 的 Setup.exe 文件。

(2) 开始安装之后,"Visual Basic 安装向导"启动。向导会一步步地指引如何完成安装过程。第一个向导窗口如图 1.5 所示。浏览一下窗口中的文字说明,然后单击"下一步"按钮。如果想要阅读一下版本信息,可以在单击"下一步"按钮之前单击"显示 Readme"按钮。

(3) 下一个向导窗口显示出《最终用户许可协议》,阅读完这些版权方面的声明之后,单击"接受协议"单选框,然后单击"下一步"按钮。

(4) 再下一个窗口要求输入产品号、用户名和用户单位名。产品的 ID 号一般会在软件

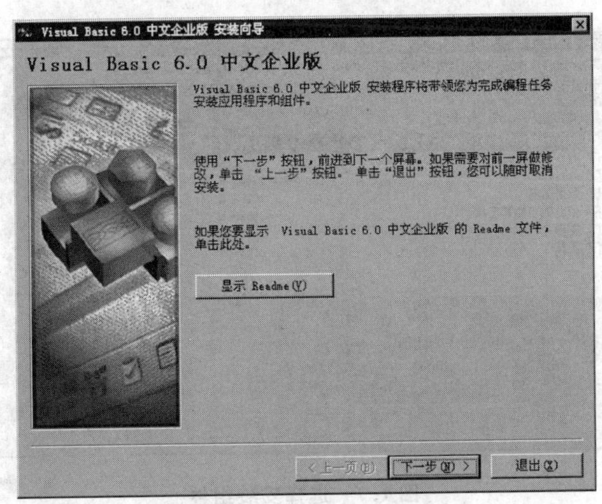

图 1.5　启动安装向导

的包装盒上注明。输入完毕之后，单击"下一步"按钮继续。

(5) 接下来的窗口(如图 1.6 所示)要求用户选择 Visual Basic 的安装路径(安装到硬盘上的哪个文件夹中)和安装类型。Visual Basic 6.0 的默认安装文件夹是"C:\Program Files\Microsoft Visual Studio\VB98"，可以根据需要更改安装路径。安装类型有"典型安装"与"自定义安装"。前者安装最常用的 Visual Basic 组件，比较适合初学者使用；后者允许对组件进行挑选。如果单击"典型安装"按钮，则安装向导就开始把文件从光盘复制或解压缩到硬盘的指定路径下，直接跳到第(7)步。如果单击的是"自定义安装"按钮，则会出现"自定义安装"窗口。

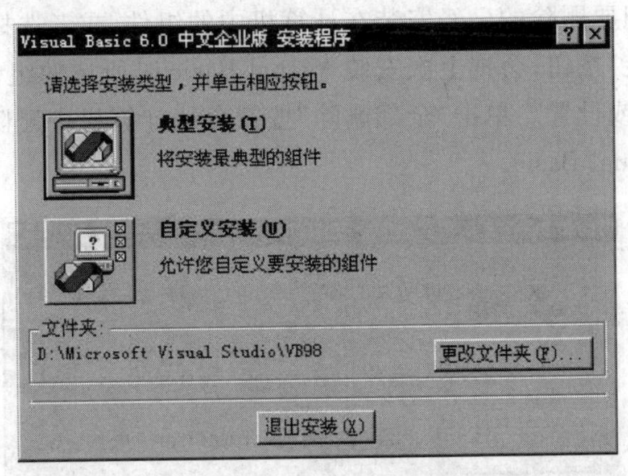

图 1.6　指定安装路径

(6) 在"自定义安装"窗口(如图 1.7 所示)中，可以指定要安装的 Visual Basic 组件。被选择的组件前面的复选框为选定状态。有些组件还包括更详细的选项，单击"更改选项"按钮，就会打开一个新的对话框，对被选定的组件进行进一步的选择。在"自定义安装"窗口中，如果组件前面的复选框为灰色，表示这个组件有更详细的选项，而这些详细的选项没有被全部选择安装，单击"更改选项"按钮可以进行详细的设置。全部选择完毕之后，单击"继续"按钮，选择的组件便被复制到硬盘上去。

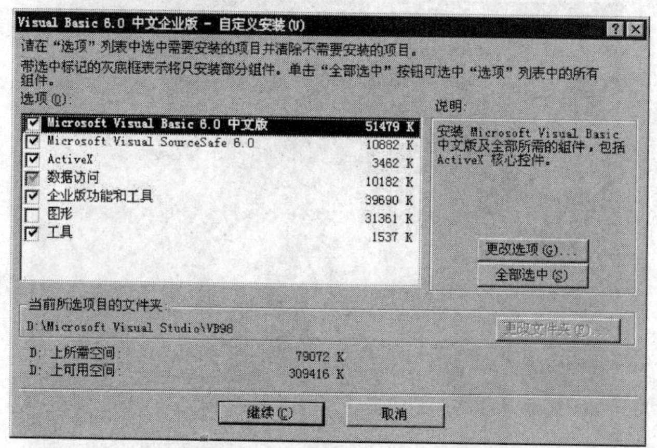

图 1.7　选择安装组件

(7) 复制文件的过程会持续一段时间，屏幕上不断地显示一些对 Visual Basic 或 Visual Studio 功能介绍的画面，并且有进度条指示当前安装的过程。文件全部复制完毕之后，安装向导提示“重新启动计算机”。因为安装 Visual Basic 会同时安装一些系统文件，并对 Windows 进行设置，这些设置只有重启计算机才能生效。单击“重新启动计算机”按钮，计算机重新启动并自动进行一些系统配置操作，然后安装过程才真正地完成。从光盘驱动器中取出光盘并妥善存放，Visual Basic 就可以使用了。

如果计算机中已经安装了 Visual Basic，再运行安装程序，向导的提示就会有所不同。最明显的区别在于上面的第(5)步，显示的与图 1.6 不同，而是如图 1.8 所示。窗口中有三个按钮：“添加/删除”、“重新安装”和“全部删除”。单击第一个按钮会弹出如图 1.7 所示的窗口，允许从中挑选想要删除的已经安装在计算机中的组件，或者选择计算机中尚未安装的组件。单击“重新安装”按钮，会把上次安装 Visual Basic 时所选的组件重新安装一次，这样可以恢复丢失的文件或设置。单击“全部删除”按钮会从计算机中删除所有 Visual Basic 的组件，相当于卸载 Visual Basic。

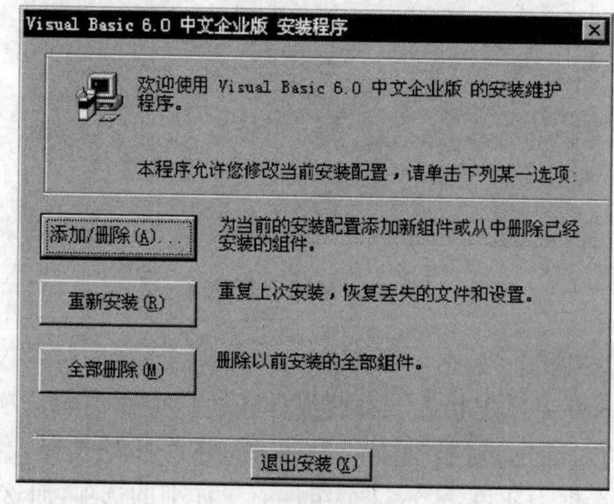

图 1.8　添加/删除/重新安装程序

因为 Visual Basic 是一个强大而复杂的软件，它与 Windows 操作系统的结合比较紧密，所以在安装过程中可能会显示一些关于 Windows 设置方面的信息。另外，Visual Basic 是 Microsoft Visual Studio 套件中的一员，它的安装过程也会受到套件中其他成员的安装情况的影响。如果在计算机中安装了旧版本的 Visual Basic，在安装新版本时，会提示是否要卸载旧的版本。要解决安装过程中出现的问题，需要多方面的知识，请查阅有关资料，本书不作详解。

3. 安装服务补丁

Microsoft 公司对其重要产品有一些后续的服务，其中之一就是发布 Service Pack（简称为 SP，译为“服务补丁”），旨在增加产品的功能、修补已发现的错误或漏洞。针对 VB 6.0 的最新补丁是第 6 版，即 SP6。建议读者尽可能安装最新的服务补丁。服务补丁一般以安装程序的形式发布，可供下载，用户在安装了 VB 6.0 之后，再安装其服务补丁，会自动更新 VB。通过 VB 的“关于”对话框可以查验是否安装了 SP 及其版本。本书是以 VB 6.0 SP6 为背景的。

4. 启动 Visual Basic

Visual Basic 安装程序会在 Windows 的“开始”菜单的“所有程序”子菜单下添加一个“Microsoft Visual Basic 6.0 中文版”程序组（如图 1.9 所示），使用其中的“Microsoft Visual Basic 6.0 中文版”菜单项可以启动 Visual Basic 集成开发环境。

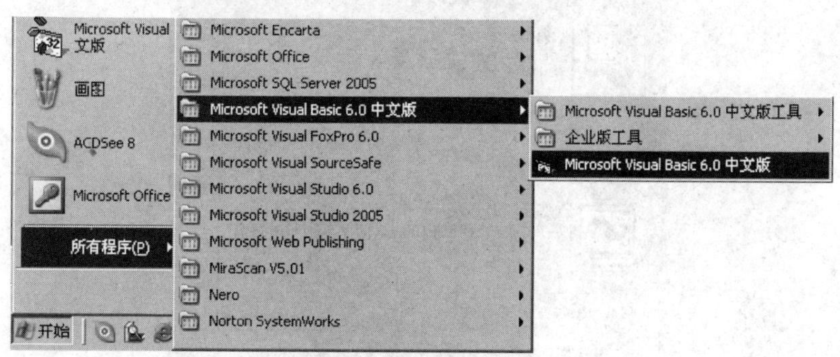

图 1.9　从 Windows“开始”菜单启动 VB 6.0

在安装目录下，有一个名为“vb6.exe”的文件，是 VB 6.0 的主文件，执行该文件也可以启动 VB。还可以在桌面上或任务栏上创建该文件的快捷方式，来方便地启动 VB。

1.3.5　获得帮助信息

1. 安装帮助文档

Visual Basic 6.0 的帮助信息是由一个名为 MSDN Library For Visual Studio 6.0（以下简称为 MSDN）的软件提供的。该软件需要单独安装，否则在使用 VB 6.0 编程时将无法获取帮助信息。

MSDN 的安装盘由两张 CD-ROM 光盘组成，包括了 Visual Studio 套件中各个编程语言的帮助文档，安装时可以根据需要进行选择。

(1) 将第一张安装盘插入光驱，运行根目录下的 Setup.exe 文件，启动安装向导。向导的第一个对话框如图 1.10 所示。单击“继续”按钮,接下来相继弹出的对话框要求输入用户名、序列号,并阅读《最终用户许可协议》。

图 1.10　MSDN 安装向导

(2) 接下来向导显示的是如图 1.11 所示的对话框。在此对话框中可以选择安装类型,也可以指定安装文件夹,MSDN 的安装位置可以与 VB 6.0 的安装位置不同。

图 1.11　选择安装类型并指定安装位置

安装类型有三种:“典型安装”模式将安装所有组件中占用硬盘最小的部分,在查阅帮助时可能要求插入安装光盘;“完全安装”模式将所有内容复制到硬盘上,占用硬盘空间最大,使用时不再要求插入光盘;“自定义安装”模式允许用户指定要安装的组件。选择“典型安装”或“完全安装”之后,安装程序直接开始向硬盘复制文件。

如果只需要安装 Visual Basic 的帮助文档,必须选择“自定义安装”模式,弹出如图 1.12 所示的对话框,在列表中选择前三项即可。单击“继续”按钮,安装程序开始复制文件到硬盘中。

(3) 根据选择的安装组件不同,文件复制过程中可能要求插入第二张安装盘。根据安装程序的提示进行操作,当所需的文件全部复制到硬盘之后,安装完成。

2. **启动帮助**

启动 MSDN 的方法有两种:①先启动 VB 6.0,再从 VB 集成开发环境的“帮助”菜单启动 MSDN 帮助，也可以使用 F1 功能键激活帮助；②MSDN 的安装程序在 Windows"开始"按钮的"所有程序"菜单下创建了一个名为 Microsoft Developer Network 的程序组，其中的 MSDN Library Visual Studio 6.0 菜单项可用来启动 MSDN 帮助。

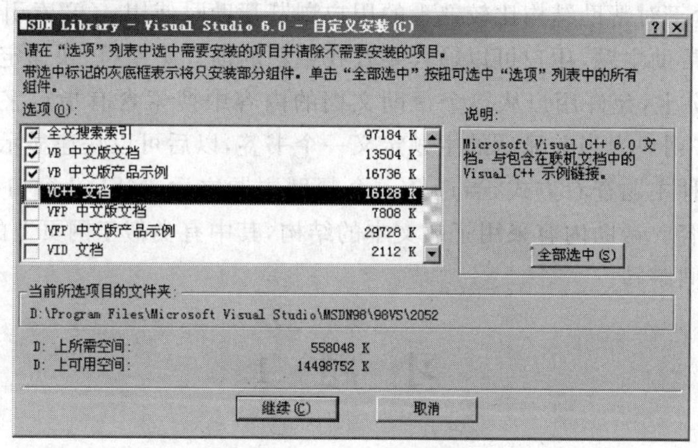

图 1.12 选择安装组件

3. 使用 MSDN 帮助

Windows 平台上的应用软件基本上以一致的方式提供了关于软件使用方面的详细帮助和参考资料，MSDN 也是如此。它不但提供了 Visual Basic 的入门教程，还提供了关于对象(及其属性、方法、事件)、函数、语句的详细语法解释，更有编程实例，是 Visual Basic 编程人员必查的资料库。

MSDN 帮助窗口(如图 1.13 所示)大体上可以分为左右两部分：左半部分显示帮助主题，右半部分显示当前主题的内容。

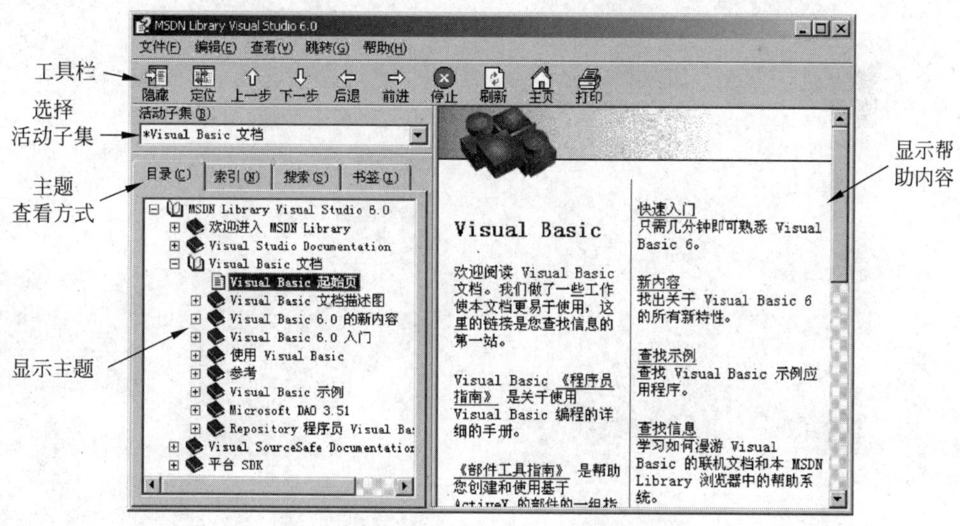

图 1.13 MSDN 帮助窗口("目录"页)

因为 MSDN 是为整个 Visual Studio 套件提供帮助的，其中有其他语言的帮助内容，所以在使用帮助之前，应在窗口左上角的"活动子集"列表中选择"Visual Basic 文档"，这样在以后的使用过程中不会再出现非 VB 的内容。

MSDN 左半部分提供了“目录”、“索引”、“搜索”和“书签”等四种主题查看方式,分别以标签页的形式列出。①在“目录”页上(图 1.13),按照帮助文档内部的层次结构列出了帮助主题,这种方式适于对帮助结构比较熟悉的用户浏览帮助时使用;②“索引”页上,以字母顺序列出了所有的帮助主题,用户可以输入要查找主题的前几个字符,快速定位到相应帮助主题;③在“搜索”页上,允许用户从整个帮助文档的内容中搜索含有指定字符的主题;④在“书签”页上,允许用户为当前显示的主题定义一个书签,以后可以快速显示该主题的内容。

无论使用哪种主题查看方式,当选择一个帮助主题之后,MSDN 窗口的右半部分都将显示该主题的内容。帮助内容采用了超文本的结构,其中有类似于网页上的链接,可以在相关的帮助主题之间跳转。

习　题　1

1. 简述计算机编程语言的发展历史。
2. 什么是对象?什么是对象的属性、方法和事件?
3. 以面向对象的眼光去观察周围的事物。如果将球场上的足球和球员当成对象,分析他们有哪些属性、方法与事件,以及相互之间是如何作用的。
4. Visual Basic 有哪些不同的版本?你上机使用的是哪一个版本?
5. Visual Basic 对计算机系统的软硬件有何要求?
6. 简述 Visual Basic 和 MSDN 帮助的安装过程。
7. 如何启动 Visual Basic 和 MSDN 帮助?

第2章

程序设计入门

Visual Basic 是面向对象的程序设计语言，用它来开发 Windows 操作系统下的应用程序，就好比使用零部件组装汽车一样，每个零部件被看作一个对象。Visual Basic 不仅仅是一门计算机编程语言，它还是一个功能强大的**集成开发环境**(IDE，Integrated Develop Environment)。所谓"集成"，是指应用程序的设计、调试、编译以及帮助的获得都可以在 Visual Basic 环境中完成。Visual Basic 的集成开发环境如同一个汽车组装厂，提供了零部件、工具、工作场地等所有的条件。

2.1 Visual Basic 集成开发环境

在计算机上安装了 Visual Basic，使用 1.3.4 节讲述的方法启动它，会打开 Visual Basic 的集成开发环境。默认情况下，集成开发环境上面显示一个"新建工程"对话框(如图 2.1 所示)，要求编程者选择要建立的程序类型。初学者一般选择"标准 EXE"即可，因为它是默认选项，所以只需单击"打开"按钮。

图 2.1 "新建工程"对话框

Visual Basic 把建立一个程序用到的所有文件统称为一个"**工程**(Project)"，所以每创建一个新程序，就要新建一个工程。"工程"是 VB 在管理源程序时的一个重要概念。每个工程都包含了一个以".vbp"为扩展名的"**工程文件**"，这个文件用来管理工程中所有的文件。

通过打开工程文件，可以打开工程中所有的文件。

在“新建工程”对话框(图 2.1)中使用“现存”和“最新”选项卡，可以打开磁盘上已有的或者最近编辑过的工程。如果在单击“新建工程”对话框上的“打开”按钮之前选定了对话框左下角的“不再显示这个对话框”复选框，则在以后启动 Visual Basic 时将不会显示这个对话框了(也可以在“工具”菜单中的“选项”对话框中重新设置)，而是创建了一个默认的工程(标准 EXE 类型)。

单击“新建工程”对话框上的“打开”按钮，对话框关闭，Visual Basic 会创建一个所选择类型的工程。如果单击的是“新建工程”对话框上的“取消”按钮，则 Visual Basic 的集成环境中不打开任何工程。

关闭了“新建工程”对话框之后，Visual Basic 的集成开发环境全貌就显示在屏幕上了(如图 2.2 所示)。Visual Basic 开发环境是典型的 Windows 多文档界面(MDI，Multiple Documents Interface)。集成环境窗口有菜单栏和“标准”工具栏，其中的几个菜单项和按钮是在其他 Microsoft 软件中常见的(如“剪切”、“复制”、“粘贴”、“打开”、“保存”等)，在这里功能相似。Visual Basic 的菜单系统比较庞大，但是对初学者来说，很多还用不到。除了“标准”工具栏之外，Visual Basic 还有其他的几个工具栏。要显示已被关闭了的工具栏，可以使用“视图”菜单中的“工具栏”命令。

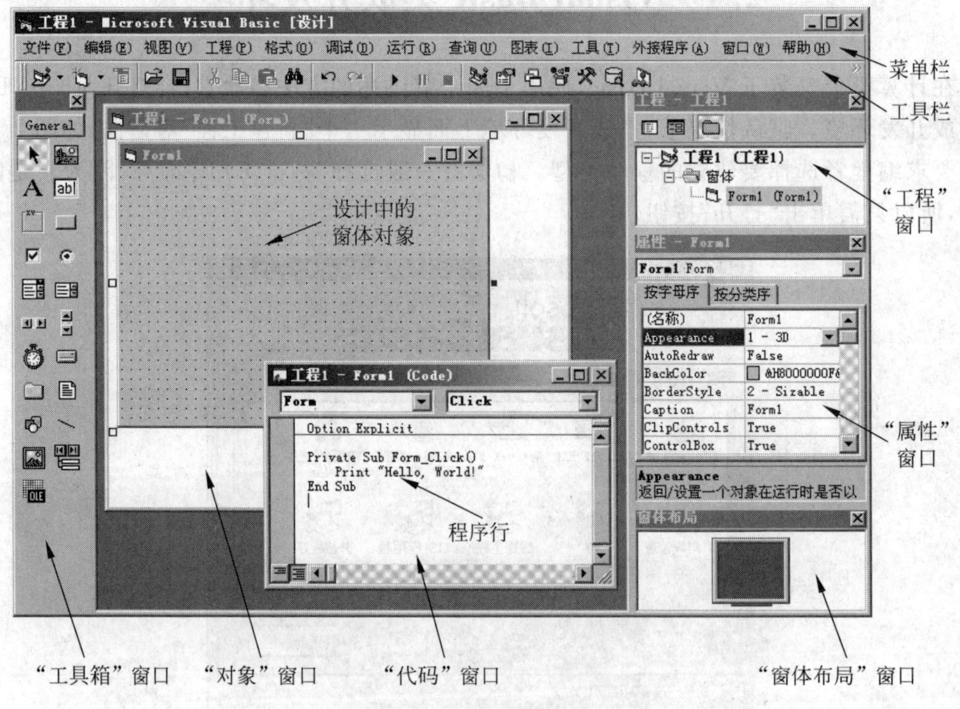

图 2.2　VB 集成开发环境

在工具栏下方有 Visual Basic 的几个常用窗口，它们分别是“工具箱”窗口、“工程”窗口、“属性”窗口、“窗体布局”窗口、“对象”窗体和“代码”窗口。下面介绍这些常用窗口的用法。

2.1.1 “工具箱”窗口

“工具箱”窗口位于 Visual Basic 集成环境主窗口的左边，它相当于一个零件箱，里面包含的是用来构造应用程序界面的部件——“**控件**(Control)”。控件是组成程序与用户交互界面的基本元素，像“按钮”、“文本框”、“单选框”与“复选框”等都是控件。一个窗口去掉上面的各种控件，剩余的标题栏、边框和背景构成“**窗体**(Form)”。窗体和控件都是 VB 编程中的对象。

工具箱上不同图标代表不同的控件类型。每一种控件类型都有类型名，把鼠标指针置于图标上就会在弹出的工具提示窗口中显示相应的类型名。图 2.3 列出了所有 Visual Basic 内部控件的类型名(括号中是中文名)。其中最左上角的箭头不代表控件，单击它可以把鼠标指针由其他形状变为箭头形。

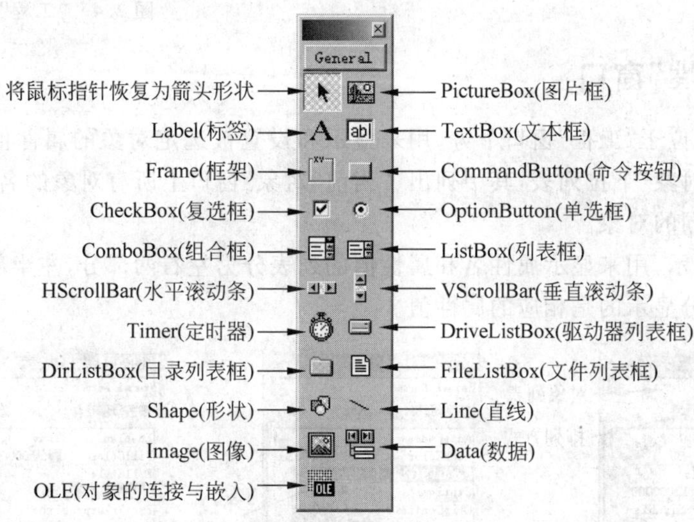

图 2.3 “工具箱”窗口提供了 VB 的内部控件

除了内部控件，VB 还允许使用外部控件——**ActiveX 控件**。把 ActiveX 控件添加到工具箱中，就可以像使用内部控件一样在程序中使用它了。ActiveX 控件在开发复杂程序时特别有用。

“工具箱”窗口允许创建选项卡(通过鼠标右键菜单实现)，将控件图标拖动到不同的选项卡更便于管理。如果在 Visual Basic 开发环境中没有打开工程，工具箱中不显示任何控件。

2.1.2 “工程”窗口

“工程”窗口位于 Visual Basic 开发环境的右侧，它的全称是“工程资源管理器窗口”。“工程”窗口以树型结构列出了当前打开的工程名以及工程文件名，还列出了工程所包括的模块名和相应的模块文件名。

“**模块**(Module)”是工程的基本功能单位与组成部分，一个工程可以由多个模块组成，每个模块完成一个相对完整的任务，工程文件就是用来管理这些模块的。

图 2.4 显示的是一个比较大的程序，它由 6 个窗体模块、4 个标准模块和 4 个类模块组成。

双击“工程”窗口中的模块名，可以在“对象”窗口和“代码”窗口中打开该模块。使用“工程”窗口顶部的“查看代码”和“查看对象”按钮可以在“对象”窗口和“代码”窗口之间进行切换(标准模块和类模块只有代码没有对象)。

Visual Basic 允许同时打开多个工程，这时“工程”窗口会变为“工程组”窗口，允许用户方便地在多个工程之间切换。对于初学者，不建议同时打开多个工程，新建或打开工程时，应将现有的工程关闭。

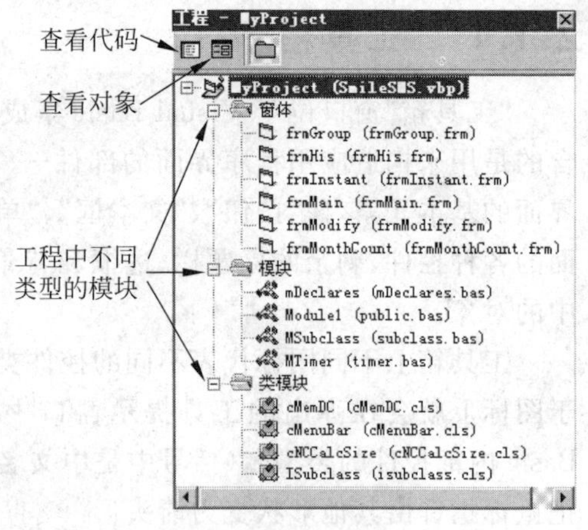

图 2.4 “工程”窗口

2.1.3 “属性”窗口

“属性”窗口位于“工程”窗口下方，用来显示和设置被选定对象的属性值。“属性”窗口的顶部是一个“对象”下拉列表，其中列出了当前“对象”窗口上所有对象的名称，通过该组合框，可以选定不同的对象。

如图 2.5 所示，用来显示属性名和属性值的列表分为左右两部分，左半部分显示的是属性名，而右半部分显示的是相应的属性值。

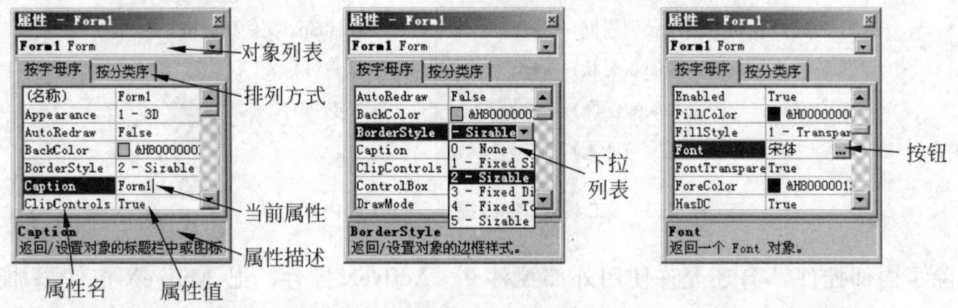

(a) 直接输入属性值　(b) 从下拉列表中选择属性值　(c) 打开对话框指定属性值

图 2.5 “属性”窗口中指定属性值的 3 种方法

通过属性窗口更改属性值的方法因属性而异：

(1) 有些属性(如对象名、标题、位置和尺寸)可以使用鼠标把插入点放在属性值上进行编辑，输入文本或数值，如图 2.5(a)所示。

(2) 有的属性通过一个下拉列表提供多个选择项，单击属性值后面的向下箭头可以从下拉列表中选择一个值，也可以双击属性名在各个选项之间切换，如图 2.5(b)所示。

(3) 如图 2.5(c)所示，有的属性后面则显示一个带有省略号的按钮，单击此按钮可以弹出对话框进行详细的设置(一般是选择字体或指定图片文件)。

一个属性在被选定之后，“属性”窗口的底部会有简要文字描述这个属性的意义。可以右击“属性”窗口，从出现的快捷菜单中选择“描述”来打开/关闭对属性的描述。列表框中的属性可以按字母的顺序排列也可以按分类排列，通过单击“属性”窗口上的“按字母序”和“按分类序”选项卡进行选择。

新创建的对象的每个属性都有默认值。在“属性”窗口设置的属性值只是对象的初始属性值，在程序运行过程中还可以通过程序代码为属性赋予新值。

“属性”窗口中列出的并不是被选对象的所有属性，那些只能在运行时使用、不能在设计时设置的属性不列在“属性”窗口中。

Visual Basic 编程中的对象与自然界中的对象不同，VB 中对象的属性、方法与事件的个数、名称虽然会因对象类型的不同而不同，但同一类型对象的属性、方法与事件的个数、名称是一定的，Visual Basic 已经定义好了。同类型的对象只是属性的值不同，以及对事件的反应不同(通过程序代码实现)。

2.1.4 “窗体布局”窗口

“窗体布局”窗口中绘制了一个计算机显示器，并在上面形象地显示了运行时窗体在显示器上的位置。编程者可以使用鼠标把其中模拟显示的窗体拖到新的地方，甚至可以拖到显示器外面(这样，程序运行时窗体就不可见了)。

2.1.5 “对象”窗口

如图 2.2 所示，“对象”窗口如同工作台，在它上面可以使用窗体和工具箱中提供的控件构造应用程序的界面。新建工程时，Visual Basic 提供了一个空的窗体对象，控件需要编程人员向窗体上添加。

1. 向窗体上添加控件的方法

向窗体上添加控件的方法基本上有下列 4 种：

(1) 单击工具箱中的某个控件类型图标，鼠标指针变为十字形，再在“对象”窗口的窗体上单击并拖动，然后释放鼠标键，窗体上就会出现一个此类型的控件对象，同时鼠标指针恢复为箭头形状。

(2) 双击工具箱上的控件类型图标，向窗体上添加控件。这种方法添加的控件对象会放置在窗体的中央，多次双击产生的控件对象会重叠在一起。因此，应及时调整所添加控件的位置与大小。

(3) 若希望连续地在窗体上放置多个同类型的控件，可以按住 Ctrl 键并单击工具箱中想要的控件类型，然后释放 Ctrl 键，鼠标指针变为十字形状。在“对象”窗口的窗体上多次拖动，产生多个同类型控件。然后单击工具箱左上角的“箭头”图标，使鼠标指针恢复为箭头形状。

(4) 使用复制和粘贴的方法。单击选定窗体上已有的控件，先使用“编辑”菜单或工具栏上的“复制”命令将其复制到系统剪贴板，然后使用“粘贴”命令粘贴到窗体上。粘贴时系统弹出如图 2.6 所示的对话框，应选择“否”。关于控件数组的内容将在 8.7 节讲解。

图 2.6　粘贴控件时的系统提示

使用"工具箱"窗口向"对象"窗口的窗体上添加控件对象的操作很好地反映了1.2节里介绍的类与对象的关系。如图2.7所示,以"按钮"为例,"工具箱"窗口中的按钮图标表示的是"按钮类",是对按钮的抽象定义;在窗体上放置的3个按钮是"按钮对象",是"按钮类"的具体化。一个"类",只有具体化为"对象"才有实际意义。

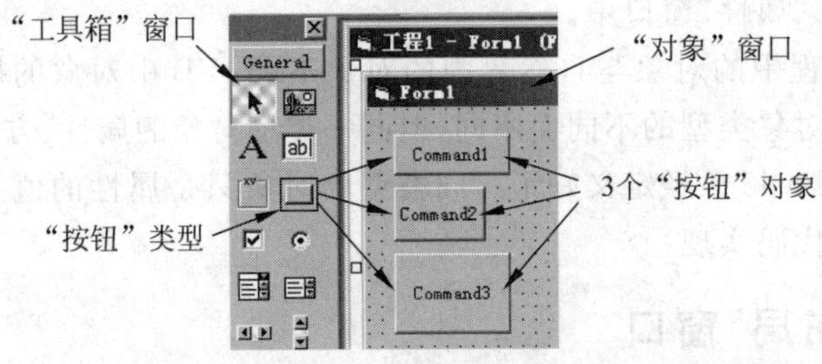

图2.7 由"工具箱"窗口中的控件类型生成"对象"窗口中的控件对象

图2.7所示的3个按钮对象都是从同一个"类"生成的,所以具有同样的属性、方法和事件。区别在于它的属性值不相同(如位置、大小和显示文本)、对事件的反应不一样(由编程者通过程序代码指定)。

2. 选定控件的方法

要对已添加到窗体上的控件进行修改,必须先选定。选定的方法有以下4种:

(1) 鼠标单击可以选定单个控件。

(2) 通过"属性"窗口顶部的"对象"下拉列表(如图2.5所示)选定单个控件。

(3) 使用"Ctrl键+鼠标单击"或"Shift键+鼠标单击"的方法可以连续选定多个控件。

(4) 鼠标单击无控件处,然后拖动形成一个虚线框,被此框罩住的控件均被选定。

控件被选定后,它的4角与4边上会有8个选定框(又称为"句柄"或"控点")。如果选定了多个控件,则其中只有一个控件(一般是最后选定的那个)的选定框是实心的,其他的选定框是空心的(如图2.8所示)。选定多个对象时,"属性"窗口中列出的是这些对象共有的一些属性。

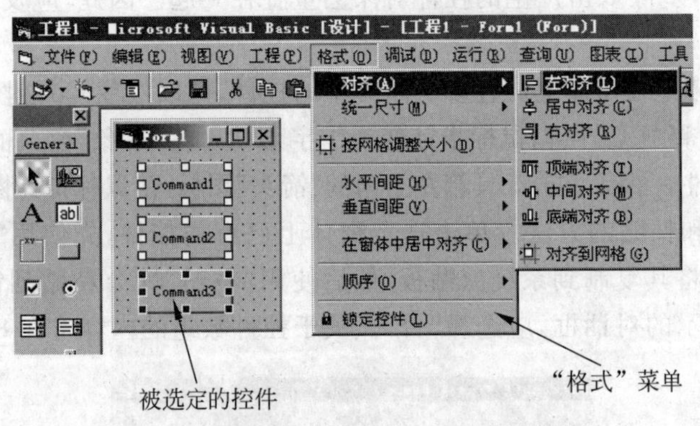

图2.8 使用"格式"菜单对控件进行排布

如果单击窗体上没有控件的地方,窗体对象将被选定。

3. 改变控件的大小和位置

可以使用鼠标拖动的方法移动控件的位置,拖动被选定控件的选定框可以调整控件的大小。若要对多个控件进行大小和位置的排布,则要用到"格式"菜单中的一些菜单命令(如图 2.8 所示),如"对齐"、"统一尺寸"、"水平间距"、"垂直间距"等。这时需要选定多个控件,最后一个被选定的控件是基准控件(具有实心选定框)。

如果对控件的排列感到满意,不希望再移动控件或改变控件大小,可以选择"格式"菜单中的"锁定控件"命令使控件的大小和位置不再变化。

2.1.6 "代码"窗口

"对象"窗口用于构造程序的用户界面,而"代码"窗口用于编写程序代码来操纵界面上的对象。编写程序代码是编程的重点,2.4.1 节介绍了"代码"窗口的使用方法。

2.1.7 窗口的排布

1. "对象"窗口和"代码"窗口

Visual Basic 集成开发环境是典型的多文档界面,主窗口是父窗口,"对象"窗口和"代码"窗口实际上是子窗口。子窗口只能在父窗口内进行最大化、还原和最小化操作。最大化之后,子窗口标题栏上的按钮会加到父窗口菜单栏的末尾。还原状态下,子窗口的大小和位置可以调整。最小化的子窗口以图标的形式显示在父窗口的底部。图 2.2 中显示的"对象"窗口和"代码"窗口处于还原状态。

如果打开了多个模块的"对象"窗口和"代码"窗口,可以使用以下两种方法激活某个窗口:①双击"工程"窗口中的模块名,再通过"查看代码"或"查看对象"按钮进行切换(如图 2.4 所示);②"窗口"菜单的底部列出了所有子窗口的名称,通过这些菜单项可以使相应的子窗口显示在最顶层。

2. "可连接的"窗口

这里的"可连接"窗口包括"工具箱"窗口、"工程"窗口、"属性"窗口和"窗体布局"窗口,因为在默认情况下它们不是主窗口的子窗口,而是具有工具栏的性质(可以附在主窗口的边框上),没有"最小化"按钮、"最大化/还原"按钮。

单击窗口右上角的"关闭"按钮可以关闭这些"可连接的"窗口。要显示关闭了的"可连接"窗口,可以在工具栏上单击相应的按钮或选择"视图"菜单中相关的命令,显示的位置与关闭时的位置相同。将鼠标指针置于窗口的边框附近,当指针变为双向箭头时通过拖动可以改变窗口的大小。

可以使用鼠标拖动或双击其标题栏的方法使"可连接的"窗口变为"浮动"状态。双击"浮动"窗口的标题栏可使之恢复到原来状态。

Visual Basic 开发环境的默认布局(如图 2.2 所示)比较合理,没必要进行大的调整。如果用户对其中的任一部分做了改变,改变后的效果会一直保留,不受重新启动的影响,直到再次被调整。与 MDI(多文档界面)相对,Visual Basic 还有一种 SDI(单文档界面)方式。在这种方式下,集成开发环境的各个窗口是分散的。在 MDI 和 SDI 之间转换的方法是从"工具"菜单中打开"选项"对话框,在"高级"选项卡中选定/不选定"SDI 开发环境"复选框。

如果要自定义 Visual Basic 开发环境或改变一些界面和代码的编辑功能,一般都是通过“视图”、“格式”菜单或“选项”对话框进行。读者可以进行一些尝试和练习,本书在这方面不做细述。

2.1.8 关闭工程与退出 Visual Basic 集成环境

关闭工程也称为移除工程,是将打开的工程文件、各种模块文件从 Visual Basic 集成环境中移除(不会删除磁盘文件)。移除工程的方法有 3 种:①从“文件”菜单中选择“移除工程”命令;②在“工程”窗口中使用鼠标右击工程名,从快捷菜单中选择“移除工程”命令;③退出VB 集成环境时,自动移除工程。

如果对程序进行了修改,移除工程时会提示是否保存;如果是新建的工程或模块,保存时会提示输入文件名。

退出 Visual Basic 集成环境的方法与关闭常规 Windows 程序相同:①使用“文件”菜单最后一个“退出”命令;②直接单击主窗口的“关闭”按钮;③使用 Alt+F4 组合键。

2.2 程序的设计、运行和中断状态

正在编制的程序在 Visual Basic 的集成开发环境中共有 3 种状态:设计状态、运行状态和中断状态。如图 2.9 所示,可以通过工具栏上的“启动”、“中断”和“结束”按钮的状态判断当前处于哪种状态;也可以通过主窗口的标题栏文字来判断,3 种状态下标题栏文字的末尾分别有“设计”、“运行”和“中断”字样。

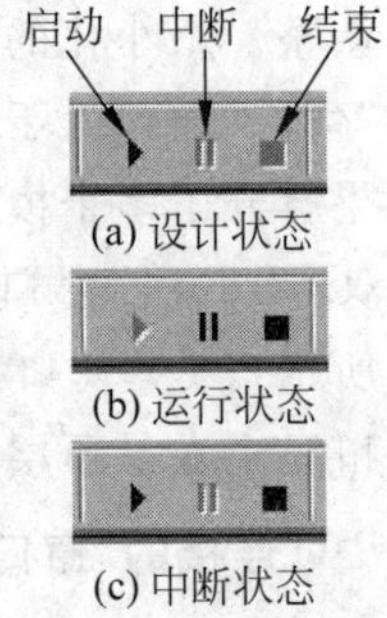

(a) 设计状态
(b) 运行状态
(c) 中断状态

图 2.9 程序的 3 种状态

1. 设计状态

设计状态是默认的状态,也是编程时使用得最多的状态。在此状态下,可以向窗体上添加控件,设置窗体或控件的属性值,通过“代码”窗口编写程序代码。

2. 运行状态

运行状态用于试运行当前的程序,让编程者检查自己程序的功能,发现存在的问题。运行状态时不能修改源程序,集成环境中大多数的菜单项和工具栏按钮被置灰,有些窗口会隐藏。

由设计状态进入运行状态的方法有:①单击工具栏上的“启动”按钮;②选择“运行”菜单中的“启动”命令;③按 F5 功能键。上述方法同样适用于从中断状态向运行状态转换。

程序正常结束或单击工具栏上的“结束”按钮,可以从运行状态返回到设计状态。

运行状态是程序在 Visual Basic 开发环境的支持下进行“解释型”的执行,并不生成可执行文件。如果程序编制完毕,可编译生成可执行文件(.exe)独立运行,不再需要 Visual Basic 集成环境的支持。编译生成可执行文件的方法详见 2.10.7 节。

3. 中断状态

程序从运行状态进入中断状态的途径有:①编程者在源程序中设计了断点或添加了监

视,执行到断点处或满足监视条件时进入中断状态(详见 11.2 节);②如果所编程序有错误,执行到有错误的语句时显示错误提示信息(图 2.10 以“溢出”错误为例),在错误提示对话框中,用户可以单击“调试”按钮进入中断状态,也可以单击“结束”按钮返回设计状态;③在运行状态时单击工具栏上的“中断”按钮或选择相应的菜单命令进入中断状态;④使用 Ctrl+Break 组合键,程序会暂停,进入中断状态。第 4 种方法在出现“死循环”时可以强制中断程序。

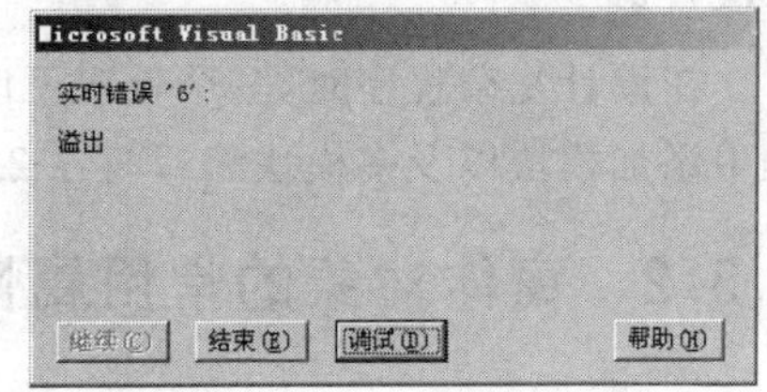

图 2.10 错误提示对话框

中断状态对于调试程序很有用,在中断状态下可以发现程序什么地方出错,还可以进行少量的修改后继续运行。

在中断时单击“结束”按钮(或选择相应的菜单命令)回到设计状态,单击“启动”按钮(这时变为“继续”按钮)可以继续回到运行状态。

2.3 窗 体

Windows 操作系统中应用程序的界面是以窗口为基础的。窗口是由窗体和它上面的各种控件组成的。窗体对象(类型名为 Form)作为各种控件对象的容器,在 Visual Basic 编程中起着重要的作用。

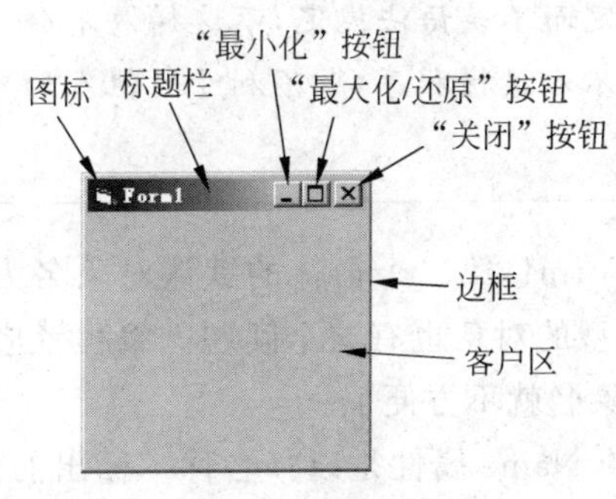

图 2.11 窗体对象

窗体是一个空窗口,如图 2.11 所示,窗体对象是由标题栏、边框和客户区组成。标题栏由窗口图标、标题文字、“最小化”按钮、“最大化/还原”按钮与“关闭”按钮组成。在程序运行时,单击窗口图标可以弹出系统菜单,上面有一些缩放、移动和关闭窗口的命令。客户区用来放置各类控件并可绘制图形,控件不能被放到窗体的标题栏和边框上。

在面向对象的编程中,窗体与各种控件一样,也是对象。单击窗体上没有控件的地方,选定窗体对象,它的属性会显示在“属性”窗口中。拖动窗体右边或下边的选定框可以改变窗体的大小。窗体对象在“对象”窗口中的位置总是左上角,不能被移动;它在运行时显示在显示器屏幕上的位置受相关属性的决定,也可以通过拖动“窗体布局”窗口中的示意图标来改变。

默认情况下,窗体的表面布满了网格点,这些点是用来帮助对齐控件的,不会出现在程序运行过程中。可以通过“工具”菜单中“选项”对话框的“通用”页来关闭网格点,或者改变网格点的间距。

2.3.1 窗体对象的创建

由 2.1.5 节可知,控件对象是由编程人员从“工具箱”窗口向窗体上添加的。与之不同,窗体对象是在创建窗体模块时由 Visual Basic 集成环境自动创建的。如果在启动 VB 时选择的是“标准 EXE”类型的工程，则会自动创建一个窗体模块(如图 2.2 所示)，包括了一个窗体对象。

在设计复杂程序时，一个程序可以包括多个窗口(或对话框)，需要多个窗体模块。向工程中添加模块以及多模块编程将在 2.10.2 节和 11.1 节讲解。

2.3.2 窗体对象的常用属性

1. Name 属性

Name 属性的值就是对象的名称，简称**对象名**。对象名必须以字母开头，不能多于 40 个字符，可以包含字母、数字和下划线，不能包括标点符号和空格。对象名也不能与其他公共对象重名，例如 Clipboard、Screen 或 App 等。虽可以与关键字相同，但应避免，以防发生冲突。**关键字**又称为**保留字**，是 Visual Basic 语言中具有特殊语法含义的单词或短语(如 Dim、Private、Sub)，也包括类型名(如 Integer、Single)、语句(如 Load、Open)和内部函数名(如 Int、Sin)等。

Name 属性是所有对象都有的属性，非常重要，程序中对对象的所有操作都要使用对象名。虽然对象名中可以包含汉字，但不建议这样做。

对象类型的约定前缀　为了在有大量对象时，能从对象名判断出对象的类型和用途，建议在为对象命名时冠以代表类型的前缀(窗体的前缀是“frm”)，后接具有描述性的单词，并且适当地大小写。例如，给一个用于信息输入的窗体命名为“frmInput”。附录 B 中列出了每类对象的约定前缀。注意：这只是约定而不是语法规定，不这样做不会导致错误，却不是良好的编程习惯，不便于日后设计者本人读懂程序，也不利于与他人的合作。

向工程中添加的第一个窗体对象的默认对象名为 Form1，第二个窗体的默认对象名为 Form2，依此类推。这种默认名称不具备描述性，其他类型的对象也有这个问题。编程者应尽早更改对象名，如果在编写了大量代码之后再更改对象名就不方便了。

在“属性”窗口的属性名一栏中并没有 Name，对象的 Name 属性是以“(名称)”标出的。在 Visual Basic 中，窗体对象和各控件对象的 Name 属性只能通过“属性”窗口更改，在运行时是只读的，也就是说，在程序运行时不能通过程序改变 Name 属性的值。**只读属性**是指只能在设计状态通过“属性”窗口设置，不能在运行时通过程序代码改变的属性。

2. Caption 属性

Caption 属性的值是显示在窗体标题栏上的文字，默认值与对象名相同。在设计时，通过“属性”窗口把新的文字赋给 Caption 属性，可以立即在“对象”窗口中看到窗体标题栏上文字的变化。此属性的值可以是任意的字符串。**在“属性”窗口中为字符串类型的属性赋值，不必在字符串两边加双引号。**

3. Visible 属性

Visible 属性决定窗体是否可见。它的取值为逻辑型，只能是 True 或 False 之一。属性值为 True 时窗体可见，为 False 时窗体隐藏。注意，Visible 属性的设置只有在运行时才生效，一个 Visible 属性设置为 False 的对象，在设计时仍然可见。

4. Icon 属性

Icon 属性决定窗体左上角显示的窗口图标。单击“属性”窗口中此属性值后面的按钮，打开“加载图标”对话框，允许查找并打开一个图标文件(以.ico 或.cur 为扩展名)作为这个属性的值。要删除 Icon 属性的值，只需在其属性值上按 Delete 键。如果属性值为“(无)”，则使用 Visual Basic 的默认窗口图标。

5. ControlBox 属性

ControlBox 属性也是逻辑类型，如果值为 False，则窗体标题栏上只显示标题文字，不显示图标和三个按钮，如果为 True(默认值)则正常显示。ControlBox 属性是运行时只读属性。

6. MaxButton 属性、MinButton 属性

这两个属性属于逻辑类型，分别决定标题栏上最大化按钮与最小化按钮是否可用。值为 True 时可用，为 False 时不可用(以灰色显示)。当二者的值均为 False 时，最大化与最小化按钮从标题栏上消失。这两个属性是运行时只读属性。

如果窗体的 ControlBox 属性值设为 False，则无论 MaxButton 属性、MinButton 属性的取值如何，都不显示最大化按钮和最小化按钮。

7. BorderStyle 属性

此属性决定窗体的边框类型，边框类型决定了窗体的标题栏状态与可缩放性。BorderStyle 属性的取值为 0～5 之间的整数，具体意义见表 2.1。

表 2.1　窗体对象的 BorderStyle 属性

属性值	常　量	意　义
0	vbBSNone	窗体没有边框和标题栏
1	vbFixedSingle	窗体边框是固定的单线，运行时不能改变大小
2	vbSizable	窗体大小可以在运行时改变(默认值)
3	vbFixedDialog	对话框风格的窗体，大小不能改变
4	vbFixedToolWindow	工具栏风格的窗体(标题栏较窄)，大小不能改变
5	vbSizableToolWindow	工具栏风格的窗体(标题栏较窄)，大小可变

当 BorderStyle 属性值为 0、1、3、4、5 时，无论 MinButton 属性和 MaxButton 属性取值如何，均不显示最小化按钮和最大化按钮。只有在设计状态下指定的 BorderStyle 属性值才能决定窗体的边框类型，在运行时通过代码设置此属性将不起作用。

表 2.1 中第二列是 Visual Basic 的内部常量，在程序中使用可以代替第一列中相应的数值。**内部常量**是 Visual Basic 定义好的一些词语，代表相应的数值，可以在程序代码中直接使用。

8. Left 属性、Top 属性

这两个属性决定窗体在屏幕上的位置。Left 属性的值是窗体外框的左边缘与屏幕显示区左边缘之间的距离，Top 属性的值是窗体外框上边缘与屏幕显示区的上边缘之间的距离。实质上，Left 属性和 Top 属性就是窗体的左上角在屏幕上的位置坐标。如图 2.12 所

示,坐标原点是屏幕显示区的左上角,水平方向(x)向右为正方向;垂直方向(y)向下为正方向。坐标值的默认单位是缇(发音同"提",英文为 twip),这个单位很小,**1 缇=1/567 厘米**。

Left 属性和 Top 属性的值可以是负数,也可以是大于屏幕显示区域的值。所以,可以通过给这两个属性设置适当的值,达到部分或全部隐藏窗体的目的。

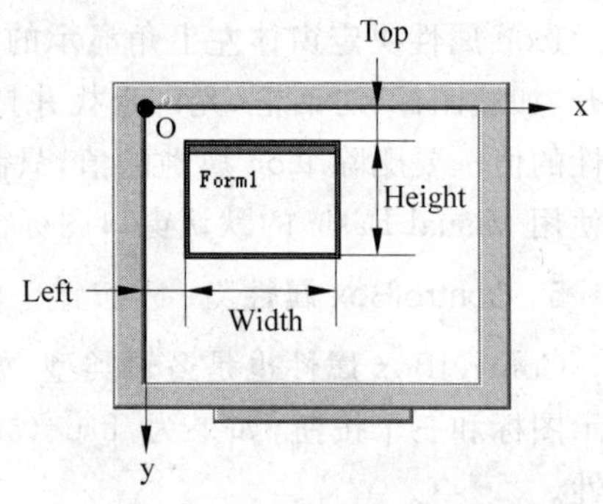

图 2.12 屏幕坐标系和窗体的位置、大小

9. Width 属性、Height 属性

Width、Height 属性值分别是窗体的宽度和高度(如图 2.12 所示),默认单位也是缇。应当注意的是,一般的窗体都有最小宽度值和最小高度值,所以这两个属性的值不能太小,更不能为负数。

10. Moveable 属性

Moveable 属性的值为 True 时(默认值),窗体在运行时可以被用户通过鼠标拖动标题栏的方法进行移动;为 False 时不能被拖动,但仍可由程序代码移动。

11. Enabled 属性

此属性的值为 True 时(默认值),窗体可以响应用户的鼠标或键盘操作;属性值为 False 时,窗体不响应用户的操作。当窗体的 Enabled 属性值为 False 时,窗体上所有的控件都不响应用户的操作。

应该注意的是,当一个对象的 Enabled 属性、Moveable 属性为 False 时,只是用户不能直接通过鼠标或键盘操作它了,通过程序代码仍然可以控制它。

12. WindowState 属性

WindowState 属性决定窗体的当前状态是还原、最小化,还是最大化。其取值见表 2.2。

表 2.2 窗体的 WindowState 属性

属性值	常 量	意 义
0	vbNormal	还原(默认值)状态
1	vbMinimized	最小化状态
2	vbMaximized	最大化状态

应该注意的是,在窗体处于最大化或最小化状态时,不能改变其 Left、Top、Width 和 Height 属性的值。无论窗体的 MaxButton 属性和 MinButton 属性的取值如何,都可以通过程序设置 WindowState 属性值,使窗体最大化或最小化。

13. Picture 属性

使用 Picture 属性可以指定一幅图像显示在窗体的表面上,作为控件的背景。指定的图像可以是以.jpg、.bmp、.wmf、.emf、.gif、.ico 和.cur 为扩展名的图像文件。设置 Picture 属性的方法与 Icon 属性相同。

对象的每个属性反映了其某个方面的特性。同一个对象的不同属性之间可能相互影响。程序设计阶段可以在"属性"窗口中对属性的值进行设置。在程序运行过程中，程序代码可以读取或重新设置属性的值。有些属性只能在设计状态下设置，程序运行过程中这些属性是只读的，比如所有对象的 Name 属性与窗体对象的 BorderStyle 属性就属于这一类。有些属性不能在设计时设置，只有运行时才可用，它们不被列在"属性"窗口中。

2.3.3 通过程序代码为对象的属性赋值

在程序代码中访问对象属性的值要使用如下格式：

对象名.属性名

为对象的属性赋值的语句格式为：

对象名.属性名 = 新的属性值

例如，窗体对象 frmInput 的 Caption 属性表示为：

```
frmInput.Caption
```

如果要在程序中使窗体的标题栏文字成为"你好！ Visual Basic"，则应使用以下语句：

```
frmInput.Caption = "你好！ Visual Basic"
```

上面是一条赋值语句，"="号右边的两个英文双引号是字符串常量的标志。**语句**是源程序的基本组成单位，在 VB 语言中，一般一行源程序是一条语句。**赋值语句**是使用赋值号"="将新的值赋予对象属性或内存变量的语句。赋值时，对象属性或变量的旧值被新值覆盖。不要将赋值语句中的"="理解为数学上的"相等"。

如果要将窗体移动到屏幕的左上角，可以使用以下两条赋值语句来实现：

```
frmInput.Left = 0                '将窗体移至屏幕左上角
frmInput.Top = 0
```

2.3.4 窗体对象的常用方法

方法是指对象具有的行为和能执行的动作。比如，"行驶"是汽车的行为，要让一辆汽车行驶，还要指定方向和速度等参数。

让对象执行一个方法称为调用对象方法，**调用对象方法**的一般形式是：

对象名.方法名␣[参数]

上述形式中，"␣"表示**空格字符**，在输入程序代码时不可缺少。如果所调用的方法没有参数，则不需要"参数"部分；如果有多个参数，"参数"部分由逗号分隔的多个参数组成。

在进行语法描述时，本书采用方括号"[ ]"来表示"可以省略的"、"可选择的"、"不是必需的"部分。在实际编写语句代码时不能使用"[ ]"。

1. Move 方法

Move 方法可以移动对象,并可改变其大小,语法为:

```
object.Move ␣ left, [top, [width, [height]]]
```

上述语法中 object 代表窗体对象名,在使用时要用实际的窗体名替换。left、top、width 和 height 是 Move 方法的 4 个参数,要求都是数值并用逗号隔开。Move 方法将 object 对象移至 left、top(窗体左上角的坐标)指定的新位置,同时可以改变该对象的大小(以 width 和 height 为新的宽度和高度)。

4 个参数中,只有 left 参数必须给定,其他 3 个参数是可选参数,但是如果要给出某一个参数,必须先给定语法中出现在该参数前面的全部参数。这是 Move 方法的一个特点。

例如,若 frmFirst 为一个窗体对象名,下列的语句是正确的:

```
frmFirst.Move 1000,1000,1200,2000          '移动到新位置(1000,1000),并改变大小
frmFirst.Move 1000,1000                    '移动到新位置(1000,1000)上
frmFirst.Move 1000                         '水平移动到横坐标为 1000 处
```

下面的调用省略了中间的参数,是错误的:

```
frmFirst.Move 1000,,1200                   '错误! 缺少参数
```

在调用 Move 方法时,会自动改变窗体对象的 Left、Top、Width 与 Height 属性值,以反映新的位置和大小。

2. Hide 方法

Hide 方法没有参数,功能是将窗体隐藏起来,同时把 Visible 属性设为 False。语法是:

```
object.Hide
```

3. Show 方法

Show 方法的语法为:

```
object.Show
```

此方法显示窗体 object,并将其 Visible 属性设置为 True。如果窗体 object 已经显示,则 Show 方法什么都不做。这个方法可以带参数,将在 11.1.2 节中讲解。

> 对象的方法与属性关系非常密切。很多方法的执行会改变相应属性的值,而有些方法的执行结果会受某些属性取值的影响,有些方法执行的结果可以用修改对象的相关属性的方法来达到。

4. Print 方法

使用 Print 方法可以在窗体的表面上(客户区中)输出文字,经常用来显示运算的结果。

```
object.Print ␣ [",|;"分隔的输出项]
```

Print 方法可以有多个参数(输出项),一次可以显示多个输出项的内容。一般情况下,每调用一次 Print 方法,会在窗体上产生新的输出行。如果使用逗号或分号结尾,则不自动

换行。10.2.1 节和 10.2.2 节将详细讲解 Print 方法和窗体的其他几个绘图方法。

```
Form1.Print "你好"; "Visual Basic"        '在窗体上显示"你好 Visual Basic"字样
Form1.Print Form1.Width, Form1.Height     '显示窗体的宽度与高度值
```

> 本书使用竖线字符"|"来表示"多项之中选其一"的意思，如在 Print 方法的语法表示中"，|；"表示必须使用逗号"，"或分号"；"之一来分隔输出项。实际编写代码时不能使用字符"|"。

2.3.5 窗体对象的常用事件

事件是指对象能够识别并作出反应的外部"刺激"。对 Visual Basic 中的对象而言，引发事件的外部刺激可能来自于程序使用者的鼠标、键盘操作或程序自身，也可能来自于操作系统。在 Visual Basic 中，每一类对象能支持什么事件是已经定义好的，并且每个事件都有事件名。某个对象支持一个事件，就说明它能识别这个事件，要让它对这个事件作出反应以及如何反应，就必须编写这个对象相应的"事件过程"。

事件过程是编程人员为对象的某个事件编写的有一定语法结构的程序段，指定事件发生时执行什么操作。事件过程是通过"代码"窗口输入的，是程序代码的重要组成部分。实际上，并不需要为每个对象的每个事件都编写事件过程。未编写事件过程的对象，对相应的事件没有反应。

窗体事件过程的语法结构为：

```
Private ␣ Sub ␣ Form_事件名( )        '过程的首部
    …                                 '过程体(实现具体功能的 VB 语句)
End ␣ Sub                             '过程的结束
```

上述语法结构中，Private、Sub 和 End 都是 VB 的关键字，属于固定搭配，不能改变。"过程体"中可以有多条 VB 语句，来实现事件过程的功能。在对象的事件过程中，可以通过语句来设置其自身的或其他对象的属性、执行其自身的或其他对象的方法、调用 VB 的各种语句和函数。

事件名后面的小括号"( )"中用来放置过程的参数，窗体的 Click 事件过程没有参数，所以括号中是空的，但括号不能省略。如果过程体中没有语句，就是空过程，不起作用。

事件过程的第一条语句"Private ␣ Sub ␣ Form_事件名( )"称为过程的"**首部**"，在语法结构中起重要作用。不同事件过程的语法结构中只有首部不同，以后的叙述中将简化，只介绍首部。

应该注意的是，无论窗体的对象名(即 Name 属性值)是什么，它的事件过程首部中事件名前必须是"Form_"。

1. Click 事件

Click 是鼠标单击事件，当用户用鼠标左键、右键或中键单击窗体客户区(窗体去掉边框和标题栏的剩余部分)时引发。编写 Click 事件过程可以指定当用户单击窗体时作何反应。窗体对象的 Click 事件过程的语法结构为：

```
Private␣Sub␣Form_Click( )
```

2. DblClick 事件

DblClick 是鼠标双击事件，当用户在窗体客户区上双击鼠标任意键时，触发这个事件。窗体的 DblClick 事件过程没有参数，语法为：

```
Private␣Sub␣Form_DblClick( )
```

应该注意的是，当在窗体上双击时，首先触发的是窗体的 Click 事件，然后才是 DblClick 事件。所以如果两个事件过程都编写了程序代码，则会被依次执行。

3. Resize 事件

在程序运行时，当窗体的大小发生改变或窗体刚刚显示时，会引发 Resize 事件。窗体的大小改变可能是下列的原因之一：①通过程序重新设置了窗体的 Width 或 Height 属性的值；②使用 Move 方法改变了窗体的大小；③用户通过鼠标拖动边框调整了窗体大小；④用户使用了窗体的"最大化"、"最小化"或"还原"按钮。

窗体的 Resize 事件过程的语法为：

```
Private␣Sub␣Form_Resize( )
```

注意，在窗体的 Resize 事件过程中，不要放置可能改变窗体大小的语句(例如对 Width 或 Height 属性值的更改)。因为执行这个过程时要是更改了窗体大小，又会引发这个事件，又要执行这个过程……，这样循环执行可能造成不可预料的后果，甚至"死机"。

4. Load 事件

当一个窗体被加载到内存中准备显示时，引发 Load 事件。由于此事件发生在所有因用户操作引发的事件之前，所以经常在 Load 事件过程中进行窗体与控件的初始化工作。不同于 Click 和 DblClick 等事件，窗体的 Load 事件不是由用户的操作引发的，而是由操作系统发送的。

关于窗体的 Load 事件，11.1.3 节有详细的讲解。

2.4 编写事件过程

2.4.1 使用"代码"窗口

事件过程是通过"代码"窗口输入到程序中的。

如果刚创建了一个新工程，默认情况下是不显示"代码"窗口的。如图 2.13 所示，可以单击"工程"窗口左上角的"查看代码"按钮打开"代码"窗口。在"代码"窗口的顶部有两个下拉列表："对象"列表和"过程"列表。"对象"列表中列出了当前对象窗口上的对象名(对于窗体，显示的是 Form，而不是窗体名)。有些类型的对象没有事件，其名称不被列出。"过程"列表中列出了"对象"列表中当前所选对象支持的所有事件名。

在编写事件过程时，先从"对象"列表中选择要编写事件过程的对象名(对于窗体，要选择 Form)，然后从"过程"列表中选择事件名。Visual Basic 会自动在"代码"窗口中添加事件过程的语法结构，并将键盘插入点置于过程体处，编程者只需填写过程体语句即可。

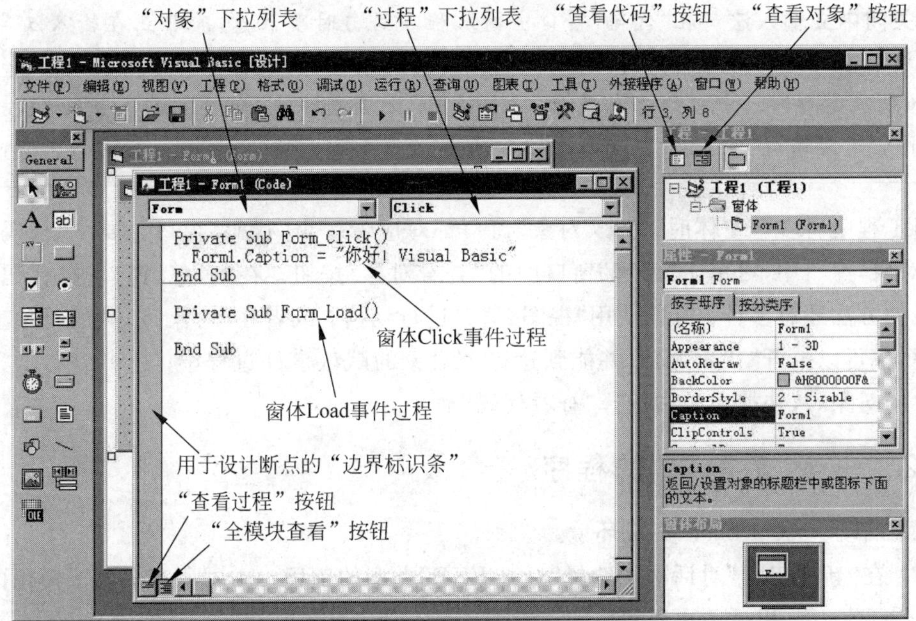

图 2.13　使用"代码"窗口编写事件过程

编程者也可以手工输入事件过程全部的语句(包括首部),不必从"对象"和"过程"列表中选择。

> **默认事件**　Visual Basic 为每类对象设定了一个默认事件,当编程时从"对象"列表中选择对象名后,VB 会自动地创建其默认事件的事件过程。窗体对象的默认事件是 Load 事件。如果目的不是编写这些过程,可以将其删掉,或者不予理睬,空的事件过程对程序没有影响。

如果"代码"窗口中有多个过程,Visual Basic 会自动在过程之间添加水平分隔线。当过程中语句较多时,可以单击"代码"窗口左下角的"查看过程"按钮,这时只显示一个过程,可以通过"对象"和"过程"下拉列表来切换显示不同的过程。已经编写了事件过程代码的事件名,在"过程"列表中以粗体显示。如果按下"全模块查看"按钮,可以使"代码"窗口同时显示本模块中所有已编写的过程(这是默认方式)。

"代码"窗口是一个文本编辑器,它有通用文本编辑器的一般功能,如复制、剪切、粘贴、查找和替换等;也有专门针对 Visual Basic 语言的特殊功能,如**"语法着色"**,即以不同的颜色显示程序中不同类型的词语。可以通过"工具"菜单中的"选项"对话框更改"代码"窗口的字体、字号、颜色等设置。"代码"窗口还提供了**"成员提示"**和**"自动完成"**功能。例如,当输入一个对象名后加一个点".",Visual Basic 会弹出一个包括该对象全部可用属性与方法名的列表供编程者选择。输入属性名与方法名的几个起始字符,再按空格或回车键便可输入整个属性名与方法名。另外,在调用方法、过程和函数时,Visual Basic 会给予参数、返回值的名称和类型方面的提示信息,甚至在输入代码时就可以进行必要的语法检查。要打开或关闭这些附加功能,也是使用"工具"菜单中的"选项"对话框("编辑器"页)。

关闭中文输入法　在“代码”窗口中输入程序语句时要注意,除非正在输入汉字,否则应该把中文输入法关闭。因为在 Visual Basic 语言中,许多标点符号都是有特殊意义的,如果不小心输入中文的全角符号,Visual Basic 不能识别,就会出错。例如“Form1. Caption”不能写成“Form1。Caption”。

当工程中有多个窗体时,每个“对象”窗口都对应着一个“代码”窗口。要从“代码”窗口回到“对象”窗口中,可单击“工程”窗口中的“查看对象”按钮。在“对象”窗口与“代码”窗口间切换的方法还有多种:可以使用“视图”菜单进行切换;或者在“对象”窗口的对象上双击鼠标键,也可以打开“代码”窗口并能到达这个对象的默认事件过程中;还可以右击“对象”窗口中的对象,从快捷菜单中选择“查看代码”命令。

2.4.2　一个“最简单”的程序

(1) 启动 Visual Basic 集成环境。

(2) 在“新建工程”对话框中选择“标准 EXE”类型的工程。本书所有的例子使用的都是“标准 EXE”类型,以后不再重复。

(3) 不向窗体添加任何控件,不进行任何属性设置,不编写事件过程。

(4) 单击工具栏上的“启动”按钮(或按功能键 F5)运行程序。

(5) 在运行的空窗口上进行移动、缩放、最大化和最小化等操作。

(6) 关闭窗口,返回 Visual Basic 集成环境。

经过上述操作可以看出,虽然只是一个未经编程的空窗体,但却可以被操作,表明它已经是一个可以独立运行的程序了(虽然没有什么实用价值)。这就是面向对象编程方法的威力!作为一个对象,窗体已具备了上述的一些标准功能,这是 Visual Basic 的设计者们预先做好并“封装”在对象中的。编程人员只需把主要精力放在解决具体问题上。

2.4.3　两个简单程序

【例 2.1】　编写窗体的 Click 和 DblClick 事件过程。

(1) 创建新工程。

(2) 切换到“代码”窗口,输入以下 Click 和 DblClick 事件过程(单引号后面的注释内容不必输入)。

```
Private Sub Form_Click()         '窗体对象的 Click 事件过程
  Form1.Print "鼠标单击!"        '在窗体上显示“鼠标单击”
End Sub

Private Sub Form_DblClick()      '窗体的 DblClick 事件过程
  Form1.Print "鼠标双击!!"       '在窗体上显示“鼠标双击!!”
End Sub
```

(3) 启动程序。

在运行的窗体上每单击一次鼠标键,会调用窗体对象的 Print 方法,在窗体上显示一行“鼠标单击!”;每双击一次鼠标键,会在窗体上显示一行“鼠标单击!”和一行“鼠标双击!!”,

这是因为鼠标双击操作不但能引发 DblClick 事件，还能引发 Click 事件，并且先是 Click 后是 DblClick。

> 为了便于阐述，本书在大段的程序代码前加了行号。实际编程时不应有这些行号。

【例 2.2】 编写窗体的 Resize 事件过程。

(1) 创建新工程。

(2) 切换到“代码”窗口，输入以下 Resize 事件过程。

```
Private Sub Form_Resize()
  Form1.Caption = Form1.Width & "," & Form1.Height   '& 号前后有空格
End Sub
```

(3) 启动程序。

使用“最大化”按钮、“最小化”按钮和拖动边框等方法改变窗体的大小，通过为窗体对象的 Caption 属性赋值，在标题栏上显示窗体的宽度和高度值(如图 2.14 所示)。因为拖动边框改变窗体的大小时，会连续引发多个 Resize 事件，执行多次 Resize 事件过程，所以标题栏上的数值是连续变化的。

图 2.14　缩放窗口时标题栏上实时显示其宽度和高度值

如果将例 2.1 和例 2.2 的 3 个事件过程写到同一个程序中，则此程序可以实现原来两个程序的功能：既能响应鼠标的单击、双击操作，也能显示窗体的大小。

2.4.4　事件驱动机制

事件过程是在一个事件发生时执行的程序代码。每个事件过程都是相互独立的，在“代码”窗口中，它们排列的前后顺序无关紧要。

程序运行之后，处于对事件的等待状态，哪一个事件先发生就先执行哪一个事件过程。当一个事件过程执行完毕，程序又回到等待状态，不断地检测是否有新的事件发生。以事件为执行依据的机制，就是所谓的“事件驱动机制”，这是面向对象语言和面向过程语言的最大区别。

一般情况下，事件是并行的，发生的顺序不能事先预料，既可能先发生 A 事件，也可能先发生 B 事件。有时，一个事件过程的执行结果可能会对另一个事件过程的执行有影响。因此，在编写事件过程代码时，应注意多个事件之间的协调问题。

> **不能为只读属性赋值**　对于对象的只读属性，只能在设计状态时通过“属性”窗口，不能通过语句在运行时给它赋值。例如，下面的语句会在运行时出错：
>
> ```
> Form1.Name = "frmFirst"          '错误,Name 属性运行时只读
> Form1.ControlBox = False         '错误,ControlBox 属性也是只读属性
> ```
>
> 出现此类错误时，系统会弹出如图 2.15 所示的信息框。

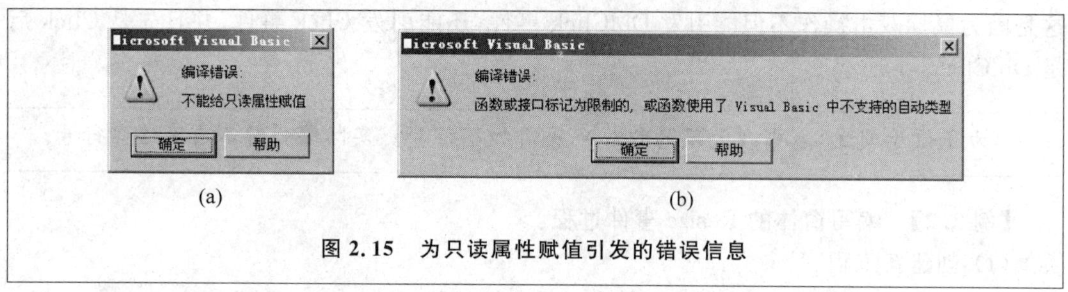

(a) (b)

图 2.15 为只读属性赋值引发的错误信息

窗体名可用 Me 代替 在窗体模块的"代码"窗口中输入程序时,可以使用关键字"Me"来代替本窗体对象名来访问其属性和方法。如果没有名称冲突时,甚至可以省略窗体对象名。例 2.1 中的语句:

```
Form1.Print "鼠标单击!"
```

可改写为以下两种形式:

```
Me.Print "鼠标单击!"
Print "鼠标单击!"
```

2.5 命令按钮控件

Windows 窗口上真正提供输入、输出能力的部件是各类"控件"。每一类控件的功能有所不同,有的主要是用来进行输入操作,有的则是输出操作,也有的控件兼有输入和输出两方面的功能。要熟练地使用各种控件,就要掌握这些控件对象的属性、方法和事件。本章介绍命令按钮、文本框和标签控件,第 8 章中讲解其他的内部控件。学习控件的用法时,应掌握它的常用属性、方法和事件以及综合运用的能力。

第一个介绍的控件是"命令按钮"(简称为"按钮"),它的类型名为 CommandButton。通过图 2.3 可以得知该控件在"工具箱"窗口的位置。命令按钮是一个典型的控件,它的许多属性、方法和事件其他控件也有,因此只在这里详细讲解,以后讲解其他控件时不再细述。

命令按钮是一种很常用的控件,基本上在所有的窗口中都可以找到。它的主要作用是在被单击之后,执行一个具体操作(如"计算"、"删除"和"添加"按钮等),也经常用来关闭一个窗口(如"确定"、"取消"和"关闭"按钮等)。

2.5.1 命令按钮的常用属性

1. Name 属性

Name 属性即对象名,要符合 Visual Basic 对对象名的要求(详见 2.3.2 节窗体 Name 属性部分)。**在同一个窗体上,不能有同名的控件。**

2. Left 属性、Top 属性

这两个属性的值分别是命令按钮左上角在窗体上的水平与垂直位置坐标,坐标原点位于窗体客户区的左上角,而不是窗体外框的左上角。坐标值的默认单位是缇。

如图 2.16 所示，Left 属性是按钮左边缘与窗体客户区左边缘的距离，Top 属性是按钮上边缘与窗体客户区上边缘的距离。

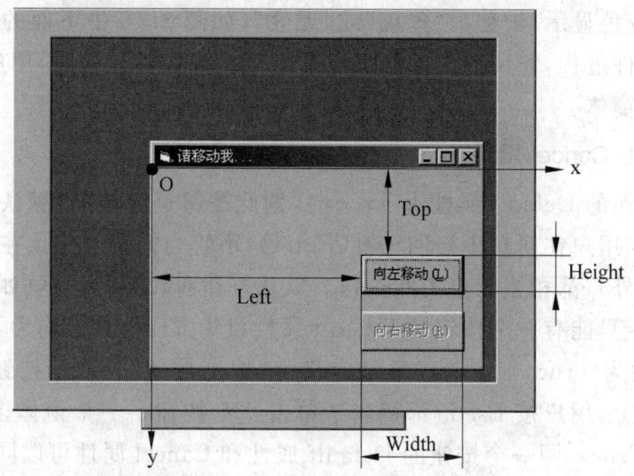

图 2.16 按钮的位置和大小属性

窗体在屏幕上定位使用的是图 2.12 所示的屏幕坐标系，各类控件在窗体上定位使用的是图 2.16 所示的窗体坐标系。

如果将控件的 Left 和 Top 属性设为负值或大于窗体宽度和高度的值，则将控件移出窗体并隐藏起来。

3. Width 属性、Height 属性

这两个属性的值分别是按钮对象的宽度与高度(见图 2.16)，默认单位也是缇。

4. Visible 属性

Visible 属性决定命令按钮对象是否可见：属性值为 True 时可见，为 False 时隐藏。当控件不可见时，不能响应用户的鼠标与键盘操作。Visible 属性在运行时生效。

5. Caption 属性

Caption 属性的值是显示在按钮表面上的标题文字，它说明了此控件的用途，即单击之后会执行什么操作。

定义快捷键 如果在 Caption 属性值中有“&”字符，则“&”字符并不显示在按钮表面上，而是把紧接在它后面的字符定义为这个按钮的快捷键(也称为访问键)。快捷键是按钮上一个有下划线的字符，当用户按下 Alt+快捷键字符组合键，相当于单击这个按钮。在图 2.16 中，第一个按钮表面的文字是“向左移动(L)”，“L”键就是这个按钮的快捷键，它的 Caption 属性值为“向左移动(&L)”。

如果确实要在按钮表面上显示一个“&”字符，则应该在 Caption 属性中使用两个连着的“&&”。不应在 Caption 属性中使用两个以上不连续的“&”字符，也不应把“&”字符用在汉字前面，还应避免同一个窗体上不同控件有相同的快捷键。

为了把快捷键字符与按钮表面上其他的文字分开，可以使用括号把快捷键字符括起来，但是括号与快捷键没有直接关系。

6. Enabled 属性

Enabled 属性值决定按钮是否有效、可用，取值为 True 或 False。当此属性值为 False 时，按钮文字会以灰色显示，被称为“置灰”或“无效”(如图 2.16 中下面的按钮)。不论是否编写了该控件的事件过程，对用户的操作都没有响应。**当控件无效时，用户在这个控件上的鼠标操作会传递给窗体。**

7. Default 属性、Cancel 属性

当一个命令按钮的 Default 属性为 True 时，则此按钮是窗体的“**默认按钮**”。默认按钮是指这样的按钮，当用户在窗口中按回车键(Enter)，不管当前输入焦点在哪个控件上(接受回车操作的控件除外)，都相当于单击此按钮。默认按钮有较粗的边框(如图 2.16 中上面的按钮)。一个窗体上只能有一个按钮的 Default 属性设为 True，其他均为 False。

若 Cancel 属性为 True，则按钮对象被定义为“取消按钮”。取消按钮是指无论当前输入焦点在哪个控件上，用户按 Esc 键都相当于单击这个按钮。一个窗体上只能有一个按钮的 Cancel 属性为 True。同一个按钮的 Default 属性和 Cancel 属性可以同时为 True。

注意，只有确实有“确定”或“取消”意义的按钮时，才应该把这两个属性设为 True，否则会影响正常的使用。

8. Value 属性

通过程序代码为 Value 属性赋 True 值，可以引发按钮对象的 Click 事件，相当于“虚拟点击”或“软触发”。

2.5.2 命令按钮的 Move 方法

按钮的 Move 方法与窗体的 Move 方法作用相似，都是移动和缩放对象。不同之处在于控件的移动是以窗体坐标系为基础的。语法为：

```
object.Move ␣ left[,top[,width[,height]]]
```

object 应为按钮对象名，left、top 参数指定新的位置，width、height 参数指定新的宽度和高度。

2.5.3 命令按钮的 Click 事件

Click 事件(即鼠标单击事件)是用户在按钮表面上单击鼠标左键引发的。按钮的 Click 事件过程语法为：

```
Private ␣ Sub ␣ object _ Click()
```

其中 object 处应是对象名。除了鼠标单击，下列操作也可以引发按钮对象的 Click 事件：

(1) 使用 Tab 键把输入焦点移动到该按钮上，然后按空格或 Enter 键。

(2) 按快捷键(Alt＋下划线字符)。

(3) 如果是“默认按钮”(Default 属性为 True)，按 Enter 键。

(4) 如果是“取消按钮”(Cancel 属性为 True)，按 Esc 键。

(5) 在程序中为按钮对象的 Value 属性赋 True 值：objectname. Value＝True。

(6) 命令按钮对象没有 DblClick 事件,不支持鼠标双击事件。双击会被分解为两次单击操作。

> **控件的事件过程名** 对于窗体来说,无论其对象名是什么,其事件过程名总是"Form_事件名"。但是对于各种控件对象,事件过程名格式是"对象名_事件名"。这是因为一个窗体模块中只能有一个窗体,却可以有大量的控件,必须以对象名加以区分。

【例 2.3】 使用按钮移动窗体(如图 2.16 所示)。步骤如下:

(1) 启动 Visual Basic 集成环境,新建工程。

(2) 使用"属性"窗口,将窗体 Name 属性值改为 frmMoveMe; Caption 属性值改为"请移动我..."。其他属性使用默认值。

(3) 在窗体上放置两个命令按钮,排列整齐。

(4) 通过"属性"窗口,将上面按钮的 Name 属性改为 cmdMoveLeft; Caption 属性值改为"向左移动(&L)"。把下面按钮的 Name 属性改为 cmdMoveRight; Caption 属性值改为"向右移动(&R)"。其他属性不变。

(5) 切换到"代码"窗口,输入如下两个事件过程:

```
Private Sub cmdMoveLeft_Click()
  frmMoveMe.Left = frmMoveMe.Left - 200
End Sub
Private Sub cmdMoveRight_Click()
  frmMoveMe.Move frmMoveMe.Left + 200
End Sub
```

(6) 检查程序无误后,按 F5 键启动程序。每当单击上面的按钮,窗体水平向左移动 200 个单位(缇);单击下面按钮时,窗体水平向右移动 200 个单位。

两个按钮的 Click 事件过程都是移动窗体对象,却使用了不同的方式:前者为窗体的 Left 属性值赋值,后者则调用了窗体的 Move 方法。"frmMoveMe.Left=frmMoveMe.Left－200"是一条赋值语句,它的作用是把 frmMoveMe 对象 Left 属性的当前值减去 200,得出的结果作为新值再赋给此属性。在"frmMoveMe.Move frmMoveMe.Left＋200"语句中,"frmMoveMe.Left＋200"是 Move 方法的第一个参数,相当于把窗体水平移动到当前水平位置右边 200 个单位处。

如果在设计时通过"属性"窗口把按钮 cmdMoveRight 的 Enabled 属性改为 False,则在运行时,这个按钮呈无效状态(如图 2.16 所示)。即使编写了它的 Click 事件过程,也不会被执行。

2.6 文本框控件

文本框(TextBox)是 Windows 窗口中进行输入输出操作的重要控件,可以用来输入诸如姓名、地址、密码等信息,也可以用来显示程序的运行结果。文本框本身具备常用的编辑功能,如显示闪烁的插入点光标,支持键盘输入、插入、删除、复制与粘贴,还支持使用鼠标拖动来选择其中部分内容。这些功能已经封装在对象中了。

图 2.3 显示了文本框控件在“工具箱”窗口中的位置。图 2.17 所示的窗体上有 3 个不同状态的文本框控件。

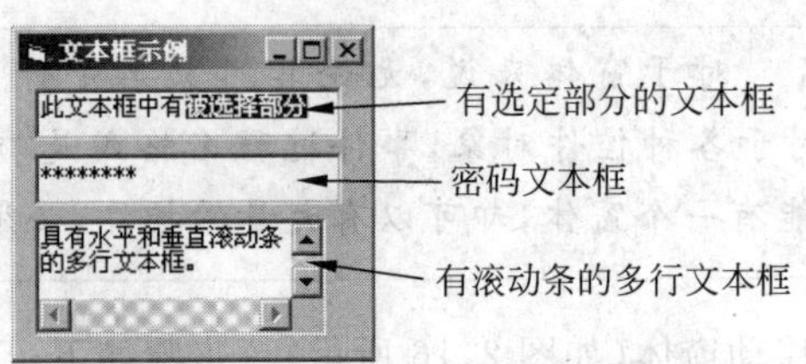

图 2.17 文本框控件

2.6.1 文本框的常用属性

1. Name、Left、Top、Width、Height、Visible、Enabled 属性

这些属性的意义参考命令按钮的同名属性。

2. Text 属性

Text 属性的值是文本框中的文本内容。可以通过为 Text 属性赋值来显示指定内容，也可以通过此属性读取用户输入的内容。Text 属性是文本框控件最关键的属性。

> **对象的默认属性** Text 属性是文本框控件的默认属性。访问一个对象的默认属性时可以只使用对象名而省略属性名。如下面的语句：
>
> ```
> txtOutput.Text = "你好！Visual Basic"
> ```
>
> 可以改写为：
>
> ```
> txtOutput = "你好！Visual Basic"
> ```
>
> Visual Basic 为窗体和各种控件设置了默认属性，详见附录 B。

3. MaxLength 属性

此属性设定文本框中文本的最大长度(以字符数为单位，一个字母、数字和汉字都算一个字符)。默认值为 0，只受系统限制。可以利用这个属性来限制文本框内容的输入长度。MaxLength 属性的设置只影响其后的操作，如果在设置该属性之前文本框的内容已超出该长度，则不受影响。

4. MultiLine 属性

MultiLine 属性决定文本框是否支持用多行来显示文本，它是运行时只读属性。

MultiLine 属性的默认值为 False，以单行显示文本，忽略“回车符”与“换行符”，最多可包含 2048 个字符(当 MaxLength 属性设为 0)。当文本框中不能同时显示所有内容时，只能使用左右方向键移动插入点进行滚动。

当 MultiLine 属性为 True 时，文本框中可以显示多行内容，最多可包含 32K 个字符(当 MaxLength 属性设为 0)。按 Enter(回车)键可以在输入时强制换行，如果窗口中有默认按钮(其 Default 属性值为 True)，则要按 Ctrl＋Enter 组合键才能换行。

在设计状态时，如果此属性为True，则“属性”窗口中文本框的Text属性处显示一个下拉列表，在其中可以输入多行文字，需要强制换行时，必须按下Ctrl＋Enter组合键（而不是Enter）。

5. ScrollBars属性

当文本框的MultiLine属性值为True时，ScrollBars属性值决定文本框有无水平或垂直滚动条（见表2.3）。MultiLine属性为False时，文本框无滚动条，ScrollBars属性的设置无意义。

表2.3　文本框控件的ScrollBars属性

属性值	滚动条情况	换行情况
0	无滚动条（默认值）	自动换行（满一行后自动换行）＋强制换行（Enter键换行）
1	只有水平滚动条	不能自动换行，可以强制换行
2	只有垂直滚动条	自动换行＋强制换行
3	水平、垂直滚动条都有	不能自动换行，可以强制换行

图2.17所示多行文本框的ScrollBars属性值为3。ScrollBars属性在运行时只读。

6. Appearance属性

当Appearance属性为1（默认值）时，文本框控件以三维立体方式显示；属性值为0时，以二维平面效果显示。窗体与大部分控件对象都有此属性，不过有些对象（如命令按钮）当此属性的值改变时，外观并没有明显的变化。

7. SelLength属性、SelStart属性、SelText属性

文本框支持部分或全部内容的选定。当用户使用鼠标在文本框中拖动时可以把拖动经过的文本选定，被选定的文本以突出方式显示（默认为蓝底白字，如图2.17所示）。

SelText属性值为当前所选择的文本内容；SelLength属性值为当前选定文本的长度（以字符数为单位）；SelStart属性值是指选定文本的首字符在文本框中的位置。注意，SelStart属性的值以0开始，当选定文本是从文本框中第1个字符开始的，SelStart值是0；当选定的文本是从第2个字符开始的，SelStart的值为1，以此类推。

图2.17中被选定文本框的SelStart值为6，SelLength值为5，SelText值为“被选择部分”。如果文本框有被选定部分，给SelText属性赋值可以用新的内容替换掉文本框中已选定内容；如果没有选定部分，给SelText属性赋值可以向光标所在处插入新文本。

这三个属性只在运行时可用，设计状态下，在“属性”窗口并不列出它们。这种在运行时可用、设计时不可用的属性，称为**“运行时属性”**。

8. Alignment属性

Alignment属性决定文本在文本框的对齐方式。属性值为0时，左对齐（默认值）；为1时，右对齐；为2时，居中。注意，当Alignment属性的值为1或2时，必须把文本框的MultiLine属性设为True，否则可能不能实现右对齐或居中。Alignment是运行时只读属性。

9. PasswordChar属性

此属性可用来创建“密码文本框”（如图2.17所示）。PasswordChar属性的值只能是

“空字符”或单个字符。为单个字符时，用来设置“密码字符”。例如，把此属性设置为“＊”，则文本框中的字符都以星号显示，达到保密的作用。程序仍可以通过文本框的 Text 属性值获取真正的内容。此属性的默认值为“空”，字符原样显示。只有当 MultiLine 属性的值为 False 时，此属性的值才有效，并且不能为其指定汉字。

10. Locked 属性

当 Locked 属性值为 True 时，运行状态下的用户不能直接编辑文本框中的文本（即内容被锁定），通过程序代码仍可以修改内容。默认值为 False，文本框内容可以被用户直接编辑。

2.6.2 文本框的 Move 方法

文本框的 Move 方法与命令按钮的 Move 方法在语法和功能上相同。

2.6.3 文本框的常用事件

1. Click 事件、DblClick 事件

Click 事件是使用鼠标左键单击文本框时激发的事件，事件过程的语法和命令按钮控件的 Click 事件过程相同。当在文本框中右击时，会弹出一个系统快捷菜单，不引发 Click 事件。

DblClick 事件是鼠标左键在文本框中双击时引发的，语法如下：

```
Private␣Sub␣object_DblClick( )
```

因为文本框的主要作用是输入与输出文本，这两个功能不使用事件过程就可以完成，所以一般不必编写文本框的 Click 和 DblClick 事件过程。

2. Change 事件

当文本框的内容（即 Text 属性的值）发生改变（被用户直接编辑或被程序赋值）时引发的事件。Change 事件过程语法为：

```
Private␣Sub␣object_Change( )
```

这里的 object 是文本框对象名。与窗体的 Resize 事件同理，在文本框的 Change 事件过程中不应有改变其自身 Text 属性值的语句，否则可能造成“堆栈溢出错误”。也要避免两个文本框的 Change 事件过程中有相互改变对方 Text 属性值的情况出现。

【例 2.4】 编写文本框的 Change 事件过程。

(1) 启动 VB 集成环境，创建新工程。

(2) 在窗体上放置两个文本框，通过“属性”窗口将二者的名称改为 txtInput 和 txtOutput，将 Text 属性清空。

(3) 切换到“代码”窗口，编写如下事件过程：

```
Private Sub txtInput_Change()
   txtOutput.Text = txtInput.Text
End Sub
```

(4) 启动程序。因为编写了文本框 txtInput 的 Change 事件过程，所以无论在文本框

txtInput 中输入什么内容（包括删除操作），文本框 txtOutput 中的内容自动与文本框 txtInput 相同。

2.7 标签控件

与文本框不同，标签控件是专门用来输出信息的，经常用来对其他没有标题的控件（如文本框、列表框、组合框等）进行说明，也可用来显示一些程序运行过程中的提示信息。标签对象显示的内容不能由用户直接编辑，但是可以通过程序进行修改。

2.7.1 标签的常用属性

1. Name、Left、Top、Width、Height、Visible、Enabled 属性

这些属性的意义和命令按钮相同。

2. Caption 属性

Caption 是标签控件的默认属性，它的值是标签控件上显示的文字内容。与命令按钮一样，在标签上也可以使用 & 来定义快捷键。使用 Alt＋快捷键可将输入焦点移动到 Tab 键次序中下一个可以拥有焦点的控件上。关于 Tab 键次序，8.5 节中有专门的讲解。

3. BorderStyle 属性

此属性决定标签控件是否有边框，默认值为 0，无边框；取值为 1 时，有边框（如图 2.18 中底部的标签）。

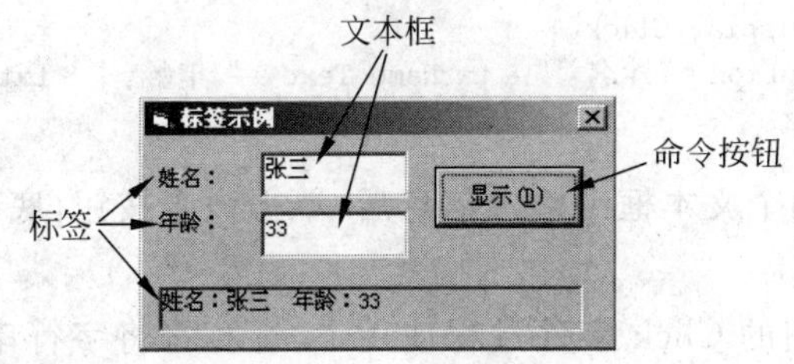

图 2.18 标签的应用

4. WordWrap 属性

WordWrap 属性的值决定当标签上显示的文本内容超过标签宽度时是否换行。默认值为 False，不换行；为 True 时，换行。

5. AutoSize 属性

AutoSize 属性的值决定标签控件的大小是否随所显示的内容（Caption 属性的值）而变化。默认值为 False，控件大小不变化；为 True 时，控件大小自动适应所显示的内容。

当 AutoSize 属性设置为 True 时，WordWrap 属性决定标签控件大小变化的方向：WordWrap 属性值是 True 时，则改变高度；为 False 时，则改变宽度。

2.7.2 标签的 Move 方法

标签的 Move 方法与命令按钮、文本框的 Move 方法在语法与功能上相同。

2.7.3 标签的常用事件

1. Click 事件、DblClick 事件

标签对象能响应 Click 事件(鼠标单击)和 DblClick(鼠标双击)事件,无论操作的是鼠标的左键还是右键,都可以引发标签的 Click 事件或 DblClick 事件。这两个事件过程的语法和文本框控件相同。

因为标签控件的主要功能是说明和输出显示,所以一般没有必要处理它的鼠标单击和双击事件过程。

2. Change 事件

当标签控件显示的内容(即 Caption 属性的值)发生改变时会触发 Change 事件。Change 事件过程语法为:

```
Private␣Sub␣object_Change( )
```

因为标签控件内容不能由用户直接编辑,所以 Change 事件只可能由程序代码引发。

【例 2.5】 创建如图 2.18 所示的程序。

(1) 启动 VB,创建工程。

(2) 在窗体上创建如图 2.18 所示的 6 个控件,两个文本框的对象名分别设为 txtName 和 txtAge,按钮对象名设为 cmdDisplay,窗体底部标签的对象名设为 lblDisplay,其他两个标签使用默认对象名。将窗体的 BorderStyle 属性设置为 1(固定边框)。

(3) 在"代码"窗口中输入以下事件过程(注意:& 号前后应有空格)。

```
Private Sub cmdDisplay_Click()
   lblDisplay.Caption = "姓名:" & txtName.Text & " 年龄:" & txtAge.Text
End Sub
```

(4) 运行程序,在两个文本框中输入信息后,单击命令按钮,底部标签上显示出信息的汇总。

在这个例子中,按钮的 Click 事件过程使用 & 运算符将字符串常量和文本框的 Text 属性值连接成一个长字符串,然后赋值给标签的 Caption 属性显示出来。

2.8 Visual Basic 语法规则

计算机程序设计语言是有语法规则的,保证计算机能理解程序代码的含义。不遵守规则,就会出错,不能达到人与计算机进行交流的目的。下面提到的只是一些语法要点,还有许多详细的规则渗透在本书的各个章节中。

1. 字母的大小写

Visual Basic 源程序中不区分代码字母的大小写。但是所有的标识符(指对象名、变量名、常量名和过程名等)只有一种大小写形式。例如,如果 frmInput 表示一个窗体对象名,则 FrmINPUT、FRMINPUT、frminput 等都表示这个对象,但不会同时出现在程序中。Visual Basic 的代码编辑器会自动地把代表同一标识符的不同大小写形式转换成为最先出现的形式。如果是对象名，以“属性”窗口给定的为准；如果是变量名、过程名，以定义时给定的为准。

如果输入的是关键字，如 Private、Sub、End、Form 和 TextBox 等，Visual Basic 会自动地转换为内部的标准形式，一般是单词首字母大写。

2. 语句

语句(Statement)是程序的基本功能单位。每条语句都有确切的含义，能完成一定的任务。例如，“Private Sub Form_Click( )”是一条语句，表示一个事件过程的开始，“End Sub”也是一条语句，表示一个过程的结束。这两条语句之间又可以写其他的语句，如“Form1. Left＝1000”是赋值语句。在 Visual Basic 的“代码”窗口中输入程序时，当写完一条语句后，按 Enter 键另起一行再写下一条语句，语句末尾不加任何的语句结束符(C 语言以分号作为语句结束符)。语句与语句之间可以有空行，每条语句前可以有一定数量的空格或制表符(Tab 键)。

每次换行，VB 的代码编辑器会对刚输入的语句行进行必要的语法检查，一些比较明显的错误可在这一环节上被排除。

3. 续行

一般来说，在 Visual Basic 中一条语句占用一行。一行可以写很多的字符，即使很长的语句都可以放在同一行上。但是，因为代码编辑器中文本不自动换行，太长的语句不能在窗口中方便地查看，也不方便打印，所以 VB 允许将一条语句分两行或多行书写。

Visual Basic 中的续行符是“ ␣ _”(空格与下划线)。一条语句写到要换行时，输入空格与下划线，然后回车另起一行，再接着输入语句剩下部分。例如，例 2.5 中的语句可以改写为：

```
lblDisplay.Caption = "姓名：" & txtName.Text & ␣ _
" 年龄：" & txtAge.Text
```

一条语句可以分多行书写，要求在每个未完的行尾加续行符。

注意，语句续行一般在运算符处(如上面的字符串连接符 &)断开，不应在对象名、属性名、方法名、事件名、变量名、关键字和常量中间断开。同一条语句的多个续行之间不能有空行。

4. 一行上书写多条语句

多条语句可以写在同一行上，但是要在语句之间加入冒号“：”来分隔。例如：

```
Form1.Left = 2000：Form1.Top = 2000：Form1.Height  = 1000：Form1.Width = 1000
```

从程序的可读性角度考虑，最好一行书写一条语句。

5. 注释

注释是在程序中添加的说明性文字，在程序运行过程中，注释语句是不被执行的。注释内容主要用来解释语句、过程的作用，以便他人或开发者本人日后能够读懂程序。Visual Basic 把“'”(英文的单引号，与双引号在同一个键上)作为注释符。每条注释语句前面都要加注释符。

注释内容可以单独占用一行，也可以写在其他语句后面。但是，续行符后面不能跟注释。例如，下面是正确的注释：

```
lblDisplay.Caption = "姓名：" & txtName.Text & _
" 年龄：" & txtAge.Text              '正确的续行和注释
```

如果希望一次性地把选定的多行语句变为注释语句，可以使用集成环境“编辑”工具栏上的“设置注释块”按钮。

除了单引号之外，还可以使用 Rem 关键字进行注释，如果放在其他语句后面，Rem 前必须加冒号。例如：

```
Rem 这也是一条注释语句
lblDisplay.Caption = "Visual Basic": Rem 赋值语句
```

6．行号与行标号

沿袭了早期的 Basic 语言，Visual Basic 允许在语句前面加上行号或行标号。行号是任意整数，不要求连续，也不要求递增或递减。行标号是以字母开头、冒号“：”结束的任意字符串。行号与行标号之前不能有空格；在同一模块中，不能有重复的行号或行标号。

在给语句添加行号或行标号时，不要求所有的语句都添加。一般情况下，没有必要使用行号或行标号，除非使用了本书中 5.7 节和 11.3 节讲到的 GoTo 语句和错误处理子程序。

7．英文符号与中文符号

Visual Basic 的语法要素中使用的都是英文字母和英文符号(称为半角符号)，所以在输入源程序时，应该将中文输入法关闭，避免输入全角字母和符号。全角字母和标点符号只有在字符串常量中才可以使用。

虽然 Visual Basic 允许以汉字作为对象名、变量名和过程名，但这样显然会降低代码的输入速度，因此不建议这样做。

8．锯齿形缩进

为了使程序便于阅读、易于调试，人们约定了锯齿形缩进的程序书写方式。将过程体、函数体和循环体等多条语句使用空格或 Tab 键向后缩进，使得程序错落有致，具有层次感。

Visual Basic 代码编辑器本身具有自动缩进功能，新的程序行与前一程序行的首字符自动对齐。本书的所有例子均采用了锯齿形缩进。

9．其他注意事项

在 Visual Basic 的程序代码中，一个语句行的开头可以有多个空格(行号与行标号例外)。关键字、运算符、常量、变量和属性之间一般都要有一个空格作间隔。在大多数情况下，Visual Basic 的编辑器会在光标移到其他程序行时自动插入这些空格。但是，有些场合(如字符串连接运算符“&”)是要求输入空格的。

另外，在 Visual Basic 代码编辑器中，使用默认字体时，小写字母“l”与数字“1”很难区分，数字“0”与字母“O”和“o”也容易混淆，所以在编写程序时要加以注意。

2.9 开发应用程序的主要步骤

在 Visual Basic 中，开发一个应用程序应该遵循以下的主要步骤：

1．预备工作

这个步骤是非常重要的。在开发一个应用程序之前，必须充分考虑到应用程序有哪些主要功能,分别通过什么方法实现;共使用几个模块、几个窗体,每个窗体上使用什么控件;关键问题使用什么算法,必要时要画出流程图。虽然在做预备工作时,不可能把编程中会遇到的问题全部考虑到,但是事先做好详细的筹划绝对有益处。“磨刀不误砍柴工”,在准备好之前,不能急于开始上机编程。

2. 建立界面

新建工程之后,首先建立想要的窗体对象,并在窗体上放置所有必要的控件。对控件的大小与位置进行调整,使其在窗体上排布尽量美观。

3. 设置属性

通过“属性”窗口设置窗体及控件对象的初始属性。特别是像 Name 这类十分重要的属性,一定要在编写程序代码之前设置好,否则改动起来是非常麻烦的。

4. 编写代码,进行调试

编写各事件过程与通用过程代码。这是真正实现程序功能的步骤,也是要花费最大精力的步骤。在编写代码的过程中,需要不断地进行调试、排错。

5. 编译

如果程序调试通过,能够实现预定目的,就可以编译为可执行文件。必要时可以制作成安装盘,方便用户安装使用。

以上只是大体的步骤,很可能在执行某一步时需要返回到它前面的步骤去。

2.10 工程的管理和可执行文件的生成

Visual Basic 把用来构造一个应用程序的所有相关文件称为一个工程(Project)。使用工程可以方便地管理源程序,也可以生成最终的可执行文件。

2.10.1 工程中的模块与文件

如图 2.19 所示,一个工程通常由多个模块组成,每个模块在保存时会生成一个或多个文件,因此一个工程是由多种类型的文件组成。下面列出的是几种常用的文件类型。

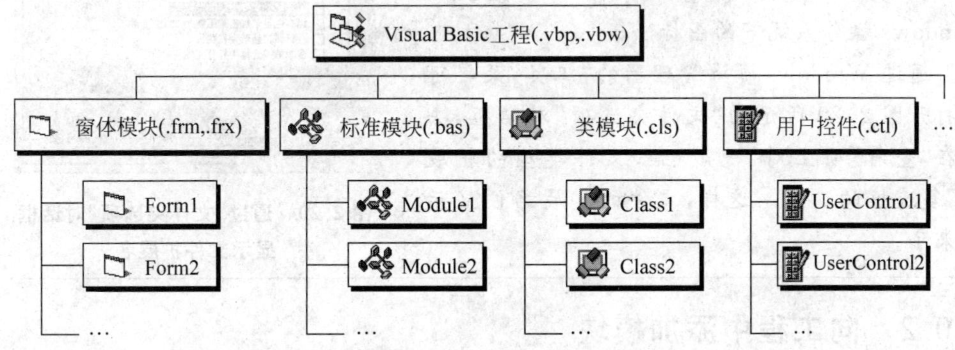

图 2.19 Visual Basic 工程的组成

1. 工程文件(.vbp 和.vbw)

一个工程只有一个以.vbp为扩展名的工程文件,它管理着该工程的所有部件,记录了工程的设置、所包括的模块及各模块保存的位置。此外,每个工程还会生成一个扩展名为.vbw的附属工程文件,它记录了工程在上一次保存时集成环境中各个"对象"窗口和"代码"窗口的状态。

2. 窗体文件(.frm 和.frx)

添加到工程中的每个窗体都会单独地保存为一个扩展名为.frm的窗体文件。工程中有几个窗体就会产生几个窗体文件。窗体文件中保存了该窗体和放置在该窗体上控件的所有信息,包括对象名、对象类型、对象的属性设置、对象的事件过程代码和通用过程代码。也就是说,一个窗体文件保存了这个窗体所对应的"对象"窗口和"代码"窗口所有的内容。

如果在"属性"窗口中设置了窗体的Icon属性、Picture属性,则图片的二进制信息被单独保存到一个与.frm文件同名的.frx文件中,该文件称为"二进制窗体文件"。

3. 标准模块文件(.bas)

标准模块是用来保存全局变量、常量、数据类型和通用过程的地方。其他的模块可以调用标准模块中的代码。一个工程中可以有多个标准模块,每个标准模块保存为一个扩展名为.bas的文件。

4. 类模块文件(.cls)

Visual Basic允许编程者创建新的类,新类的定义保存在类模块中。一个工程中可以有多个类模块,每个类模块保存为一个扩展名为.cls的文件。

工程文件(.vbp)、窗体文件(.frm)、标准模块文件(.bas)和类模块文件(.cls)实际上都是纯文本文件,可以使用"记事本"这类文本编辑软件打开、查看并进行修改。有经验的用户可以使用这种方法解决一些疑难问题,但初学者应避免使用此方法修改。

在默认情况下,Windows操作系统并不显示文件的扩展名,只是通过图标来区别不同类型的文件。图2.19列出了几种常用文件类型在Windows操作系统下的图标。

通过Windows资源管理器的"工具"菜单可以打开图2.20所示的"文件夹选项"对话框,去除在"查看"页上对"隐藏已知文件类型的扩展名"复选框的选定。这样,文件的扩展名便显示出来了。

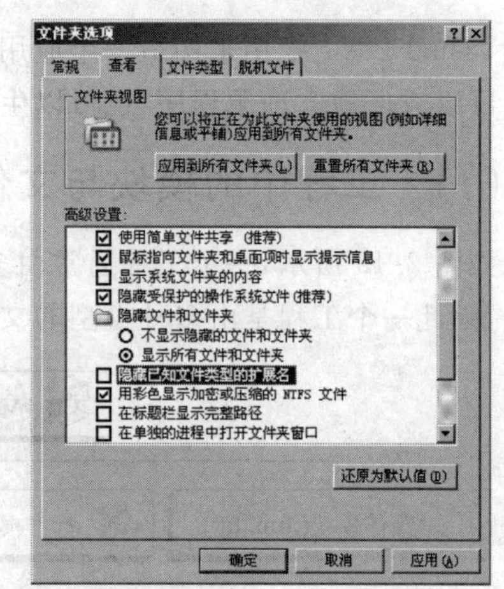

图2.20 通过"文件夹选项"对话框显示文件扩展名

2.10.2 向工程中添加模块

在Visual Basic中,模块是相互独立的编程单位。刚建立的工程只有一个窗体模块。如果需要,可以很方便地添加其他类型的模块。Visual Basic开发环境提供了3种向工程中添加模块的方法。

(1) 使用工具栏上的"添加模块"按钮。如图 2.21 所示,该按钮附带的下拉按钮可以打开一个菜单,使用其中的"添加窗体"、"添加模块"和"添加类模块"菜单命令可以分别向当前工程中添加窗体模块、标准模块和类模块。

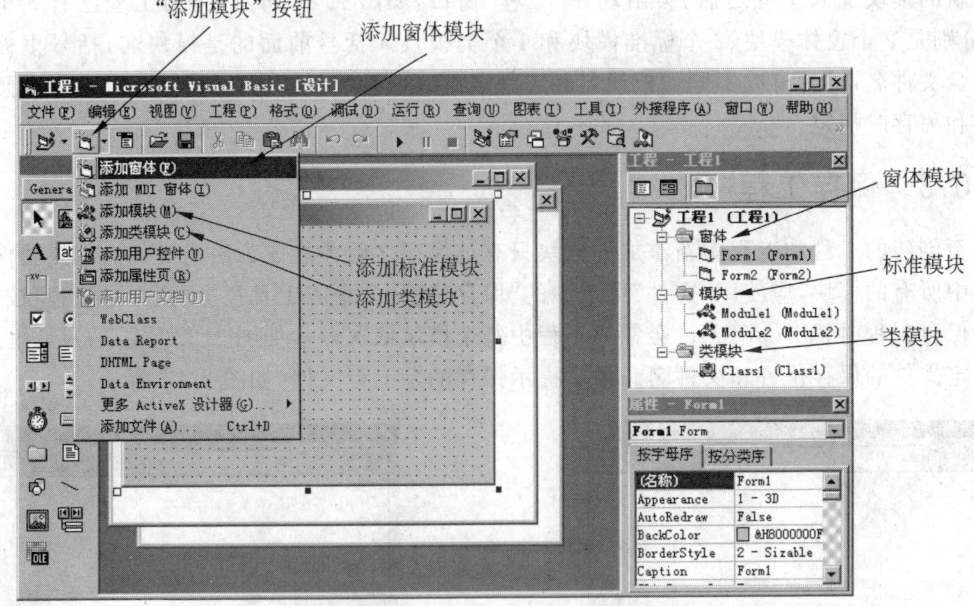

图 2.21 向工程中添加模块

(2) 主菜单栏上的"工程"菜单中也有上述菜单项。

(3) 在"工程"窗口中右击,弹出的快捷菜单中有"添加"子菜单,其中也列出了"添加模块"菜单项。

从上述 3 种方法弹出的菜单上选择想要添加的模块类型,会显示"添加模块"对话框(如图 2.22 所示,这里以"添加窗体"对话框为例)。对话框上有"新建"和"现存"两个选项卡,在"新建"页上,提供了多种模板。第一个模板是空窗体,也是实际使用中选择最多的一项;其他模板是一些专用窗体,提供了一些控件和初始代码。在"现存"页上,可以将磁盘上已有的模块文件添加到当前工程中。

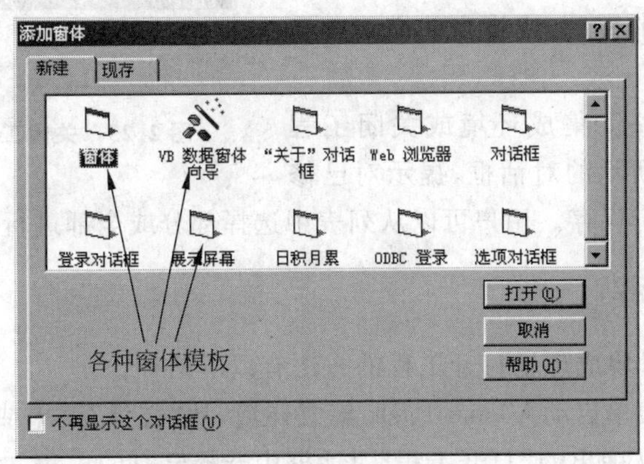

图 2.22 "添加窗体"对话框

值得注意的是,将磁盘中现存的模块添加到当前工程时,并不将这些模块重新复制一份。这为多个工程共享一个模块创造了条件,但也可能带来麻烦:在一个工程中修改该模块,会影响同样包含了此模块的其他工程。解决这个问题的办法是:在添加到当前工程之前,将该模块手工复制一份。

新的模块加入工程之后,会出现在"工程"窗口,如图 2.21 所示,当前工程已有 5 个模块,分别是 2 个窗体模块、2 个标准模块和 1 个类模块。括号前面的是模块名,括号里面的是磁盘文件名,二者可以不同。模块名和工程名可以通过"属性"窗口进行更改,文件名须在保存和另存时指定。

2.10.3 保存工程

新创建的工程和工程中新添加的模块只有被保存之后才能成为磁盘文件。如果要保存工程中所有的模块,应使用"文件"菜单中的"保存工程"命令或工具栏上的"保存工程"按钮。

保存工程时,Visual Basic 会针对工程中每个模块依次显示如图 2.23 所示的对话框,提示指定文件的保存位置和文件名。最后提示保存的是工程文件(如图 2.24 所示)。

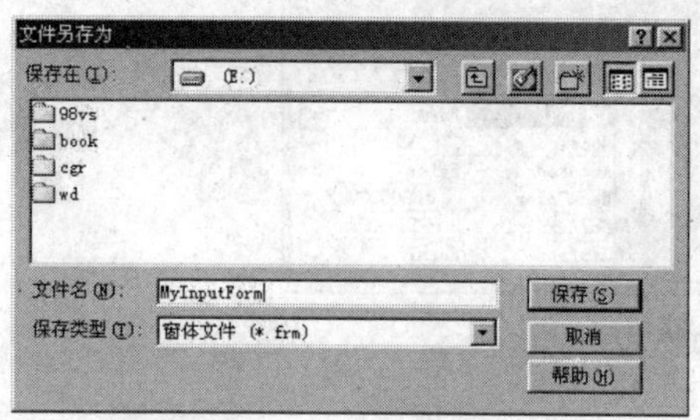

图 2.23 保存模块文件

图 2.24 保存工程文件

工程文件中记录了工程中所有文件的保存位置。在 Visual Basic 中打开工程的同时也打开了工程中的各个模块文件。虽然工程文件和各个模块文件可以保存在不同的文件夹中,但是不建议这样做。

除了在保存工程时保存各模块之外,"文件"菜单中还有专门保存当前模块的菜单命令:"保存××"和"××另存为"(其中"××"为当前模块名),可以只保存当前模块,或将当前模块改名另存。

图 2.25 关闭工程时的提示信息

当退出 Visual Basic 集成环境或关闭工程时,会弹出如图 2.25 所示的对话框,提示对已修改但未保存的模块进行保存。用户可以从列表中选择部分或全部进行保存。

2.10.4 打开工程

使用 Visual Basic 集成环境打开工程的方法有以下两种:

(1) 通过"开始"菜单启动 Visual Basic 集成环境,从"文件"菜单或工具栏上选择"打开工程"菜单项或按钮,从弹出的"打开工程"对话框中选择已有的工程文件。

(2) 在 Windows 资源管理器中,双击以.vbp 为扩展名的工程文件,自动打开 Visual Basic 集成环境和相应的工程。

打开工程文件实际上打开了整个工程,可以对其中的所有模块进行编辑。

工程信息是单向的。也就是说,工程文件中包含了各个模块的信息(模块名及保存位置),但各个模块中却没有工程方面的信息。所以,不应在 Visual Basic 之外(如使用 Windows 资源管理器)更改模块文件名或移动模块文件,否则在打开工程时会出现如图 2.26 所示的错误。

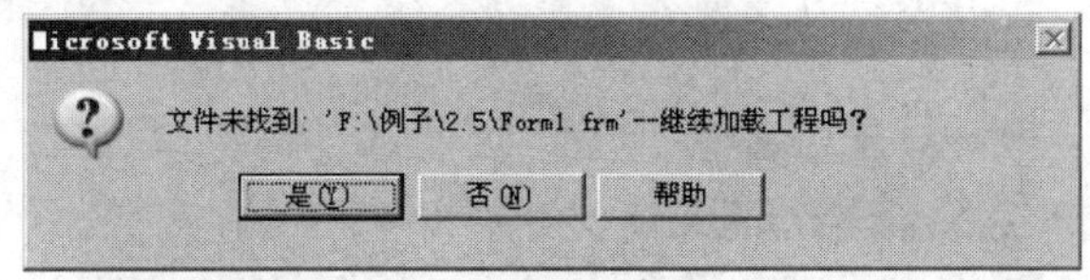

图 2.26 找不到模块

如果在 Windows 资源管理器中双击的不是工程文件,而是模块文件(如窗体文件.frm、标准模块文件.bas 等),并不能打开原工程,而是只打开该模块并自动创建了一个新的工程。

2.10.5 移除模块

如果要从工程中将某一模块删除,需要在"工程"窗口中该模块名上右击,选择"移除××"命令(其中"××"为模块名)。如果该模块被修改过,会提示是否保存。移除模块的操作只是将该模块的信息从工程文件中删除(以后打开工程时不会打开该模块),不会将模块文件从磁盘上删除的。

2.10.6 工程组*

使用 Visual Basic 集成环境"文件"菜单中的"新建工程"或"打开工程"菜单命令打开工程时,必须关闭已打开的工程。而"文件"菜单中的"添加工程"菜单命令可以打开工程而不需要关闭已打开的工程。被打开的多个工程构成了一个工程组,"工程"窗口变为"工程组"窗口。

工程组中的多个工程中只有一个是"启动工程",在"工程组"窗口中以粗体显示。要使某个工程成为启动工程,可以在工程名上右击,从快捷菜单中选择"设置为启动"命令。也可以将工程组保存为一个以.vbg 为扩展名的工程组文件。工程组文件与工程文件类似,只是保存了相关工程的名称和路径等信息。工程组中的工程仍可以作为单独的工程打开。

对于初学者,没有必要使用工程组。在添加工程之前,应该先把当前打开的工程从集成环境中移除。方法是:使用"文件"菜单中的"移除工程"命令;也可以在"工程组"窗口中的工程名上右击,从快捷菜单中选择"移除工程"命令。移除工程不影响已保存的磁盘文件,并提示对已做的修改进行保存。

2.10.7 生成可执行文件

如果应用程序调试通过,就可以编译生成可执行文件了。

从"文件"菜单中选择"生成××.exe"菜单项("××"是当前工程文件名),弹出"生成工程"对话框(如图 2.27 所示)。在这个对话框中,可以指定生成的可执行文件名及保存位置,默认的可执行文件名与工程文件名相同。设置完毕后单击"确定"按钮,Visual Basic 开始进行编译生成工作,工程包括的模块越多、代码越复杂,编译生成所需要的时间越长,工具栏上会显示一个进度条指示进程。完成后,可以继续对工程进行编辑,再次编译生成新的可执行文件。

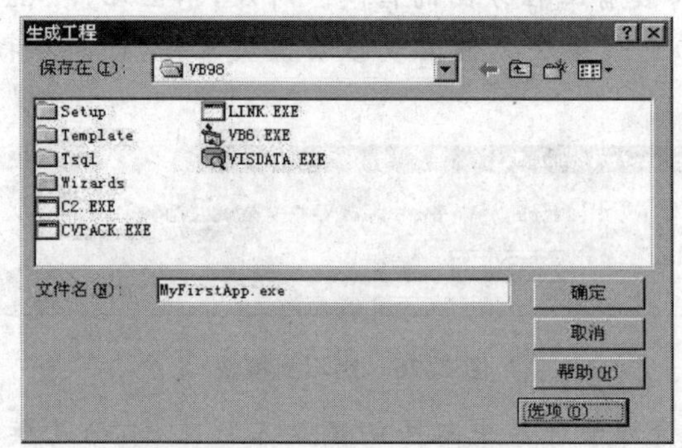

图 2.27 "生成工程"对话框

可以在 Windows 资源管理器中使用鼠标双击的方法来运行生成的可执行文件。可执行文件的运行不再依赖源程序和 Visual Basic 集成开发环境。

编译生成可执行文件之后,工程中所有的文件(源程序)都应妥善保存,以便程序的升级与功能的扩充。

2.10.8 发布应用程序

如图 2.28 所示,Visual Basic 可执行文件在操作系统上运行需要中间件的支持,这些中间件包括动态连接库文件(.dll)和 ActiveX 控件(.ocx)等。安装了 Visual Basic 开发环境的计算机中自然会有所需的中间件。

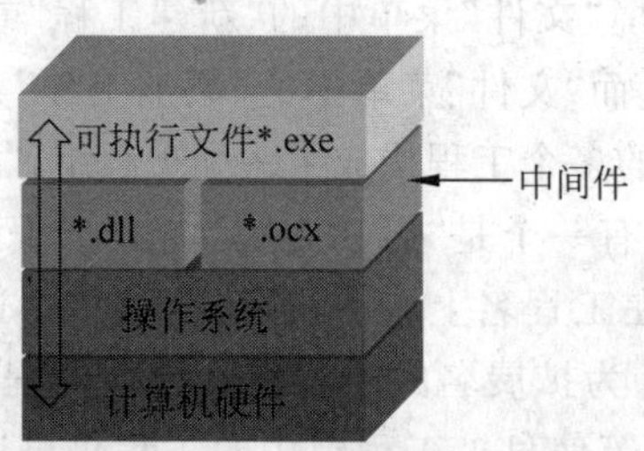

图 2.28 可执行文件的运行环境

如果要将 Visual Basic 开发的程序在没有安装过 Visual Basic 的计算机上运行,需要将这些中间件文件复制到该机上,这将是很繁琐的工作。最好使用 Visual Basic 本身附带的"Package & Deployment 向导"生成安装盘。该向导可以从"开始"菜单的"Visual Basic 6.0 中文版工具"程序组中启动,也可以使用其他商业化的安装盘制作工具来创建安装盘。这些工具都可以自动分析 Visual Basic 程序中需要什么中间件,并会自动安装到目标计算机的正确位置上,还可以创建"开始"菜单项和桌面快捷方式等。

习 题 2

一、选择题

1. 如果把一个人当作对象，那么血型相当于这个对象的________。

(A) 属性　(B) 方法　(C) 事件　(D) 特征

2. 下列方法中________不能改变窗体的大小。

(A) 设计时在“窗体布局”窗口中进行调整

(B) 设计时在“属性”窗口中设置相应的属性

(C) 运行时设置相应属性的值

(D) 运行时调用窗体的 Move 方法

3. 一个对象可以执行的动作和可被对象识别的动作分别称为________。

(A) 事件、方法　(B) 方法、事件　(C) 属性、方法　(D) 过程、事件

4. 在窗体 Form1 的 Click 事件过程中有以下语句：

```
Label1.Caption = "Visual Basic"
```

若本语句执行之前，标签控件 Label1 的 Caption 属性为默认值，则标签控件的 Name 属性和 Caption 属性在执行本语句之前的值分别为________。

(A) "Label"、"Label"　(B) "Label"、"Caption"

(C) "Label1"、"Label1"　(D) "Caption"、"Label"

5. 见上题。该语句执行后，标签控件的 Name 属性和 Caption 属性的值分别为________。

(A) "Label"、"VisualBasic"　(B) "Label1"、"Visual Basic"

(C) "Label1"、"Caption"　(D) "Label"、"Label1"

6. 下面________对象没有 Caption 属性。

(A) Form　(B) TextBox　(C) CommandButton　(D) Label

7. 文本框对象的默认属性是________。

(A) Name　(B) Text　(C) Visible　(D) Enabled

8. Visual Basic 源程序的续行符是________。

(A) 单引号　(B) 双引号　(C) 冒号　(D) 空格与下划线

9. 下面的动作中，不能引发按钮 Click 事件的是________。

(A) 在按钮上单击鼠标左键

(B) 在按钮上右击

(C) 把焦点移至按钮上，然后按 Enter 键

(D) 如果按钮有快捷字母，按“Alt＋该字母”

二、判断题

1. 标签控件是专门用来显示信息的，所以不能响应鼠标的单击事件。

2. 窗体的 Move 方法不但可以移动窗体，而且可以改变窗体的大小，同时也会改变与窗体的大小和位置有关的属性值。

3. 窗体的 Enabled 属性为 False 时,窗体上的按钮、文本框等控件都不会对用户的操作作出反应。

4. 一条 Visual Basic 语句如果不超过 80 个字符是不能续行的。

5. 在 Visual Basic 程序中不可能同时出现 txtA 和 txta 两个控件名。

6. 命令按钮支持 Click 事件,但不支持 DblClick 事件,所以双击按钮不会有任何反应。

7. 文本框的 Left 属性是文本框左边框与屏幕左边框之间的距离(单位为缇)。

8. Visual Basic 工程文件的扩展名为.vbp,窗体文件的扩展名为.frm。

9. 语句 frmFirst.Move 1000,,1200 可把窗体 frmFirst 水平地移动到坐标为 1000 单位处,并改变宽度为 1200 个单位,垂直坐标与高度保持不变。

三、填空题

1. 要使按钮表面上显示的文字为"确定(O)"(其中"O"为快捷键),则按钮的 Caption 属性的值应为__(1)__。

2. 欲将按钮设为默认按钮,应把其__(2)__属性值设为__(3)__。

3. 要使按钮无效,则可将其 Enabled 属性设置为__(4)__。

4. 文本框中所显示的内容是它的__(5)__属性的值。

5. 要让文本框显示滚动条,必须设置__(6)__属性和__(7)__属性的值。

6. 如果文本框中没有选定部分,则其 SelLength 属性的值为__(8)__。

四、简答题

1. 了解 Visual Basic 集成开发环境的主要组成部分,学习如何调整它们的大小与位置。

2. 熟悉 Visual Basic 集成开发环境的菜单与工具栏,以及打开/关闭工具栏的方法。

3. 简述使用 Visual Basic 开发应用程序的一般步骤。

4. 什么是注释? Visual Basic 程序的注释符是什么? 为什么要使用注释?

5. Visual Basic 中续行符是什么? 为什么要续行? 注释行能不能使用续行符?

6. 图 2.29 所示的界面是由多少个控件组成的? 它们的类型名分别是什么?

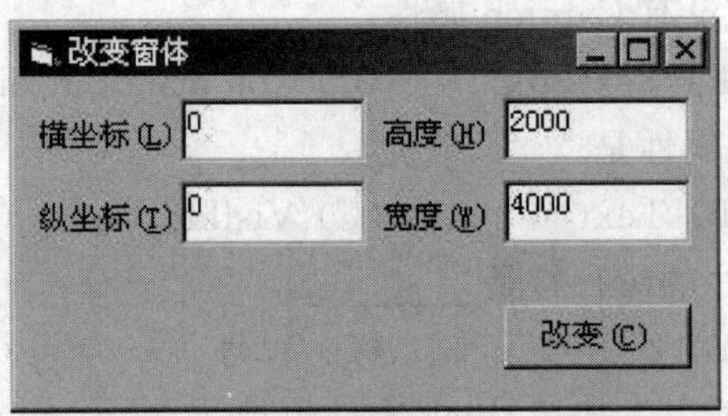

图 2.29　窗体界面

五、编程题

新建工程,创建如图 2.29 所示的界面。要求编写代码实现如下功能：在 4 个文本框中输入适当数值,单击"改变"按钮后,窗体移动到由"横坐标"和"纵坐标"文本框确定的位置上,并且窗体的高度与宽度也变为"高度"和"宽度"文本框指定的值。

保存所建工程,编译为可执行文件,并在 Visual Basic 集成环境之外运行此程序。

第3章

数据类型、常量与变量

这里的数据指的是可以被计算机处理的信息。为了快速地对数据进行运算并有效地利用存储空间，Visual Basic 把各种不同的数据归纳为多种数据类型。每种数据类型都有类型名称，每种类型的数据占用一定数量的存储空间，可以表示的值也有一定的范围限制。

数据类型可以用来定义变量、数组、常量、自定义类型和过程的参数。

3.1 基本数据类型

3.1.1 数值型

数值型是数据类型中的一个大类，包括表 3.1 所示的 6 种具体类型。

表 3.1 数值型数据类型

序号	类型名称	中文名称	字节数	可表示值的范围
1	Byte	字节型	1	0～255 之间的整数
2	Integer	整型	2	－32768～32767 之间的整数
3	Long	长整型	4	－2147483648～2147483647 之间的整数
4	Single	单精度浮点型	4	$-3.402823\times10^{38}\sim3.402823\times10^{38}$ 之间的实数，6～7 位有效数字
5	Double	双精度浮点型	8	$-1.79769313486232\times10^{308}\sim1.79769313486232\times10^{308}$ 之间的实数，14～15 位有效数字
6	Currency	货币型	8	－922337203685477.5808～922337203685477.5807，15 位整数和 4 位小数组成的定点数

这 6 种数据类型都是用来表示数值的。在实际编程时，应根据具体用途决定应该选用什么类型来表示数值。表示范围越大、精度越高的数据类型所占用的存储空间也越大、运算速度越慢。

3.1.2 String 型

字符串是指连续的字符序列。String(字符串)类型是专门用来存放文字信息的。字符串型又分为“定长字符串型”和“变长字符串型”两大类。

顾名思义，定长字符串数据能够包含字符的个数是一定的，这个长度是可以指定的，但是不能多于 64K(2^{16})个字符。而变长字符串可以包含的字符数是可变的，所占用的内存空间也会变化,但总是要比实际的字符数多 10 个额外字节,最多不能超过 20 亿(2^{31})个字节(还受实际系统资源的限制)。

3.1.3 Boolean 型

Boolean(逻辑、布尔)类型的数据只可能有两个值：True(逻辑“真”)和 False(逻辑“假”),用来表示“是”与“否”、“开”与“关”、“对”与“错”这类只有两种取值的情况。虽然“是”与“否”可以只用一个二进制位来表示,但是一个逻辑型数据却要占 2 个字节的存储空间。

3.1.4 Date 型

Date(日期时间)类型又称为日期型,这种类型的数据可以存放日期信息、时间信息或者同时存放日期与时间信息。Date 类型数据用 8 个字节来表示日期(公元 100 年 1 月 1 日～9999 年 12 月 31 日)和时间(12:00:00AM～11:59:59PM,即 0:00:00～23:59:59)。

除了上述这些类型之外,Visual Basic 的基本数据类型还包括 Object(对象型)和 Variant(变体类型),将分别在 3.3.6 节和 3.3.7 节中讲解。

3.2 直接常量

常量(Constant)是指在程序运行过程中其值始终保持不变的量。常量有两种：直接常量与符号常量。下面是各种数据类型直接常量的表示法。

3.2.1 整型常量

1. 十进制表示法

整型常量的十进制表示法与人们的日常书写方法相同,下面是一些十进制整型常量：

```
0     10     -12     2000     -1234
```

如果在一个整型常量之后加“&”字符会使其成为长整型常量。例如,10 是整型常量,但 10& 是长整型常量,二者数值大小相同,占用内存却不同。如果在一个超出整型表示范围的常量后面加“&”,Visual Basic 会自动删除“&”号,因为它只可能是长整型常量。

下面是一些十进制长整型常量：

```
100000     10&     -100&
```

2. 八进制表示法

以“&O”(字母 O)开头,后面接由 0～7 组成的八进制数。如果要表示长整型数,末尾要加一个“&”号。下面是一些八进制常量：

```
&O11     &O123     &O7777     &O176340     &O176340&
```

分别等于十进制的 9、83、4095、－800、64736。

应该注意的是,&O176340 被理解为 Integer 类型常量,把它写为 16 位二进制形式,最高位是 1,表示负值,是十进制数－800 的补码形式。而 &O176340& 是 Long 类型常量,把它写为32位二进制形式,最高位是0,表示正值64736。

3. 十六进制表示法

以“&H”开头,后面接由0～9、A～F组成的十六进制数。如果要表示长整数,末尾要加一个“&”号。下面是一些十六进制常量:

```
&H11    &HFF    &HFFFF    &HFFFF&    &HFF76340
```

分别等于十进制的17、255、−1、65535(长整数)、267871040。把一个表示负数的十六进制数转换为十进制数,要用到补码。

如果一个以八进制或十六进制表示的常量只可能是长整数时(超出整型的表示范围),末尾可以不加“&”(如上面的&HFF76340)。

3.2.2　浮点型常量

浮点型常量可以使用日常的书写方法。如果整数部分或小数部分为0,则可以省略这一部分,但要保留小数点。下面是几个浮点型常量:

```
3.14159    0.23    24.    -.45    -0.05
```

也可以用指数形式表示浮点型常量,用 $m\text{E}n$ 来表示 $m\times10^n$,其中的 m 是一个整数常量或实数常量,n 必须是整数常量,m 和 n 均不能省略。例如:

1E2 表示 1×10^2　　-.5E-2 表示 -0.5×10^{-2}　　13.22E0 表示 13.22×10^0

浮点常量中的“E”可以写为小写“e”,也可以用“D”或“d”来代替。

可以在浮点型常量后面加感叹号“!”或井号“#”来指明该常量是单精度浮点型常量还是双精度浮点型常量。否则,Visual Basic会根据数值大小自动识别。

3.2.3　字符串型常量

字符串常量必须使用英文的双引号“""”把实际的文本括起来。双引号称为字符串的“**界定符**”,表示字符串的开始与结束。下面是几个字符串常量:

```
"你好!"   "␣"   "12.34"   "a0123"   "Let It Be"   ""
```

字符串常量中可以包括任何可输入的字符,包括汉字、中文标点、英文和英文符号。空格也是合法的字符,上面的第二个字符串就是由空格组成的。如果两个引号之间没有任何字符,表示一个**空字符串**(上面的最后一个)。空字符串是特殊的字符串,下面的语句使用空字符串常量清空文本框的内容:

```
Text1.Text = ""          '清空文本框内容
```

因为双引号当作了字符串常量的界定符,所以如果要在字符串中包含双引号,就要使用两个连续的双引号表示一个双引号,例如,下面的语句在文本框中只显示一个双引号。

```
Text1.Text = "这是一个双引号:"""
```

总之,一个字符串中的双引号应该成对使用。如果字符串中包括汉字的全角双引号,与普通字符相同,不必进行特殊处理。

3.2.4 逻辑型常量

逻辑型常量只有两个：True 和 False。注意，它们没有任何界定符。"True"与"False"不是逻辑值，而是字符串常量。

3.2.5 日期时间型常量

日期时间型常量既可以表示一个日期，也可以表示一个时间，或者同时表示日期与时间。日期时间型常量使用“#”号作界定符。一般可辨认的表示日期时间的文本都可以作为日期时间型常量。例如下面 4 个常量都表示同一个日期：“2008 年 1 月 2 日”：

```
#1/2/2008#      #2008-1-2#      #Jan 2,2008#      #January 2,2008#
```

下面是一些时间常量：

```
#12:00:00 PM#(中午 12 点)      #12:00:00 AM#(午夜 12 点)
#8:20:20 PM#                   #2:00:00 PM#             #2:14:02#
```

下面是两个日期时间常量：

```
#1/2/2008 2:14:02 AM#          #11/12/2008 6:00:00 PM#
```

分别表示“2008 年 1 月 2 日凌晨 2 点 14 分零 2 秒”和“2008 年 11 月 12 日下午 6 点整”。

在“代码”窗口中输入日期时间常量时，Visual Basic 会自动转换为内部统一形式。1930—2029 年之间日期的年份，会被省略掉前两位数，如“08”表示“2008”年。时间值的表示采用 12 小时制(上午为“AM”、下午为“PM”)。

3.3 变　　量

变量(Variable)是程序运行过程中用来保存临时数据所占用的内存空间，所以也称为“内存变量”。程序通过变量名来操作变量，每个变量有一定的数据类型、作用范围，占用一定字节的内存空间。熟练地使用变量是学习编程的必经之路。

图 3.1 展示了一个变量从开辟内存开始，直到被从内存中清除为止，中间的这一段时间被反复赋值和取值的过程。

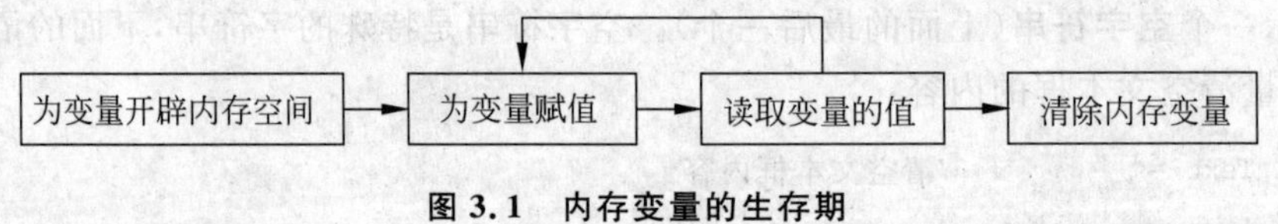

图 3.1　内存变量的生存期

3.3.1 变量命名规则

Visual Basic 对变量名有以下要求：

(1) 以字母开始，可以包括数字、字母和下划线。

(2) 不能包含标点符号。

(3) 不能多于 255 个字符。

(4) 不能与关键字重复。

(5) 在同一作用域中,变量名不能互相重复。

虽然变量名中可以包含汉字,但是不建议这样做。

下面列出的是一些合法的变量名:

```
Abc    Name    intAge    x12    My_var1    PI
```

下面是一些非法的变量名:

```
12ab    _x    ab.cd    $MyVar    Call    x[1]    a+b    :
```

当变量名不符合规则时,Visual Basic 编辑器会显示错误信息。

与对象名同理,给变量命名时也应该注意它的描述性。每一种数据类型都有一个约定前缀(见附录 C),可以使用前缀与英文单词或汉语拼音形成有意义的变量名。例如,可以使用 strUserName 作变量名来保存用户姓名。

3.3.2 定义变量

定义变量就是为变量分配内存空间,也称为"声明变量"。定义变量时需指定变量名、数据类型以及作用域。定义变量的统一语法格式如下:

Public|Private|Dim|Static␣变量名␣[As␣数据类型名␣[*字符串长度]]

其中的"Public|Private|Dim|Static"4 个关键字指定变量的作用范围(即作用域)。如果省略"As 数据类型名"部分,定义的是变体类型变量。当定义定长字符串变量时,需要"*字符串长度"部分指定字符串长度。

变量的作用域是指变量生效的范围,即能够对该变量赋值又能读取该变量值的代码范围。在 Visual Basic 中,变量有三种作用域:过程级、模块级和全局级。下面分别介绍三种作用域变量的定义方法。

1. 过程级变量

过程级变量又称为局部变量,它的作用域是定义它的过程(包括事件过程和第 6 章讲到的通用过程)。也就是说,它在哪个过程中定义就只能在这个过程中使用。Visual Basic 允许在过程中的任何位置定义过程级变量,但只有在定义之后的语句才能使用该变量。定义过程级变量的语句为:

Dim|Static␣变量名␣[As␣数据类型名␣[*字符串长度]]

使用 Dim 关键字定义的过程级变量的特点是当所在过程执行完毕,变量就会消失,释放所占用的内存。下一次执行该过程时,重新给变量分配内存空间。

使用 Static 关键字定义的过程级变量被称为"静态变量"。静态过程级变量在程序启动时即被分配内存空间,程序结束时清除,所以在每次过程执行完毕后变量的值仍被保留,下一次该过程被执行时变量的值仍然可用。

下面定义了三个不同类型的过程级变量:

```
Dim intMyVar1 As Integer          '定义整型变量 intMyVar1
Dim blnSex As Boolean             '定义逻辑型变量 blnSex
```

```
Static strName As String          '定义字符串型静态变量 strName
```

2. 模块级变量

定义模块级变量的语句必须放在模块开始的通用声明段中(位于"代码"窗口最顶部,所有过程的前面)。定义模块级变量的语法格式为:

Private |Dim ␣ 变量名 ␣ [As ␣ 数据类型名 ␣ [* 字符串长度]]

其中,关键字 Private 和 Dim 是等效的。

模块级变量的作用域是所在的模块,也就是说,定义变量的这个模块中的所有过程都可以访问该变量。模块级变量在程序启动时被创建,程序结束时被清除。

3. 程序级变量

程序级变量也称为全局变量或公共变量,是指在程序的所有模块中都可以对其值进行存取的变量。

与模块级变量相同,全局变量必须在模块开头的通用声明段中定义,语法格式如下:

Public ␣ 变量名 ␣ [As ␣ 数据类型名 ␣ [* 字符串长度]]

与模块级变量、静态过程级变量相同,全局变量也是在程序启动时创建,程序结束时被清除。

> 在窗体模块中不能定义全局定长字符串型变量。应在标准模块中定义全局定长字符串变量。
>
> 在模块顶部的通用声明段中,不能有赋值、过程调用等执行语句,只能进行变量、常量和数据类型的定义。

4. 变量的作用域

由前面的叙述可知,定义变量时使用的关键字和定义变量的位置决定了变量的作用域。图 3.2 形象地说明了全局变量、模块级变量和过程级变量作用域的覆盖范围。

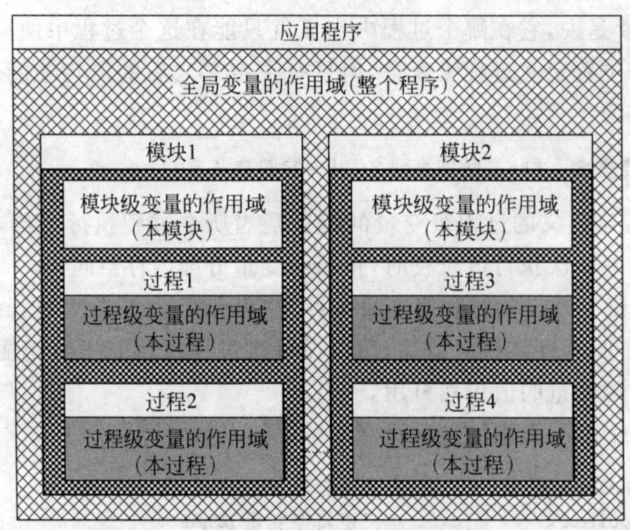

图 3.2　变量的作用域

程序中某个过程中的语句可以存取本过程中定义的过程级变量、所在模块定义的模块级变量、任意模块定义的全局变量，不能存取其他过程中定义的过程级变量和其他模块中定义的模块级变量。

访问变量 在过程中访问过程级变量、模块级变量、本模块定义的全局变量、标准模块中定义的全局变量时，可以直接使用变量名。如：

```
int1 = 1            '为变量赋值
```

访问其他窗体模块中的全局变量时，必须在变量名前加模块名和"."加以限定。例如，在窗体模块 Form1 的过程中给窗体模块 Form2 中定义的全局变量 int2 赋值，必须使用如下的语句：

```
Form2.int2 = 2        '为其他窗体模块中定义的全局变量赋值
```

5. 一条语句定义多个变量

Visual Basic 允许使用一条语句同时定义多个变量。语法格式如下：

Public | Private | Dim | Static ␣ 变量 1 ␣ [As 类型 1][，变量 2 [As 类型 2]…]

语句中每个变量都要指明类型，否则被定义为变体类型。例如，下面语句定义了 3 个模块级变量，其中 a 和 b 是变体类型，c 是整型：

```
Private a, b, c As Integer
```

下面的语句定义的 3 个变量都是整型全局变量：

```
Public a As Integer, b As Integer, c As Integer
```

下面语句定义的 3 个变量中，a 是逻辑型变量，b 是变体类型变量，c 是日期型变量：

```
Dim a As Boolean, b, c As Date
```

变量的默认值 一个变量在被定义之后、被首次赋值之前的这一段时间中具有默认值。对于不同的数据类型，默认值不相同。

(1) 数值型变量的默认值为 0。

(2) 逻辑型变量的默认值为 False。

(3) 日期时间型变量的默认值为 #0:00:00#。

(4) 变长字符串变量的默认值为空字符串" "。

(5) 定长字符串变量的默认值是全部由空格组成的字符串，空格个数等于定长字符串的字符个数。

(6) 对象型变量的默认值为 Nothing。

(7) 变体类型变量的默认值为 Empty。

6. 强制变量定义

默认情况下，Visual Basic 并不要求变量必须定义，未被定义的变量被认为是 Variant

类型的过程级变量。

但是，这种默认的设置很容易引起问题，因为如果把变量名拼写错误，会被 Visual Basic 当作另外的变量，不能被检查出来。为了避免上述问题，需要强制变量定义，方法是在模块的通用声明段中加上如下语句：

```
Option Explicit
```

这样，该模块中所有的变量必须先进行定义才能被存取(赋值或取值)，否则会引起"变量未定义"的错误(如图 3.3 所示)。

可以改变默认的设置来强制变量定义，在"工具"菜单的"选项"对话框中选择"编辑器"选项卡，并选择"要求变量声明"复选框。这样，Visual Basic 会自动在新建模块的声明段中加上 Option Explicit 语句。已有的模块必须手工添加这一语句。

图 3.3 错误信息

3.3.3 变量的赋值与取值

变量是一个内存区域，程序代码通过变量名对其进行赋值和取值操作。给变量赋值使用的是如下的赋值语句：

```
[Let]␣变量名 = 表达式
```

上述赋值语句中"Let"是可以省略的关键字；"="是赋值号，而不是等号；"表达式"指的是用运算符连接对象属性、常量、变量、函数形成的具有一定值的算式(单个属性、常量、变量、函数是表达式的特例)。赋值语句把赋值号"="右边"表达式"的值写到"变量名"所代表的内存空间中，原来的值被覆盖，不复存在。如果表达式值的数据类型与变量的数据类型不同，在赋值时会进行数据类型转换。

下面是一条定义变量的语句和一条赋值语句：

```
Dim a As Integer        '定义变量 a，开辟 2 个字节内存空间，默认值为 0
a = 10                  '赋值语句，把整型常量 10 赋给变量 a，a 的值变为 10
```

要读取变量的值，只需将变量名写到表达式中。在表达式中，变量名即代表变量的当前值。读取变量的值时，并不会改变变量的值。

```
b = a                   '读取变量 a 的值赋给变量 b，变量 a 的值不变
a = b                   '读取变量 b 的值赋给变量 a，变量 b 的值不变
a = a + 1               '把变量 a 的值与 1 相加后再赋给 a，即 a 的值增加 1
a = a + b - c           '把变量 a 的值与变量 b 的值相加再减去变量 c 的值，
                        '计算结果赋给变量 a，a 的值发生变化，b 和 c 的值不变
```

> 当给数值型变量赋一个超出其表示范围的值，会导致"溢出"错误。

值得注意的是，如果要把相同的值赋给两个变量，应该使用两个赋值语句，如：

```
a = 2: b = 2
```

不能写成这样：

```
a = b = 2          '错误，不能以这种方式将 2 同时赋给变量 a 和 b
```

上式也是一条赋值语句，但是意义不同，将在第 4 章讲解。

赋值号的左边只能是单个变量名或对象的属性名，不能是表达式。例如，下面的语句是错误的：

```
a + b = 2            '错误，赋值号左边不能是表达式，无法给表达式赋值
```

【例 3.1】 使用过程级变量。

创建工程，建立图 3.4 所示的窗体界面，窗体和两个按钮的对象名分别是 Form1、Command1 和 Command2。在“代码”窗口中编写如下两个按钮的事件过程：

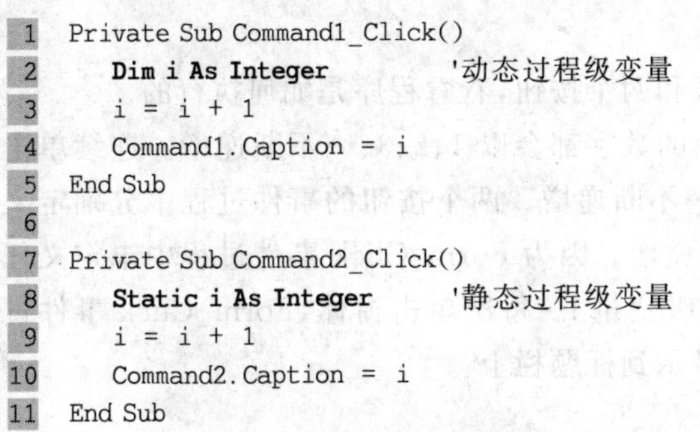

```
Private Sub Command1_Click()
    Dim i As Integer           '动态过程级变量
    i = i + 1
    Command1.Caption = i
End Sub

Private Sub Command2_Click()
    Static i As Integer        '静态过程级变量
    i = i + 1
    Command2.Caption = i
End Sub
```

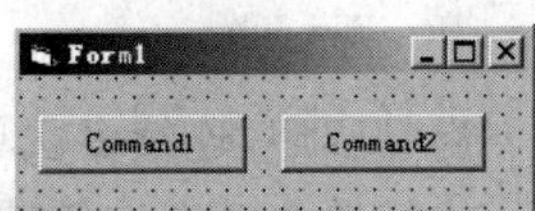

图 3.4 窗体界面(例 3.1)

启动程序，连续多次单击两个按钮，看看程序是如何执行的。

连续单击按钮 Command1，它上面显示的数字一直是“1”。因为每次单击按钮，都会引发 Click 事件，执行一次 Command1_Click 事件过程。首先，执行 Dim i As Integer 语句，为变量 i 开辟内存，这时它的初始值为 0；然后，执行 i=i+1 语句，变量 i 自增 1，它的值为 1；最后，执行 Command1.Caption=i 语句，按钮的 Caption 属性被赋值为 1(由整数 1 转换为字符串“1”)，按钮表面上显示“1”。每次过程执行完毕，自动释放非静态过程级变量所占用的内存空间，下一次执行该过程的情况与上一次完全相同，因此按钮表面上的数字一直是“1”。

单击按钮 Command2 的情况就不同了。因为 Command2_Click 事件过程中使用了 Static 关键字，将变量 i 定义为静态过程级变量；第一次单击 Command2 之前变量 i 已被创建(默认值为 0)，单击后增加 1，然后赋值给按钮 Command2 的 Caption 属性，显示在按钮表面；过程结束时变量 i 并不会被清除，下一次单击执行事件过程时不再重新开辟内存，它的值继续增加 1。所以，连续单击 Command2，会使它显示的数字以 1、2、3、…不断递增。整个程序结束时，静态过程级变量才会被从内存中清除。

注意，虽然 Command1_Click 和 Command2_Click 两个事件过程中都有名为 i 的过程级变量，但它们却是两个完全不同的变量(占用不同的内存空间)，互不干扰，分别在所处的过程中起作用。

【例 3.2】 使用模块级变量。

创建与例 3.1 相同的窗体界面(如图 3.4 所示)。在“代码”窗口编写以下程序代码：

```
Dim i As Integer                  '模块级变量

Private Sub Command1_Click()
  Static i As Integer             '静态过程级变量
  i = i + 1
  Command1.Caption = i
```

```
End Sub

Private Sub Command2_Click()
  Static i As Integer          '静态过程级变量
  i = i + 1
  Command2.Caption = i
End Sub

Private Sub Form_Click()
  i = i + 1
  Form1.Caption = i
End Sub
```

启动程序,连续多次单击窗体客户区和两个按钮,看看程序是如何执行的。

连续单击两个按钮控件,每个按钮上的数字都会以 1、2、3、…不断递增。连续单击窗体客户区,标题栏上的数字也会以 1、2、3、…不断递增。两个按钮的事件过程中分别定义了名为 i 的静态过程级变量,能够维持各自的递增。因为 Form_Click 事件过程中未定义任何过程级变量,所以过程中的 i 代表的是模块级变量 i。每次单击窗体,Form_Click 事件过程即被执行一次,模块级变量 i 会增加 1,并显示到标题栏上。

【例 3.3】 为模块级变量赋初值。

创建与例 3.1 相同的窗体界面(如图 3.4 所示)。在"代码"窗口编写以下程序代码:

```
Dim i As Integer          '模块级变量

Private Sub Command1_Click()
   i = i + 1
   Command1.Caption = i
End Sub

Private Sub Command2_Click()
   i = i + 1
   Command2.Caption = i
End Sub

Private Sub Form_Click()
   i = i + 1
   Form1.Caption = i
End Sub

Private Sub Form_Load()
   i = 10
End Sub
```

程序代码中有 4 个事件过程,都未定义局部变量,所以它们中的 i 都是指的同一个变量:即模块级变量 i。程序启动时,首先执行窗体的 Load 事件过程,为变量 i 赋初值 10。然后,无论单击的是按钮还是窗体,都会为 i 加 1,然后由被单击的对象显示。单击窗体和按钮,显示的数值会相互攀升,而不是单独递增。

> 窗体的 Load 事件过程是为模块级变量、全局变量赋初值,为控件进行初始化的最佳位置。

3.3.4 变量的同名问题

1. 不允许同名的情况

一般情况下,在同一作用域内不能定义重名的变量。

(1) 同一个过程中不能定义两个或更多的同名过程级变量,即使类型不相同也不能同名。

(2) 同一个模块中不能定义同名的模块级变量。

(3) 同一个模块中不能定义同名的全局变量。

(4) 同一个模块中的模块级变量和全局变量不能同名。

2. 允许同名的情况

(1) 不同的过程中可以定义同名的过程级变量。

(2) 不同的模块中可以定义同名的模块级变量。

(3) 过程中可以定义与模块级变量同名的过程级变量。

(4) 过程中可以定义与全局变量同名的过程级变量。

(5) 模块中可以定义与其他模块定义的全局变量同名的模块级变量。

(6) 不同的模块中可以定义同名的全局变量。

3. 变量同名时的情况

(1) 不同作用域的变量同名时,作用域小的变量会屏蔽作用域大的变量,即过程级变量屏蔽模块级变量和全局变量,模块级变量屏蔽全局变量。例如,在例 3.2 中,按钮事件过程中的变量 i 屏蔽模块级变量 i,过程中被访问的 i 实际上是过程级变量。

(2) 如果不同模块中全局变量同名,访问其他模块中定义的全局变量时应添加模块名进行限定(形式为“模块名.变量名”)。访问本模块或标准模块中定义的全局变量时不必进行限定。如果本模块与标准模块中的全局变量同名,访问标准模块中的全局变量时也应加模块名进行限定。

(3) 当全局变量与过程级变量同名时,在过程中直接使用这个变量名时,指的是过程级变量。如果使用定义全局变量的模块名来限定变量名,则可访问该全局变量。

(4) 如果本模块中的模块级变量与其他模块中的全局变量同名,可以在变量名前加模块名来访问全局变量。

4. 变量与对象的同名情况

在窗体模块中,窗体的属性名、窗体的方法名、窗体模块中的事件过程名和通用过程名、窗体上的控件名与模块级定义的变量被认为是同一层次的,所以模块级变量名和全局变量名不能与前面提到的所有名称相重复。

例如,在窗体模块中,不能定义一个名为 Caption 或 Move 的模块级变量或全局变量,因为它们是窗体的属性名和方法名。

过程中的局部变量比过程要低一级,所以,与控件同名的过程级变量会屏蔽控件,如要访问该控件,要用窗体名来限定。

例如,在窗体 Form1 上有文本框 Text1 与按钮 Command1。如果在 Command1_Click 事件过程中定义了一个名为 Text1 的过程级变量。那么,在这个事件过程中,语句 Text1 = "您好"是为过程级变量 Text1 赋值，而 Form1. Text1. Text = "您好"才是为控件 Text1 的 Text 属性赋值。语句 Text1. Text = "您好"会产生语法错误，因为 VB 把 Text1 理解为变量，而不是控件。

> 在定义变量时，尽量使用作用范围小的变量，也就是说：能使用过程级变量解决问题，就不使用模块级变量；能使用模块级变量完成任务，就不使用全局变量。

3.3.5 定长字符串与变长字符串变量

字符串类型(String)的变量分为两类：定长字符串与变长字符串。

变长字符串变量的定义语句为：

Public |Private |Dim |Static ␣ 变量名 ␣ As ␣ String

定长字符串变量的定义语句为：

Public |Private |Dim |Static ␣ 变量名 ␣ As ␣ String ␣ * ␣ 字符串长度

上面语句中的"字符串长度"应是正整数常量，表示的是字符数。例如：

```
Dim str1 As String              '定义变长字符串变量
str1 = "你好!"                  '为变长字符串变量赋值
Dim str2 As String * 4          '定义定长字符串变量
str2 = "你好吗?"                '为定长字符串变量赋值
str2 = "我今天很好!"            '会截尾,赋值后变量的值为:"我今天很"
```

定长字符串变量所占的内存空间是一定的，当其中的字符信息没达到这个长度时，所剩的空间用空格字符填充。如果给定长字符串变量赋一个超过其长度的字符串，会截掉多余部分，不会出现"溢出"错误。

> 注意，不能在窗体模块或类模块中定义全局定长字符串变量，全局定长字符串变量只能在标准模块中定义。

3.3.6 对象型变量

对象型(Object)变量占用 4 个字节的内存空间，保存的是对某个对象的引用，程序通过对象型变量可以间接地对它所引用对象进行操作。

定义对象型变量的语句是：

Public |Private |Dim |Static ␣ 变量名 ␣ As ␣ Object |Control |对象类型名

使用 Object 关键字定义的变量可以引用任何一种类型的对象。使用 Control 关键字定义的变量能够引用所有的控件对象。而使用一个具体的"对象类型名"(如 TextBox、Label 等)定义的对象型变量只能引用指定类型的对象。

给对象型变量赋值使用 Set 语句：

Set ␣ 对象型变量名 = 对象型表达式

赋值号"="右边的"对象型表达式"可以是对象名,也可以是另一个对象型变量,还可以是返回对象型值的方法或函数。

例如,假设有一个名为 cmdOK 的按钮,可以通过以下的 3 条语句来设置其 Caption 属性:

```
Dim objButton As Object            '定义对象型变量
Set objButton = cmdOK              '把按钮对象赋给对象型变量
objButton.Caption = "OK"           '通过对象型变量设置按钮对象的 Caption 属性
```

定义特定类型对象型变量,要使用对象的类型名,如已学习过的 Form、TextBox、CommandButton 和 Label 等。特定类型对象型变量只能引用同一类型的对象。例如:

```
Dim objLabel As Label              '定义 Label 标签类型变量
Set objLabel = cmdOK               '错误!类型不匹配,cmdOK 为按钮对象
```

对象型变量在被定义之后、赋值之前的这段时间,它的值(即默认值)是一个特殊值:Nothing,表示未引用任何对象。也可以通过给对象型变量赋 Nothing 值,使之不引用任何对象。

```
Set objButton = Nothing            '使对象型变量不再引用任何对象
```

3.3.7 变体数据类型

变体类型(Variant)是一种特殊的数据类型,该类型的变量可以存储几乎所有系统定义类型的数据(自定义类型除外),为其赋不同类型的值,就会变成相应的类型。变体变量在存放数值时(包括整型、浮点型等),占 16 个字节的内存;存放字符串时,占用内存量是字符串的实际长度与 22 个额外字节之和。

1. 变体变量的定义与赋值

定义变体类型变量的语法为:

Public|Private|Dim|Static␣变量名␣[As␣Variant]

因为变体类型是 Visual Basic 的默认类型,在定义变体变量时可以省略"As Variant"。变体变量可以引用对象,当为变体变量赋对象型值时,必须使用 Set 语句。

例如:

```
Dim vnt1 As Variant                '定义变体类型变量
vnt1 = "17"                        '数据类型变为字符串型,值为"17"
vnt1 = 15                          '数据类型变为数值型,值为 15
Set vnt1 = cmdOK                   '类型变为对象型,是对 cmdOK 控件的引用
```

变体类型占用内存较大,运算速度很慢,如果使用常规类型能够解决问题,不应使用此类型。

2. 变体类型的特殊值

除了其他类型数据允许的取值之外,Variant 变量还可以有两个特殊的值:Empty 和 Null。

(1) Empty。此值是变体变量的默认值(即定义之后、赋值之前,变体变量的值为 Empty),也可通过赋值语句将 Empty 值赋给变体变量。

(2) Null。表示数据未知或数据不确定(主要用于对数据库的操作)。Null 值有如下特点:①如果表达式的任何一部分是 Null,则整个表达式的值也为 Null(逻辑运算除外);

②把 Null 值作为参数传递给一个函数，则函数的返回值为 Null；③可以给一个变体变量赋 Null 值；④Null 值与任何值都不相等，更不等于 0，甚至与其本身也不相等。

3.3.8 类型转换

类型转换是指把数据从一种类型转换为另一种类型。类型转换发生在以下 3 种情况：

- 为变量和属性赋值时。如果赋值号左边的变量或属性的类型与被赋的值类型不一致，会发生类型转换。
- 计算表达式时。表达式中，如果运算量的类型与运算符的要求不符，则进行类型转换。
- 参数传递时。在调用对象的方法或通用过程时，如果提供的参数与要求的类型不一致，则进行类型转换。

1. 隐式转换

隐式转换，也称为“默认转换”，是指不使用专门的类型转换函数，按默认规则进行转换。

(1) 数值型之间的转换

不同的数值类型之间可以互相转换。把整数转换为浮点类型时，存储格式转换，数值的大小不变。当把浮点数转换为整型数时，小数部分要“四舍五入”为整数，如果小数部分恰好是 0.5，则要向最近的偶数靠拢。

例如，下面语句将浮点类型的常量 4.56 赋给整型变量 i，在赋值过程会发生默认类型转换，变量的值变为 5。

```
i = 4.56                        '浮点数转换为整数,变量 i 的值为 5
```

如果被赋的值为 4.5，则转换为整数 4。

```
i = 4.5                         '转换时向最近的偶数靠拢,变量 i 的值为 4
```

因为一种类型可以表示的值，另一种类型可能不能表示，所以在类型转换时，应注意避免出现“溢出”错误。

(2) 字符串类型与数值型之间的转换

所有的数值都可以转换为字符串类型，反之则不然，只有字符串内容全部是数值信息的才可以转换为数值型。

例如，下面的语句向字符串变量 s1 赋一个数值：

```
s1 = 12.34                      's1 的值为"12.34"
```

下面的语句向整型变量 j 赋字符串值：

```
j = "1.2e3"                     'j 的值为 1200
```

如果无法进行默认转换，则显示如图 3.5 所示的“类型不匹配”错误。例如，下面的语句将包含字母的字符串赋给数值型变量 k，会出错。

```
k = "abc123"          '出错！无法转换,类型不匹配
```

注意，空字符串不能赋给任何的数值类型，否则也会出现“类型不匹配”错误。如：

```
k = ""                '出错！类型不匹配
```

图 3.5 “类型不匹配”错误

(3) 逻辑型值的转换

由逻辑型转换为数值型的规则是：False 转换为 0，True 转换为－1。逻辑型转换为字节型时，False 转换为 0，True 转换为 255。由数值型转换为逻辑型时，0 转换为 False，非 0 值均转换为 True。

逻辑型值转换为字符串时，True 和 False 分别转换为"True"和"False"。

把字符串转换为逻辑型时，只有"True"和"False"（或其他大小写形式，如"TRUE"和"FALSE"）可以分别被转换为 True 和 False。其他任何字符串都不能转换为逻辑值，会出现"类型不匹配"错误。

(4) 日期时间类型的转换

日期时间型值转换为字符串时，会按日期的短格式（可以在 Windows 控制面板的"区域设置"中设置）转换为相应的字符串。例如：

```
s2 = ＃2/1/99 8:20:00＃          '字符串变量 s2 的值为"99-2-1 8:20:00"
```

表示有效时间的字符串可以转换为日期时间型值。例如：

```
d1 = "13:23:34"                  '日期型变量 d1 的值为 ＃1:23:34 PM＃
```

日期时间型数据转换为数值型时，日期部分转换为数值的整数部分，它的值为此日期距 1899 年 12 月 30 日的天数；时间部分转换为小数部分，从午夜零点到该时刻占一整天 24 小时的比例，中午 12:00:00 转换为 0.5。例如，下面的赋值语句将日期值赋给浮点型变量：

```
sng1 = ＃1/1/2000 6:00:00AM＃   'sng1 的值为 36526.25
```

如果把日期时间型数据转换为整型，则时间部分会被忽略掉。把数值型转换为日期时间型是把日期时间型转换为数值型的逆过程。

变体类型的 Empty 值向数值型转换时变为 0，向字符串型转换时变为空字符串""。

2. 显式转换

显式转换是指使用 Visual Basic 提供的类型转换函数进行转换（见表 3.2）。使用这些类型转换函数可使程序的可读性增强，并且能进行强制类型转换，避免可能出现的歧义性。

表 3.2　类型转换函数

函数	转换为	函数	转换为	函数	转换为
CBool( )	Boolean	CByte( )	Byte	CInt( )	Integer
CDate( )	Date	CDbl( )	Double	CStr( )	String
CLng( )	Long	CSng( )	Single		
CVar( )	Variant	CCur( )	Currency		

使用这些函数的方法是，在括号中填入被转换的数据（可以是属性、常量、变量、函数以及由它们构成的表达式），然后把转换函数放入表达式，则转换的结果就会参与表达式的计算。

显式转换的规则和隐式转换相同，隐式不能转换的，显式也不能转换。例如：

```
i3 = CInt(123.5)            '整型变量 i3 的值是 124
f1 = CDbl("x1.2")           '类型不匹配错误！以字母开头的字符串无法转换为数值
```

除了表 3.2 中列出的类型转换函数外，VB 还提供了其他的一些与类型转换有关的内部函数，如 Int、Fix、Val 和 Format 等，将在第 9 章中介绍。

3. 不能进行转换的情况

在数据类型默认转换过程中可能出错的情况归纳为以下 4 类：

(1) 包含非数值字符(字母和符号)的字符串向数值型转换时出现“类型不匹配”错误。

(2) 非"True"或"False"的字符串向逻辑型转换时，出现“类型不匹配”错误。

(3) 非日期内容的字符串向日期型转换时，出现“类型不匹配”错误。如试图将"abc"转换为日期型。

(4) 转换时超出目标类型的表示范围，出现“溢出”错误。如试图将字符串"－1"转换为 Byte 类型。

3.3.9 类型声明符*

除了前面讲的变量定义语句之外，还可以使用“类型声明符”来定义变量。有了类型声明符，就不必使用 Dim 等语句来指定变量的数据类型，只需在第一次使用时，在变量名的后面加一个类型声明符即可。Visual Basic 支持的类型声明符与相对应的数据类型列于表 3.3 中。

表 3.3 类型声明符

声明符	数据类型	声明符	数据类型
$	变长字符串型	!	单精度浮点型
%	整型	#	双精度浮点型
&	长整型	@	货币型

例如：

```
x% = 5                    '定义一个整型变量,并赋值
```

变量的类型确定之后，不能再改变它的类型。例如，下面的语句是错误的：

```
x% = 3 : x& = 5           '错误
```

上述定义变量的方法只适用于过程级变量，并且要求模块声明段中没有使用 Option Explicit 语句。

另外，也可以在 Dim|Private|Public|Static 语句中使用类型声明符，但是要省略掉“As 类型名”部分。这种方法可以定义全局变量、模块变量和过程级变量，并且不受 Option Explicit 语句的制约。

例如，下面语句可以定义整型变量 int1。

```
Dim int1%
```

Visual Basic 中的类型声明符主要是为了与旧版本的 Basic 语言相兼容，在实际应用中应该使用 As 关键字定义变量。

3.3.10 DefType 语句*

默认情况下，当不强制变量定义时，未显式定义的变量被 Visual Basic 认为是变体类型变量，因为 Variant 是默认的变量类型。如果要更改默认变量类型，就要在模块的声明段中使用表 3.4 中所列的 DefType 语句族中的相应语句。

表 3.4　DefType 语句

语句	数据类型	语句	数据类型	语句	数据类型
DefBool	Boolean	DefDate	Date	DefSng	Single
DefInt	Integer	DefObj	Object	DefDec	Decimal
DefCur	Currency	DefByte	Byte	DefStr	String
DefDbl	Double	DefLng	Long	DefVar	Variant

表 3.4 列出的 DefType 语句族中所有语句的用法相同：

```
DefType ␣ 字母范围 1[, 字母范围 2[, 字母范围 3…]]
```

上面的语法中，DefType 可以是表 3.4 中任一语句，“字母范围”指的是单个字母或者是使用连字符“－”(同减号)连接起来的两个字母。

例如，下面语句定义了以 A、D～F(即 D、E、F)、W～Z(即 W、X、Y、Z)为首字母的所有未经显式定义的变量为 Integer 型：

```
DefInt A,D-F,W-Z
```

多个 DefType 语句可以同时使用，但是所定义的字母范围不能相互重叠。

注意，这些 DefType 语句只能用在模块声明段，只在使用它的模块中起作用。它们只能在未使用 Option Explicit 的模块中使用时起作用，只对未显式定义的变量起作用。

3.4　符号常量

符号常量是常量的一种，区别于直接常量。符号常量与变量相似，属于某一数据类型并有名称，先定义后使用。定义时必须指定符号常量的值，在运行过程中它的值不能改变(即不能被赋值)。

符号常量与直接常量相比，优点有：①便于记忆与识别，可以使用具有描述性的名字替代一个抽象的值，如使用 PI 代表数值 3.1415926；②便于程序的修改，如果要改变常量所代表的值，只需在定义常量的位置修改一次即可。

符号常量也有作用域，由定义时使用的语句和位置决定。定义符号常量的方法如下：

(1) 过程级常量。在过程中定义，作用域为所在的过程。语法为：

```
Const ␣ 常量名 ␣ [As 数据类型名] = 表达式
```

(2) 模块级常量。在模块的通用声明段中定义，可在本模块的所有过程中使用。语法为：

```
[Private] ␣ Const ␣ 常量名 ␣ [As ␣ 数据类型名] = 表达式
```

(3) 全局常量。在标准模块的声明段中定义，程序的所有模块均可使用。语法为：

```
Public ␣ Const ␣ 常量名 ␣ [As ␣ 数据类型名] = 表达式
```

如果省略“As 类型名”部分，定义的是变体类型的常量。常量的命名规则与变量相同，一般可为常量名加上“con”前缀，或使用大写字母以示区别。

> 注意，与全局变量不同，全局常量只能在标准模块中定义，不能在窗体模块和类模块中定义。

例如，下面语句定义了模块级常量 PI 来代替数值 3.141593，并用来计算圆的面积：

```
Private Const PI As Single = 3.141593    '定义单精度浮点类型符号常量 PI
s = PI * r * r                           '通过半径 r 计算圆的面积，然后赋给变量 s
```

定义符号常量时，可以使用不包括函数和变量的常量表达式来赋值(表达式中可以使用除 Is 外所有的算术运算符与逻辑运算符)，也可以使用其他已定义的常量来赋值。例如：

```
Const con1 As Integer = PI + 2.5         '正确，如果 PI 是已定义的符号常量
Const con2 = i + Sin(j)                  '错误！不能使用函数 Sin 和变量 i、j
```

可以使用一条语句定义多个符号常量，方法与定义变量相似。

除了自定义的符号常量外，Visual Basic 中还有大量预定义的符号常量，由系统提供，一般以"vb"为前缀。这些预定义的符号常量可以直接使用。

习　题　3

一、选择题

1. Integer 类型的变量可存放的最大整数为________。

(A) 255　　(B) 256　　(C) 32768　　(D) 32767

2. 下面的 4 对数据类型中，________所占的内存字节数相等。

(A) Integer 和 Boolean　　(B) Integer 和 Single

(C) Date 和 Single　　(D) Long 和 Double

3. 下列数据类型中，占用内存最小的是________。

(A) Boolean　　(B) Byte　　(C) Integer　　(D) Single

4. 使用 Public Const 语句定义全局常量，该语句可以放在________。

(A) 过程中　　(B) 窗体模块的声明段中

(C) 标准模块的声明段中　　(D) 窗体模块或标准模块的声明段中

5. 在窗体模块的声明段中定义变量时，不能使用关键字________。

(A) Dim　　(B) Private　　(C) Public　　(D) Static

6. ________数据类型的变量不能存放负值。

(A) Integer　　(B) Single　　(C) Byte　　(D) Long

7. ________不是字符串常量。

(A) "你好"　　(B) ""　　(C) "True"　　(D) #False#

8. 下面列出的语句中，没有错误的是________。

(A) txt1.Text + txt2.Text = txt3.Text

(B) cmdAdd.Name = cmdSub

(C) 12Label.Caption= 1234

(D) frmFirst.Move 1000,1000,2000,1200

9. 变量名最多不能超过的字符个数为________。

(A) 10　　(B) 12　　(C) 40　　(D) 255

10. ________是日期型常量。

(A) "2/1/99"　　(B) 2/1/99　　(C) #2/1/99#　　(D) {2/1/99}

11. 下面赋值语句中，________不能使字节型变量 byt1 在内存中的二进制位成为 00001111。

(A) byt1＝15　　(B) byt1＝1111　　(C) byt1＝&HF　　(D) byt1＝&O17

12. 下列语句中，________会产生错误。

(A) Dim int1 As Integer：int1＝True

(B) Dim str1 As string * 10：str1＝"123.4.5"

(C) Dim int1 As Integer：int1＝"123.4"

(D) Dim bln1 As Boolean：bln1＝"Yes"

二、填空题

1. 下列数据类型的变量各占多少字节的内存：

Byte：__(1)__；Integer：__(2)__；Long：__(3)__；Single：__(4)__；Double：__(5)__。

2. 把整型数 1 赋给一个逻辑型变量，则逻辑型变量的值为__(6)__。

3. 刚被定义尚未赋值的日期型变量的值为__(7)__；逻辑型变量的值为__(8)__；对象型变量的值为__(9)__；变体变量的值为__(10)__。

4. 对象型变量可以引用一个对象。使用 Dim objFirst As Object 语句定义一个对象型变量，如果要把名称为 cmdFirst 的命令按钮赋予它，应使用__(11)__语句。

5. 在一条 Dim 语句中可以定义多个变量，如 Dim strVar，intVar，sngVar As Integer，则 strVar、intVar 与 sngVar 的数据类型分别是__(12)__、__(13)__和__(14)__。

6. 如果 int1 是整型变量，则执行 int1＝"2"＋3 语句之后，int1 的值为__(15)__；执行 int1＝"2"＋"3"语句之后，int1 的值为__(16)__。

7. 把逻辑值 True 赋给整型变量之后，此变量的值会变为__(17)__。

8. 默认情况下，所有未经显式定义的变量均被视为__(18)__类型。如果要强制变量的定义，应在模块的声明段使用__(19)__语句。

9. 如果要在文本框 Text1 中显示"He said, "Good morning!"."(注：不包括外层的中文双引号，内层是英文双引号)，则应使用以下的赋值语句：Text1.Text ＝__(20)__。

10. 新建工程，建立如图 3.6 所示的窗体界面，文本框和命令按钮的对象名分别是 Text1 和 Command1。

在"代码"窗口中输入以下程序行：

```
Public int1 As Integer              '①
Dim int1 As Integer                 '②
Private int1 As Integer             '③
Private Sub Command1_Click()
    Dim int1 As Integer             '④
    Static int1 As Integer          '⑤
```

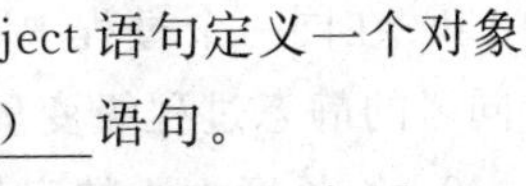

图 3.6 填空第 10 题

```
        int1 = int1 + 1
        Text1.Text = int1
    End Sub
```

其中语句①～⑤同时只用一条。如果运行程序，连续单击 Command1 按钮三次，则使用语句①时文本框中显示的是__(21)__；使用语句②时显示的是__(22)__；使用语句③时显示的是__(23)__；使用语句④时显示的是__(24)__；使用语句⑤时显示的是__(25)__。

三、判断题

1. Variant 是一种特殊的数据类型，除了定长字符串数据及自定义类型外，可以保存任何类型的数据。Variant 还可以保存 Empty 和 Null 等特殊值。

2. 使用 Dim 语句定义了一个变量之后，还可以使用 ReDim 语句把此变量重新定义为其他的类型。

3. 使用 Static 语句定义的静态过程级变量，能在该过程的多次调用之间保持它的值，并且其他的过程也可以使用这个变量的值。

4. 在定义符号常量的语句中可以先不赋值，在以后赋值；但是，一旦被赋值便不能再赋新值。

5. 定义符号常量时给常量赋值可以使用表达式，但不能包含变量和函数调用。

6. 因为 Single 类型的变量可表示的范围大于 Long 类型的变量，所以 Single 类型占用内存空间大于 Long 类型。

7. 日期时间型变量既可以只保存日期值，也可以只保存时间值，但不能同时保存日期和时间值。

8. 在同一个过程中不能定义同名的变量；在过程中不能定义与同一模块的模块级变量同名的静态过程级变量。

9. 给长度为 4 的定长字符串变量赋一个长度为 8 的字符串会产生"溢出"错误。

10. 一个变量在刚被定义尚未被赋值之前没有值。

11. 一个应用程序的不同模块可以定义同名的全局变量，但是在一个模块中存取另一个模块中的全局变量时，应在变量前加模块名来限定。使用本模块中定义的全局变量一般不用加模块名。

12. 如果 A 和 B 都是整型变量，A 的值为 1，B 的值为 256，则变量 A 所占用的内存空间比变量 B 小。

13. 因为程序级和模块级范围不同，所以可以在同一个窗体模块中定义同名的程序级变量和模块级变量。

四、改错题

下面是窗体 Form1 的 Click 事件过程，要实现从第二次单击开始起，每次单击窗体时，窗体均向右移动 100 个单位。其中有几处错误，请改正。

```
Private Sub Form1_Click()
    Dim intLeft As Integer
      intLeft = intLeft + 100
    form1.Left = intLeft
End Sub
```

请问，为什么第一次单击窗体时，窗体一般不向右移动，而是跳到屏幕左边附近？如果希望无论窗体的初始位置在什么地方，每次单击（包括第一次）窗体都向右移 100 缇，程序应如何编写？

五、找出合法的直接常量

－0.0，.0，0.，2^3，1.2 * 10^3，log3，π，α，e，35.7°，""""，"""，""abc""，3＋5，12.3e，5e＋0，±&h007，3/2/99，&H123A

六、找出合法的变量名

3M，x_2，π，[，e，PI，OK，DIM，dim，＋a，we＄，_name，a＋b

第4章

运算符与表达式

运算是对数据进行加工和处理。基本的运算可以用简洁的符号来表示,复杂的运算一般使用函数或过程来实现。表示某种运算的符号称为**运算符**(Operator)。被运算的对象称为运算量或操作数。

表达式(Expression)是由运算符和运算量组成的式子,用来描述对什么数据、按什么顺序进行什么运算。表达式可简可繁,简单的表达式只有一个变量或常量,复杂的表达式可以包括多种类型的运算符、运算量和函数调用。表达式的最终计算结果称为**表达式的值**,表达式的值也有相应的数据类型。表达式是语句的重要组成部分,可以用来为变量和属性赋值,也可以作为参数来调用函数、过程和方法。

4.1 运 算 符

Visual Basic 提供了比较丰富的运算符,可以按运算量类型的不同而分为多种类型。

4.1.1 算术运算符

算术运算符要求参与运算的运算量是数值型,运算的结果也是数值型。表 4.1 中列出了 Visual Basic 的算术运算符。

表 4.1 算术运算符

序号	运算符	意义	举例	运算结果
1	+	加法运算	2.4+11.3	13.7
2	-	减法运算	2-3	-1
3	-	取负数	-1	-1
4	*	乘法运算	2.3*5.6	12.88
5	/	除法运算	5/2	2.5
6	^	幂运算	2^3	8
			3^0.5	1.7320508
7	\	整除运算	5\2	2
			10.1\3.9	2
8	Mod	求余(取模)运算	5 Mod 2	1
			19 Mod 6.7	5

在表4.1列出的8个运算符中，只有“取负”运算符是“**单目运算符**”（只需右边的一个运算量），其他7个运算符都是“**双目运算符**”（需要左右两个运算量）。取负运算符和减法运算符使用的是同一个符号，即减号。

表4.1列出的8个运算符中，前6个（+、-、-、*、/、^）可以对所有的数值类型进行运算，运算结果的数据类型与运算量的类型相同。如果两种不同类型的数值进行运算，运算结果的类型一般与表示范围大、精度高的数据保持一致，如整型值与双精度浮点型值相加时，和的数据类型为双精度浮点型。

整除运算符“\”和求余运算符“Mod”都要求两个运算量是整数，否则按默认转换规则将运算量转换为整型或长整型。所以，绝对值小于或等于0.5的数不能作整除运算和求余运算的除数，否则会出现“除数为零”的错误。这两个运算的计算结果也是整数。

求余运算结果的正负号与第一个运算量的符号相同。例如，下面的赋值语句是将表达式“-15 Mod 30”的运算结果“-15”赋值给变量a。

```
a = - 15 Mod 30                    '变量 a 被赋的值是 - 15
```

> 计算机进行加减运算的速度比乘除运算快得多，乘法运算的速度比幂运算快得多，所以像“x^2”这样简单的幂运算应该用相应的乘法运算“x * x”代替。
>
> 由于Mod运算符是由字母组成的，它与运算量之间应加空格，否则会被Visual Basic理解为一个整体（认为是变量名或函数名等）而导致出错。

4.1.2 比较运算符

比较运算符（也称为关系运算符）用来对两个数值的大小进行比较，比较的结果是逻辑值。如果运算量满足运算符的定义，结果为True，否则结果为False。表4.2中列出的是6个比较运算符。

表4.2 比较运算符

序号	运算符	意义	举例	结果
1	<	小于	2.5<5	True
			2.5<2	False
2	>	大于	3>5	False
			3.5>3.2	True
3	<=	小于或等于	3<=5	True
			4<=4	True
4	>=	大于或等于	4>=4	True
			3>=5	False
5	=	等于	2=4	False
			4=4	True
6	<>	不等于	4<>5	True
			4<>4	False

应该注意的是：比较运算符“=”与赋值号“=”应该严加区分，二者尽管都是“等号”，但意义不同。比较运算符“=”只比较其两边的值是否相等，不会改变任何一个的值，所以比较

运算符两边可以是属性、变量、常量、函数调用或复杂表达式。赋值号“=”要求其左边一定是可以被赋值的变量或属性。赋值语句是独立的语句,而比较运算符连接两个值形成的表达式只能是语句的一部分。

在下面的语句中,左边的“=”是赋值号,右边的“=”是比较运算符。Visual Basic 先进行比较运算,将变量 b 和 c 的比较结果赋值给变量 a。

```
a = b = c                    '两个“=”分别是赋值号和比较运算符
```

4.1.3 字符串运算符

1. 字符串连接运算符

字符串连接是把两个字符串首尾连接成一个字符串。可以进行字符串连接的运算符有“+”(加号)和“&”。

一般情况下,两个运算符功能是相同的,但是因为加号“+”还有算术运算符的作用,容易引起歧义,所以在进行字符串连接时应该使用“&”。“&”运算符与前后两个运算量之间应加空格,否则会导致出错。

例如,下面是几个使用“+”和“&”进行字符串连接的表达式:

```
"崇尚科学、" & "追求真知。"          '运算结果为"崇尚科学、追求真知。"
"团结献身" + "求是创新"              '运算结果为"团结献身求是创新"
"30" & "15"                          '运算结果为"3015"
"30" + "15"                          '运算结果为"3015"
30 & 15                              '运算结果为"3015"(先将整数转换为字符串)
"30" & 15                            '运算结果为"3015"(先将整数转换为字符串)
```

下面的“+”进行的是加法运算:

```
"30" + 15                            '运算结果为 45(先将字符串转换为整数)
30 + "15"                            '运算结果为 45(先将字符串转换为整数)
```

2. 字符串比较运算符

字符串的比较运算使用的也是表 4.2 所列的比较运算符。两个字符串进行比较是按字符串中的对应字符从左到右逐个比较的。当第一个字符串的第一个字符与第二个字符串的第一个字符相同时,比较第一个字符串的第二个字符与第二个字符串的第二个字符……,以此类推,直到比较出大小。如果两个字符串完全相同,则相等;如果一个字符串是另一个字符串的前半部分,则字符数多的字符串大于字符数少的。

字符的大小是按照字符的内码比较的,内码大的字符大于内码小的字符。英文字母、数字、半角符号一般是按 ASCII 码的大小进行比较(参见附录 E)。例如:

```
"A" > "B"                            '结果为 False
"ab" < "ac"                          '结果为 True
"ab" = "abc"                         '结果为 False
"123" > "99"                         '结果为 False
```

对于英文字母的比较,可以通过在模块的声明段加上以下语句来设置对大小写的处理:

Option ␣ Compare ␣ Binary | Text

"Binary"是默认设置,比较时区分大小写;"Text"为不区分大小写。例如:

```
"ab" > "AB"                    '结果为 True(默认情况下)
"ab" = "AB"                    '结果为 True(Option Compare Text 时)
```

3. 字符串匹配运算符 Like*

字符串除了可以比较大小,还可以比较是否匹配。字符串的匹配是指被比较字符串的内容是否符合"模板"字符串规定的样子。形式如下:

s1 ␣ Like ␣ s2

其中 s1 和 s2 都是字符串值,s1 是被比较的字符串;s2 充当"模板",除了普通字符,还可以包含具有特殊意义的"模板字符"(见表 4.3)。如果字符串 s1 与 s2 定义的模板相匹配,运算的结果为 True,否则为 False。

表 4.3 Like 运算中的"模板字符"

模板字符	意 义	示 例
?	通配符,代表任意一个字符	
*	通配符,代表任意多个字符(可以是 0 个)	
#	通配符,代表任意一个数字(0~9)	
[多个字符]	代表方括号中包含的任意一个字符	[abcd]代表 abcd 之一
[!多个字符]	代表不包含于方括号中的任意一个字符	[!abcd]代表不是 abcd 之一
[字符 1-字符 2]	代表"字符 1~字符 2"范围内的任意一个字符	[a-d]代表 abcd 之一
[!字符 1-字符 2]	代表不在"字符 1~字符 2"范围内的任意一个字符	[!a-d]代表不是 abcd 之一

如果 s2 中没有表 4.3 所列的"模板字符",则当 s1 和 s2 完全相等时,被认为是匹配。例如:

```
"abc" Like "abc"               '结果为 True,匹配
"abc" Like "ABC"               '结果为 True,匹配(Option Compare Text 时)
"ab" Like "ac"                 '结果为 False,不匹配
```

如果 s2 中有"模板字符",则当 s1 中的每个字符与 s2 中的对应非模板字符相等或与"模板字符"意义相符时,认为是匹配的。例如:

```
"aBBBa" Like "a*a"             '结果为 True,匹配
"a2b" Like "a#b"               '结果为 True,匹配
"F" Like "[A-Z]"               '结果为 True,匹配
"aM5b" Like "a[L-P]#[!c-e]"    '结果为 True,匹配
"a" Like "[!abc]"              '结果为 False,不匹配
"abc" Like "[abc]"             '结果为 False,不匹配
"你" Like "[你我他]"            '结果为 True,匹配
```

如果方括号中的连字符"-"(减号)出现在"!"号之后、最前或最后,则只是普通的字符,不表示"起止"的意义。如果方括号中的感叹号"!"不在第一个位置上,也被认为是一般字符,不表示否定意义。如果"-"和"!"出现在方括号之外,只是一般字符。例如:

```
"a" Like "[a!bc]"                    '结果为 True,匹配
```

因为字符"["、"?"、"#"和"*"充当了"模板字符",要与这些字符相匹配,应该用方括号把它们括起来。"]"可以作为一个单独的字符出现。例如:

```
"*" Like "*"                         '结果为 True,匹配
"#" Like "#"                         '结果为 False,不匹配
"#" Like "[#]"                       '结果为 True,匹配
"[*?#]" Like "[[][*][?][#]]"         '结果为 True,匹配
```

4.1.4 日期时间运算符

1. 日期与数值的加减运算

如果日期时间值 d 加上数值 n,会把 d 的日期部分增加 n 的整数部分表示的天数计算出新日期;再把 d 的时间部分加上 n 的小数部分表示的时间计算出新的时间,新的日期与时间组合起来即运算的结果。减法的结果相反。总之,日期值加数值得到的是较晚的日期,减数值得到的是较早的日期。例如:

```
#1/1/2008# + 1                       '结果为#1/2/2008#
#1/1/2008# -1.5                      '结果为#12/30/2007 12:00:00 PM#
```

2. 日期与日期的减法

两个日期时间值进行减法运算时,结果是数值,表示两个日期之间的天数差。例如:

```
#2/1/2008# - #1/3/2008#                              '结果为 29
#1/1/2008 12:00:00 PM# - #1/3/2008 6:00:00 AM#       '结果为 -1.75
```

3. 日期的比较

日期时间值之间进行比较时,较晚的日期时间大于较早的日期时间。例如:

```
#1/1/2008# >#1/2/2008#                               '结果为 False
#1/1/2008 6:00:01 AM# >#1/1/2008 6:00:00 AM#         '结果为 True
```

其他的运算(如两个日期相加、相乘除)对于日期类型没有意义,在运算时会转换为数值型。

4.1.5 对象型比较运算符

对象型比较运算符为 Is,如果两个被比较的对象型变量引用的是同一个对象,结果为 True,否则为 False。例如:

```
Dim obj1 As Object, obj2 As TextBox        '定义对象型变量 obj1 和 obj2
Set obj1 = Text1: Set obj2 = Text1         '为对象型变量赋值,引用同一对象
Me.Print obj1 Is obj2                      '对象型变量的比较,结果为 True
```

可以使用 Is 运算符和 Nothing 值来判断一个对象型变量是否未引用任何对象,例如:

```
bln1 = obj1 Is Nothing                     '如果引用了某一对象,则结果为 False
```

不能使用"="号来判断,下面的语句是错误的:

```
bln1 = obj1 = Nothing                    '错误!
```

4.1.6 逻辑运算符

逻辑运算是指对逻辑量(True 和 False)的运算,Visual Basic 提供了 6 个逻辑运算符,这些运算符还可以对整数进行按位的逻辑运算。

1. 逻辑运算符

逻辑运算符是专门对逻辑值进行运算的运算符。如果参与运算的值是逻辑值 True 和 False,则结果也是逻辑值 True 或 False。Visual Basic 提供了下列 6 个运算符,它们的运算规则见表 4.4。

(1) “与”运算符 And。

(2) “或”运算符 Or。

(3) “非”运算符 Not。

(4) “等价”运算符 Eqv。

(5) “蕴涵”运算符 Imp。

(6) “异或”运算符 Xor。

表 4.4 逻辑运算规则

a	*b*	*a* And *b*	*a* Or *b*	Not *a*	*a* Eqv *b*	*a* Imp *b*	*a* Xor *b*
True	True	True	True	False	True	True	False
True	False	False	True	False	False	False	True
False	True	False	True	True	False	True	True
False	False	False	False	True	True	True	False

在 6 个逻辑运算符中,Not 是唯一的“单目”运算符,Imp 是唯一的两个运算量交换位置会影响计算结果的运算,Xor 运算的规则与 Eqv 运算的规则正好相反。

在 6 个运算符中,And、Or 和 Not 比较常用,也具有明显的物理意义。图 4.1 所示的电路中,如果将开关闭合当作 True,断开当作 False,则开关的状态决定了灯泡的明(True)灭(False)。

And 运算相当于把两个开关串联的结果,如图 4.1(a)所示。只有两个开关全部闭合时,电路才导通,所以 And 运算用来表示“两个条件都要满足”的情况。

Or 运算相当于把两个开关并联,如图 4.1(b)所示。只要有一个开关闭合,电路就导通。所以 Or 运算用来表示“两个条件只要有一个满足”的情况。

Not 运算相当于一个可以把电路短路的开关。

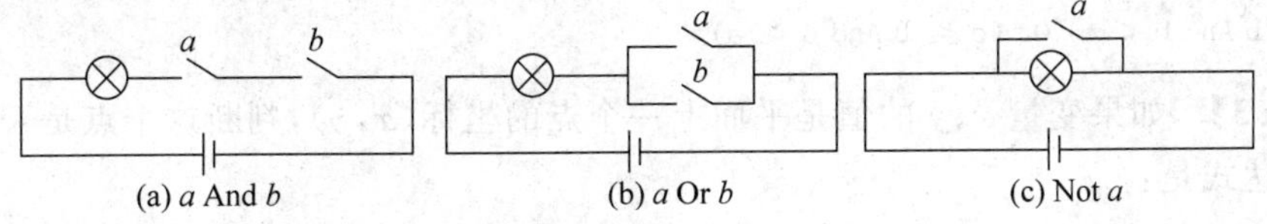

图 4.1 逻辑运算的物理意义

2. 逻辑运算的应用

参与逻辑运算的运算量一般不是逻辑型常量,而是由比较运算符构成的比较表达式,比较运算的结果(逻辑值)参与逻辑运算。

【例 4.1】 使用逻辑运算符。

(1) 启动 Visual Basic 集成环境,新建工程。

(2) 在窗体上放置命令按钮 Command1,编写以下事件过程。

```
Private Sub Command1_Click()
  Dim A As Integer, B As Integer, C As Integer
  A = 10:B = 8:C = 6                   '给变量赋值
  Print A > B And B > C                '结果为 True
  Print B > A Or B > C                 '结果为 True
  Print Not A > B                      '结果为 False
  Print B > A Eqv B > C                '结果为 False
  Print B > A Imp C > B                '结果为 True
  Print B > A Xor C > B                '结果为 False
End Sub
```

(3) 启动程序,单击按钮,在窗体上显示出各个表达式的值。

在实际编程中,逻辑运算符总是用来判定某个复杂的条件是否成立。这时可能会同时用到多个比较运算符和逻辑运算符。

【例 4.2】 根据给定条件编写表达式。表达式的值为 True 表示满足条件,为 False 表示不满足条件。

(1) 假设 a、b 和 c 是三个变量。如果已知 $a<c$,要判断 b 的值是否在 a 与 c 之间,可以使用以下表达式:

```
a < b And b < c
```

不能写成:

```
a < b < c                  '错误
```

创建工程,通过编写以下代码可以验证上述内容。

```
Private Sub Command1_Click()
  Dim a As Integer, b As Integer, c As Integer
  a = -3:b = -2:c = -1
  Print a < b And b < c          '显示 True
  Print a < b < c                '显示 False
End Sub
```

为什么 $a < b < c$ 会得 False? 因为,Visual Basic 在计算这个表达式时,先计算"$a < b$"部分,得 True;再计算 True<c,并将 True 转换为-1,$-1<-1$? 最终得 False。

(2) 如果不知道 a 和 c 哪个大,要判断 b 的值是否在 a 与 c 之间,可以使用表达式:

```
(a < b And b < c) Or (c < b And b < a)
```

【例 4.3】 如果变量 x、y 的值是平面上一个点的坐标(x,y),判断这个点是否在第一象限内的表达式是:

```
x > 0 And y > 0
```

判定(x,y)是否位于第一象限内单位圆中(单位圆是以坐标原点为圆心,半径为 1 的圆),可以使用表达式:

```
x > 0 And y > 0 And x * x + y * y < 1
```

判定(x,y)是否位于坐标轴上,可以使用表达式:

```
x = 0 Or y = 0
```

编程验证上述表达式。创建工程,建立图4.2所示的界面,编写以下事件过程。

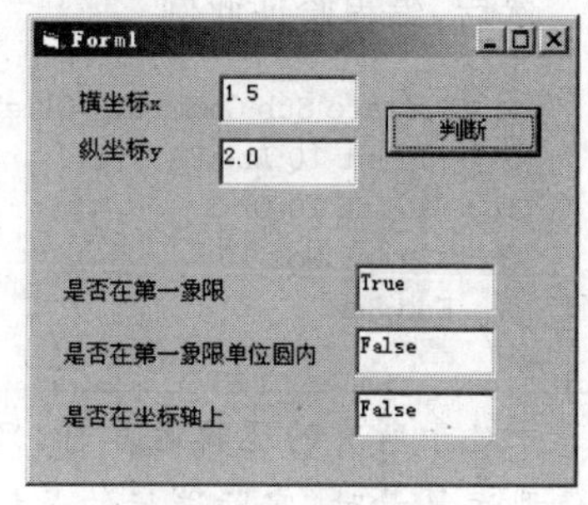

图 4.2 验证表达式

```
Private Sub Command1_Click()
  Dim x As Single, y As Single
  x = Text1.Text
  y = Text2.Text
  Text3.Text = x > 0 And y > 0
  Text4.Text = x > 0 And y > 0 And x * x + y * y < 1
  Text5.Text = x = 0 Or y = 0
End Sub
```

在窗体上面两个文本框中输入点的坐标,单击“判断”按钮,结果显示在下面的三个文本框中。

3. 按位逻辑运算

逻辑运算符除了对逻辑值进行运算外,还可以对整型量进行“按位逻辑运算”。按位逻辑运算将运算量在内存中的二进制表示按对应位进行逻辑运算(1当作True,0当作False,规则与逻辑运算相同),运算结果仍是整型值。

【例4.4】 计算下列三个表达式的值。

(1) 10 And 8

(2) 10 Or 8

(3) Not 10

先将十进制数10和8按补码的形式转换为二进制。因为是正数,所以与原码相同。10和8的数值不大,使用一个字节(8位)表示即可:

```
10D → 00001010B
8D → 00001000B
```

再将二进制数按位进行逻辑运算,得到的二进制数转换为十进制数即所求。

(1) 10 And 8的值为8。

```
 00001010B
 00001000B (And 运算)          '表达式的值为 8
────────────────────
 00001000B → 8D
```

(2) 10 Or 8的值为10。

```
 00001010B
 00001000B (Or 运算)           '表达式的值为 10
────────────────────
 00001010B → 10D
```

(3) Not 10的值为−11。

```
 00001010B (Not 运算)
────────────────────
 11110101B → -11D              '表达式的值为 -11
```

然后，编程验证此例。

```
Private Sub Command1_Click()
    Print 10 And 8                    '显示：8
    Print 10 Or 8                     '显示：10
    Print Not 10                      '显示：－11
End Sub
```

对于所有的逻辑运算符，只有运算量全为逻辑值时才进行逻辑运算。只要有一个数值型运算量时，实际进行的是按位逻辑运算。按位逻辑运算只针对整型值，如果运算量中有非整型值，运算之前会自动转换为整型。

例如，表达式 True And 10 等价于－1 And 10，表达式 5.5 Or False 将转换为 6 Or 0 来计算。

4. 使用位运算提取二进制信息

对二进制信息进行处理，在通信、控制领域以及数据压缩、图像处理方面很有用途。

可以使用按位 And 运算的方法来确定一个整数的某个二进制位上是"0"还是"1"。

例如，有一个字节型变量 b，占用一个字节的内存(8 位)，从右到左，依次为第 0 位、第 1 位、第 2 位……第 7 位。如果要知道它的第 3 位上是 0 还是 1，可以使用表达式：b And 8 来判断，其中 $8=2^3$。如果表达式的值为 0，则说明 b 的第 3 位上为 0，否则为 1。因为 8 的二进制表示为 00001000，进行按位 And 运算时，只有 b 的第 3 位也是 1 时，运算结果才不是 0。

使用 And 运算还可以将整数的一位或几位上的数置为"0"，使用 Or 运算可以置为"1"。例如，对于字节型变量 b，语句 b ＝ b Or 8 可以将其第 3 位变为"1"，如果本来为"1"则不变。

4.2 表 达 式

表达式(Expression)是指用运算符连接运算量形成的式子。复杂的表达式可能同时用到算术、比较和逻辑等多种运算符。表达式的最终运算结果称为表达式的值。根据表达式值的数据类型，可以把表达式分为不同的类型，如逻辑表达式、字符串表达式等。

4.2.1 表达式的求解顺序

如果表达式中运算符的个数不止一个，在优先级相同的情况下，表达式的运算是从左到右进行的，前一个运算的结果作为后一个运算的运算量进行运算。

例如，下面是一条赋值语句，赋值号右面是表达式"2＋3－3＋4－5"：

```
a = 2 + 3 - 3 + 4 - 5
```

因为加法运算和减法运算的优先级相同，所以会从左向右依次运算，最终的结果就是整个表达式的值：1。

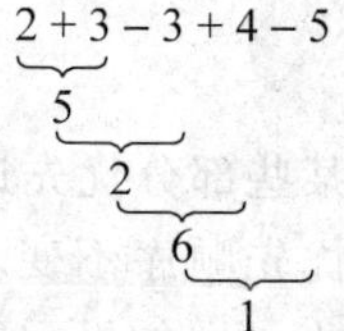

变量 a 被赋的值为 1。

并不是所有的表达式都是按由左向右的顺序进行运算的。运算符有不同的**优先级**，在同一个表达式中，优先级最高的运算符先进行计算，然后是优先级较低的运算符进行计算，最后才是优先级最低的运算符。在 Visual Basic 中，乘除的优先级比加减的优先级高。同等优先级的运算符，按从左到右的顺序进行计算。

例如，表达式 2－3＊3＋4/5 的计算顺序如下所示：

2 - 3 ∗ 3 + 4 / 5
9
0.8
-7
-6.2

可见，表达式的值为－6.2。

4.2.2　运算符的优先级

当表达式中的运算符不止一种时，要先进行算术运算，接着进行比较运算，最后才是逻辑运算。所有比较运算符的优先级都相同；也就是说，要按它们出现的顺序从左到右进行计算。而算术运算符和逻辑运算符则按表 4.5 中列出的从上到下的优先顺序进行计算。同一格中的运算符优先级相同。

表 4.5　运算符的优先级

算术运算符（高→低）	比较运算符（相同）	逻辑运算符（高→低）
幂运算(^)	相等(＝)	非(Not)
取负(－)	不等(＜＞)	与(And)
乘法和除法(＊、/)	小于(＜)	或(Or)
整除(\)	大于(＞)	异或(Xor)
求余运算(Mod)	小于或相等(＜＝)	等价(Eqv)
加法和减法(＋、－)	大于或相等(＞＝)	蕴涵(Imp)
字符串连接(&)	字符串匹配(Like)	
	对象型比较(Is)	

高 ⟵⟶ 低

字符串匹配运算符 Like 和对象比较运算符 Is 的优先级与所有比较运算符相同。字符串连接运算符“&”不是算术运算符，但是，就其优先顺序而言，它在所有算术运算符之后，而在所有比较运算符之前。

4.2.3 使用括号改变计算顺序

可以用小括号“( )”改变表达式中运算的优先顺序，强制表达式中的某些部分优先进行计算。括号内的运算总是优先于括号外的运算。在括号之内，运算符的优先顺序不变。在Visual Basic的表达式中只能使用小括号，不能使用方括号“[ ]”或大括号“{ }”。如果需要使用多层括号时，都用小括号。当有多层小括号时，先计算内层，后计算外层。使用时应保证左右两半个括号成对出现。有时，为了表达式意义清楚，可以添加一些不改变优先级的小括号。

通过下面的例子，可以说明小括号对表达式计算顺序的影响(圆圈中的数字表示计算的步骤)。

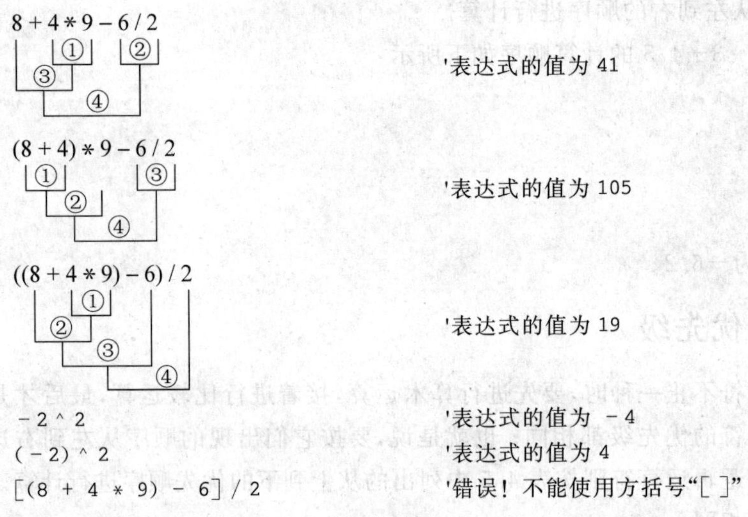

4.2.4 正确编写表达式

虽然 Visual Basic 中的表达式与代数中的算式很相似，但二者却是两个完全不同的概念。代数式书写随意、灵活，而 Visual Basic 的表达式却有严格的规则限制，初学者或多或少地会受代数知识的影响造成编程错误。例如，下面两个式子在代数中完全等价(“=”号表示相等)，但在程序代码中却有不同的意义(一个变量给另一个变量赋值)。

```
a = b        '变量 b 给变量 a 赋值
b = a        '变量 a 给变量 b 赋值
```

1. 将代数式转换为表达式

程序代码是文本行，是由英文字符为主组成的，因此一些图形字符、特殊符号是不可能在 Visual Basic 的程序代码中出现的(字符串中除外)，比如：±、×、÷、≤、≥、≠和上下标(如乘方)等。

表 4.6 中列出了一些代数式对应的 Visual Basic 表达式。

2. 浮点数的精度问题

虽然单精度浮点类型与双精度浮点类型变量可以表示绝对值很大的值，但是它们的精度却不高，单精度值的有效数字为 6～7 位，双精度值的有效数字为 14～15 位。当数值的精度超过此极限，便不能被正确地表示。下面以单精度浮点类型为例作一解释。

表 4.6 Visual Basic 表达式与代数式的比较

代数式	表达式	说 明
1.2×10^{-3}	1.2E−3	使用 Visual Basic 的直接常量表示
$\frac{a+b}{a-b}$	(a+b)/(a−b)	在表达式中无法写分式
$\sqrt{b^2-4ac}$	Sqr(b * b − 4 * a * c)	使用内部函数 Sqr 计算平方根,表达式中乘法运算符“*”不能省略
$\frac{a}{-b}$	a/(−b)	适当加括号避免产生歧义
$\frac{1}{2}\sin x\cos x$	Sin(x) * Cos(x) / 2	Sin 和 Cos 是 Visual Basic 提供的内部函数,参数必须加括号
$\alpha+\beta$	Alpha + Beta	无法使用键盘输入的符号,可以用英文字母来代替(定义相应的变量)
$e^x+\pi$	Exp(x) + PI	VB 中不提供的常量(如 e 和 π),可以使用相应的函数(如 Exp)或者符号常量(如 PI)来实现
$\frac{x^2}{\cos(\|x+y\|)}$	x * x/Cos(Abs(x + y))	Abs 是求绝对值的内部函数,Cos 是计算余弦值的内部函数
$a\leqslant b\leqslant c$	a <= b And b <= c	使用 Visual Basic 的运算符

【例 4.5】 创建工程,编辑代码,验证下面三段程序。

(1) 下面程序会在文本框中输出 0.3333333,说明了单精度浮点数据类型只能表示 7 位有效数字。

```
Dim sng1 As Single                  '定义单精度浮点类型的变量
sng1 = 1/3                          '把 1 除以 3 的结果赋给变量
txtDisplay.Text = sng1              '把变量的值赋给文本框显示
```

(2) 下面的程序在文本框中输出 0,表明超出数据类型有效数字位数的部分会被“舍弃”。

```
Dim sng1 As Single, sng2 As Single  '定义两个单精度浮点类型变量
sng1 = 0.123456789                  '分别给两个变量赋值
sng2 = 0.123456788
txtDisplay.Text = sng1 - sng2       '将两个变量的差由文本框显示:0
```

(3) 下面的程序在文本框中输出:1234567。

```
Dim a As Single, b As Single
a = 1234567
b = 0.05
txtDisplay.text = a + b             '超出 7 位有效数字的会被舍去
```

3. 运算的顺序问题

在构造表达式时,应有意识地避免在计算过程中出现特别大或特别小的值。因为这种情况可能造成溢出或精度损失。也应该避免特别大的值与特别小的值直接相加减,因为这样可能造成误差。在代数中不会出问题的写法,在程序中可能会出错。

4. **运算过程中的溢出错误**

当给一个数值型变量赋一个超出其表示范围的值时,会出现"溢出错误"。同样,在表达式的运算过程中,当运算的中间结果超出变量的表示范围时,也会导致"溢出错误"。

```
Dim int1 As Integer, int2 As Integer, sng1 As Single
int1 = 20000: int2 = 20000
sng1 = int1 + int2 - 10000             '"溢出"错误
```

虽然整型变量 int1+int2 的和不会超出浮点型变量 sng1 的表示范围,但是超出了整型变量的表示范围。

一般情况下,适当地调整表达式中各个量的运算顺序可以避免这种错误的发生。例如,将上面有溢出错误的语句改写成如下形式可以避免出错。

```
sng1 = int1 - 10000 + int2             '不出错
```

【例 4.6】 编制一个判断变量 x 的值是不是可以被 3 整除的奇数的逻辑型表达式。要求如果满足条件,表达式的值为 True,否则为 False。

```
x Mod 3 = 0 And x Mod 2 <> 0              '答案一
(x Mod 3 = 0) And (x Mod 2 <> 0)          '答案二,为了清晰,可以加一些括号
x Mod 2 = 1 And x Mod 3 = 0               '答案三
```

可见,要实现同一目的可以有多种方法。Mod 运算符经常用来检查两个整数的整除关系。

单独的表达式不能用作 Visual Basic 的语句,只能是语句的一部分。比如,可以使用表达式给变量或属性赋值,也可以用表达式的值作为参数去调用方法、过程或函数。例如:

```
i + j           '单独表达式不能作语句
k = i + j       '表达式可以用在赋值语句中
Form1.Print i + j '表达式作为 Print 方法的参数
```

也有特例,因为"="既是赋值号,也是比较运算符,所以

```
i = j
```

既可以单独用作赋值语句,也可以当成比较表达式。

4.2.5 表达式求值

表达式的值是表达式中所有运算执行后的最终结果。Visual Basic 在计算表达式的值时,是按照运算符的规则与优先级进行计算的,必要时还要对运算量进行一些类型上的转换。为了能够更好地理解 Visual Basic 计算表达式的过程,保证在编程中能针对实际问题设计出有效的表达式,练习用手工的方法计算一些表达式的值是很有必要的。

【例 4.7】 求下列表达式的值。

(1) 已知变量 $a = 3$、$b = 4$ 和 $c = 5$,求下面表达式的值。

```
Not (a + b) + c - 1 And b + c / 2
Not (3 + 4) + 5 - 1 And 4 + 5 / 2        '把变量替换为它们的值
Not      11       And    6.5             '先进行算术运算
Not      11       And    6               '把运算符不支持的类型转换为支持的类型
Not   00001011    And    6               'Not 优先级高于 And,把整数写为二进制形式
    11110100      And  00000110          '然后计算 And 运算
          00000100                       '二进制计算结果
             4                           '把计算结果转换为十进制形式
```

所以,原表达式的值为 4。

(2) 表达式求值:3 > 2 > 1。

```
3 > 2 > 1                                '注意,不要受代数的影响
True > 1                                 '从左向右计算
-1 > 1                                   'True 转换为 -1
False                                    '结果为 False
```

(3) 已知变量 $a = 3$、$b = 4$ 和 $c = 5$,求表达式 $a = b = c$ 的值。

```
a = b = c → 3 = 4 = 5 → False = 5 → False
```

所以表达式 $a = b = c$ 的值为 False。

应该注意的是,当"a = b = c"作为单独的语句使用时,意义与表达式不同,而是一个赋值语句。先计算比较表达式"b = c"的值,然后把计算的结果赋给变量 a。在本例中,相当于:

```
a = b = c → a = 4 = 5 → a = False        '变量 a 的值被赋以 False
```

掌握了表达式求值的规律,就可以动手自己设计表达式了。

习　题　4

一、求表达式的值(已知 a=3,b=4,c=5)

1. a+b>c And b=c
2. a Or b+c And b-c
3. Not (a>b) And Not c Or 1
4. 1 * 2+3/4\2^2
5. 4 * (76-43)^2 Imp 3<=4 And 5<4 Or 5-3>0
6. 5 Mod 2^2 -32/3\2 Imp Not 3=4 Xor 5-3 >0
7. 5 Mod 2 Eqv Not 3 Xor 5 - 3 > 0
8. a = b = False
9. 2 = 2 = 2
10. True = -1

二、选择题

1. 代数运算式$\frac{a}{b+\frac{c}{d}}$对应的 Visual Basic 表达式是________。

(A) a/b+c/d　　(B) a/(b+c)/d　　(C) (a/b+c)/d　　(D) a/(b+c/d)

2. 已知变量 A、B、C 中 C 值最小，下列表达式中，可以判断 A、B、C 的值可否构成三角形三条边长的是________。

(A) A>=B And B>=C And C>0

(B) A+C>B And B+C>A And C>0

(C) (A+B>=C Or A-B<=C) And C>0

(D) A+B>C And A-B<C And C>0

3. ________是算术运算符。

(A) Imp　　(B) Mod　　(C) Not　　(D) Eqv

4. 下列运算符中，优先级最高的是________。

(A) Not　　(B) Is　　(C) Like　　(D) &

5. 下列运算符中，属于单目运算符的是________。

(A) Not　　(B) =　　(C) ^　　(D) Mod

6. 假定 bln1 是逻辑型变量，下面赋值语句中不出错的是________。

(A) bln1 = 'True'　　(B) bln1 = .True.

(C) bln1 = #TRUE#　　(D) bln1 = 3<4

7. 要判断两个整型变量 A 和 B 中是否只有一个为零，不能使用表达式________。

(A) A * B = 0 And A <> B

(B) (A = 0 Or B = 0) And A <> B

(C) A = 0 And B <> 0 Or A <> 0 And B = 0

(D) A = 0 Xor B = 0

(E) A * B = 0 And A + B <> 0

(F) (A = 0 Or B = 0) And (A <> 0 Or B <> 0)

(G) Not (A = 0 And B = 0) And (A = 0 Or B = 0)

(H) A * B = 0 And (A = 0 Or B = 0)

三、填空题

1. 表达式 (-3) Mod 8 的值为____(1)____。

2*. 表达式 "[A]" Like "[A]" 的值为____(2)____。

3. 判断变量 X 是不是能被 5 整除的偶数，逻辑表达式可写为____(3)____。

4. 已知 a、b、c 都是整型变量，使用 Visual Basic 逻辑表达式描述下列条件。

a 小于 b 或小于 c：____(4)____；

a 和 b 都大于 c：____(5)____；

a 和 b 中至少有一个大于 c：____(6)____；

a 和 b 中只有一个大于 c：____(7)____；

a 是非正数：______(8)______；

a 不能被 b 整除：______(9)______。

5. 设平面上任意一个点的坐标为(x,y)，写出一个逻辑表达式来判断这个点是否位于图 4.3 中阴影部分(包括边界)。如果位于阴影部分，表达式的值为 True，否则为 False。这个表达式为______(10)______。

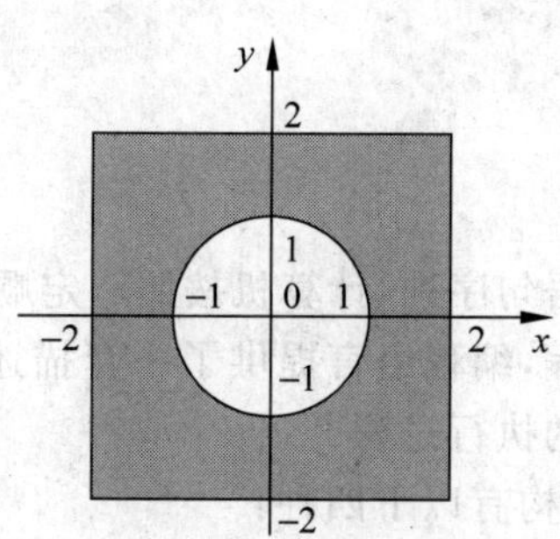

图 4.3　阴影区域

第5章 控制结构

程序是人们事先编制好的语句序列，计算机按照一定顺序执行这些语句，逐步完成整个工作。为了描述语句的执行过程，编程语言提供了一套描述机制，这种机制一般称为“控制结构”，它们的作用是控制语句的执行过程。

Visual Basic 提供的控制结构有以下四种：

（1）顺序结构。

（2）分支结构（也称为“选择结构”）。

（3）循环结构。

（4）跳转结构。

“顺序结构”是最基本的、默认的程序执行流程，如图 5.1(a)所示。例如在前面章节中见到的，在一个事件过程中，如果没有其他控制结构，则程序会从事件过程的第一条语句依次执行到最后一条语句。顺序结构虽然比较好理解，但是不可能处理复杂的问题。

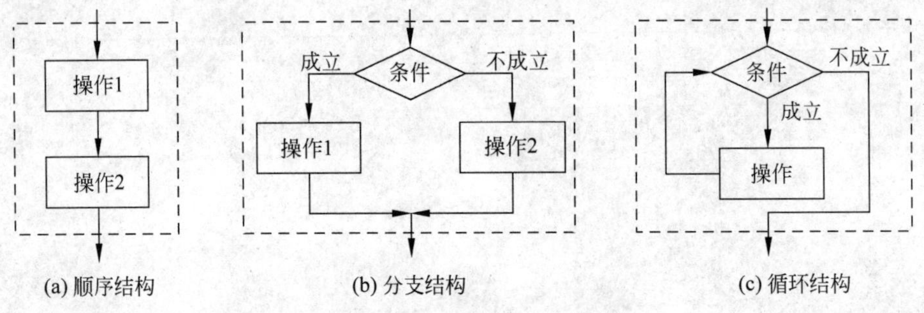

图 5.1 三种常用控制结构示意图

“分支结构”可将程序的执行流程分为多条“路径”，根据设置的条件决定在实际运行时按哪条“路径”执行。图 5.1(b)显示的是有两个分支的分支结构。

“循环结构”可以在满足给定条件时反复执行某个操作，如图 5.1(c)所示，正是因为有了循环结构，计算机才能不知疲倦地、自动地、快速地执行计算任务。

“跳转结构”是指执行到跳转语句时，跳到指定的语句继续执行。因为跳转结构可能引发潜在的错误，所以一般不使用。

如图 5.1 所示，一个控制结构在宏观上是一个整体，可以被算作一个完整操作，用虚线框表示。

Visual Basic 提供了以下语句来实现各种控制结构。

分支结构：If 语句、Select Case 语句。

循环结构：Do...Loop 语句、For...Next 语句、While...Wend 语句。

跳转结构：GoTo 语句、GoSub 语句。

5.1 If 语句

If 语句用来实现分支结构，又称为“条件语句”，它有以下五种形式：

- 单行形式的 If...Then...语句。
- 块形式的 If...Then...End If 语句。
- 单行形式的 If...Then...Else...语句。
- 块形式的 If...Then...Else...End If 语句。
- If...Then...ElseIf...End If 语句。

5.1.1 单行形式的 If...Then...语句

顾名思义，单行的 If...Then 语句只能写在一条语句行上，其语法格式为：

If ␣ 条件表达式 ␣ Then ␣ 语句块

If 和 Then 都是关键字。“条件表达式”处应该是一个逻辑表达式，或者其值是可以转换为逻辑值的其他类型表达式。

“语句块”处是一条或多条用冒号“：”分隔的语句。

当程序执行到此语句时，首先检查“条件表达式”的值是否为 True。如果是 True，则执行 Then 后的“语句块”，然后接着执行下面的语句。如果“条件表达式”的值为 False，则不执行“语句块”中的任何语句，直接跳到下一条语句执行。本语句的功能可以用图 5.2 来描述。

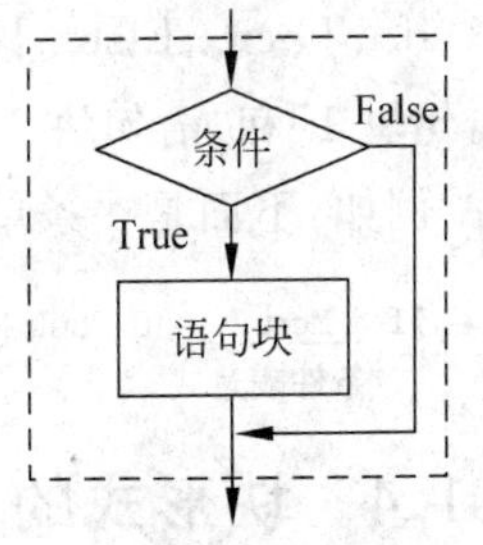

图 5.2　If...Then...语句

下面是一条单行形式的 If...Then...语句：

```
If i Mod 2 = 0 Then Print "偶数"
```

（其中 i Mod 2 = 0 为条件表达式，Print "偶数" 为语句块）

5.1.2 块形式的 If...Then...End If 语句

块形式的 If...Then...End If 语句是以连续数条语句的形式给出的。其语法格式为：

```
If ␣ 条件表达式 ␣ Then
    语句块
End ␣ If
```

块形式的 If...Then...End If 语句与单行形式的 If...Then...语句在功能方面是相同的（如图 5.2 所示）。如果“语句块”中的语句比较多，更适合使用块形式。使用块形式的 If...Then...End If 语句时，“语句块”中的所有语句可各自写在单独的行上，也可以几个语句写在同一行上（使用冒号分隔）。

块形式的 If...Then...End If 语句必须使用 End If 关键字作为语句的结束标志，否则会出现语法错误或逻辑错误。

下面是一条块形式的 If...Then...End If 语句：

```
      条件表达式
If i Mod 2 = 0 Then
    Print "偶数"    '语句块
End If
```

在块形式中,Then关键字后的同一行上不能有任何语句,否则会产生"End If没有If块"的编译错误。这是因为第一句被理解为单行形式的If...Then...语句,所以后面的End If就找不到与之相配的If块了。

5.1.3 单行形式的If...Then...Else...语句

单行形式的If...Then...Else...语句也必须在一行中完成。语法结构为:

If ␣ 条件表达式 ␣ Then ␣ 语句块1 ␣ Else ␣ 语句块2

当条件满足时(即"条件表达式"的值为True),执行"语句块1"中的语句,执行完毕后继续执行If语句下面的语句;当条件不满足时(即"条件表达式"的值不是True),执行"语句块2"中的语句,然后继续执行If语句下面的语句。If...Then...Else...语句的功能可以由图5.3来描述。"语句块1"和"语句块2"必定有一个被执行。

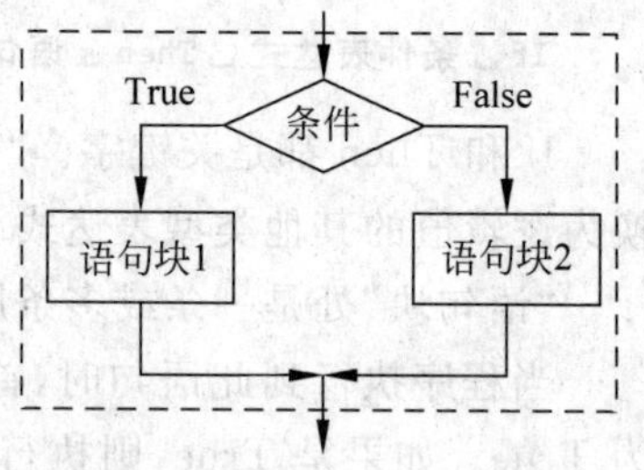

图5.3 If...Then...Else...语句

例如,下面是一条单行形式的If...Then...Else...语句:

```
If i Mod 2 = 0 Then Print "偶数" Else Print "奇数"
   条件表达式        语句块1          语句块2
```

5.1.4 块形式的If...Then...Else...End If语句

当单行形式中的两个语句块中语句太多时,写在单行上就不太适合,这时应该使用块形式的If...Then...Else...End If语句。语法格式为:

```
If ␣ 条件表达式 ␣ Then
    语句块1
Else
    语句块2
End ␣ If
```

块形式的If...Then...Else...End If语句与单行形式的If...Then...Else...语句功能相同(如图5.3所示),只是块形式更便于阅读与理解。最后一句的End If关键字不能丢掉,它是块形式If语句结束的标志。

例如,下面是一条块形式的If...Then...Else...End If语句:

```
      条件表达式
If i Mod 2 = 0 Then
    Print "偶数"              '语句块1
Else
```

```
    Print "奇数"          '语句块 2
End If
```

在块形式的 If...Then...Else...End If 语句中 Else 关键字后面的同一行上可以接语句块 2 中的语句，但是 Else 与后面的语句之间要用冒号“：”分隔。

【例 5.1】 判断输入数的奇偶性，并根据判断的结果输出文字。假设窗体上有两个文本框 txtInput、txtOutput 和一个按钮 cmd1，在 txtInput 文本框中输入一个整数，然后单击 cmd1 按钮，则在 txtOutput 文本框中显示该数是奇数还是偶数。

```
Private Sub cmd1_Click()
    Dim int1 As Integer, int2 As Integer
    int1 = txtInput.Text
    int2 = int1 Mod 2
    If int2 = 1 Then
        txtOutput.Text = "这是一个奇数！"
    Else
        txtOutput.Text = "这是一个偶数！"
    End If
End Sub
```

本书中的大多数例题未提供程序界面，只介绍程序代码。读者在练习时应该根据题意建立窗体界面，放置适当的控件，最重要的是要把控件的 Name 属性设置得与程序中的一致。

5.1.5　If 语句的嵌套

一个 If 语句的“语句块”中可以包括另一个 If 语句，这种现象称为“嵌套”。Visual Basic 允许 If 语句多层嵌套。

下面显示了 If 语句嵌套的情况，其中的“…(×)”表示一般语句块。

```
If  条件 1  Then                                '最外层 If 语句
    …(1)
    If  条件 2  Then                            '内层 If 语句
        …(2)
    Else                                        '内层 If 语句
        If 条件 4  Then…(3) Else…(4)            '最内层 If 语句
    End If                                      '内层 If 语句
    …(5)
Else                                            '最外层 If 语句
    …(6)
    If  条件 3 Then                             '内层 If 语句
        …(7)
    End If                                      '内层 If 语句
    …(8)
End If                                          '最外层 If 语句
```

图 5.4 用流程图的形式表示了上面 If 语句的多层嵌套关系。

单行形式的 If 语句也可以嵌套。例如：

If 条件 1　Then　If 条件 2 Then 语句块 1　Else 语句块 2　Else 语句块 3

内层If语句

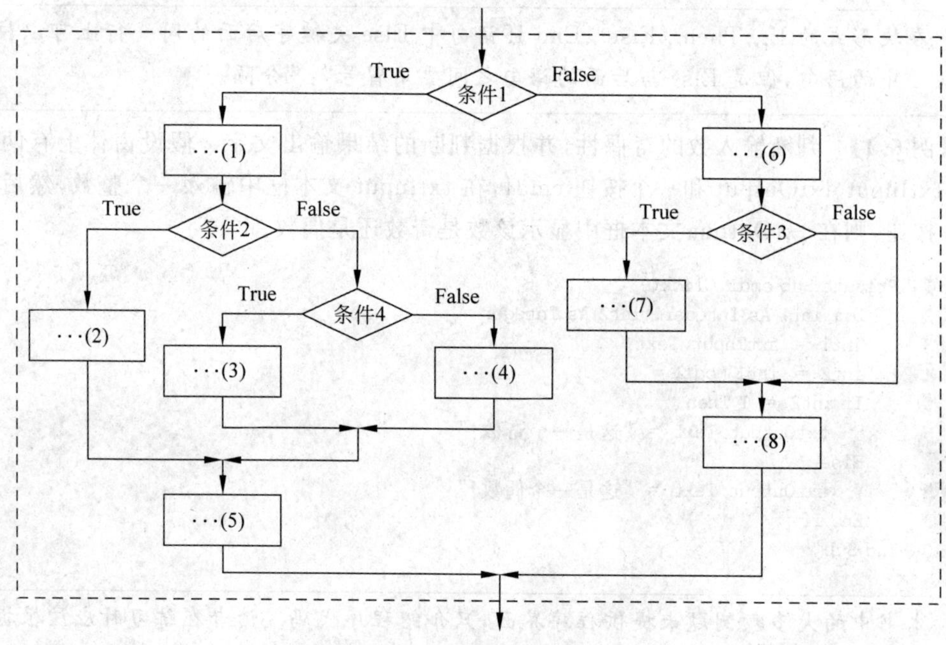

图 5.4　If 语句的嵌套

嵌套时,每个 If 语句的功能不变。每一层的 If 语句在功能上相互独立,内层 If 语句对于外层的 If 语句来说,可以看作是语句块中的单条语句。在嵌套时,程序中语句的书写应采用缩进的方式。

【例 5.2】　编写程序,使得按钮 cmd1 的 Click 事件过程判断在文本框 txt1 中输入数的奇偶性及所在的区间,并把结果显示在文本框 txt2 中。

```
Private Sub cmd1_Click()
   Dim int1 As Integer: int1 = CInt(txt1.Text)
   If int1 <= 0 Then
      txt2.Text = "请输入一个正整数"
   Else
      If int1 Mod 2 = 0 Then
         If int1 > 100 Then
            txt2.Text = "这是一个大于 100 的偶数"          '语句 1
         Else
            txt2.Text = "这是一个不大于 100 的偶数"        '语句 2
         End If
      Else
         If int1 > 100 Then
            txt2.Text = "这是一个大于 100 的奇数"          '语句 3
         Else
            txt2.Text = "这是一个小于 100 的奇数"          '语句 4
         End If
      End If
   End If
End Sub
```

图 5.5 所示的流程图表示了例 5.2 中程序的执行过程。如果输入的是大于 100 的奇数（如 103），则程序执行的是粗线条表示的流程。

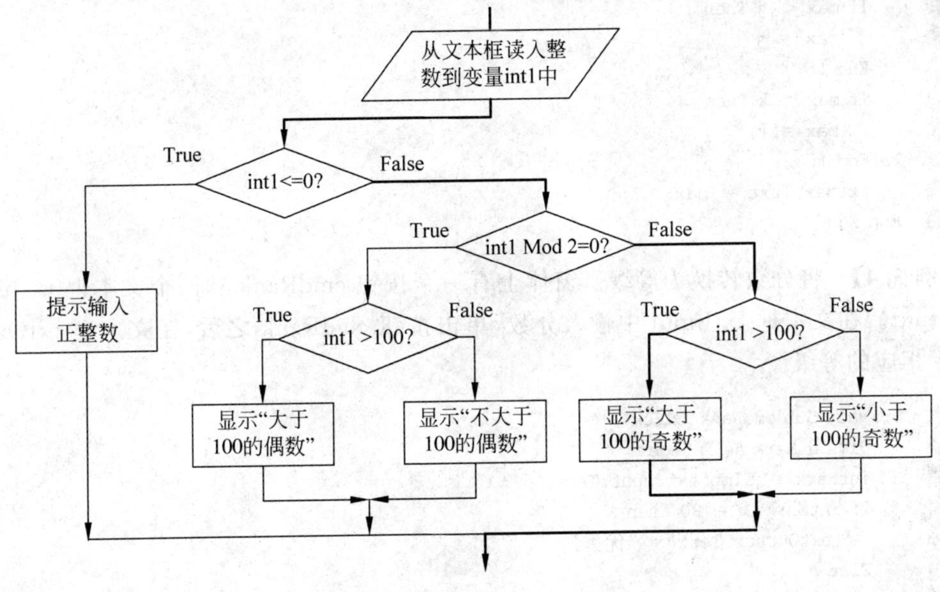

图 5.5 例 5.2 的流程图

【例 5.3】 三数求最大。分别在文本框 txt1、txt2 和 txt3 中输入三个整数，然后单击按钮 cmdMax，判断三个数值中的最大值，并显示在文本框 txtMax 中。

（1）解法一：

```
Private Sub cmdMax_Click()
   Dim i As Integer, j As Integer, k As Integer
   i = txt1.Text: j = txt2.Text: k = txt3.Text
   If i > j Then
      If i > k Then
           txtMax.Text = i
      Else
           txtMax.Text = k
      End If
   Else
      If j > k Then
           txtMax.Text = j
      Else
           txtMax.Text = k
      End If
   End If
End Sub
```

解法一的程序虽然可以满足要求，但是不简洁。下面的解法二借助一个变量使程序变短，并且没有使用嵌套。

（2）解法二：

```
Private Sub cmdMax_Click()
   Dim i As Integer, j As Integer, k As Integer
```

```
    Dim max As Integer                      '借助此变量来求最大值
    i = txt1.Text: j = txt2.Text: k = txt3.Text
    max = i
    If max < j Then
        max = j
    End If
    If max < k Then
        max = k
    End If
    txtMax.Text = max
End Sub
```

【例 5.4】 将分数转换为等级。窗体上有一个按钮 cmdRank 和两个文本框 txtInput、txtOutput。在文本框 txtInput 中输入分数,单击按钮 cmdRank 之后,在文本框 txtOutput 中显示相应的等级。

```
Private Sub cmdRank_Click()
    Dim intMark As Integer
    intMark = CInt(txtInput.Text)
    If intMark >= 90 Then
        txtOutput.Text = "优秀"
    Else
        If intMark >= 80 Then
            txtOutput.Text = "良好"
        Else
            If intMark >= 70 Then
                txtOutput.Text = "中等"
            Else
                If intMark >= 60 Then
                    txtOutput.Text = "及格"
                Else
                    If intMark >= 30 Then
                        txtOutput.Text = "补考"
                    Else
                        txtOutput.Text = "重修"
                    End If
                End If
            End If
        End If
    End If
End Sub
```

本例是一个并不复杂的程序,却使用了 If 语句的多重嵌套,比较繁琐。如果改用下面介绍的 If...Then...ElseIf...End If 语句,可以简化程序。

5.1.6 If...Then...ElseIf...End If 语句

If...Then...ElseIf...End If 语句可以看作是 If...Then...Else...End If 语句的变体。它的语法格式是:

If ␣ 条件表达式 1 ␣ Then

语句块 1

```
ElseIf␣条件表达式 2␣Then
    语句块 2
ElseIf␣条件表达式 3␣Then
    语句块 3
…
ElseIf␣条件表达式 n␣Then
    语句块 n
[Else
    语句块 n + 1]
End␣If
```

Visual Basic 对本语句中条件表达式和语句块的个数（即语法结构中的 n）没有具体限制。

如图 5.6 所示，当程序执行到 If...Then...ElseIf...End If 语句时，首先判断“条件表达式 1”的值是否为 True，如果是则执行“语句块 1”，然后跳到 End If 执行后面的语句；如果“条件表达式 1”的值不是 True，则判断“条件表达式 2”的值是否为 True，如果是则执行“语句块 2”，然后跳到 End If 执行后面的语句，否则判断“条件表达式 3”的值，……

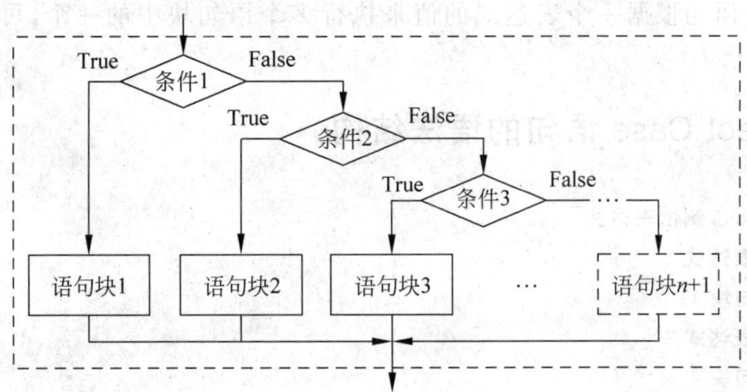

图 5.6 If...Then...ElseIf...End If 语句的执行流程

也就是说，从上到下，第几个条件表达式值为 True，就执行相应的第几个语句块，然后执行 End If 下面的语句。如果有不止一个条件表达式的值为 True，只有最上面的条件所对应的语句块被执行。

如果所有条件表达式的值均不为 True，则执行 Else 关键字下面的“语句块 $n+1$”，然后执行 End If 下面的语句。其中 Else 和“语句块 $n+1$”是可选部分。如果所有的条件均不成立，而又没有 Else 语句块，则不执行本结构中的任何语句块，直接执行 End If 下面的语句。

书写程序时应注意，关键字“ElseIf”中间没有空格，不是“Else␣If”。

【例 5.5】 使用 If...Then...ElseIf...End If 语句改编例 5.4 的程序。

```
Private Sub cmdRank_Click()
    Dim intMark As Integer
    intMark = CInt(txtInput.Text)
    If intMark >= 90 Then
        txtOutput.Text = "优秀"
    ElseIf intMark >= 80 Then
```

```
        txtOutput.Text = "良好"
    ElseIf intMark >= 70 Then
        txtOutput.Text = "中等"
    ElseIf intMark >= 60 Then
        txtOutput.Text = "及格"
    ElseIf intMark >= 30 Then
        txtOutput.Text = "补考"
    Else
        txtOutput.Text = "重修"
    End If
End Sub
```

可以看到,改写之后的程序阅读与理解起来就容易多了。

不过,对于这种有多个分支的结构,If 语句并不是最佳选择,应该使用 Select Case 语句。

5.2 Select Case 语句

Select Case 语句根据一个表达式的值来执行多个语句块中的一个,可以实现多分支结构。

5.2.1 Select Case 语句的语法结构

```
Select␣Case␣测试表达式
    Case␣表达式 1
        语句块 1
    Case␣表达式 2
        语句块 2
    …
    Case␣表达式 n
        语句块 n
    [Case␣Else
        语句块 n + 1]
End␣Select
```

Select Case 语句中包含一个数值或字符串类型的**测试表达式**,如图 5.7 所示,当执行到 Select Case 语句时,首先计算"测试表达式"的值,然后用这个值由上到下依次与各个 Case 语句之后的"表达式 x"进行比较,如果**匹配**,则执行该"Case 表达式 x"之后的"语句块 x",然后跳到 End Select 继续执行后面的语句。

如果没有"表达式 x"与测试表达式的值相匹配,则执行 Case Else 之后的"语句块 $n+1$"。Case Else 部分是可选的,如果没有"表达式 x"与"测试表达式"匹配,而且又没有 Case Else 部分,则不执行任何一个"语句块 x",直接执行 End Select 之后的语句。

如果测试表达式中的值与多个 Case 之后的"表达式 x"相匹配,只执行从上到下的顺序中第一个相匹配的 Case 之后的语句块。

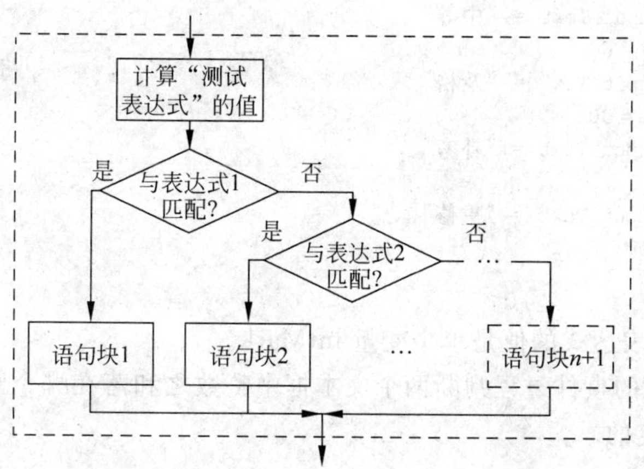

图 5.7　Select Case 语句的执行流程

5.2.2　关于“匹配”的定义

Select Case 语句中的“匹配”包括“精确相等”和“在指定区间内”两种情况。具体使用的是哪种情况，由 Case 后面“表达式 x”的给定方式决定。

Case 后面“表达式 x”的形式可以是以下 4 种情况之一。

1. 单个常量、变量或表达式

如：Case 90 和 Case "Tom"。这种情况下，如果测试表达式的值与给出的值相等就认为匹配。

2. 使用关键字“To”连接的两个值

如：Case 1 To 5 和 Case "A" To "C"。这种情况下，关键字“To”连接两个值表示值的范围(闭区间)，如果测试表达式的值属于这个区间则认为匹配。

3. 使用“Is”关键字、比较运算符和数值、字符串构成的表达式

如：Case Is >= 80 和 Case Is <> ""。这种情况表示一个开区间，如果测试表达式的值属于该区间便认为匹配。

4. 以上三种的组合形式(使用逗号分隔)

如：Case 6, 8 To 9, Is >12。这种情况下，只要由逗号分开的多项中有任何一项与测试表达式匹配，就认为匹配。

【例 5.6】　将例 5.5 中按分数评等级的程序改写为使用 Select Case 语句的形式。

```
Private Sub cmdRank_Click()
  Dim intMark As Integer
  intMark = CInt(txtInput.Text)
  Select Case intMark                      'intMark 为测试表达式
  Case Is >= 90
     txtOutput.Text = "优秀"
  Case Is >= 80
     txtOutput.Text = "良好"
  Case Is >= 70
```

```
            txtOutput.Text = "中等"
        Case Is >= 60
            txtOutput.Text = "及格"
        Case Is >= 30
            txtOutput.Text = "补考"
        Case Else
            txtOutput.Text = "重修"
        End Select
    End Sub
```

在本例中，测试表达式的值是单个变量 intMark。

【例 5.7】 下面的事件过程判断两个文本框中整数之和落在哪个区间中，注意 Case 后面的条件是如何给定的。

```
Private Sub Cmd1_Click()
    Dim int1 As Integer, int2 As Integer
    int1 = txt1.Text: int2 = txt2.Text
    Select Case int1 + int2                    'int1 + int2 为测试表达式
        Case 0
            txt3.Text = "两数之和为 0"
        Case 1 To 5
            txt3.Text = "两数之和在 1～5 之间(包括 1、5)"
        Case 6, 7 To 9
            txt3.Text = "两数之和在 6～9 之间(包括 6、9)"
        Case Is < 12
            txt3.Text = "两数之和在 9～12 之间(不包括 9、12)或为负值"
        Case Else
            txt3.Text = "两数之和大于 11"
    End Select
End Sub
```

本例综合使用了各种 Case 表达式的给定方法。

> 在使用 Select Case 语句时，每个 Case 后面的"表达式 x"应按照 5.2.2 节给定的四种形式书写。一般情况下，测试表达式不应出现在 Case 后面的"表达式 x"中。
>
> 例如，在例 5.6 中，如果将第一个 Case 后面的"Is >= 90"改写为"intMark >= 90"，则程序不能正常运行。因为在这种情况下，Visual Basic 把"intMark>=90"理解为一个比较表达式，相当于 Case True 或 Case False。

5.3 Do...Loop 语句

Do...Loop 语句用来实现循环结构。有了循环结构，就可以在某个条件(即循环条件)成立的前提下，重复地执行一个语句块。在每次循环之前(或之后)，程序检测循环条件是否成立，当循环条件不再成立时，循环结束，跳到 Loop 关键字下面的语句继续执行。

循环结构并不是简单的重复，通过循环体中的语句可以完成复杂而枯燥的计算。

Do...Loop 语句共有 5 种形式可供选择：

- Do While...Loop 形式。
- Do...Loop While 形式。
- Do Until...Loop 形式。
- Do...Loop Until 形式。
- Do...Loop 形式。

5.3.1 Do While...Loop 形式

这种循环形式的语法格式为：

```
Do ␣[While ␣ 条件表达式]
    语句块(循环体)
Loop
```

其中“条件表达式”定义了循环的条件，是逻辑表达式，或者是能转换为逻辑值的表达式。当程序执行到 Do While...Loop 语句时，首先计算 While 关键字后面条件表达式的值，如果为 True，则由上到下执行“语句块”(循环体)中的语句，当执行到 Loop 关键字时，返回到循环开始处再次检查循环条件是否为 True。如果为 True，则继续执行循环体，否则跳出循环，执行 Loop 下面的语句。

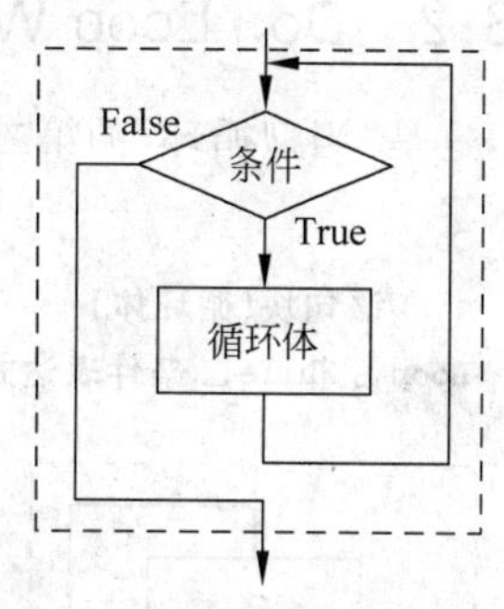

图 5.8 Do While...Loop 循环执行流程

使用 While 关键字的 Do...Loop 循环称为“当型循环”，是指当条件表达式的值为 True 时执行循环。Do While...Loop 形式的当型循环可以用图 5.8 描述。

> 假如第一次测试条件时，条件表达式的值是 False，则循环体一次也不会被执行。如果每次测试条件都为 True，就会一直反复执行循环体，造成“死循环”现象。在调试程序时，如果发生死循环，可以使用 Ctrl+Break 组合键结束程序并进入中断状态，然后回到设计状态下修改程序。

【例 5.8】 使用 Do While...Loop 循环语句计算 1+2+3+…+100 的值。

(1) 解法一：

```
Private Sub Form_Click()
   Dim i As Integer: Dim a As Integer          '定义所需变量
   i = 0: a = 0                                '给变量赋初值 0,这两条语句可省略
   Do While i < 100
      i = i + 1                                '每次循环,变量 i 都增加 1
      a = a + i                                '每次循环,变量 a 都加变量 i 的值
   Loop
   Me.Print a                                  '计算完毕,变量 a 的值即为所求
End Sub
```

(2) 解法二：

```
Private Sub Form_Click()
   Dim i As Integer: Dim a As Integer
```

```
    i = 0: a = 0
    Do While i <= 100                        '改写了循环条件
        a = a + i                            '交换了与下一条语句的次序
        i = i + 1
    Loop
    Me.Print a
End Sub
```

比较上述两种解法可见,当改变循环条件时,循环体语句需作相应的修改,同一个问题可以有不同的解法。

由例 5.8 可见,保证循环只被执行有限次(而不是无限循环、死循环)的关键在于:条件表达式中所使用变量的值是不断地变化的。当执行到某一步(任务完成时),条件表达式的值会变为 False,循环就结束了。

5.3.2 Do...Loop While 形式

这是"当型循环"的第二种形式,其语法格式为:

```
Do
    语句块(循环体)
Loop␣While␣条件表达式
```

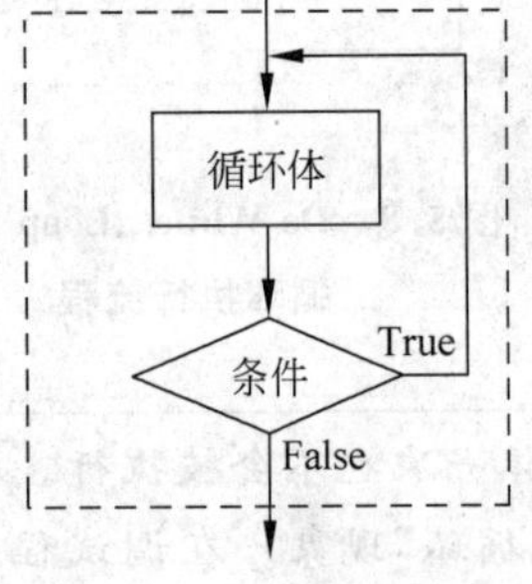

图 5.9 Do...Loop While 循环执行流程

这种形式与第一种形式的区别在于 While 关键字与条件表达式位于 Loop 关键字后面。

当程序执行到 Do...Loop While 语句时,首先执行一次循环体,然后计算 While 后面的条件表达式的值,如果结果为 True,则返回到循环开始处再次执行循环体,否则跳出循环,执行 Loop 下面的语句。可见,这种形式能够保证循环体至少被执行一次。图 5.9 描述了这种结构的执行流程。

【例 5.9】 使用 Do...Loop While 循环语句计算 $1+2+\cdots+n$ 的值,n 的值由文本框输入。

```
Private Sub Command1_Click()
    Dim i As Integer, n As Integer, a As Integer   '定义所需变量
    n = Text1.Text                          '得到输入的值
    Do
        i = i + 1                           '每次循环,变量 i 都增加 1
        a = a + i                           '每次循环,变量 a 都加变量 i 的值
    Loop While i < n
    Text2.Text = a                          '显示计算结果,变量 a 的值即为所求
End Sub
```

在本例中,如果 n 的值超过(包括)256 时,会引发"溢出错误",因为 $1+2+\cdots+256$ 的和超过 Integer 类型的表示范围 $-32768\sim32767$。可将变量 a 的数据类型改为 Long,使其适用范围更广一些。

通过本例还可以看出,在计算 $1+2+\cdots+n$ 这样的问题时,程序并不会因为 n 的值增大而变得更复杂,只不过多循环了几次而已。

5.3.3 Do Until...Loop 形式

使用了 Until 关键字的 Do...Loop 循环被称为“直到型循环”,Do Until...Loop 是其第一种形式。语法格式为:

Do ␣ Until ␣ 条件表达式
**　　语句块(循环体)**
Loop

“直到型循环”使用了关键字 Until 而不是 While,它与“当型循环”的区别在于,当“条件表达式”的值为 False 时才进行循环,否则退出循环(如图 5.10 所示)。

图 5.10　Do Until...Loop 循环执行流程

【例 5.10】　计算阶乘 $n!$(n 的值由用户从文本框输入)。

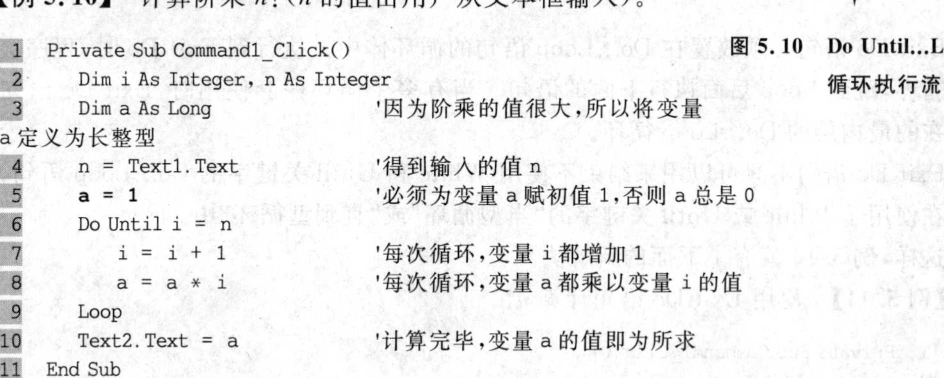

```
Private Sub Command1_Click()
    Dim i As Integer, n As Integer
    Dim a As Long                   '因为阶乘的值很大,所以将变量a定义为长整型
    n = Text1.Text                  '得到输入的值 n
    a = 1                           '必须为变量 a 赋初值 1,否则 a 总是 0
    Do Until i = n
        i = i + 1                   '每次循环,变量 i 都增加 1
        a = a * i                   '每次循环,变量 a 都乘以变量 i 的值
    Loop
    Text2.Text = a                  '计算完毕,变量 a 的值即为所求
End Sub
```

如果不给变量 a 赋初值 1,则得到的结果总是 0,这是计算连乘与连加最大的区别。例 5.10 使用的是 Do Until...Loop 语句,其条件表达式是“i = n”,如果使用 Do While...Loop 或 Do...Loop While 语句,本例该如何编写?

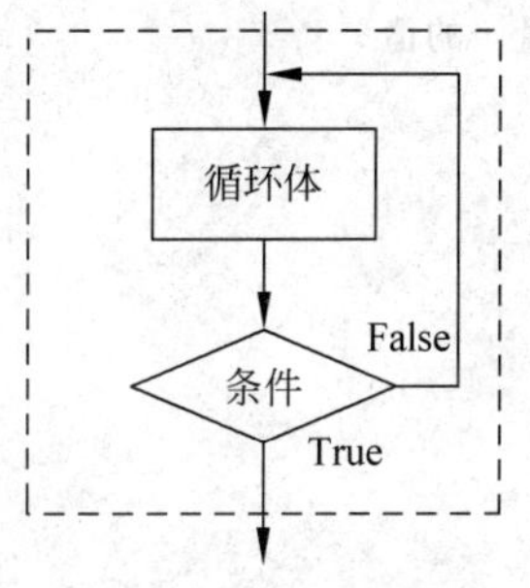

图 5.11　Do...Loop Until 循环的执行流程

5.3.4 Do...Loop Until 形式

这是“直到型循环”的第二种形式,语法格式为:

Do
**　　语句块(循环体)**
Loop ␣ Until ␣ 条件表达式

这种形式的 Do...Loop 语句可以用图 5.11 描述。

“直到型循环”的两种不同形式的区别与“当型循环”两种形式之间的区别相同,第一种形式中的循环体有可能一次都不被执行;而第二种形式中的循环体至少被执行一次。

> 因为浮点数的精度问题,两个看似相等的值实际上可能不精确相等,所以,在构造 Do...Loop 循环的条件表达式时要注意:如果测试的是浮点类型的值,要避免使用相等运算符“=”,应尽量使用运算符“>”或“<”进行比较。

5.3.5 Do...Loop 形式

在 Do...Loop 语句中,可以既不使用 While 也不使用 Until 关键字以及后面的条件表达式,语法格式为:

```
Do
    语句块(循环体)
Loop
```

这是一种条件永远成立的循环结构。为了使之不会成为“死循环”,需要使用下面讲解的 Exit Do 语句。

5.3.6 Exit Do 语句

Exit Do 语句必须放置在 Do...Loop 语句的循环体中。执行到 Exit Do 时,程序会立即结束循环,跳到 Loop 后面执行下面的语句。当有多个循环嵌套使用时,Exit Do 语句只跳出所在的最内层的 Do...Loop 循环。

Exit Do 语句不只可以用来结束不使用 While 和 Until 关键字的 Do...Loop 语句,也可以用在使用了 While 或 Until 关键字的“当型循环”或“直到型循环”中。

这样,例 5.10 就有了下面的新解法。

【例 5.11】 使用 Exit Do 语句计算 $n!$。

```
Private Sub Command1_Click()
   Dim i As Integer, n As Integer
   Dim a As Long                   '因为阶乘的值很大,所以将变量定义为长整型
   n = Text1.Text                  '得到输入的值
   a = 1                           '必须为变量 a 赋值 1
   Do                              '这个 Do...Loop 语句未使用 While 和 Until 关键字
       i = i + 1                   '每次循环,变量 i 都增加 1
       a = a * i                   '每次循环,变量 a 都乘以变量 i 的值
       If i = n Then Exit Do       '计算完毕,跳出循环
   Loop
   Text2.Text = a                  '变量 a 的值即为所求
End Sub
```

5.4 For...Next 语句

5.4.1 For...Next 语句语法结构

For...Next 语句是实现循环结构的另一种形式。它的语法格式是:

```
For ␣ 循环计数器变量 = 初始值 ␣ To ␣ 终止值 ␣ [Step ␣ 增量]
    语句块(循环体)
Next ␣ [循环计数器变量]
```

For...Next 循环语句使用一个称为“循环计数器”的变量(也称为“循环变量”)来控制循环,这个变量不能是逻辑类型或数组元素。

如果“增量”(也称为“步长”)是一个非负数,当程序执行到 For...Next 语句时,首先把

“初始值”赋给“计数器”变量，然后判断“计数器”变量的值是否大于“终止值”，如果不大于“终止值”，则执行“循环体”中的语句。执行到 Next 关键字时，返回到循环开始处，并自动为“计数器”变量加一个“增量”，然后再判断“计数器”变量的值是否大于“终止值”，如果不大于“终止值”则执行循环体，否则终止循环，跳到 Next 关键字下面的语句继续执行。

如果“增量”为负数，循环执行的条件与上面所讲的正好相反。当“计数器”变量不小于“终止值”时才执行循环体，否则结束循环。如果省略了“Step 增量”部分，等价于 Step 1（即“增量”为 1）。“增量”的数据类型应与“计数器”变量相同，否则会进行类型转换。

图 5.12 描述了 For...Next 循环的执行流程，其中判断部分的“超过”有两种含义：当“增量”为非负数时表示“大于”，当“增量”为负值时表示“小于”。

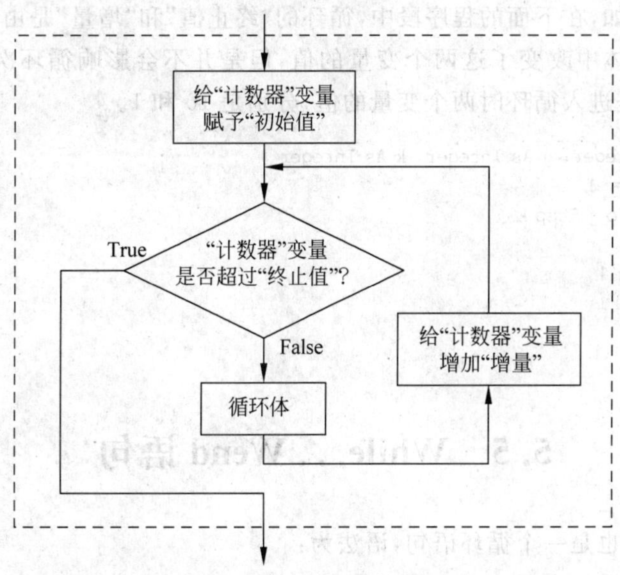

图 5.12　For...Next 循环执行流程

注意，第一次进行判断时，只是给“计数器”变量赋以“初始值”，并不自动增加一个“增量”。另外，给“计数器”变量增加“增量”是 For...Next 语句自动执行的（这一点与 Do...Loop 循环不同），一般情况下，不在循环体中使用改变“计数器”变量值的语句。

【例 5.12】　使用 For 循环计算 $n!$。

```
Private Sub Command1_Click()
    Dim i As Integer, n As Integer
    Dim a As Long
    n = Text1.Text                      '得到输入的值 n
    a = 1                               '必须为变量 a 赋值 1
    For i = 1 To n                      'For 循环，每次为计数器变量 i 加 1
        a = a * i                       '每次循环，变量 a 都乘以变量 i 的值
    Next
    Text2.Text = a                      '计算结束，变量 a 的值即为所求
End Sub
```

可以看到，For...Next 语句的循环体部分比 Do...Loop 更加简明。一般地，当能够事先确定循环次数时，应该使用 For...Next 语句，否则应该使用 Do...Loop 语句。

5.4.2 Exit For 语句

就像使用 Exit Do 语句可以强制跳出 Do...Loop 循环一样，对于 For...Next 循环，可以在循环体中使用 Exit For 语句，当程序执行到 Exit For 语句时立即终止循环，跳到 Next 下面的语句继续执行。与 Exit Do 类似，Exit For 语句只能用在 Exit For 循环中，并且只能跳出所在的最内层 For...Next 循环。

5.4.3 For...Next 循环的“终止值”和“步长”问题

特别值得注意的是，对于 For...Next 语句来说，一旦进入循环，其“终止值”和“增量”便不会再改变了。例如，在下面的程序段中，循环的“终止值”和“增量”是由变量 j 和 k 的值决定的。虽然在循环体中改变了这两个变量的值，但是并不会影响循环次数(10 次)，“终止值”和“增量”仍然是进入循环时两个变量的值，分别是 10 和 1。

```
Dim i As Integer, j As Integer, k As Integer
j = 10: k = 1
For i = 1 To j Step k
   Print i
   j = j - 1
   k = k + 1
Next
Print j, k
```

5.5 While...Wend 语句*

While...Wend 也是一个循环语句，语法为：

```
While ␣ 条件表达式
    语句块(循环体)
Wend
```

当“条件表达式”的值为 True 时，执行循环体，否则退出循环，执行 Wend 下面的语句。While...Wend 语句是早期 Basic 语言的循环语句，现在它的功能已完全被 Do...Loop 语句所包括，所以不常用了。

5.6 循环的嵌套

嵌套(Nest)是指一个控制结构的语句块中包括了另一个控制结构。在 Visual Basic 语言中，所有的控制结构(包括 If 语句、Select Case 语句、Do...Loop 语句、For...Next 语句和 While...Wend 语句)都可以嵌套使用。

5.6.1 嵌套的规则

(1) 嵌套的层数不限。

(2) 内层控制结构必须完全位于外层的一个语句块中。

(3) 多个 For...Next 语句嵌套时，不能重复使用同一个“循环计数器变量”。

(4) 为了便于阅读与排错，内层的控制结构应向右缩进。

例如，下面的循环嵌套是正确的，内层的循环完全位于外层循环之中：

(1) 正确的嵌套　　　　(2) 正确的嵌套

下面的循环嵌套是错误的，内外层循环有交叉部分：

(1) 错误的嵌套

```
Do Until b
   …
   For i = j To k
     …
Loop
   …
   Next
```

(2) 错误的嵌套

```
For i = j To k
   …
   For a = b To c
     …
   Next i
     …
   Next a
```

当多个 For 循环嵌套使用时，如果它们的 Next 语句之间没有其他语句相隔，可以只使用一个 Next 语句。但是，这时候 Next 之后的“循环计数器变量”不能省略，并且多个变量之间使用逗号隔开，应严格遵守先内层后外层的顺序。

例如，下面左边的三重循环嵌套可以改写为右边的形式。

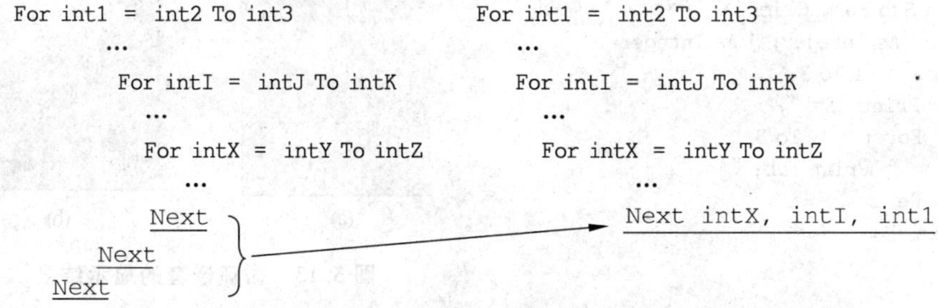

5.6.2 Exit Do 和 Exit For 语句在循环嵌套时的作用

Exit Do 语句用于强制结束 Do 循环，当有多个 Do 循环嵌套时，只跳出该语句所在的最内层循环并执行对应 Loop 之后的语句。同理，Exit For 语句用于强制结束 For 循环，当有多个 For 循环嵌套时，只跳出该语句所在的最内层循环并执行对应 Next 之后的语句。

(1) Exit Do　　　　(2) Exit For

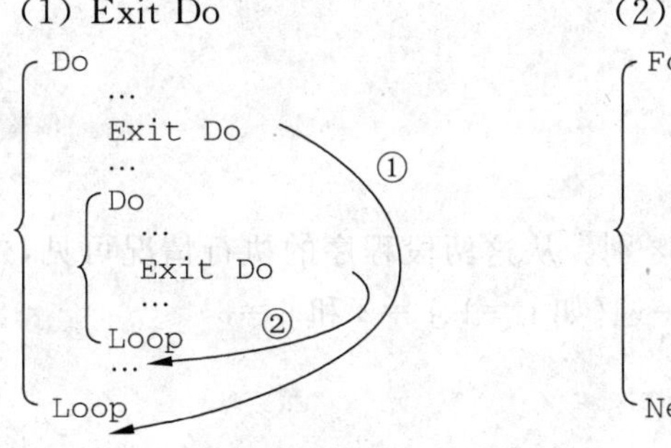

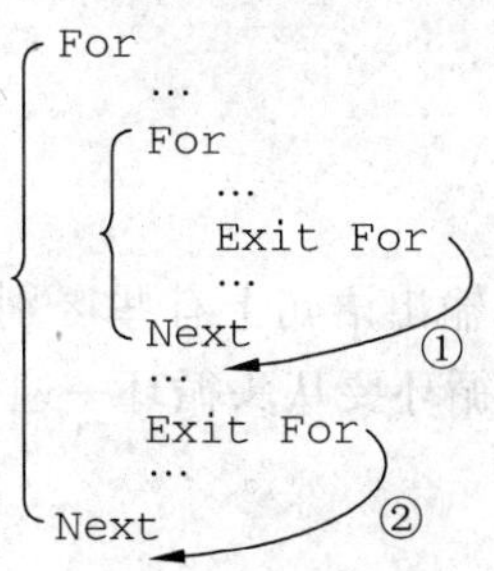

当 Do 循环与 For 循环嵌套使用时，如果 Exit Do 语句处于 Do 循环的一个 For 循环中，Exit Do 语句同时会跳出 For 循环。同理，如果 Exit For 处于一个 For 循环的 Do 循环中，程序不但跳出当前的 For 循环，而且会跳出正在执行的处于 For 循环内部的 Do 循环。

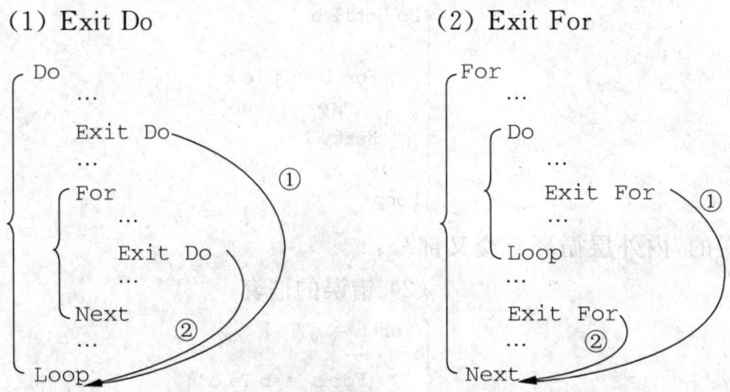

5.6.3 循环嵌套的执行流程

当程序中有控制结构互相嵌套时，其执行流程仍严格按照每个控制结构既定的流程进行。下面以两重 For...Next 嵌套为例，演示循环嵌套时的执行流程。多重嵌套的道理是相同的。

(1) 显示结果见图 5.13(a)。

```
Private Sub Form_Click()
    Dim i As Integer, j As Integer
    For i = 1 To 3
        Print "i = "; i
        For j = 1 To 3
            Print Tab; "j = "; j
        Next
    Next
End Sub
```

循环嵌套1

i= 1
j= 1
j= 2
j= 3
i= 2
j= 1
j= 2
j= 3
i= 3
j= 1
j= 2
j= 3

(a)

循环嵌套2

i= 1 ;j= 1
i= 1 ;j= 2
i= 1 ;j= 3
i= 2 ;j= 1
i= 2 ;j= 2
i= 2 ;j= 3
i= 3 ;j= 1
i= 3 ;j= 2
i= 3 ;j= 3

(b)

图 5.13 循环嵌套的显示结果

(2) 显示结果见图 5.13(b)。

```
Private Sub Form_Click()
  Dim i As Integer, j As Integer
  For i = 1 To 3
    For j = 1 To 3
          Print "i = "; i; " ; "; "j = "; j
    Next
    Print
  Next
End Sub
```

上面两段程序只是在显示输出语句上有些区别。从这两段程序的执行情况可见，外层循环执行一次(如 i =1)，内层循环要从头循环一遍(如 j =1、j =2 和 j =3)。

5.7 GoTo 语句、GoSub...Return 语句*

5.7.1 GoTo 语句

GoTo 语句用来实现跳转结构，其语法格式为：

GoTo ␣ 行号或行标号

当程序执行到 GoTo 语句时，会无条件地跳转到“行号或行标号”所标识的语句并继续往下执行。GoTo 语句与它指向的“行号或行标号”所标识的语句必须位于同一过程中。如果“行号或行标号”所指的语句位于过程中 GoTo 语句之前，应避免出现死循环。

【例 5.13】 使用 GoTo 语句完成阶乘运算。

(1) 解法一：使用“GoTo 行号”。

```
   Private Sub cmdFactor_Click()
10   Dim i As Integer, a As Integer, n As Long
20   n = Text1.Text
30   a = 1
40   i = 0
50   Do
60     i = i + 1
70     If i > n Then GoTo 100 '跳出循环到行号为 100 的语句
80       a = a * i
90     Loop
100  Text2.Text = a
   End Sub
```

(2) 解法二：使用“GoTo 行标号”。

```
   Private Sub CmdFactor_Click()
     Dim i As Integer, a As Integer, n As Long
     n = Text1.Text
     a = 1
     i = 0
L1:     i = i + 1
      a = a * i
      If i = n Then GoTo L2
      GoTo L1
L2:     Text2.Text = a
   End Sub
```

由解法二可见，使用两个 GoTo 语句可以实现类似于 Do...Loop 循环的功能。

5.7.2 GoSub...Return 语句

与 GoTo 相同，GoSub...Return 语句也是跳转结构语句，其语法格式为：

GoSub ␣ 行号或行标号
…
行号或行标号所标识的语句
…

```
Return
```

当程序执行到 GoSub 语句时,会跳到“行号或行标号”所标识的语句行继续往下执行,当执行到 Return 关键字时,会返回到 GoSub 处并继续执行紧挨着 GoSub 下面的语句。

【例 5.14】 使用 GoSub...Return 语句计算阶乘 $n!$。

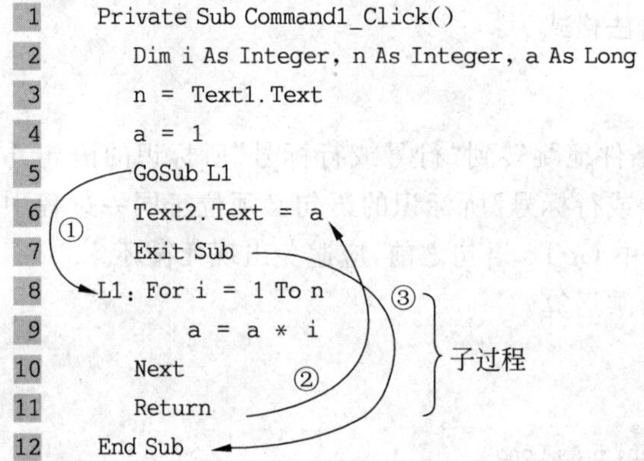

GoSub 关键字、“行号或行标号”所对应的语句与 Return 关键字必须位于同一个过程中。“行号或行标号”标识的语句与 Return 之间的语句块被称为“子过程(Subroutine)”。一个子过程中可以包含一个以上的 Return 语句,当执行到第一个 Return 语句时,程序就会返回到刚刚执行的 GoSub 语句之后的语句,继续执行。子过程既可以位于 GoSub 关键字的下面,也可以位于其上面。

例 5.14 中 Exit Sub 语句必不可少,该语句可强制跳出过程,否则程序会再次执行 GoSub 子过程。

> 无论是 GoTo 语句还是 GoSub...Return 语句都是早期 Basic 的产物,是语法上不严格的控制结构。使用这些跳转语句会造成程序不易阅读或难以调试,并与结构化程序的思想不一致,更不适合面向对象的程序设计。所以要尽量避免使用它们,应该用结构化功能更强的 If、Select Case、Do...Loop 和 For...Next 语句。

5.8 With 语句

With 语句不属于控制结构,只用来简化程序的书写。

当对同一个对象或同一个自定义类型(将于 7.7 节中讲解)变量连续执行一系列操作时(如改变对象属性、调用对象方法或改变自定义类型变量成员的值),若使用 With 语句,可以不必重复指定对象名或自定义类型变量名。

With 语句的语法为:

```
With␣对象名或自定义类型变量名
    语句块(相应的对象名或自定义类型的变量名可以省略)
End␣With
```

例如,下面对同一个对象 cmdFirst 的属性与方法的一系列调用中会反复地出现对象名

“cmdFirst”。

```
cmdFirst.Height = cmdFirst.Height + 2000
cmdFirst.Caption = "Hello"
cmdFirst.Move 0,0
```

使用 With 语句之后，程序段变为：

```
With cmdFirst
    .Height = .Height + 2000        '属性、方法名前面的点“.”必须保留
    .Caption = "Hello"
    .Move 0,0
End With
```

虽然程序增加了两行，但是变得更易阅读与调试。对于自定义类型变量成员的访问，也可以用 With 语句来简化。

注意，一个 With 语句只能用于一个对象或自定义类型变量。

如果一个对象的属性值引用了另一个对象，可以使用嵌套的 With 语句。例如(其中 cmd1 是窗体 Form1 上的一个命令按钮)：

```
Private Sub cmd2_Click()
    Form1.Height = 2000
    Form1.Caption = "Hello"
    Form1.Move 0, 0
    Form1.cmd1.Height = 1000
    Form1.cmd1.Caption = "OK"
    Form1.cmd1.Move 0, 0
End Sub
```

可以使用嵌套的 With 语句改写为：

```
Private Sub cmd2_Click()
    With Form1
        .Height = 2000
        .Caption = "Hello"
        .Move 0, 0
        With .cmd1                  'cmd1 前面的点“.”必须保留
            .Height = 1000
            .Caption = "OK"
            .Move 0, 0
        End With
    End With
End Sub
```

5.9 控制结构的应用

掌握了数据类型、常量、变量、运算符与控制结构之后，已经完全有能力解决一些比较复杂的问题了。本节举一些实例进行讲解，读者应从中总结一些经验并尝试使用其他的方法来解决问题。

【例 5.15】 求一元二次方程 $ax^2+bx+c=0$ 的根。

一元二次方程的根有下列 3 种情况：

(1) 当 $a=0$、$b=0$ 时,方程无解。

(2) 当 $a=0$、$b\neq 0$ 时,方程只有一个实根 $x=\frac{-c}{b}$。

(3) 当 $a\neq 0$ 时,方程的根为:

$$x=\frac{-b\pm\sqrt{b^2-4ac}}{2a}$$

其中,当 $b^2-4ac\geqslant 0$ 时有两个实根;当 $b^2-4ac<0$ 时,有两个虚根。

创建工程,在窗体上放置 5 个文本框 txtA、txtB、txtC、txtX1 和 txtX2,前三个分别用来输入方程系数 a、b 和 c 的值,后两个输出方程式的两个根。

下面的事件过程可以求解给定 a、b 和 c 值的一元二次方程的根。

```
Private Sub Command1_Click()
   Dim a As Single, b As Single, c As Single
   Dim s1 As Single, s2 As Single
   a = txtA.Text                                        '得到方程的三个系数
   b = txtB.Text
   c = txtC.Text
   If a = 0 Then
      If b = 0 Then                                     '无解
          txtX1.Text = "方程无解。"
          txtX2.Text = "方程无解。"
      Else                                              '一个实根
          txtX1.Text = -c / b
          txtX2.Text = "方程只有一个实根。"
      End If
   Else
      s1 = b * b - 4 * a * c
      s2 = Sqr(Abs(s1)) / Abs(2 * a)
      If s1 >= 0 Then                                   '两个实根
          txtX1.Text = -b / (2 * a) + Abs(s2)
          txtX2.Text = -b / (2 * a) - Abs(s2)
      Else                                              '两个虚根
          txtX1.Text = -b / (2 * a) & "+" & s2 & "i"
          txtX2.Text = -b / (2 * a) & "-" & s2 & "i"
      End If
   End If
End Sub
```

本例使用了嵌套的 If 语句。程序中 Sqr 是 VB 的内部函数,用来求非负实数的算术平方根,Abs 是计算绝对值的内部函数。

【例 5.16】 验证质数。

如果一个整数 n 只能被 ± 1 和 $\pm n$ 整除,则 n 为质数。质数又称为素数,规定 ± 1 不是质数,± 2 是质数。本程序验证从文本框中输入的正整数是否为质数。

在窗体上的文本框 txtInput 中输入任一大于 3 的正整数 n,然后单击按钮 cmdPrime,文本框 txtOutput 中显示出"n 是质数"或"n 不是质数"。

判断 n 是否为质数比较简单的方法是:用 n 逐个除以 $2\sim n-1$ 之间的每个整数,只要有一个可以整除,则说明 n 不是质数;如果全部不能整除,则说明 n 是质数。事件过程代码如下:

```
Private Sub cmdPrime_Click()
    Dim n As Integer, i As Integer
    n = txtInput.Text                              '得到输入的数值
    If n < 1 Then
        txtOutput.Text = "请输入自然数"
    ElseIf n = 1 Then                              '1 和 2 的情况单独处理
        txtOutput.Text = "1 不是质数"
    ElseIf n = 2 Then
        txtOutput.Text = "2 是质数"
    Else
        For i = 2 To n - 1
            If n Mod i = 0 Then                    '如果能整除,则强制跳出 For 循环
                Exit For
            End If
        Next
        If i < n Then                              '如果是强制跳出循环,则不是质数
            txtOutput.Text = n & "不是质数"
        Else                                       '如果是正常结束循环,则是质数
            txtOutput.Text = n & "是质数"
        End If
    End If
End Sub
```

本例用到了 If...ElseIf...End If 语句和 For...Next 循环语句。

如果被验证的数不是质数,则 $2\sim n-1$ 之间必定有可以整除它的数,所以 For...Next 循环必定是通过 Exit For 语句强制跳出的(这时 $i\leqslant n-1$,即 $i<n$);如果被验证的数是质数,则 $2\sim n-1$ 之间所有的数都不能整除它,For...Next 会正常结束(即 $i>n-1$)。这样,就可以通过比较循环结束后计数器变量的值是否大于终止值来确定 For...Next 循环是正常结束,还是强制跳出,进而确定被验证的数是否为质数。

实际上,对于本例来说,只需检验 $2\sim\sqrt{n}$ 之间是否有可以整除 n 的数即可。因为如果存在一个数 $k(k>\sqrt{n})$ 可以整除 n,必定存在一个数 $m(m=n/k)$ 也可以整除 n,而 $m=\sqrt{n}*\sqrt{n}/k=\sqrt{n}*(\sqrt{n}/k)<\sqrt{n}$,所以 $m<\sqrt{n}$。

【例 5.17】 求水仙花数。"水仙花数"是指一种 3 位整数,它各位数字的立方和等于该数本身。下面的事件过程将所有的水仙花数显示在窗体上,并在文本框中显示水仙花数的个数(水仙花数共有 4 个:153、370、371 和 407)。

```
Private Sub Command1_Click()
    Dim i As Integer, n As Integer
    Dim a As Integer, b As Integer, c As Integer
    n = 0
    For i = 100 To 999
        a = i \ 100                                '得到百位上的数字
        b = (i \ 10) Mod 10                        '得到十位上的数字
        c = i Mod 10                               '得到个位上的数字
        If i = a ^ 3 + b ^ 3 + c ^ 3 Then          '判断是否为水仙花数
            n = n + 1                              '记录个数
            Print i                                '显示水仙花数
        End If
    Next
    Text1.Text = n                                 '显示水仙花数的个数
End Sub
```

本例使用 For...Next 循环逐个检查每个三位数(100～999)是否满足水仙花数的定义，使用整除和取余运算符得到一个数个、十、百位上的数字，使用变量 n 保存找到的水仙花数的个数，使用 Print 方法在窗体上显示所有的水仙花数。

【例 5.18】 求 Fibonacci(菲邦纳契)数列第 n 项的值。

已知 Fibonacci 数列为：1,1,2,3,5,8,…该数列第 1 项和第 2 项均为 1，从第 3 项开始，每一项都是前面两项的和，可以表示为：

$$f(n)=\begin{cases}1 & (n=1)\\ 1 & (n=2)\\ f(n-2)+f(n-1) & (n>2)\end{cases}$$

由 Fibonacci 数列的定义可知，用第 1、2 项可计算出第 3 项的值，用第 2、3 项可计算出第 4 项的值，……；任意指定的项数 n 的值，均可以由前面项的值递推得到，这种方法称为**“递推法”**或**“迭代法”**，迭代法一般是由循环结构实现的。

下面的事件过程使用了迭代法计算 Fibonacci 数列指定项的值。

```
Private Sub cmdFib_Click()
   Dim n As Integer
   n = txtInput.Text                      '指定数列的第 n 项
   If n = 1 Or n = 2 Then                 '如果是第 1、2 项，直接得出 1
      txtOutput.Text = 1
   Else                                   '如果求的是第 2 项以后的值，使用迭代计算
      Dim f1 As Long, f2 As Long, f3 As Long
      Dim i As Integer
      f1 = 1: f2 = 1
      For i = 3 To n                      '迭代法
          f3 = f1 + f2                    '①
          f1 = f2                         '②
          f2 = f3                         '③
      Next
      txtOutput.Text = f3                 '输出第 n 项的值
   End If
End Sub
```

本程序中，$n=1$ 和 $n=2$(即前两项)的情况是单独处理的(直接给出值)；$n\geqslant 3$ 的情况使用了迭代法。

如图 5.14 所示，迭代中使用了三个变量 f1、f2 和 f3。开始迭代时(进入 For 循环)，f1 和 f2 是数列第 1、2 项的值，通过语句①“f3 = f1 + f2”(图中表示为“f1 + f2 → f3”，“→”表示赋值)计算出第 3 项的值；第 2 次循环时，计算出第 4 项的值；第 3 次循环时，计算出第 5 项的值；……；直到计算出第 n 项的值。

特别应注意的是赋值语句②和③，它们使得变量 f1 和 f2 总是下一次循环要计算项的前两项的值。另外要注意的是语句①、②和③的次序。

【例 5.19】 使用级数求 π 的值。

根据下式，计算圆周率 π 的近似值，当计算到绝对值小于 0.0001 的通项时，认为满足精度要求，停止计算。

$$\frac{\pi}{4}=1-\frac{1}{3}+\frac{1}{5}-\frac{1}{7}+\cdots+(-1)^{n+1}\frac{1}{2n-1}+\cdots$$

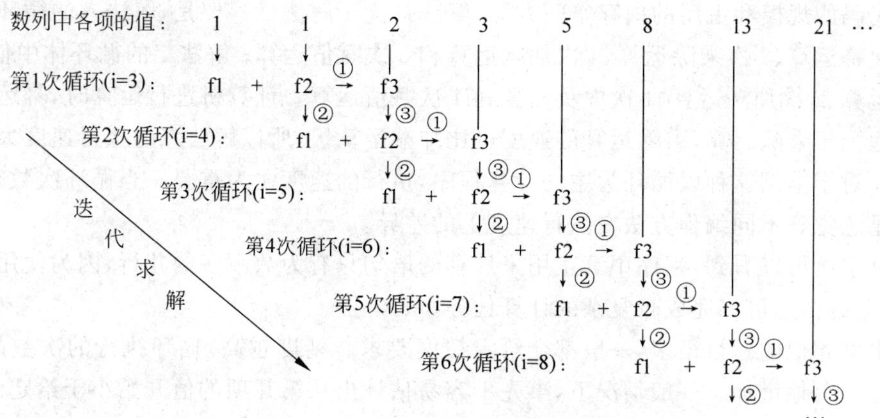

图 5.14 Fibonacci 数列迭代求解过程

（1）解法一：

```
Private Sub cmdPi_Click()
    Dim a As Single                      '变量 a 保存通项之和
    Dim m As Single                      '变量 m 保存通项的绝对值
    Dim n As Integer                     '变量 n 保存当前计算的项数
    n = 1                                '第一项
    Do                                   '开始循环
        m = 1 / (2 * n - 1)              '计算通项的绝对值
        a = a + (-1) ^ (n + 1) * m       '总和加上一个通项
        n = n + 1                        '下一项
    Loop While m >= 0.0001               '测试是否满足精度要求
    Text1.Text = a * 4                   '输出计算结果
End Sub
```

（2）解法二：

```
Private Sub cmdPi_Click()
    Dim a As Single                      '变量 a 保存通项之和
    Dim m As Single                      '变量 m 保存通项的绝对值
    Dim s As Integer                     '变量 s 产生通项的符号
    Dim i As Integer                     '变量 i 产生通项的分母
    s = 1                                '第一项符号为正
    i = 1                                '第一项为 1
    Do                                   '开始循环
        m = 1 / i                        '计算通项的绝对值
        a = a + s * m                    '总和加上一个通项
        i = i + 2                        '产生下一个通项分母
        s = -s                           '交替转换通项的正负号
    Loop While m >= 0.0001               '测试是否满足精度要求
    Text1.Text = a * 4                   '输出计算结果
End Sub
```

求解的结果为 $\pi \approx 3.141797$，计算到了第 5001 项。

解法一使用通项的公式进行计算，过程体由 10 条语句组成，定义了 3 个变量；解法二使用两项之间的关系进行计算（从第 2 项开始，每一项的正负号都是前一项取反，每一项的分母都是前一项的分母加 2），使用了 13 条语句和 4 个变量。

在代码的规模和占用的内存空间方面，解法一优于解法二。但是，解法一的循环体中使用了 1 次幂运算、3 次乘除运算、4 次加减运算和 3 次赋值运算；解法二的循环体中使用了 2 次乘除运算、2 次加法运算、1 次取负运算和 4 次赋值运算。计算机进行运算时，幂运算的执行速度远慢于乘除运算，乘除运算的速度也比加减运算慢，所以解法二的执行速度大大快于解法一。对于本例这种以循环为主的计算程序，执行的速度尤为重要。当循环次数很多时，可以明显感觉到不同编程方法在执行速度上的差异。

通过本例可以看到，程序中真正用来计算的语句只有为数不多的几行，因为使用了循环结构，简单的语句可以完成较复杂的计算任务。

与本例相似的题目很多，一般都会给定精度要求。精度越高，循环执行的次数越多，计算时间将显著地增加。一般情况下，事先不容易估计出从第几项的值开始小于给定的精度，所以常使用 Do...Loop 循环。

请思考：对于本例，如果把精度提高到 0.00001，程序是否可以计算？如果不能，问题出现在什么地方，如何改动？

【例 5.20】 如果要将一角钱换成零钱(可以包括 1 分、2 分和 5 分中的任意多个面值)，共有多少种换法？

组成一角的零钱中，最多有 10 个 1 分、5 个 2 分和 2 个 5 分。判断所有的组合中，总和正好是一角(10 分)的情况有多少次即为所求。这类方法称为**“穷举法”**，也称为**“列举法”**。

```
Private Sub Command1_Click()
   Dim i As Integer, j As Integer, k As Integer
   Dim n As Integer
   Print "1 分个数", "2 分个数", "5 分个数"
   For i = 0 To 10                                  '1 分的个数
       For j = 0 To 5                               '2 分的个数
           For k = 0 To 2                           '5 分的个数
               If i + j * 2 + k * 5 = 10 Then       '满足条件
                   n = n + 1                        '满足条件的组合数
                   Print i, j, k                    '显示满足条件的组合
               End If
           Next
       Next
   Next
   Print "共有" & n & "种方法"                       '显示满足条件的组合数
End Sub
```

本程序使用了三重嵌套的 For...Next 循环，循环计数器变量分别是 i、j 和 k。如图 5.15(a) 所示，变量 i、j 和 k 分别代表 1 分、2 分和 5 分的个数，10 个 1 分、5 个 2 分和 2 个 5 分之内共有 11×6×3=198 种组合，其中只有 10 种(如图 5.15(b)所示)组合正好是 1 角，即为所求。

【例 5.21】 二分迭代法求一元方程的解。

求一元方程 $f(x)=0$ 的根是科学技术领域经常需要解决的问题。能够得出“解析解”的方程只是所有方程中的极少部分，大多数的方程必须使用计算机求其“数值解”。一般得到数值解的方法是：先估计出方程的粗略解，然后采用迭代方法不断地得到更接近真实解的中间解，当中间解满足一定的精度要求时，即为所求的数值解。

解一元方程的迭代方法有很多，这里先介绍“二分迭代法”(也称为“二分法”)。

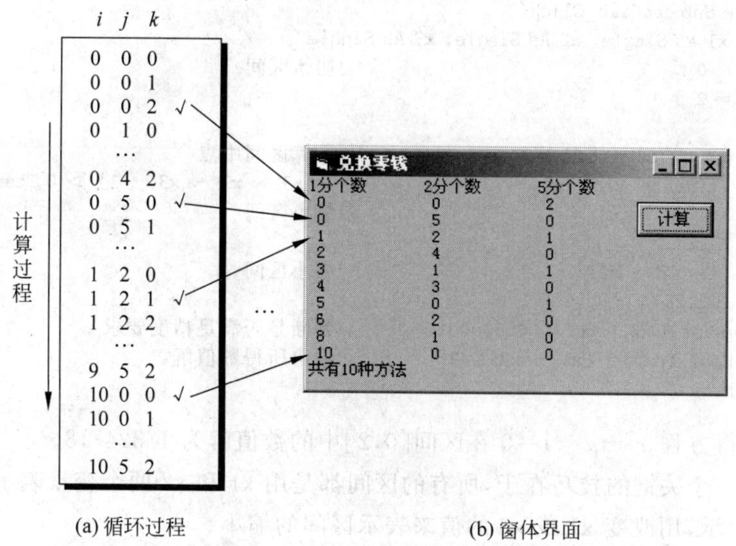

(a) 循环过程 (b) 窗体界面

图 5.15 穷举法

"二分法"的原理如图 5.16 所示。先确定函数 $y=f(x)$ 的一个单调区间 (x_1,x_2)，如果函数值 $f(x_1)$ 与 $f(x_2)$ 的正负符号相反，则表明区间 (x_1,x_2) 中必定有方程 $f(x)=0$ 的一个解 x^*。

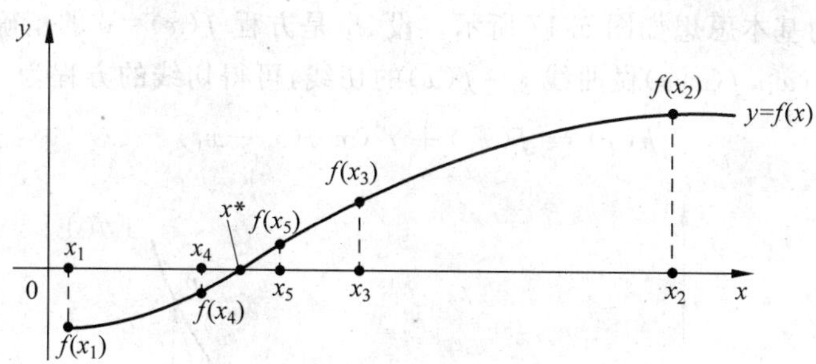

图 5.16 二分迭代法

取区间 (x_1,x_2) 的中点 x_3，并计算函数值 $f(x_3)$。在 x_1、x_2 中选择其函数值与 x_3 函数值异号者，与 x_3 组成新的区间，此区间的宽度只有原区间的一半。可以确定，方程的解 x^* 在新的区间内。

再取新区间的中点 x_4，并和与其函数值异号的区间边界构成新的更小的区间。这样不断地把区间缩小，区间边界构成了以下序列：

$$x_1,x_2,x_3,x_4,\cdots,x_{n-1},x_n,\cdots$$

此序列的极限值就是方程的精确解。因为计算机不可能进行无限次的迭代，可以事先给定一个精度 e，当 $|x_n-x_{n-1}|<e$ 时，认为 x_n 就是方程 $f(x)=0$ 的一个数值解。精度 e 越小，数值解越接近精确解。

下面的程序用二分迭代法求解方程 $x^3-x-1=0$ 在区间 $[0,2]$ 中的根（精度为 $e=10^{-6}$）。

```
Private Sub cmdCalc_Click()
    Dim x1 As Single, x2 As Single, x3 As Single
    x1 = 0                                      '初始区间
    x2 = 2
    Do
        x3 = (x1 + x2) / 2                      '计算区间中点
        If (x1 * x1 * x1 - x1 - 1) * (x3 * x3 * x3 - x3 - 1) > 0 Then
            x1 = x3                             '缩小区间
        Else
            x2 = x3                             '缩小区间
        End If
    Loop Until x2 - x1 < 0.000001               '判断是否满足精度要求
    txtRoot.Text = (x1 + x2) / 2                '输出所得数值解
End Sub
```

本程序求得方程 $x^3-x-1=0$ 在区间[0,2]中的数值解为 1.324718。

本程序中一个关键的技巧在于,所有的区间都是用 x1 和 x2 两个变量表示的,区间的中点用变量 x3 表示,用改变 x1 或 x2 的值来表示区间的缩小。

请思考:①使用二分迭代法时,如果方程的根恰好位于区间的边界上,上面的程序能否正确计算?②如果将精度提高为 $e=10^{-8}$,程序需要做何修改才能进行计算?

【例 5.22】 牛顿迭代法求一元方程的数值解。

“牛顿迭代法”又称为“牛顿切线法”。与二分迭代法不同,牛顿迭代法只需要指定一个接近于方程精确解的粗略解,并且它的迭代收敛速度比二分法更快。

牛顿迭代法的基本思想如图 5.17 所示。设 x_1 是方程 $f(x)=0$ 的精确解 x^* 附近的一个粗略解,过点 $p_1(x_1,f(x_1))$ 做曲线 $y=f(x)$ 的切线,可得切线的方程为:

$$h(x) = f(x_1) + f'(x_1)(x - x_1)$$

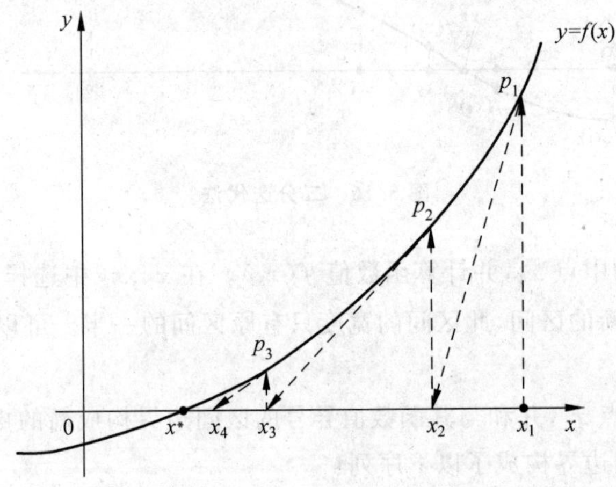

图 5.17 牛顿迭代法

切线与 x 轴交点的横坐标为:

$$x_2 = x_1 - f(x_1)/f'(x_1)$$

x_2 是比 x_1 更接近精确解的粗略解。可以想象:

$$x_3 = x_2 - f(x_2)/f'(x_2)$$

$$\cdots$$
$$x_n = x_{n-1} - f(x_{n-1})/f'(x_{n-1})$$
$$\cdots$$

这就是牛顿迭代公式。经过有限次迭代，当 $|x_n - x_{n-1}| < e$（e 为给定的精度）时，认为 x_n 就是方程 $f(x)=0$ 的一个数值解。

下面使用牛顿迭代法求解例 5.21 中的方程 $x^3-x-1=0$ 在 2 附近的数值解，精度为 $e=10^{-8}$。

(1) 建立迭代关系式。

原方程 $f(x)=x^3-x-1$ 的导数为：

$$f'(x) = 3x^2 - 1$$

根据牛顿迭代公式 $x_n=x_{n-1}-f(x_{n-1})/f'(x_{n-1})$ 可以得到本方程的迭代关系式为：

$$x_n = x_{n-1} - (x_{n-1}^3 - x_{n-1} - 1)/(3x_{n-1}^2 - 1)$$

(2) 编写以下程序。

```
Private Sub Command1_Click()
   Dim x1 As Double, x2 As Double
   x2 = 2
   Do
      x1 = x2
      x2 = x1 - (x1 * x1 * x1 - x1 - 1) / (3 * x1 * x1 - 1)
   Loop Until Abs(x2 - x1) < 0.00000001
   Text1.Text = x2
End Sub
```

本程序计算所得的数值解为 1.32471795724475。

本程序使用两个变量 x1 和 x2 来实现迭代。因为精度为 10^{-8}，超出了 Single 类型的有效位数，因此必须使用 Double 类型。

【例 5.23】 矩形面积法求数值积分。

求形如 $\int_a^b f(x)\mathrm{d}x$ 的定积分是经常遇到的问题，由牛顿-莱布尼兹公式：

$$\int_a^b f(x)\mathrm{d}x = F(b) - F(a)$$

可知，如果求得函数 $f(x)$ 的原函数 $F(x)$，求积分的值是很容易的。但是，大多数的函数 $f(x)$ 的原函数是找不到的，需要使用计算机得到积分的数值解。

定积分 $\int_a^b f(x)\mathrm{d}x$ 的几何意义是求函数曲线 $y=f(x)$ 和 x 轴、$x=a$、$x=b$ 三条直线所围成区域的面积（如图 5.18(a)所示）。位于 x 轴上方的面积是正值，x 轴下方的面积是负值。

直接求出如图 5.18(a)所示的面积是有困难的。如图 5.18(b)所示，把这个区域（$[a,b]$ 区间）分成纵向的 n 条，每一条近似于一个矩形，因此可以使用矩形的面积公式（两边长之积）来计算每一条的面积。所有纵条的面积之和便是总面积的近似值。纵条数目 n 越大，计算所得的面积之和越接近所求面积的真实值，当数目 n 足够大时，可以认为该面积为所求的定积分的数值解。

每个矩形的宽为 w，有：

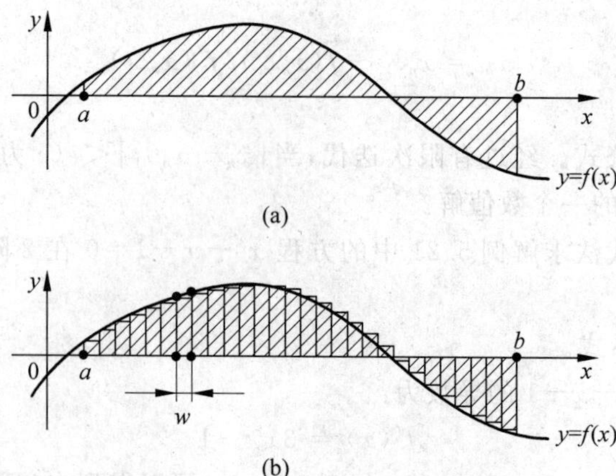

图 5.18 矩形面积法求定积分

$$w=(b-a)/n$$

第 i 个矩形左下角点的横坐标为：

$$a+(i-1)\times w \quad (i=1,2,3,\cdots,n)$$

则第 i 个矩形的高为该点的函数值，即：

$$h_i=f(a+(i-1)\times w) \quad (i=1,2,3,\cdots,n)$$

所以第 i 个矩形的面积为：

$$s_i=h_i\times w=f(a+(i-1)\times w)\times w \quad (i=1,2,3,\cdots,n)$$

总面积约为：

$$s=\sum s_i=\sum f(a+(i-1)\times w)\times w \quad (i=1,2,3,\cdots,n)$$

当 $n\to\infty$，即 $w\to 0$ 时，s 即为总面积，也就是积分的结果：

$$\int_a^b f(x)\mathrm{d}x=s$$

下面的程序使用矩形面积法求解 $\int_0^2\sqrt{4-x^2}\,\mathrm{d}x$ 的值。程序中用到了两个文本框 Text1 和 Text2，如图 5.19 所示，前者用于输入分割矩形的个数，后者用于输出计算结果。

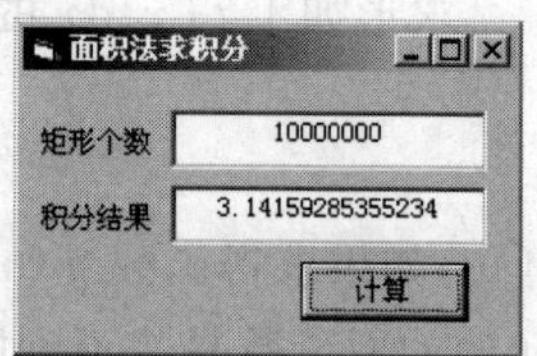

图 5.19 面积法求积分

```
Private Sub cmdCalc_Click()
    Dim h As Double, w As Double, s As Double
    Dim i As Long, n As Long
    Dim a As Double, b As Double
    s = 0
    a = 0: b = 2                                                '积分区间
    n = Text1.Text                                              '矩形个数
    w = (b - a) / n                                             '矩形的宽
    For i = 1 To n
        h = (4 - (a + (i - 1) * w) * (a + (i - 1) * w)) ^ 0.5  '矩形的高
        s = s + w * h                                           '矩形的面积
    Next
    Text2.Text = s                                              '显示积分结果
End Sub
```

运行程序，在 Text1 中输入的数值越大，Text2 中显示的数值积分值越接近于真实值。由图 5.19 的显示内容可以看出：$\int_0^2 \sqrt{4-x^2}\,dx = \pi$。

【例 5.24】 “猜数字”游戏。

(1) 新建工程，创建如图 5.20 所示的窗体界面。表 5.1 中列出了控件对象的初始属性值。

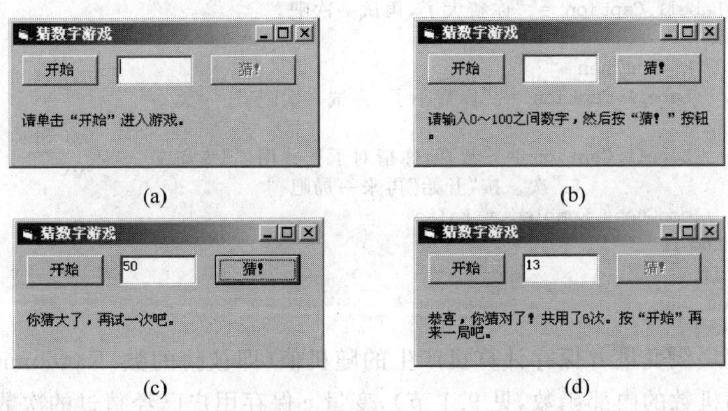

(a) (b) (c) (d)

图 5.20 “猜数字”游戏

(2) “猜数字”游戏的玩法是：

① 运行程序(见图 5.20(a))；

② 单击“开始”按钮，程序产生一个 0～100 之间的随机数(见图 5.20(b))；

表 5.1 例 5.24 中的控件对象及初始属性值

控件类型	Name 属性值	Caption 属性值	Text 属性	Enabled 属性
文本框	Text1	/(无此属性)	0	True
命令按钮	cmdStart	开始	/(无此属性)	True
命令按钮	cmdGuess	猜!	/(无此属性)	False
标签	Label1	请单击“开始”进入游戏	/(无此属性)	True

③ 用户在文本框中输入一个猜想的整数，单击“猜!”按钮，程序反馈猜的结果(见图 5.20(c))；

④ 再次在文本框中输入整数，反复执行第③步，直到程序显示“恭喜，你猜对了!”。程序会显示用户猜对数字共试了多少次，次数越少越好。单击“开始”按钮可以再开一局(见图 5.20(d))。

(3) 在“代码”窗口中输入以下代码：

```
Option Explicit
Dim n As Integer                    '模块级变量
Dim c As Integer

Private Sub cmdStart_Click()
   Randomize
   n = Rnd * 100
   Label1.Caption = "请输入 0～100 之间数字，然后按“猜!”按钮。"
   cmdGuess.Enabled = True
```

```
    c = 0
End Sub

Private Sub cmdGuess_Click()
    Dim k As Integer
    k = Text1.Text
    c = c + 1
    If k > n Then
        Label1.Caption = "你猜大了,再试一次吧。"
    Else
        If k < n Then
            Label1.Caption = "你猜小了,再试一次吧。"
        Else
            Label1.Caption = "恭喜,你猜对了! 共用了" & c _
                        & "次。按“开始”再来一局吧。"
            cmdGuess.Enabled = False
        End If
    End If
End Sub
```

程序中,模块级变量 n 保存计算机产生的随机值(即被猜的数,Randomize 和 Rnd 是生成 0~1 之间随机数的内部函数,见 9.1 节),变量 c 保存用户已经猜过的次数。因为这两个变量需要在两个事件过程中访问,所以定义为模块级变量。

在两个事件过程中,“开始”按钮的 Click 事件过程 cmdStart_Click 为变量 n 赋随机值,为变量 c 初始化,并将按钮“猜!”置为可用。

“猜!”按钮的事件过程 cmdGuess_Click 判断用户从文本框中输入的数是否与随机数相同,并使用标签控件显示结果。如果用户猜对了,显示猜过的次数,并将“猜!”按钮置灰,为新一轮游戏做准备。

> **关于算法** “算法”是指通过编程解决问题的方法和步骤。对于 Visual Basic 来说,算法也包括工程中模块类型和数量、所采用的数据类型、控制结构以及输入输出方式等。解决同一个问题一般有多种算法。
>
> 评价算法优劣主要从三个方面考虑:(1)代码复杂度,指的是程序代码是否精简易读,逻辑是否清晰;(2)空间复杂度,是指程序中变量、数组等占用内存资源的大小;(3)时间复杂度,是指程序运行所需时间。多数情况下,这三个方面是相互矛盾的,应根据具体需要进行折衷处理。
>
> 有经验的程序员可以设计出代码小、效率高、占用系统资源少、便于理解和易于调试的算法。而初学者则需要经过一定的训练、不断的实践才能达到这样的水平。

习 题 5

一、判断题

1. If 与 End If 关键字必须成对地使用,有一个 If 就有一个 End If 与之相对应。
2. Do 和 Loop 关键字必须成对使用,有一个 Do 就必须有一个 Loop 与之对应。
3. For 和 Exit For 必须成对使用,有一个 For 就必须有一个 Exit For 与之对应。

4. Select Case 语句实现的是一种循环结构。

5. 一个 Do 循环只能使用一个 Loop 关键字，但可以使用多个 Exit Do 语句。

6. 如果有多重 Do 循环嵌套，位于最里层循环体语句中的 Exit Do 语句可以跳出所有的循环。

7. 如果有多重 Do 循环与 For 循环嵌套使用，并且 Exit For 语句位于一个内层 Do 循环中，则该语句不能从 Do 循环中跳出。

二、填空题

1. 判断下面 4 个循环语句分别执行了多少次循环。

① 下面循环执行了____(1)____次。

```
int2 = 0
For int1 = 1 To -2 Step -1
   int2 = int2 + 1
Next
```

② 下面循环执行了____(2)____次。

```
int2 = 0
For int1 = 1 To 1 Step -1
   int2 = int2 + 1
Next
```

③ 下面循环执行了____(3)____次。

```
int2 = 0
For int1 = 1 To 10 Step 1
   Exit For
   int2 = int2 + 1
Next
```

④ 下面循环执行了____(4)____次。

```
Dim i As Integer, j As Integer
For i = 1 To 10 Step 1
   i = i + 1
   j = j + 1
Next
Print j
```

2. 执行下面的程序段，文本框 Text1 中显示的是____(5)____。

```
Dim int1 As Integer, int2 As Integer
int1 = 1
int2 = 0
Do While int1 < 20
   int2 = int1 + int2
   int1 = int1 * (int1 + 1)
Loop
Text1.Text = int2
```

3. 阅读下面的事件过程。单击窗体后，在文本框 Text1 和 Text2 中显示的内容分别是____(6)____和____(7)____；若将程序中 A 语句与 B 语句的位置互换，再次执行程序，单击窗体后在文本框 Text1 和 Text2 中显示的内容分别是＿＿(8)＿＿和＿＿(9)＿＿。

```
Private Sub Form_Click()
  Dim x As Integer, y As Integer
   x = 1: y = 0
  Do While x<3
     y = y + x                              'A 语句
     x = x + 1                              'B 语句
  Loop
  Text1.Text = x
  Text2.Text = y
End Sub
```

4. 下面的事件过程判断文本框 txt1 中输入的数所在的区间，并在文本框 txt2 中输出判断结果。请在画线处填入正确的内容。

```
Private Sub Command1_Click()
   Dim int1 As Integer
   int1 = CInt(txt1.Text)
   Select Case int1
       Case ＿＿(10)＿＿
            txt2.Text = "值为 0"
       Case ＿＿(11)＿＿
            txt2.Text = "值在 1 和 10 之间(包括 1 和 10)"
       Case ＿＿(12)＿＿
            txt2.Text = "值大于 10"
       Case Else
            txt2.Text = "值小于 0"
   End Select
End Sub
```

5. 下面程序段中，k 循环共执行＿＿＿(13)＿＿＿次，在窗体上显示的结果是＿＿(14)＿＿。

```
Dim b As Integer, k As Integer
Let b = 1
For k = 1 To 5
   Let b = b * k
   If b >= 15 Then
     Exit For
   Else
     Let k = k + 1
   End If
Next k
Print k, b
```

6. 阅读下面程序，当单击窗体之后，窗体上输出的是＿＿(15)＿＿。

```
Private Sub Form_Click()
   Dim i As Integer, j As Integer, k As Integer
   For i = 0 To 10 Step 3
       For j = 1 To 10
            If j >= 5 Then i = i + 4: Exit For
            j = j + 1
```

```
            k = k + 1
        Next
        If i > 8 Then Exit For
    Next
    Print k
End Sub
```

7. 完成下面的程序段，使程序能够计算给定 x 的函数值 $f(x)$。

$$f(x)=\begin{cases}0 & x\leqslant 0\\(1-x)^2 & 0<x<1\\x^2+1 & x\geqslant 1\end{cases}$$

```
Dim x As Single
x = CSng(Text1.Text)
If ____(16)____ Then
  Text2.Text = 0
ElseIf ____(17)____ Then
____(18)____
Else
Text2.Text = x * x + 1
End If
```

8. 本程序根据下式计算 arcsin$x$ 的值(通项的值小于 10^{-6} 时停止计算)，请完善之。

$$\arcsin x = x+\frac{1}{2}\cdot\frac{x^3}{3}+\frac{1\cdot 3}{2\cdot 4}\cdot\frac{x^5}{5}+\frac{1\cdot 3\cdot 5}{2\cdot 4\cdot 6}\cdot\frac{x^7}{7}+\cdots$$

```
Private Sub Command1_Click()
   Dim x As Single, y As Single, t As Single
   Dim a As Single, b As Single, n As Single
   x = CSng(Text1.Text)
   y = ____(19)____
   b = 1
   n = 2
   Do
      a = x ^ (2 * n - 1) / (2 * n - 1)
      b = ____(20)____
      t = a * b
      y = y + t
      n = n + 1
   Loop While ____(21)____
   Text2.Text = y
End Sub
```

9. 本程序(界面如图 5.21 所示)将 0～255 之间的十进制整数转换为二进制形式。在上面的文本框中输入十进制数，单击“转换”按钮，该十进制数的二进制形式显示在下面的文本框中。

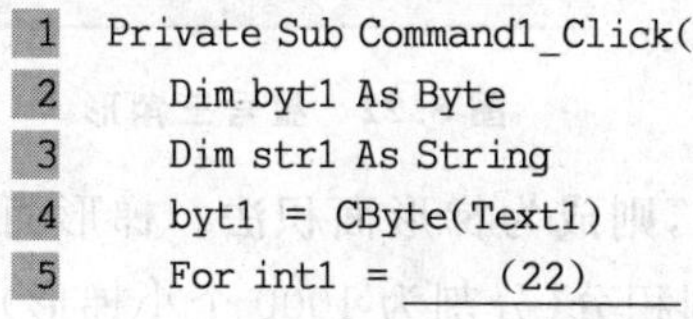

```
Private Sub Command1_Click()
   Dim byt1 As Byte
   Dim str1 As String
   byt1 = CByte(Text1)
   For int1 = ____(22)____
```

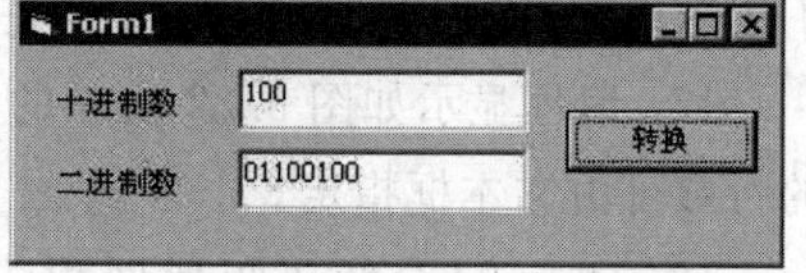

图 5.21 数制转换

```
        If (byt1 And 2 ^ (8 - int1)) <> 0 Then
              ____(23)____
        Else
            str1 = str1 & "0"
        End If
    Next
    Text2.Text = str1
End Sub
```

三、编程题

1. 编程计算 $1-2+3-4+5-6\cdots\pm n$ 的值,其中 n 由文本框输入($n\geqslant1$)。

2. 编程计算 $2^0-2^1+2^2-2^3+\cdots+2^{10}$ 的值。

3. 编程计算 $1^1+2^2+3^3+4^4+\cdots+9^9+10^{10}$ 的值。

4. 编程计算 $\dfrac{1}{1\times2}+\dfrac{1}{2\times3}+\dfrac{1}{3\times4}+\dfrac{1}{4\times5}+\cdots+\dfrac{1}{n\times(n+1)}$ 的值,其中 $n=20$。

5. 已知下式成立:$\mathrm{e}=1+\dfrac{1}{1!}+\dfrac{1}{2!}+\dfrac{1}{3!}+\cdots+\dfrac{1}{n!}+\cdots$ 计算 e 的值(精确到 10^{-6})。

6. 百钱买百鸡。公元前 5 世纪,我国数学家张丘建在《算经》中提出"百鸡问题":鸡翁一值钱五,鸡母一值钱三,鸡雏三值钱一。百钱买百鸡,问鸡翁、鸡母、鸡雏各几何?

7. 有一阶梯,如果每步跨 2 阶,最后余 1 阶;每步跨 3 阶,最后余 2 阶;每步跨 5 阶,最后余 4 阶;每步跨 6 阶,最后余 5 阶;每步跨 7 阶,正好到达阶梯顶。问阶梯至少有多少阶?

8. 一个共有 15 个台阶的楼梯,从下面走到上面,一次只能迈一个台阶或两个台阶,并且不能后退,走完这个楼梯共有多少种方法?

9. 求 111^{111} 的个位、十位和百位数分别是多少。

10. 编程计算 1000!的末尾有多少个连续的"0"。

11. 某公司每年的销售收入均比前一年增长 10 个百分点,按此增长率,需要多少年可以实现销售收入翻两番的目标?

12. 已知方程 $2x^3-4x^2+3x-6=0$。(1)使用牛顿迭代法求方程在 1.5 附近的根;(2)使用二分迭代法求方程在(−10,10)之间的根。

13. 使用牛顿迭代法求 5 的算术平方根(精度 $e=10^{-6}$)。

14. 若一头小母牛从出生后的第四个年头开始每年生一头母牛,按此规律,求第 n 年时共有多少头母牛。

15. 编程计算 100～100000 之间,共有多少个整数,满足它的各位数字之和为 5。

16. 已知 x、y、z 分别是 0～9 中的一个数,求 x、y、z 的值,使得下式成立:$xxz+yzz=532$(其中 xxz 和 yzz 不表示乘积,而是由 x、y、z 组成的三位数)。

17. 编程显示如图 5.22 所示的星号三角形,三角形的行数可由文本框指定。

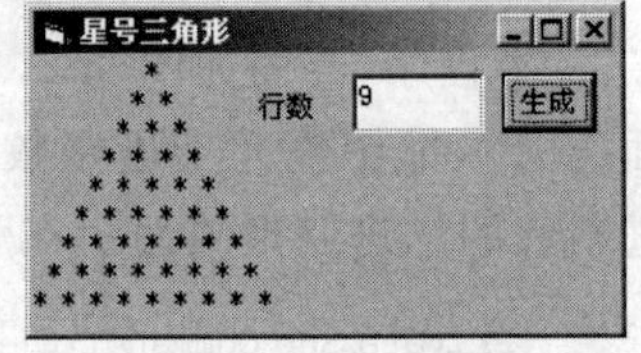

图 5.22　星号三角形

18. 例 5.23 介绍了矩形面积法求定积分。如果将图 5.18(b)中的每个矩形条改为梯形条(如图 5.23 所示),则成为梯形面积法。梯形面积法的计算精度比矩形面积法高,请使用梯形面积法计算下列积分(分割为 1000 个小梯形)。

(1) $\frac{1}{2}\int_0^{\frac{\pi}{2}} \sin(x)\mathrm{d}x$　　　(2) $\frac{1}{\sqrt{2\pi}}\int_0^1 \mathrm{e}^{-\frac{x^2}{2}}\mathrm{d}x$

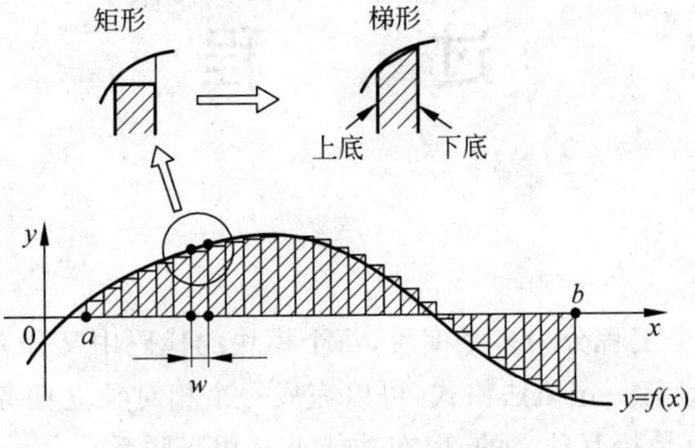

图 5.23　梯形面积法求定积分

第6章

过　程

Visual Basic 将一个工程分为多个模块，每个模块的代码中又分为相互独立的多个过程（Procedure）。过程是具有一定语法格式，可以完成一个相对独立任务的语句块。同一工程中的各个过程在代码上是相互独立的，但在功能上又相互联系。

前面学过的事件过程（Event Procedure）是过程的一种类型，另一种类型称为“通用过程”（General Procedure），通用过程分为两种：子过程（Sub Procedure）和函数过程（Function Procedure）。本书将子过程简称为“过程”，将函数过程简称为“函数”。

当程序达到一定规模后，应将其分为多个相对独立的通用过程，这样便于编制、阅读、调试和重利用。

6.1　Sub 过程

6.1.1　定义 Sub 过程

定义 Sub 过程（子过程）是指按照规定结构，编写能够实现预期功能的语句块。在定义 Sub 过程时确定过程的名称和作用域以及形式参数的个数、名称和类型。

定义 Sub 过程的语法格式为：

```
[Public|Private]␣[Static]␣Sub␣过程名([形式参数])
    语句块(过程体)
End␣Sub
```

语法结构中的第一行称为过程的**“首部”**，是对过程多方面特征的描述。

1. 过程名

通用过程的名称可由编程者指定（这一点与事件过程不同），名称所使用的字符和长度与变量名相同，并且在同一模块中不得重复。过程名应能体现过程的功能。

2. 作用域

Public|Private 关键字指定过程的作用域。Public 关键字定义的是全局（应用程序级）过程，该过程可在同一程序的所有模块中调用。Private 关键字定义模块级过程，只能被与其在同一个模块中的过程调用。如果既无 Public 关键字也无 Private 关键字，则默认为 Public（即全局过程）。

窗体模块、标准模块中均可定义模块级过程或全局过程。不同的模块中允许定义同名的全局过程。

3. Static 关键字

如果定义过程时使用了 Static 关键字，则过程中所有过程级变量均为静态变量，无论定义变量时使用的是 Dim 关键字还是 Static 关键字。静态过程级变量能在过程的多次调用之间保留其值。

4. 形式参数

过程定义时的参数称为"形式参数"(Arguments)，简称"形参"。形参的作用是接收过程被调用时传递来的实际参数的值或地址。

过程可以没有形参，也可以有任意多个参数。定义过程时，指定形式参数的格式为：

```
形式参数名1␣[As␣数据类型名],形式参数名2␣[As␣数据类型名],…
```

形参的命名规则与变量相同。**在通用过程中，形参被看作是过程级变量，所以不能在过程中定义与形参同名的变量**。如果省略"As␣数据类型名"，则默认形参是变体类型的。形参的类型不能是定长字符串。

5. 过程体

通用过程的过程体可由任意多条语句组成，可包括变量定义、各种运算符的运算、赋值语句和各类控制结构语句，以及各类对象属性的设置和方法的访问。

过程体中没有语句的过程称为空过程，不执行任何操作。

6. 定义通用过程的位置

在模块的"代码"窗口中，通用过程可以位于事件过程之前，也可以位于事件过程之后，还可以位于两个事件过程之间。在图 6.1 所示的"代码"窗口中，共有三个过程：cmd1_Click、cmd2_Click 为事件过程，ChangeForm 为通用过程。

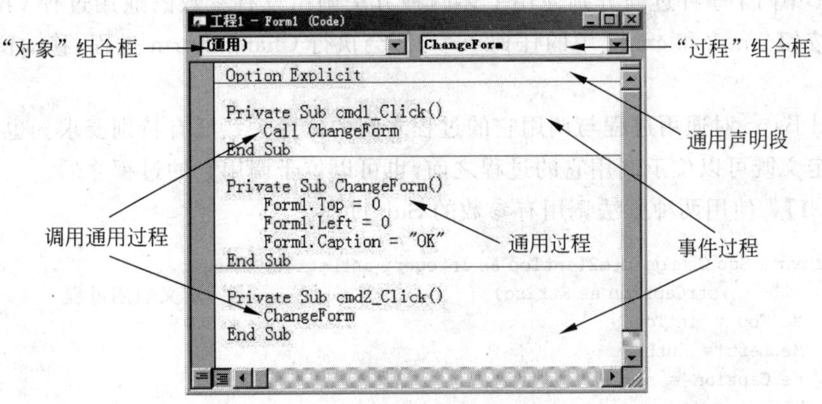

图 6.1　通用过程的定义与调用

在 Visual Basic 中，所有过程(包括事件过程和通用过程)的定义都是平等的、并列的。不能在一个过程的过程体中定义另一个过程。过程的调用可以嵌套，但是定义不能嵌套。

如果在一个模块中定义了一个通用过程，在"代码"窗口顶部的"对象"下拉列表中选择"(通用)"，然后在"过程"下拉列表中可以找到这个通用过程的过程名。当"代码"窗口中有很多过程时，可以使用此方法迅速地找到某个过程。

图 6.1 所示的通用过程 ChangeForm 是模块级过程，没有形式参数，它的作用是把窗体 Form1 移动到屏幕的左上角，并把窗体标题改为“OK”。

6.1.2 调用 Sub 过程

调用过程就是执行其语句块，实现预定的功能。通用过程与事件过程不同，事件过程一般是由系统在某一事件发生时自动调用，而通用过程需要其他的过程“显式”地调用，否则不会被执行。

调用 Sub 过程的方法有以下两种。

1. Call 语句调用

Call␣过程名(实际参数 1, 实际参数 2,…)

调用过程时除了要指定被调用的过程名，还必须提供与过程定义时指定的形式参数相对应的“**实际参数**”。实际参数简称为“实参”。默认情况下，实参的个数应与形参的个数相同。

使用 Call 关键字调用过程时，必须用小括号把所有的实际参数括起来。如果定义过程时没有形参，则调用时的空括号可以省略。

调用过程时，过程的形式参数会得到相应实际参数的值或地址，并参与过程体的运算。实际参数可以是变量、常量、对象属性或表达式。

2. 过程名直接调用

过程名␣实际参数 1, 实际参数 2,…

这种方法直接使用过程名来调用，并且不能用括号把所有的实参括起来。

图 6.1 中两个事件过程分别使用上述两种方法调用没有参数的通用过程 ChangeForm。单击两个按钮 cmd1 和 cmd2 中的任何一个，都会执行 ChangeForm 过程，移动窗体并改变其标题。

Visual Basic 对通用过程与调用它的过程之间的位置关系没有特别要求。也就是说，通用过程的定义既可以位于调用它的过程之前，也可以位于调用它的过程之后。

【例 6.1】 使用两种方法调用有参数的 Sub 过程。

```
Private Sub ChangeForm2(intTop As Integer, intLeft As Integer, ␣_
        strCaption As String)                         '定义通用过程
    Me.Top = intTop
    Me.Left = intLeft
    Me.Caption = strCaption
End Sub
Private Sub cmd1_Click()
    Call ChangeForm2(0, 0, "VB")                      '第一种调用方法
End Sub
Private Sub cmd2_Click()
    ChangeForm2 1000, 1000, "Visual Basic"            '第二种调用方法
End Sub
```

此例中，Sub 过程 ChangeForm2 共有 3 个形式参数，分别是 intTop、intLeft 和 strCaption。在过程中，这 3 个形参的值分别赋给窗体的 3 个属性。

事件过程 cmd1_Click 和 cmd2_Click 用不同的方法调用了过程 ChangeForm2，提供了 3 个不同的实际参数。当单击不同的按钮时，传递给 ChangeForm2 形参的值也不相同，窗体移动到的位置和标题也不相同。

调用事件过程　可以使用本节介绍的两种方法"显式地"调用事件过程，如可使用以下两条语句之一来调用按钮 Command1 的 Click 事件过程：

```
Call Command1_Click                        '显式调用事件过程
Command1_Click
```

也就是说，对象的事件过程有两种被调用的途径：(1)当相应事件发生时由系统调用；(2)由本程序的其他过程显式调用。

如果将事件过程的 Private 关键字改为 Public 关键字，可以在其他模块中调用事件过程。

6.1.3　通用过程的重名问题

Visual Basic 允许工程中的不同模块有同名的全局过程。

如果要调用本模块中定义的过程或标准模块中定义的全局过程，在没有重名的前提下，过程名可以不用模块名修饰。当有多个标准模块中定义了同名的全局过程，在调用时必须加模块名修饰(如 Call Module2. Sub1)以防出现"二义性"错误。

程序总是优先执行本模块的过程，当本模块中有和标准模块中同名的过程而又要执行标准模块中的过程时，必须加标准模块名来限定此过程。

如果要调用其他窗体模块中定义的全局过程，调用时应把窗体名加在过程名前作限定符(如 Call Form2. Sub1)。

6.1.4　过程调用时的执行流程

在程序的执行过程中，当一个过程(事件过程或通用过程)中有调用其他过程的语句时，先暂停当前过程的执行(保留过程级变量的值，记录执行到的位置)，转到被调用的过程中继续执行。被调用过程执行完毕后(遇到 End Sub 语句或 Exit Sub 语句)，返回调用它的过程，从暂停位置继续向下执行。

调用其他过程的过程称为"父过程"，被调用的过程称为"子过程"。

1. Exit Sub 语句

Exit Sub 语句只能用在事件过程和 Sub 过程中，用于强制跳出所在的过程，返回到父过程。一个过程中只能有一条 End Sub 语句，但可有多条 Exit Sub 语句。

如果 Exit Sub 用在事件过程中，并且事件过程是由系统调用的(不是被程序显式调用的)，则 Exit Sub 结束过程，使程序处于等待用户操作的状态。

2. 过程的嵌套调用

如果过程 A 调用过程 B，过程 B 调用过程 C，称为嵌套调用。Visual Basic 允许嵌套调用，并且不限制嵌套的层数。

在嵌套调用中，同一个过程会有不同的角色，过程 B 对于过程 A 来说是子过程，对于过程 C 来说是父过程。

如图 6.2 所示，这里有 Sub1～Sub6 六个过程，主过程 Sub1 调用了 Sub2 和 Sub3，Sub2 调用了 Sub4，Sub3 调用了 Sub5 和 Sub6。整个程序的执行流程如图中的箭头和序号所示。

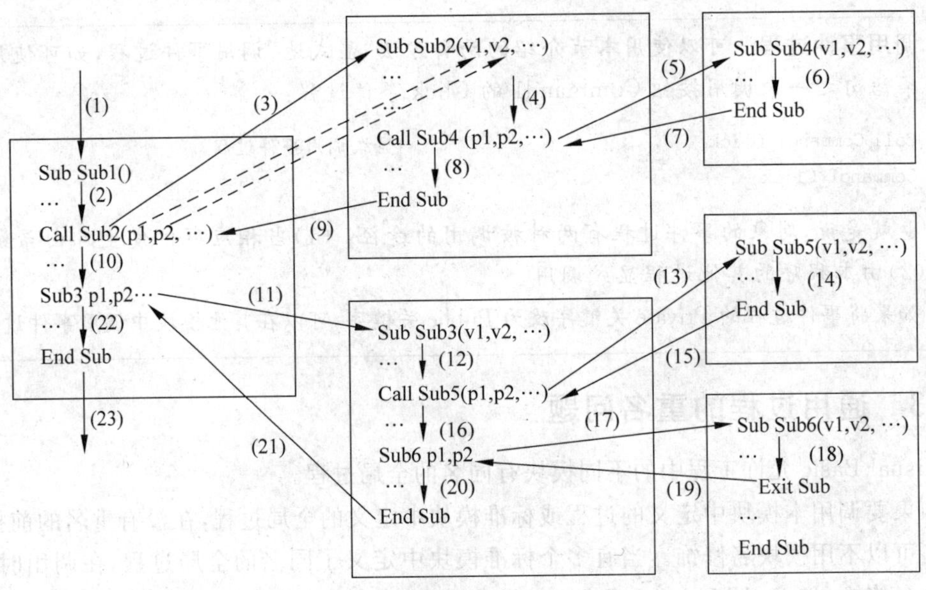

图 6.2　过程嵌套调用时的执行流程

下面以 Sub1 调用 Sub2 为例介绍调用的过程。

如图 6.2 所示，在执行过程 Sub1 的时候，遇到过程调用语句 Call Sub2，程序会记下当前 Sub1 执行到的位置，并把 Sub1 中过程级变量的值保存到内存中一个叫“**堆栈**”的地方，转而去执行被调用的过程 Sub2。

在 Sub1 开始调用 Sub2 时，会把实际参数的值(或地址)传递给相应的形式参数(如图 6.2 中虚线所表示的，p1→v1、p2→v2)，这个过程称为**参数传递**。

参数传递完成之后，便由上而下地执行过程 Sub2 中的语句。当在 Sub2 中遇到 End Sub 语句或 Exit Sub 语句时，释放 Sub2 中所有非静态过程级变量，结束当前过程，返回到调用它的过程 Sub1 中。Sub1 先从堆栈中取出所有过程级变量的值，然后从 Call Sub2 语句的下一条语句处继续执行剩余的语句。

6.2　Function 过程

Function 过程(函数过程)是通用过程的另一种形式。与 Sub 过程相比，Function 过程具备 Sub 过程的所有的功能和用法外，还可以向调用它的父过程返回一个值，称为“**返回值**”。

6.2.1　定义 Function 过程

1. 语法格式

[Public|Private]␣[Static]␣Function␣函数名([形式参数])␣[As␣数据类型名]

```
    语句块(函数体)
End␣Function
```

与定义 Sub 过程的语法结构相比，定义 Function 过程的语法只有两点不同：①将 Sub 关键字改为 Function 关键字；②首部的末尾增加了返回值类型的定义“As␣数据类型名”。如果省略“As␣数据类型名”，则默认为返回变体类型值。

其他方面（作用域、形式参数等）与定义 Sub 过程相同，可参阅 6.1.1 节。

2. Exit Function 语句

Exit Function 语句只能用在 Function 过程的函数体中，用来强制跳出 Function 过程并返回父过程。

3. 指定返回值

在函数体中指定返回值的语句就是给函数名（即 Function 过程名）赋值的语句：

```
函数名 = 表达式
```

在函数体中，函数名可以当作过程级变量使用，函数名不能与形参和过程级变量同名。

应该注意的是，给函数名赋值之后，函数并不会立即返回。只有当执行到 End Function 或 Exit Function 语句时函数才结束执行，返回到调用者。在返回之前，可能执行过多个给函数名赋值的语句，只有最后一个值被当作返回值返回父过程。如果在返回之前没有执行任何给函数名赋值的语句，则返回返回值数据类型的默认值。

6.2.2 调用 Function 过程

因为 Function 过程包含了 Sub 过程的所有功能，所以调用 Sub 过程的方法也可以用来调用 Function 过程。

1. Call 语句调用

```
Call␣函数名(实际参数 1, 实际参数 2, …)
```

2. 函数名直接调用

```
函数名␣实际参数 1, 实际参数 2, …
```

3. 在表达式中调用

前两种方法都忽略了函数的返回值，一般较少使用。大多数情况下，把函数用于赋值语句、表达式中或作为实际参数调用其他过程，这时使用函数名调用并且必须加括号把实参括起来。例如：

```
a = f()                        '函数 f 返回值用于赋值
b = f() + a                    '函数 f 返回值用于表达式计算
c = sub1(f()) + b              '函数 f 返回值用于作为过程 sub1 的实际参数
```

当程序执行到有函数调用的过程时，先暂停当前过程，转而去执行被调用的函数，函数执行完毕，将返回值返回，父过程使用返回值继续进行暂停的运算和操作。

【例 6.2】　使用函数 Factor 计算 10！－9！的值。

```
Private Sub Command1_Click()
   Text1.Text = Factor(10) - Factor(9)              '两次调用函数 Factor
End Sub

Private Function Factor(n As Integer) As Long         '计算阶乘的函数过程
   Dim i As Integer, f As Long
   i = 1: f = 1                                       '变量赋初值
   Do                                                 '计算阶乘
      f = f * i
      i = i + 1
   Loop While i < n + 1
   Factor = f                                         '为函数名赋值,返回值
End Function
```

本例由事件过程 Command1_Click 和函数过程 Factor 组成。函数 Factor 可计算由实际参数所指定数值的阶乘值。事件过程调用了两次 Factor 函数分别计算 10!和 9!,并计算二者之差赋给文本框显示。请思考:程序中的四个 Factor 在功能上有什么区别?

通过本例可以看到,使用通用过程可以简化编程,使代码结构更加清晰。

【例 6.3】 编程计算 1~100 之间质数的个数。

本程序定义了函数过程 isPrime,返回值为逻辑类型,功能是判断给定的正整数是不是质数,如果参数 m 是质数则返回 True,否则返回 False。

按钮的事件过程使用循环结构用 1~100 之间的每个整数作参数去调用函数 isPrime,根据返回值来显示每个质数和质数的个数。

```
   '定义函数过程 isPrime,判断指定的数是否为质数
Private Function isPrime(m As Integer) As Boolean
   If m = 1 Then                                 '1 不是质数
      isPrime = False: Exit Function
   ElseIf m = 2 Then                             '2 是质数
      isPrime = True: Exit Function
   End If
   Dim i As Integer, b As Boolean: b = True
   For i = 2 To m ^ 0.5
      If m Mod i = 0 Then
         b = False: Exit For                     '若能整除,则不是质数
      End If
   Next
   isPrime = b                                   '返回值,质数为 True,否则为 False
End Function

Private Sub Command1_Click()
   Dim n As Integer, i As Integer
   For i = 1 To 100
      If isPrime(i) Then                         '调用 isPrime 函数,判断是否为质数
         Print i                                 '显示每个质数
         n = n + 1                               '记录质数的个数
      End If
   Next
   Print "100 之内的质数共有:" & n & "个"'显示质数个数
End Sub
```

将判断质数的操作编为单独的函数,使得程序结构更加清晰。

【例 6.4】 有一分数数列：$\frac{2}{1},\frac{3}{2},\frac{5}{3},\frac{8}{5},\frac{13}{8},\frac{21}{13},\cdots$，它第 n 项的分子与分母分别是 Fibonacci 数列(见例 5.18)的第 $n+2$ 项和第 $n+1$ 项。编程求此分数数列前 n 项之和(n 通过文本框指定，如图 6.3 所示)。

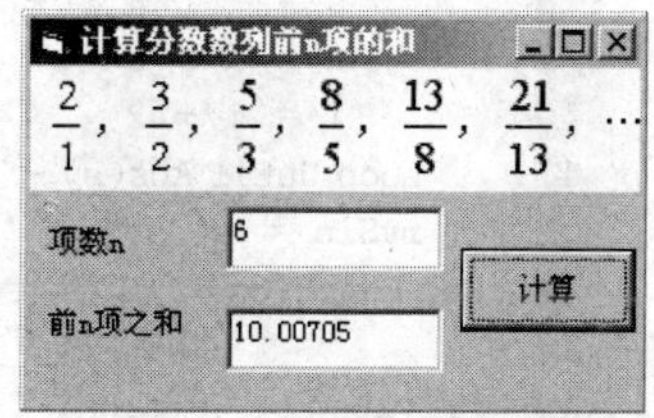

图 6.3 例 6.4 的界面

```
Private Sub Command1_Click()
   Dim n As Integer
   n = Text1.Text
   Text2.Text = ShuLie(n)                          '调用函数过程 ShuLie
End Sub
      '此函数过程计算数列前 n 项的和
Function ShuLie(n As Integer) As Single
   Dim i As Integer, a As Single
   For i = 1 To n
      a = a + Fib(i + 2) / Fib(i + 1)              '调用函数过程 Fib
   Next
   ShuLie = a                                      '指定返回值
End Function
      '此函数过程计算 Fibonacci 数列第 n 项的值
Private Function Fib(n As Integer) As Long
  If n = 1 Or n = 2 Then
      Fib = 1
  Else
      Dim f1 As Long, f2 As Long, f3 As Long
      Dim i As Integer
      f1 = 1: f2 = 1
      For i = 3 To n
         f3 = f1 + f2
         f1 = f2
         f2 = f3
      Next
      Fib = f3                                     '指定返回值
  End If
End Function
```

本程序由三个过程组成：事件过程 Command1_Click、函数过程 ShuLie 和 Fib。Fib 函数计算 Fibonacci 数列第 n 项的值，ShuLie 函数通过调用 Fib 函数计算分数数列前 n 项的和，事件过程调用 ShuLie 函数并显示计算结果。

【例 6.5】 已知下式成立(其中 x 的单位为弧度)：

$$\sin(x)=x-\frac{x^3}{3!}+\frac{x^5}{5!}-\frac{x^7}{7!}+\cdots+(-1)^{n+1}\frac{x^{2n-1}}{(2n-1)!}+\cdots\quad\left(-\frac{\pi}{2}<x<\frac{\pi}{2}\right)$$

编制名为 mySin 的函数，要求它能够计算参数 x(单位是“度”)的正弦值，精度为 0.00001。

```
Function mySin(x As Single) As Single
   Dim i As Integer, a As Single, s As Single
   x = x * 3.1415926 / 180                         '角度转换为弧度
   i = 1
   s = x
   a = s
   Do
```

```
        s = -1 * s * x * x / (i + 1) / (i + 2)      '计算通项
        a = a + s
        i = i + 2
    Loop Until Abs(s) <= 0.00001
    mySin = a                                       '返回值
End Function

Private Sub Command1_Click()
    Dim x As Single
    x = Text1.Text
    Text2.Text = mySin(x)                           '调用 mySin 函数
End Sub
```

本程序利用了通项之间的关系,每个通项都是由前一项计算得到,避免了幂运算和求阶乘,使得算法比较优化。

因为自变量取值范围的限制,mySin 函数只对－90°～90°之间的参数值有效。如果要计算任意给定角度的正弦值,此函数该如何编写?

【例 6.6】 使用欧几里得法求两个非负整数 *m* 和 *n* 的最大公约数。

欧几里得法也称为"辗转相除法",用此方法求最大公约数的算法描述如下。

首先使用变量 u 和 v 分别保存 *m* 和 *n* 的值。然后当 v 不为 0 时,反复执行下面的三个操作(其中 r 为一个辅助变量):

```
r←u Mod v
u←v
v←r
```

直到 v 等于 0 时,变量 u 的值即为 *m* 和 *n* 的最大公约数。

下面的函数过程 gcd 使用了欧几里得法,计算 *m* 和 *n* 的最大公约数并返回。

```
Private Function gcd(m As Integer, n As Integer) As Integer
    Dim u As Integer, v As Integer, r As Integer
    u = m: v = n
    Do While v <> 0
        r = u Mod v
        u = v
        v = r
    Loop
    gcd = u
End Function
```

6.3 过程的参数传递方式

在调用通用过程时,由调用语句的实际参数向被调用过程的形式参数进行传递有两种形式:**按值传递**和**按地址传递**。定义过程时可以为每个形式参数指定不同的传递方式。

6.3.1 按值传递参数(ByVal)

如果在定义通用过程时,形式参数名前加上关键字 ByVal,就规定了在调用此过程时,该参数是按值传递的。

若过程中的某个参数规定为按值传递，在过程被调用时，父过程中调用语句中相应的实际参数(可以是变量、常量或表达式)的值传递给该形参。也就是说，父过程把实参的值复制了一份给子过程中的形参。如果在子过程中改变了形参变量的值(比如给形参赋值)，不会影响父过程中实参的值。当子过程结束并返回父过程后，实参还是调用之前的值。

如果通用过程中的形参设定为按值传递，不要求调用时相应实参的类型与其一致，只要实参的值能够转换为形参的类型即可。

6.3.2 按地址传递参数(ByRef)

如果在定义通用过程时，形式参数前加上关键字“ByRef”，则规定了在调用此过程时，该参数是按地址传递的。ByRef 与 ByVal 关键字不能同时修饰同一形参。因为按地址传递是默认方式，所以如果形参前既无 ByRef 也无 ByVal，则该参数按地址传递。

如果过程中的某个参数规定为按地址传递，在过程被调用时，父过程中调用语句中相应的实参(可以是变量或数组元素)的地址传递给该形参。也就是说，子过程的形参与父过程的相应实参共用了相同的内存单元。当在子过程中改变形参的值时，同时也改变了父过程中实参的值。当子过程结束并返回父过程后，实参变量的值已经发生了变化。

因为按地址传递时，形参与实参共用一个内存地址，所以实参与形参的数据类型必须相同，否则会出现“类型不匹配”错误。

【例 6.7】 检验参数的按值传递和按地址传递。

本程序有两个 Sub 过程：Swap1 和 Swap2，这两个过程除了两个形式参数 m 和 n 的传递方式不同之外，其他完全相同。事件过程 Form_Click 使用实参变量 j 和 k 先后调用了 Swap1 和 Swap2 两个过程。运行结果表明(如图 6.4(c)所示)，按值传递的过程 Swap1 没有改变实参变量 j 和 k 的值；而按地址传递的过程 Swap2 交换了变量 j 和 k 的值。

```
Private Sub Form_Click()
    Dim j As Integer, k As Integer
    j = 1: k = 2
    Print "按值传递"
    Print "j = "; j, "k = "; k
    Call Swap1(j, k)                                          '调用通用过程 Swap1
    Print "j = "; j, "k = "; k
    j = 1: k = 2
    Print "按地址传递"
    Print "j = "; j, "k = "; k
    Call Swap2(j, k)                                          '调用通用过程 Swap2
    Print "j = "; j, "k = "; k
End Sub

Private Sub Swap1(ByVal m As Integer, ByVal n As Integer)     '按值传递
    Dim t As Integer
    t = m
    m = n
    n = t
End Sub

Private Sub Swap2(ByRef m As Integer, ByRef n As Integer)     '按地址传递
    Dim t As Integer
    t = m
```

```
    m = n
    n = t
End Sub
```

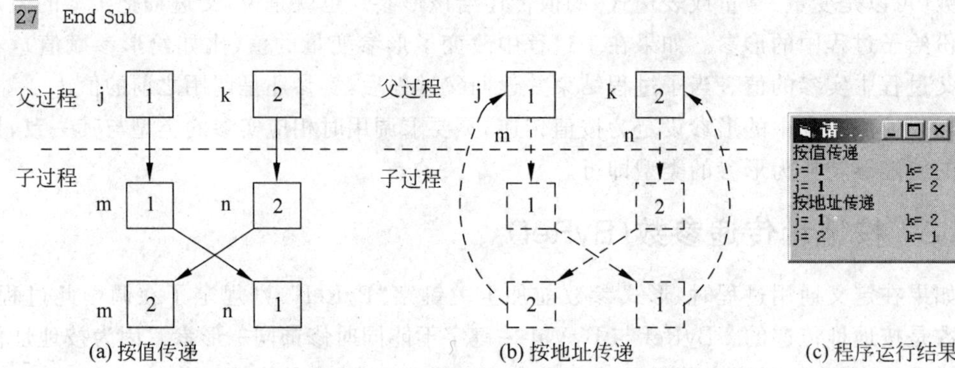

(a) 按值传递　　(b) 按地址传递　　(c) 程序运行结果

图 6.4　例 6.7 执行示意图

如图 6.4(a)所示,在调用子过程 Swap1 时,形参 m 和 n 得到的是父过程实参变量 j 和 k 的值,交换形参变量 m 和 n 的值不会影响父过程中变量 j 和 k 的值。当子过程结束返回父过程时,变量 m 和 n 被从内存中清除,变量 j 和 k 还是调用之前的值。

如图 6.4(b)所示,在调用子过程 Swap2 时,形参 m 和 n 得到的是父过程实参变量 j 和 k 的地址,也就是说变量 m 使用的是变量 j 的存储空间,变量 n 使用的是变量 k 的存储空间。在子过程中交换形参变量 m 和 n 的值实际上也是交换了父过程中变量 j 和 k 的值。当子过程结束返回父过程时,变量 j 和 k 的值与调用之前已不相同了(已被交换)。

1. 按地址传递对实参的要求

通用过程的参数按地址传递需要以下两个条件同时满足:①定义过程时,形参前加 ByRef 关键字,或既无 ByRef 也无 ByVal 关键字;②调用过程时,实参是与形参类型相同的变量或数组元素。

如果形参是 ByRef,但实参是以下情况之一的,实际进行的是按值传递:①实参是常量;②实参是表达式;③实参是函数的调用;④实参是以括号括起的单个变量。在这四种情况下,实参的数据类型可以与形参不同。

例如,假设通用过程 s 的形参以 ByRef 修饰,下面的调用方式使得实际进行的是按值传递:

```
Call s(1.5)          '实参是常量,按值传递
Call s(a + b)        '实参是表达式,按值传递
Call s((a))          '实参是加了括号的变量(外层括号本来就应该有),按值传递
s (a)                '实参是加了括号的变量,按值传递
Call s(Sin(a))       '实参是函数的调用,按值传递
```

2. 按地址传递的应用

一般来说,传地址比传值更能节省内存和提高效率,因为在调用通用过程时,过程中的形参只是一个地址,系统不必为保存它的值而分配内存空间。另外,按地址传递的方式使得子过程可以修改父过程中变量的值,这使得可以通过 Sub 过程的参数向父过程“返回”一个或多个值,来取代 Function 过程的功能。所以,有效地利用按地址传递可以编写出精巧的

程序来。

【例 6.8】 以新的方法求正弦值。

在例 6.5 中,编制了 mySin 函数来求给定角度的正弦值。这里将 mySin 函数改写为 mySin 过程,将过程体中的最后一条语句改为给形参变量 x 赋值,通过按地址传递的参数将计算结果返回到父过程的实参变量中。相应地,在事件过程 Command1_Click 中,采用了调用 Sub 过程的方式来调用 mySin。

```
Sub mySin(x As Single)                                'x 是按地址传递的参数
  Dim i As Integer, a As Single, s As Single
  x = x * 3.1415926 / 180                             '角度转换为弧度
  i = 1
  s = x
  a = s
  Do
     s = -1 * s * x * x / (i + 1) / (i + 2)           '计算通项
     a = a + s
     i = i + 2
  Loop Until Abs(s) < = 0.00001
  x = a                                               '通过按地址传递的参数 x 返回计算结果
End Sub

Private Sub Command1_Click()
  Dim x As Single
  x = Text1.Text
  mySin x                                             '调用过程
  Text2.Text = x                                      '通用实参
End Sub
```

请思考,如果将本例中调用 mySin 过程的语句改为 mySin (x),即为 x 加了括号,结果会如何?

3. 按地址传递的副作用

按地址传递在一定程度上破坏了过程的"封闭性",违背了程序结构化的初衷。如果事先对按地址传递产生的效果估计不足,或根本不了解按地址传递这回事,使用按地址传递很有可能带来意想不到的结果。更何况按地址传递是默认方式。

【例 6.9】 下面的程序在窗体上显示的数值是 10,而不是 15。

```
Private Sub Command1_Click()
  Dim a As Integer
  a = 10
  Print a + f(a)
End Sub

Function f(x As Integer) As Integer
  x = x / 2                    '改变形参的值
  f = x                        '设置返回值
End Function
```

在计算表达式"a + f(a)"时,Visual Basic 先用变量 a 作实参调用函数 f,f 的返回值 5 与变量 a 的值相加。因为函数 f 的形参是按地址传递的,所以与返回值相加的变量 a 的值是 5(而不是 10),所以表达式的值是 10。

实际上,如果在过程中不改变形参变量的值(不为其赋值),无论是按值传递还是按地址传递,结果都是一样的。对于一般的过程来讲,参数的主要目的是设定一个条件,所以形参往往只是用来参与计算或给其他变量赋值,形参本身的值不会改变,这时到底是哪种传递方式就不太重要了。

6.4 可选参数*

一般情况下,通用过程在定义时有几个形式参数,则在调用它时必须提供相同数量的实际参数。不过,Visual Basic 允许在形参前面使用 Optional 关键字将它设为"可选参数"(即可以省略的参数),则在调用此过程时可以不提供对应于此形参的实参。可以在通用过程的首部中通过给可选形参赋值的方式为该参数提供默认值。

指定可选参数及默认值的语法格式如下:

Sub|Function ␣ 过程名(…,Optional ␣ 可选参数 ␣ [As ␣ 数据类型][= 默认值],…)

如果调用时未提供相应的实参,则以该默认值作为实参值赋给形参。如果未提供默认值,则形参会被赋以其数据类型的默认值。

如果过程有多个形参,当它的一个形参设定为可选参数时,这个形参之后所有的形参都应该用 Optional 关键字定义为可选参数。

调用具有多个可选参数的通用过程时,可以省略它的任意一个或多个可选参数对应的实参。如果被省略的不是最后一个参数,它的位置必须用逗号保留。

如果可选参数对应的实参没有被省略,则调用的执行方式与普通参数相同。Optional 关键字可以与 ByVal 或 ByRef 关键字同时修饰同一个形参。

【例 6.10】 使用可选参数。

```
Private Sub Command1_Click()
   Print f(1)                         '省略两个参数,显示 11
   Print f(1, 2)                      '省略一个参数,显示 13
   Print f(1,, 3)                     '省略一个参数,显示 4
   Print f(1, 2, 3)                   '不省略参数,显示 6
   Print f()                          '出错! 第一个参数不能省略
End Sub

Private Function f(a As Integer, Optional b As Integer, _
            Optional c As Integer = 10) As Integer
     f = a + b + c
End Function
```

在这个程序中,函数 f 有 a、b 和 c 3 个形参,其中 b 和 c 是可选参数,c 指定了默认值 10。事件过程 Command1_Click 使用 5 种不同的方法调用该函数,得到不同的返回值。如果未给非可选参数提供实参,会引发错误。

6.5 命名参数*

在一般情况下,调用通用过程时,多个实参依次传递给相应的形参,调用时的实参前后次序和定义过程时的形参位置决定了实参和形参的对应关系。因为每个参数都有具体意义，所以调用时实参的顺序不是随意的。

“命名参数”是指，如果在调用通用过程时，以如下的方式在实际参数前加上形式参数名，使得实参的顺序就可任意给定。

形式参数名 := 实际参数

在同一次调用中，如果某个实参使用了命名参数，则其后的所有实参都必须使用命名参数。未使用命名参数的实参按位置传递给相应的形参。

使用命名参数时，应避免出现两个实参对应一个形参的情况。

【例 6.11】 使用命名参数。本程序中调用的函数 f 是例 6.10 中定义的函数过程 f。

```
Private Sub Command1_Click()
    Print f(1, c := 2)                  '省略参数 b,显示 3
    Print f(b := 1, a := 2)             '省略参数 c,显示 13
    Print f(1, a := 1)                  '出错！提供了两个参数 a
    Print f(1,, b := 3)                 '出错！提供了两个参数 b
    Print f(1, b := 3,4)                '出错！参数 c 也应是命名参数
End Sub
```

6.6 递　　归

递归(Recursion)指的是通用过程直接或间接地调用其自身。作为一种编程方法，如果使用得当，递归可以用极精练的程序代码解决复杂的问题；否则，会严重降低程序的执行效率并消耗系统资源。

在收看电视节目时(如图 6.5 所示)，如果演播室中也有一台电视机播放的是与当前相同的节目，观众就会发现屏幕里的电视中套有一层层的电视画面。这种现象类似于直接递归。如果把两面镜子面对面摆放，便可以从其中的任意一面镜子中看到两面镜子无数个影像。这类似于间接递归。

图 6.5　现实中递归的例子

可以想象，过程反复调用其自身可能像掉到无底深渊中，永远不能返回。在一个过程进行递归调用时，每一次调用它本身，如同调用一个新的过程，它所有的局部变量都要在内存中重新建立一份，直到耗尽系统资源并出现“堆栈溢出错误”为止。所以说，不正确地使用递归过程是极易出错的。

相反，巧妙地使用递归，使得调用自身的行为在某个条件成立的情况下停止，并且不断地返回，可以解决一些复杂的问题，甚至有些问题非得使用递归来解决不可。

下面以计算阶乘为例，介绍递归过程的编制方法。

【例 6.12】 编写递归函数求阶乘 $n!$。

在数学上，阶乘的定义为：$n! = 1\times 2\times 3\times \cdots \times n$，归纳起来为：

$$n! = \begin{cases} n\times (n-1)! & (n>1) \\ 1 & (n=1) \end{cases}$$

这个归纳式中包含了递归的思想：$n>1$ 时的情况体现的是"递推"，即一个数的阶乘值可由比它小 1 的数的阶乘值计算得来；$n=1$ 时的情况体现的是"回归"，这是"递推"的终点，"回归"的起点。

下面程序中的 Fact 函数过程便是递归过程，事件过程 cmdFactor_Click 调用该过程计算阶乘。

```
Private Sub cmdFactor_Click()
    Dim n As Integer
    n = txtInput.Text
    If n <= 0 Or n > 12 Then                               '避免溢出错误
        txtResult.Text = "请输入小于 12 的正整数!"
        Exit Sub                                           '跳出过程
    End If
    txtResult.Text = Fact(n)                               '调用递归函数
End Sub

Private Function Fact(n As Integer) As Long                '求阶乘的递归函数
    If n > 1 Then
        Fact = n * Fact(n - 1)                             '递归调用
    Else
        Fact = 1                                           '停止递推
    End If
End Function
```

可以看到，Fact 函数通过使用一个更小的数来调用自己，实现了递归；当参数 n 的值为 1 时，不再调用自己，开始逐层返回。

图 6.6 以两种方式表示了使用递归计算 5! 时的执行过程。

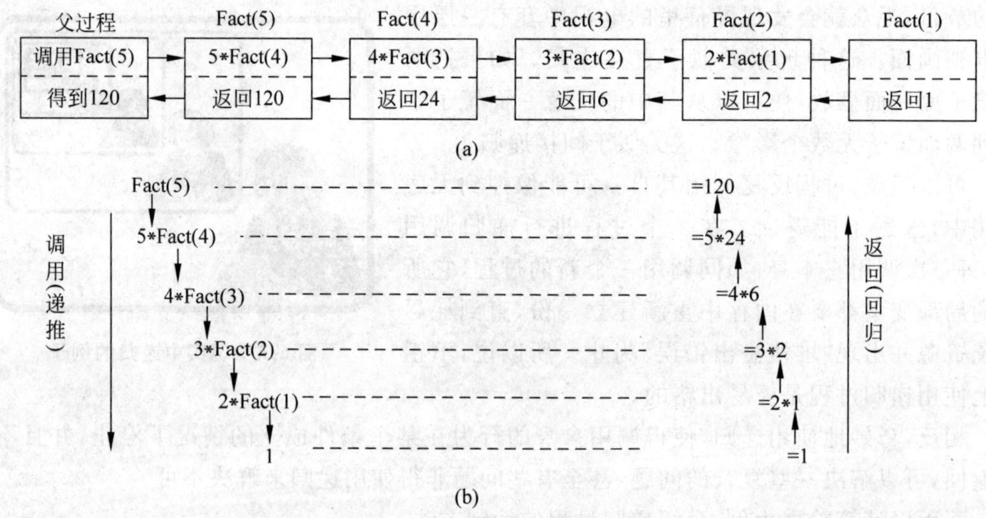

图 6.6 递归方法计算阶乘

递归过程可以简化程序，比如在例 6.12 中，甚至没有用到循环语句。但是，递归一般不能提高程序的执行性能，因为直接递归过程不断地调用其本身，而间接递归会调用两个或更多的过程，这样对内存占用是巨大的，所以，在递归过程中应尽量少用过程级变量和数组。

【例 6.13】 编写递归函数计算 Fibonacci 数列第 n 项的值。

```
Private Function Fibo(ByVal n As Integer) As Long
    If n <= 1 Then
        Fibo = n
   Else
        Fibo = Fibo(n - 1) + Fibo(n - 2)                    '递归调用
    End If
End Function
```

这里的 Fibo 函数与例 6.4 中的 Fib 函数都是计算 Fibonacci 数列第 n 项值的函数过程，因为 Fibo 中使用了递归，所以程序行少得多，显得很简练。但是与 Fib 函数相比，Fibo 的计算效率却低得多。如图 6.7 所示，假设要计算 Fibo(6)，过程会调用 Fibo(5)和 Fibo(4)，而 Fibo(5)又会调用 Fibo(4)和 Fibo(3)，Fibo(4)又会调用 Fibo(3)和 Fibo(2)，……这样下来，共要计算 3 次 Fibo(1)、5 次 Fibo(2)、3 次 Fibo(3)、2 次 Fibo(4)和 1 次 Fibo(5)，共调用 14 次 Fibo 函数。如果计算数列更后一些的项，调用次数会急剧增加，计算速度明显减慢。与之相比，例 6.4 中的 Fib 函数计算效率高得多，计算所用的时间与其数项成正比。所以，递归并不是在任何地方都适用。

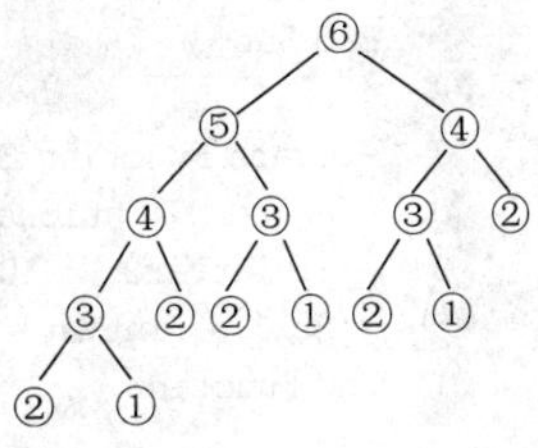

图 6.7　递归 Fibo 函数的求解过程

习　题　6

一、选择题

1. Sub 过程与 Function 过程最根本的区别是__________。

(A) 前者可以使用 Call 或直接使用过程名调用，后者不可以

(B) 后者可以有参数，前者不可以

(C) 两种过程参数的传递方式不同

(D) 前者无返回值，但后者有返回值

2. 在定义函数过程时，不可能用到的关键字是__________。

(A) Exit　　(B) As　　(C) Sub　　(D) End

3. 在定义通用过程时，下列关键字中不能用来修饰形参的是__________。

(A) ByVal　　(B) ByRef　　(C) Optional　　(D) Static

二、判断题

1. 如果过程的一个形参使用了 ByRef 修饰，且调用时相应的实参是一个变量，则实参变量的数据类型必须与形参相同。

2. 因为函数过程有返回值，所以只能用在表达式中，不能使用 Call 语句调用。

3. 事件过程只能在事件发生时由系统调用，不能在程序中使用代码直接调用。

4. 通用过程中使用 Static 关键字定义的过程级变量都是静态变量。

5. 在窗体模块中，不能定义全局通用过程。

6. 在函数过程中，如果不给函数名赋值，则函数不返回任何值。

7*. 定义通用过程时有几个形参，则调用该过程时必须提供几个实参。

8*. 使用命名参数调用通用过程时,实参的顺序可以不与相应的形参相同。

三、填空题

1. 在过程调用中,参数的传递方式可分为按值传递和按地址传递两种,其中____(1)____是默认方式。使用____(2)____关键字来修饰形式参数,可以使之按值传递。

2. 以下是一个按钮的Click事件过程与一个函数过程,当单击此按钮时,窗体上显示的是____(3)____。

```
Private Sub Command1_Click()
  Dim int1 As Integer
  int1 = 8
  Print Sub1(int1, 11) + int1
End Sub

Private Function Sub1(intVar1 As Integer, ␣_
        Optional intVar2 As Integer = 10) As Integer
  If intVar2 > 10 Then intVar1 = intVar2
  Sub1 = intVar1 + intVar2
End Function
```

3. 阅读下面程序,当Value过程形参前有ByVal关键字时,单击窗体,在窗体上显示的第一行内容是____(4)____,第二行内容是____(5)____。若将形参表中的ByVal关键字删除,再执行本程序,单击窗体后在窗体上显示的第一行内容是____(6)____,第二行内容是____(7)____。

```
Private Sub Value(ByVal m As Integer, ByVal n As Integer)
  m = m * 2: n = n - 5
  Print m,n
End Sub

Private Sub Form_Click()
  Dim x As Integer, y As Integer
  x = 10: y = 15
  Call Value(x,y)
  Print x,y
End Sub
```

4. 下面是一个按钮的事件过程,过程中调用了自定义函数。单击按钮在窗体上输出的第一行是____(8)____,第五行是____(9)____。

```
Private Sub Command1_Click()
  Dim x As Integer, y As Integer
  Dim n As Integer, z As Integer
  x = 1: y = 1
  For n = 1 To 6
     z = f1(x, y)
     Print n, z
  Next
End Sub

Private Function f1(x As Integer, y As Integer) As Integer
  Dim n As Integer
  Do While n <= 4
     x = x + y
```

```
        n = n + 1
    Loop
    f1 = x
End Function
```

5. 窗体上有一个按钮 Command1 和两个文本框 Text1、Text2。下面是这个窗体模块的全部代码。运行程序，第一次单击按钮时，两个文本框中的内容分别是____(10)____和____(11)____；第二次单击按钮，两个文本框中的内容分别是____(12)____和____(13)____。

```
Dim y As Integer                                '模块级变量
Private Sub Command1_Click()
    Dim x As Integer
    x = 2
    Text1.Text = f2(f1(x), y)
    Text2.Text = f1(x)
End Sub

Private Function f1(x As Integer) As Integer
    x = x + y: y = x + y
    f1 = x + y
End Function

Private Function f2(x As Integer, y As Integer) As Integer
    f2 = 2 * x + y
End Function
```

6. 阅读下面程序，当单击窗体时，窗体上显示内容的第一行是____(14)____；第二行是____(15)____。

```
Private Sub Form_Click()
    Test 2
End Sub

Private Sub Test(x As Integer)
    x = x * 2 + 1
    If x < 6 Then
        Call Test(x)
    End If
    x = x * 2 + 1
    Form1.Print x
End Sub
```

7. 下面程序在窗体上显示的两行内容分别是____(16)____与____(17)____。如果在 sub1 过程的第二个形参 y 前加 byVal，则在窗体上显示的内容是____(18)____与____(19)____。

```
Private Sub Form_click()
    Dim x As Integer, y As Integer, z As Integer
    x = 1: y = 2: z = 3
    Call sub1(x, x, z)
    Call sub1(x, y, y)
End Sub

Private Sub sub1(x As Integer, y As Integer, z As Integer)
    x = 3 * z
    y = 2 * z
```

```
    z = x + y
    Print x, y, z
End Sub
```

8. 假设下面程序中的 4 条语句：语句①～语句④，每次只使用其中的一条语句。运行程序并单击按钮 Command1，则当使用语句①时，输出的内容是__(20)__；当使用语句②时，输出的内容是__(21)__；当使用语句③时，输出的内容是__(22)__；当使用语句④时，输出的内容是__(23)__。

```
Private Sub Command1_Click()
    Dim x As Integer
    Print a(x) * 2                    '语句①
    Print x + a(x) * 2                '语句②
    Print x + a(x) + a(x)             '语句③
    Print x + a(a(x))                 '语句④
End Sub

Private Function a(y As Integer) As Integer
    y = y + 1
    a = y + 1
End Function
```

9. 弦截法求方程 $x-2\sin x=0$ 的根。如图 6.8 所示，弦截法的原理为：对于方程 $f(x)=0$，找一个单调有根区间 $[x_1,x_2]$，连接 $(x_1,f(x_1))$ 和 $(x_2,f(x_2))$ 两点，连线与横轴交点的横坐标为：

$$r=\frac{x_1\cdot f(x_2)-x_2\cdot f(x_1)}{f(x_2)-f(x_1)}$$

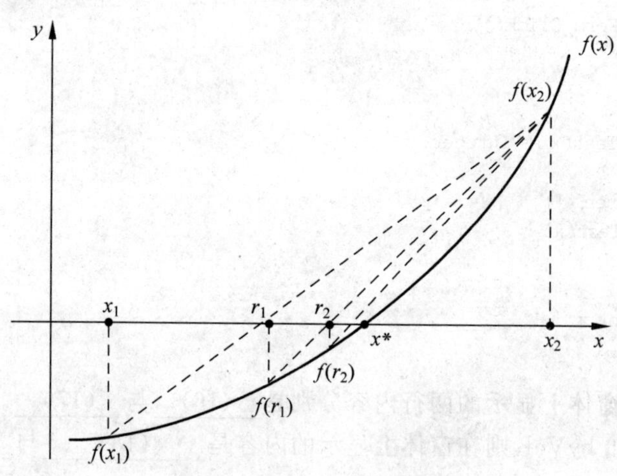

图 6.8　弦截法解方程

反复使用 r 取代 x_1 或 x_2 来缩小有根区间。当 $f(r)<e$ 或 $|x_1-x_2|<e$ 时（e 为给定的精度），即认为 r 是方程的数值解。完善下面程序。

```
Private Sub Command1_Click()
    Dim x1 As Single, x2 As Single
    Dim e As Single: Dim r As Single
    e = 0.000001
```

```
    x1 = Val(Text1.Text)
    x2 = Val(Text2.Text)
    If f(x1) * f(x2) > 0 Then
        Text3.Text = "请重新选取两点"
        Exit Sub
    End If
    Do
        r = ______(24)______
        If Abs(f(r)) < e Or Abs(x2 - x1) < e Then
            ______(25)______
        ElseIf f(r) * f(x1) < 0 Then
            ______(26)______
        ElseIf f(r) * f(x2) < 0 Then
            ______(27)______
        End If
    Loop
    Text3.Text = r
End Sub

Private Function f(x As Single) As Single
    ______(28)______
End Function
```

四、编程题

1. 编写递归函数求 $1+2+3+\cdots+n$ 的值。

2. 编写判断某年是否为闰年的函数。该函数有一个整型参数表示年份，返回值为逻辑型，当该年份是闰年时，函数返回值为 True，否则返回 False。

3. 编写程序调用例 6.4 中的函数过程 Fib，计算 Fibonacci 数列中从第几项开始起数列项的值超过 10000。

4. 编写一个首部为 C(m As Integer，n As Integer) As Integer 的函数，函数的返回值为：

$$C = C_m^n = \frac{m!}{n!(m-n)!} \quad (\text{其中 } n \geqslant 0, m \geqslant n, m > 0, \text{设 } 0! = 1)$$

5. 编写函数 S(m As Integer，n As Integer) As Long，此函数返回 $m+mm+mmm+\cdots+m\cdots m$（$n$ 个 m）的值。比如 S(2,5)的返回值为 2+22+222+2222+22222 的值。

6. 一小球从 100 米高处自由落下，落到水平面上后又反弹，每次反弹的高度是前一次高度的一半。编写函数 T(n As Integer) As Single，返回值为第 n 次反弹到最高点时所经过的总路程（$n\geqslant 1$）。

7. 已知下式成立：

$$e^x = 1 + x + \frac{x^2}{2!} + \frac{x^3}{3!} + \cdots + \frac{x^n}{n!} + \cdots \quad (-\infty < x < +\infty)$$

其中 e 是自然对数的底。编写首部为 MyExp(x As Double) As Double 的函数，计算并返回 e^x 的值。当通项的值小于 10^{-6} 时，认为达到精度。

8. 已知函数 $f(x) = \frac{\sin x}{1\cdot 2} + \frac{1}{2}\cdot\frac{\sin 3x}{3\cdot 4} + \frac{1\cdot 3}{2\cdot 4}\cdot\frac{\sin 5x}{5\cdot 6} + \frac{1\cdot 3\cdot 5}{2\cdot 4\cdot 6}\cdot\frac{\sin 7x}{7\cdot 8} + \cdots$

$$= \frac{\sin x}{2} + \sum_{n=1}^{\infty}\frac{(2n-1)!!}{(2n)!!}\cdot\frac{\sin(2n+1)x}{(2n+1)(2n+2)} \quad (0 \leqslant x \leqslant \pi)$$

其中：

$$(2n-1)!!=1\cdot3\cdot5\cdot7\cdot9\cdot11\cdots(2n-1)$$

$$(2n)!!=2\cdot4\cdot6\cdot8\cdot10\cdots2n$$

编制一个名为 f 的函数，能够计算上述 $f(x)$。并建立如图 6.9 所示的窗体界面，当在上面的文本框中输入一个介于 $0\sim\pi$ 之间的值 x 时，单击按钮后结果 $f(x)$ 显示在第二个文本框中(精度为 10^{-6})。

可以调用系统内部函数 Sin()。

把此程序所有的相关文件与编译生成的可执行文件保存到C：盘的根目录下。要求工程文件名为“计算.vbp”，窗体文件名为“计算窗口.frm”，可执行文件名为“计算程序.exe”。

图 6.9　编程第 8 题

第7章

数组与自定义数据类型

7.1 数组概述

一个变量只能存储一个值，当程序复杂时，使用变量会使人感觉力不从心。数组(Array)是变量的扩展，一个数组可以存储多个值，通过数组名和下标对这些值进行存取。

1. 数组的优点

与变量相比，数组有以下优点：

(1) 数组能够保存多个值。

(2) 数组可与循环语句配合实现复杂算法。

(3) 数组可作通用过程的参数，传递大量的值。

(4) 数组可作函数过程的返回值，可返回大量的值。

(5) 数组常用来表示与一维、二维、三维空间分布相关的数据，非常直观。

(6) 动态数组可根据需要开辟内存空间，优化程序，提高效率。

2. 数组的几个概念

数组也是内存空间的一个区域。下面是与数组有关的几个概念：

(1) 数组名(Array Name)：代表整个数组，其命名规则与变量相同。

(2) 元素(Element)：数组中的一个值，称为数组元素。一个元素相当于一个变量，数组是元素的有序集合。

(3) 下标(Index)：数组中各个元素的序号是连续的整数。通过数组名和下标可以访问指定的数组元素。

(4) 维数(Dimension)：指定数组中一个元素所需的下标个数，可以是一维、二维、三维和四维等，比较常用的是一维和二维数组。

(5) 下标的上界(Upper Boundary)和下界(Lower Boundary)：数组某维下标的最小值和最大值。下标的上下界可以确定数组中元素的个数。

数组必须先定义才能使用。定义时要指定数组的数组名、数据类型、作用域。如果定义数组时指定了下标的上下界，则称为固定大小的数组(又称为"常规数组")，常规数组在程序运行过程中元素个数不变；如果定义时未指定下标上下界，则称为"动态数组"，程序运行时可以通过重定义来改变下标上下界，从而改变元素个数和维数。

7.2 常规数组

常规数组也称为"固定大小的数组",是指定义之后元素个数、下标界限不能改变的数组。常规数组的名称、维数、类型与元素个数都是在定义时确定的。

定义常规数组的语法格式为:

```
Public|Private|Dim|Static␣数组名(维数与下标界限)␣[As␣数据类型名]
```

其中,"Public|Private|Dim|Static"决定数组的作用域(全局级、模块级、过程级和静态过程级),用法与定义变量相同(详见3.3.2节)。

> 应注意的是,全局数组必须在标准模块中定义,不能在窗体模块与类模块中定义。这一点与定义变量不同。

"维数与下标界限"部分决定数组的维数和元素个数,见7.2.1和7.2.2节。

"数据类型名"指定数组的数据类型,即每个元素的类型,决定元素占用内存的大小和数据存储方式。

7.2.1 一维数组

一维数组是指只需一个下标就可以唯一地确定一个元素的数组。可以把一维数组看成是各个数组元素按线性排列的一串数据。

1. 指定下标界限

可以使用下列两种方式指定一维数组的下标界限:

(1) 使用关键字To指定下标的下界和上界,形式如下:

```
Dim␣a(m␣To␣n)␣As␣...
```

m为下标下界,n为下标上界。m和n必须为整型或长整型常量,可以是负值,并要求m≤n。

(2) 只指定下标上界,由Option Base语句指定下标下界:

```
Dim␣a(n)␣As␣...
```

在模块"代码"窗口顶部的声明段中使用以下语句定义下标下界是0或1:

```
Option Base␣0|1
```

使用"0"时,上界n必须是非负整数常量,使用"1"时,上界n必须是正整数常量。如果没使用Option Base语句,默认为0。Option Base语句不影响以To关键字定义的下标的上下界。

2. 元素个数

一维数组元素个数的计算公式是:

```
元素个数=下标上界-下标下界+1
```

常规数组至少应该有一个元素,这时下标的上界与下界相等。数组的元素个数不会超过长整型的表示范围。

下面是 3 个定义数组的例子：

```
Dim a(0 To 5) As Integer            '整型数组 a 有 6 个元素
Public b(-5 To 5) As Double         '全局双精度浮点型数组 b,有 11 个元素
Dim c(10) As Boolean                '逻辑型数组 c,有 10 或 11 个元素(由 Option Base 语句决定)
```

下面是定义数组时可能出现的错误：

```
Dim d(n) As Integer                 '错误！定义常规数组时,下标不能是变量
Dim e(4 To 1) As Integer            '错误！下界不能大于上界
Dim f(-5) As Integer                '错误！默认值下界为 0 或 1,下界不能比上界大
```

下面的定义方式是允许的：

```
Dim j(4 + 5) As Integer             '4 + 5 是常量表达式,相当于 j(9)
Dim k(4.5) As Integer               '实数转换为整数,相当于 k(4)
```

3. 访问数组元素

常规数组被定义之后,便具有了内存空间,可以通过以下方式访问指定下标的数组元素：

数组名(下标)

访问数组元素时的"下标"可以是整型(或长整型)常量、变量或表达式。下标值不能小于数组下标的下界,不能大于下标的上界,否则会引发"下标越界"的运行时错误。

数组元素可以像普通变量一样被赋值、参与表达式计算、作为实参调用通用过程,也可以使用循环语句对多个元素进行"批量"操作。

例如,下面的程序段定义了数组 a(如图 7.1 所示),并使用两种方法为数组元素赋值。

```
Dim a(0 To 5) As Integer            '定义数组 a
a(0) = 1: a(1) = 3: a(2) = 5        '方法 1: 为单个元素赋值
a(3) = 7: a(4) = 9: a(5) = 11
For i = 0 To 5                      '方法 2: 通过循环语句为每个元素赋值
   a(i) = 2 * i + 1
Next
```

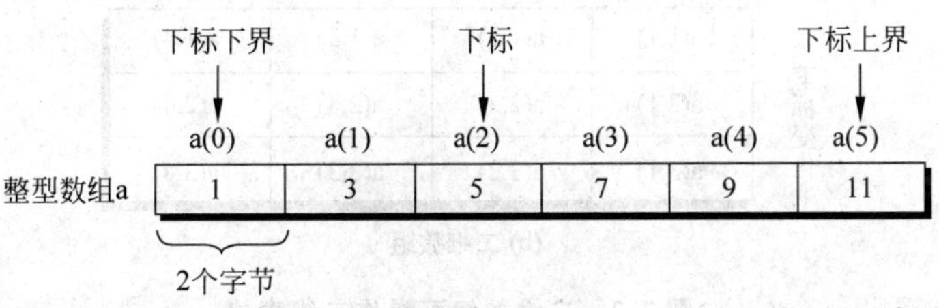

图 7.1　一维数组

可以看到,对于有一定规律的数组进行操作,使用循环更方便、简洁。

> 数组元素在数组定义后未被赋值时,其值是数组数据类型的默认值(详见 3.3.2 节)。如果为数组元素赋值超过其能够表示的范围,也会引发"溢出错误"。

7.2.2 二维数组

二维数组是指有两个下标的数组,每个下标对应一个"维"。定义二维数组的语法格式为:

Dim ␣ 数组名(第一维的下标界限,第二维的下标界限) ␣ As ␣ 数据类型

二维数组中每一维下标界限的定义方式与一维数组相同。例如,下面是3个定义二维数组的例子:

```
Dim a(4,5) As Integer
Public b( - 5 To 5,10) As Double
Private c(1 To 10,2 To 5) As Boolean
```

二维数组的元素个数是各维下标取值个数之积。例如,数组 c(1 To 10,2 To 5),第一维"1 To 10"共有10个下标取值,第二维"2 To 5"共有4个下标取值,则该数组元素个数为10×4=40个。

二维数组可以被理解为二维表格。如图7.2(a)所示,这是一个记录学习成绩的表格,由行和列组成。可以使用以下语句定义一个二维数组(如图7.2(b)所示)来表示此表格:

```
Dim a(1 To 3,1 To 4) As Integer
```

1. 二维数组元素的访问

一般情况下,第一维代表行,第二维代表列。如图7.2(b)所示,同一行中第一维下标相同,同一列中第二维下标相同。数组的每一行元素表示一个学生的各门课程成绩;每一列元素表示各个学生的同一门课成绩。

	数学	物理	化学	外语
张三	80	81	70	91
李四	89	79	81	72
王五	85	75	65	85

(a) 表格

第二个下标变化→

第一个下标变化↓

a(1,1)	a(1,2)	a(1,3)	a(1,4)
a(2,1)	a(2,2)	a(2,3)	a(2,4)
a(3,1)	a(3,2)	a(3,3)	a(3,4)

(b) 二维数组

图7.2 二维数组可看作二维表格

可以通过以下的形式为二维数组元素赋值:

```
a(i,j) = k
```

其中i为第一维的下标(代表行号),j为第二维的下标(代表列号),k为值。i的值不能超出第一维的上下界,j的值不能超出第二维的上下界。例如,记录张三的数学成绩为80分,可使用以下语句:

```
a(1,1) = 80
```

2. **使用循环语句操作数组**

在实际编程中，数组和循环是密不可分的。对一维数组进行操作，一般会使用循环语句。对二维数组进行操作时，一般会使用嵌套的循环语句。单独操作二维数组的某一行或某一列时，可当作一维数组来处理。

例如，下面的程序段可计算张三的总成绩(参考图 7.2)：

```
sum = 0
For i = 1 To 4
   sum = sum + a(1,i)      '第一维下标不变
Next
Print sum
```

下面的程序段可计算所有人所有课程的平均成绩：

```
sum = 0
For i = 1 To 3
   For j = 1 To 4
      sum = sum + a(i,j)
   Next
Next
Print sum/12
```

很多较复杂的算法(如排序和查找等)是通过循环和数组相结合实现的。

7.2.3 多维数组

多维数组是指三维或三维以上的数组，是在一维和二维概念上的扩展。多维数组的定义、元素的访问方式与一维和二维数组类似。例如，下面定义的是 2 个多维数组。

```
Dim a(3,3,4) As Integer                    '三维数组
Dim b(1 To 10, - 4 To 5,10,20) As Single   '四维数组
```

虽然 Visual Basic 并不限制数组的维数，但是三维以上的数组使用得较少。

如果将二维数组比作二维表格，那么，三维数组可看作是由多张二维表组成的三维表格。如图 7.3 所示，三维数组中的三个下标分别对应层、行、列。a(2,3,1)指的是第 2 层(即第 2 张表)上第 3 行第 1 列上的元素，表示第 2 班、第 3 个人、第 1 门课的成绩。

多维数组元素个数是各维下标取值个数之积。

7.2.4 常规数组占用的内存大小

数组占用的内存是由 3 部分组成的：

(1) 数组元素所占内存数量，即：

元素个数 × 每个元素所占内存(数据类型决定)

(2) 每一维额外占用内存 4 个字节。

(3) 整个数组额外占用内存 20 个字节。

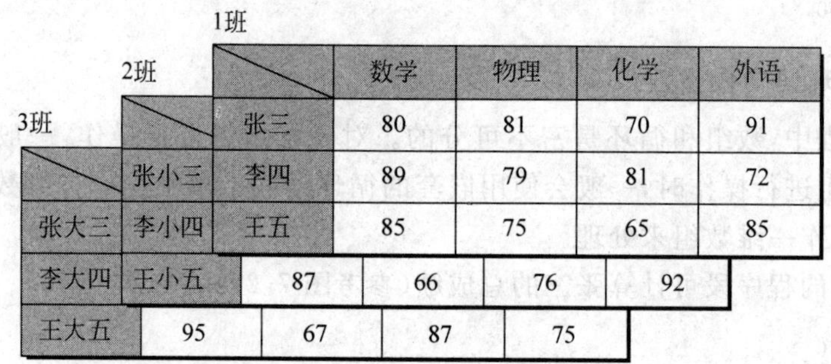

(a) 多张二维表格

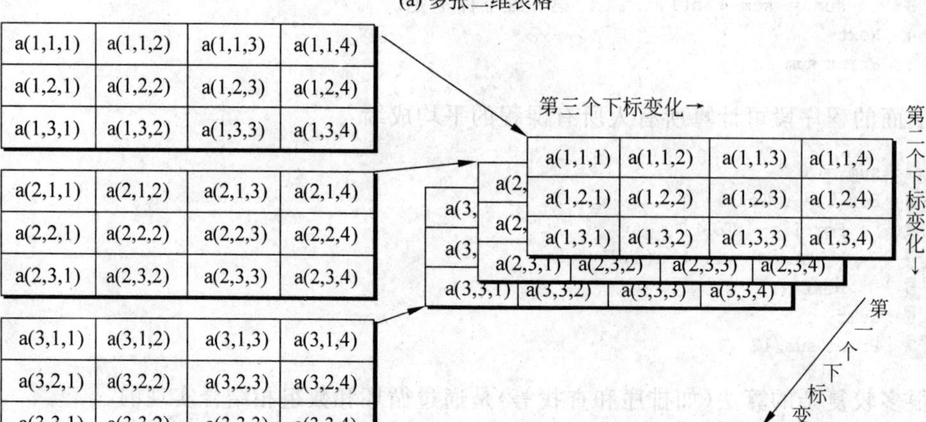

(b) 三维数组

图 7.3　三维数组可看作立体表格

下面定义了双精度浮点型二维数组 a：

```
Dim a(1 To 5,2 To 4) As Double
```

它所占用的内存空间为：

5×3×8＋2×4＋20＝148 字节

变体类型数组和变长字符串类型的数组所占内存空间的情况复杂一些，这里不作介绍。

【例 7.1】　十进制数转换为二进制数(如图 7.4 所示)。

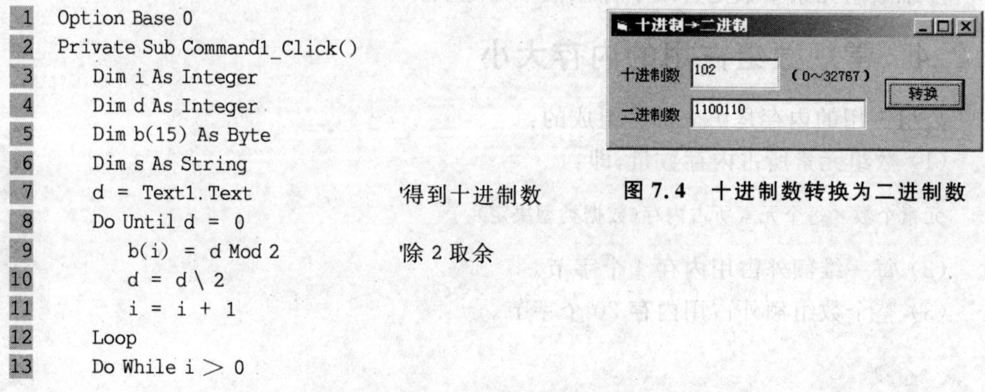


```
Option Base 0
Private Sub Command1_Click()
   Dim i As Integer
   Dim d As Integer
   Dim b(15) As Byte
   Dim s As String
   d = Text1.Text                    '得到十进制数
   Do Until d = 0
      b(i) = d Mod 2                 '除 2 取余
      d = d \ 2
      i = i + 1
   Loop
   Do While i > 0
```

图 7.4　十进制数转换为二进制数

```
        i = i - 1
        s = s & b(i)                '反序排列
    Loop
    Text2.Text = s                  '显示二进制数
End Sub
```

本程序使用的转换方法是“除 2 反序取余法”：把要转换的十进制数反复除以 2 取其余数(除尽为 1,除不尽为 0),直至商为 0；再将余数反序排列即为对应的二进制数。程序中使用了数组 b 保存每次除以 2 所得的余数。

请思考：①如果将 Option Base 0 改为 Option Base 1,会有什么结果？②“反序”是如何实现的？③如何避免二进制数前面出现不必要的先导“0”？④变量 i 在程序中起的是什么作用？⑤如果输入的十进制数超过 32767,会引发什么错误？

【例 7.2】 找出数组元素中的最大值、最小值,并计算所有元素的平均值。

```
Option Base 1
Private Sub Command1_Click()
    Const N As Integer = 10         '定义常量
    Dim a(N) As Integer             '定义数组
    Dim i As Integer
    Dim sum As Integer              '此变量保存总和
    Dim max As Integer              '此变量保存最大值
    Dim min As Integer              '此变量保存最小值
    For i = 1 To N
      a(i) = Rnd * 100              '为数组元素赋随机值
      Print a(i)
    Next
    max = a(1)                      '注意！给变量赋初值
    min = a(1)                      '注意！给变量赋初值
    sum = a(1)                      '注意！给变量赋初值
    For i = 2 To N
        If max < a(i) Then max = a(i)
        If min > a(i) Then min = a(i)
        sum = sum + a(i)
    Next
    Text1.Text = max                '显示最大值
    Text2.Text = min                '显示最小值
    Text3.Text = sum / N            '显示平均值
End Sub
```

本程序使用内部函数 Rnd 产生 0～100 之间的随机数赋给数组元素并显示在窗体上,然后计算出数组中的最大值、最小值和平均值,显示在文本框中(如图 7.5 所示)。

求最大值时,先使用变量 max 得到数组第 1 个元素的值,然后使用循环语句,将 max 的值与数组剩余的元素逐个比较,如果 max 的值小于元素值,将元素值赋给 max 变量。循环结束时,max 的值即为数组元素的最大值。求最小值的方法与求最大值相同。

请思考,如果不把第一个元素的值当作初值赋给变量 max 和 min,而是直接将其与数组元素进行比较,结果会怎样？

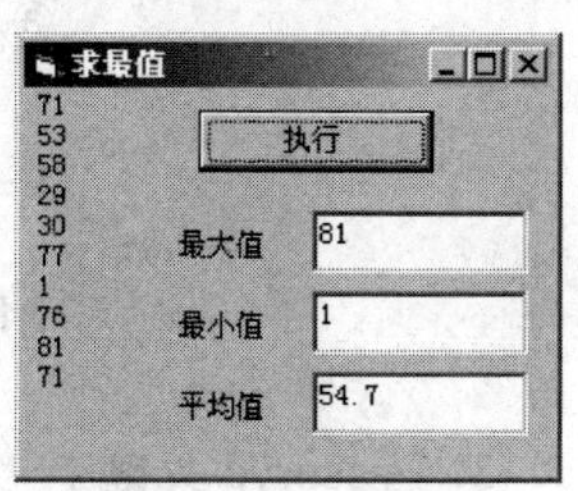

图 7.5　求最值与均值

7.3 动态数组

当在编程时不能预料应该为数组定义多少个元素时，可以使用 Visual Basic 提供的动态数组。动态数组的维数和下标上下界可以在程序运行过程中改变。

1. 定义动态数组

定义动态数组的语法结构与定义常规数组相似，只是括号是空的：

Public|Private|Dim|Static␣动态数组名()␣[As␣数据类型名]

定义语句确定了动态数组的名称、作用域和数据类型。在使用 ReDim 语句重新定义之前，动态数组没有元素，不能使用。

2. 重定义动态数组

重定义动态数组用来指定动态数组的维数和下标界限(不能再改变数据类型)，语法为：

ReDim␣[Preserve]␣动态数组名([m1 To] n1[,[m2 To] n2,…])

用 ReDim 语句指定动态数组维数和下标界限的方法与 Dim 定义常规数组相同。对于同一个动态数组，ReDim 语句可以反复使用，即可以多次改变该动态数组的维数和下标界限。例如：

```
Dim a() As Integer              '定义动态数组,无元素
ReDim a(7)                      '①重定义,有元素
…
ReDim a(2 To 6)                 '②重定义,改变下标
…
ReDim a(2,3)                    '③重定义,改变维数
```

图 7.6 演示了上述程序段每次重定义后数组元素的变化。

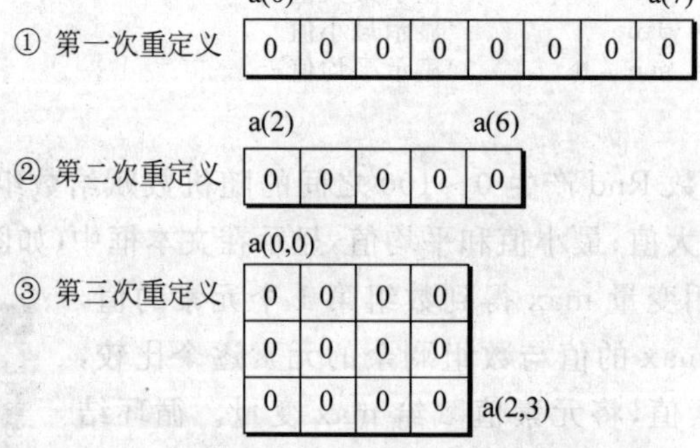

图 7.6 动态数组的维数和下标界限可以改变

3. Preserve 关键字

如果不加关键字 Preserve，ReDim 语句会清除重定义之前动态数组所有元素中的数据，使用默认值来填充。如果希望重新定义之后，保留那些原来就有的数组元素值，则必须

使用 Preserve 关键字。

图 7.7 对比显示了使用与不使用 Preserve 关键字的区别。

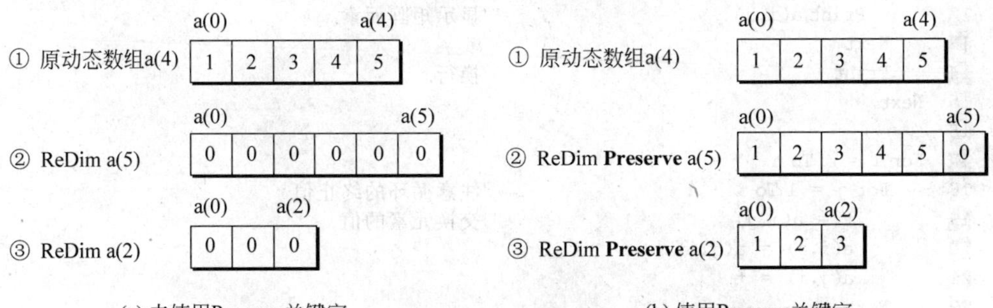

(a) 未使用Preserve关键字 (b) 使用Preserve关键字

图 7.7 Preserve 关键字对 ReDim 语句的影响

使用 Preserve 关键字时，只允许 ReDim 语句改变动态数组的最后一维的上界。如果改变了其他维的上下界、最后一维的下界或者维数，都会导致出错。

> 使用 ReDim 语句重新定义动态数组时，可以使用变量指定下标界限。与定义变量相同，使用一个 Dim 或 ReDim 语句可以定义或重定义多个数组。

【例 7.3】 矩阵的转置。

矩阵是由 N 行 M 列数值组成的特殊数据形式，本例涉及的是方阵（即 $N=M$，N 称为阶数）。矩阵的转置是指行列数据交换（即沿对角线反转，如图 7.8(a)所示）。

如图 7.8(b)所示，矩阵 **A** 可以使用二维数组表示。

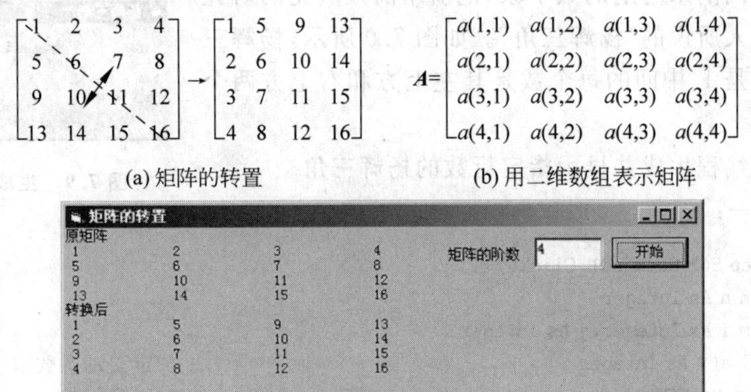

(a) 矩阵的转置 (b) 用二维数组表示矩阵

(c) 例7.3的执行结果

图 7.8 矩阵的转置

```
Dim n As Integer
Dim a() As Integer                            '定义动态数组
Dim i As Integer,j As Integer
Dim t As Integer
n = Text1.Text                                '矩阵阶数
ReDim a(n,n)                                  '重定义动态数组

Print "原矩阵"
```

```
For i = 1 To n
  For j = 1 To n
     a(i,j) = (i - 1) * n + j           '生成矩阵元素
     Print a(i,j),                      '显示矩阵元素
   Next
   Print                                '换行
Next

For i = 1 To n
   For j = 1 To i - 1                   '注意循环的终止值
      t = a(i,j)                        '交换元素的值
      a(i,j) = a(j,i)
      a(j,i) = t
   Next
Next

Print "转换后"
For i = 1 To n
   For j = 1 To n
      Print a(i,j),                     '显示矩阵元素
   Next
   Print                                '换行
Next
```

本程序使用了动态数组，可以对任意阶数的矩阵进行转置操作。请思考：①Option Base 0|1 的设置对本程序是否有影响？②程序是如何将 $1\sim n^2$ 共 n^2 个数布置到 $n\times n$ 个数组元素中，使之按如图 7.8 所示的规律排列？③转置的执行过程是怎样的？

【例 7.4】 生成杨辉三角。

杨辉是我国南宋时期的数学家，他引用前人贾宪的研究成果提出了后人所说的“杨辉三角”。如图 7.9 所示，杨辉三角的两侧全部是 1，中间的每个数是其左上方和右上方两个数之和。

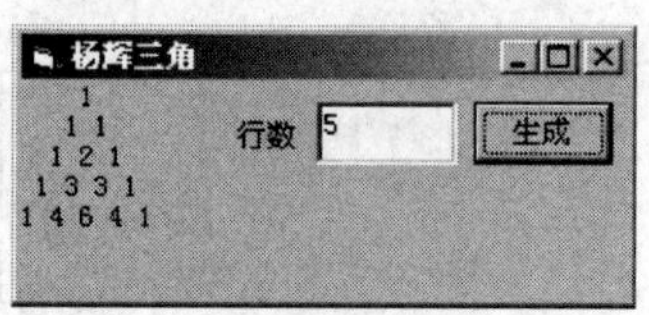

图 7.9 生成杨辉三角

本例通过编程生成并显示指定行数的杨辉三角。

(1) 解法一：

```
Private Sub Command1_Click()
   Dim n As Integer
   Dim i As Integer,j As Integer
   Dim a() As Integer                               '定义动态数组
   n = Val(Text1.Text)                              '得到行数
   ReDim a(1 To n,1 To n)                           '重定义动态数组
   '生成杨辉三角,保存于数组中
   For i = 1 To n
      For j = 1 To i
         If j = 1 Or j = i Then
            a(i,j) = 1                              '语句①
         Else
            a(i,j) = a(i - 1,j - 1) + a(i - 1,j)    '语句②
         End If
      Next
   Next
```

```
        '显示杨辉三角
        For i = 1 To n
            For j = 1 To n - i
                Print "␣";                                          '显示空格
            Next
            For j = 1 To i
                Print a(i,j) & "␣";
            Next
            Print
        Next
    End Sub
```

本例使用了二维动态数组保存杨辉三角的各个数值。图7.10演示的是5行的情况，如果将杨辉三角的各个数以直角三角形的方式排序，除了“1”之外，每个数都是它正上方的数和左上方的数之和。

请思考：①程序如何判断什么位置应该赋1？②程序如何避免将值为0的元素输出？③程序如何将杨辉三角以等腰三角形的方式显示在窗体上？④如果行数超过5，杨辉三角形的显示会有什么问题？

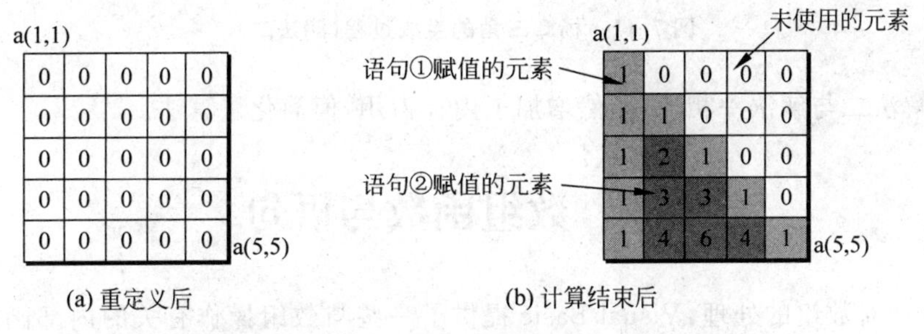

(a) 重定义后　　(b) 计算结束后

图7.10　杨辉三角的生成过程(解法一)

(2) 解法二：

```
    Private Sub Command1_Click()
        Dim i As Integer,j As Integer
        Dim n As Integer
        Dim a() As Integer                          '定义动态数组
        n = Val(Text1.Text)                         '得到行数
        ReDim a(1 To n,0 To n)                      '重定义动态数组,与解法一不同!
        '生成杨辉三角,保存于数组中
        a(1,1) = 1                                  '语句①
        For i = 2 To n                              '与解法一不同
          For j = 1 To i
            a(i,j) = a(i - 1,j - 1) + a(i - 1,j)    '语句②
          Next
        Next
        '显示杨辉三角
        For i = 1 To n
          For j = 1 To n - i
            Print "␣";
          Next
          For j = 1 To i
```

```
            Print a(i,j) & " ␣ ";
        Next
        Print
    Next
End Sub
```

与解法一相比,解法二使用的二维动态数组多出了第二个下标为 0 的一列,借助于该列,只需为元素 a(1,1)赋值 1,其他的 1 都可以由它正上方的数 1(或 0)和它左上方的数 0(或 1)相加得到。也就是说除了最顶上的一个"1",杨辉三角的其他数值可以使用相同的方法计算得到,如图 7.11 所示。

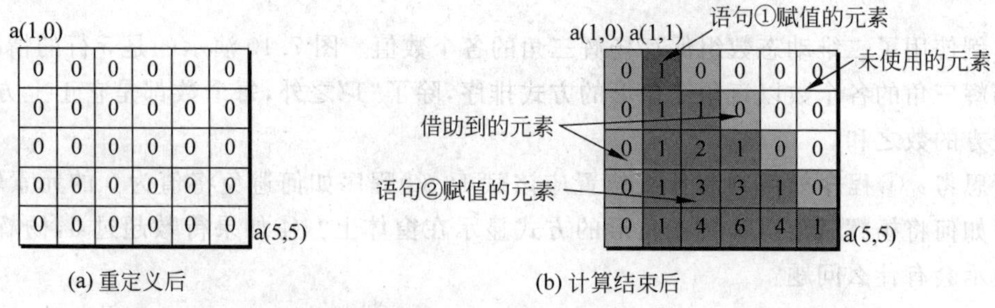

图 7.11　杨辉三角的生成过程(解法二)

所以,解法二与解法一相比,虽然增加了内存占用,但简化了算法。

7.4　数组函数与语句

为了方便对数组的处理,Visual Basic 提供了一些与数组操作有关的内部函数和语句。内部函数与函数过程不同,它不必定义,可以直接调用。

1. LBound 函数、UBound 函数

```
LBound(ArrayName[,Dimension])
UBound(ArrayName[,Dimension])
```

参数 ArrayName 指定数组名,参数 Dimension 指定第几维,函数 LBound 返回指定数组指定维的下标下界,函数 UBound 返回指定数组指定维的下标上界。

如果省略 Dimension 参数,则返回的是第一维的下界与上界。如果 Dimension 参数超过数组实际的维数,则会出错。未使用 ReDim 语句重定义的动态数组(这时还没有任何元素),不能使用这两个函数进行测试。

假设数组 a 是一个二维数组,下面的两条语句分别显示该数组第一维的下标下界和第二维的下标上界:

```
Print "第一维下标下界为:",LBound(a)
Print "第二维下标上界为:",UBound(a,2)
```

2. Erase 语句

```
Erase ␣ 数组名 1[,数组名 2,…]
```

Erase 语句对数组进行初始化操作。对于常规数组，Erase 语句初始化数组元素值，使其成为数据类型的默认值，但不改变数组维数与下标界限。对于动态数组，Erase 语句释放动态数组的存储空间，要继续使用这个动态数组，则必须使用 ReDim 语句重新定义。

3. IsArray 函数*

IsArray(VarName)

如果参数 VarName 是数组名，或是引用了数组的变体类型变量名，IsArray 函数返回 True；否则返回 False。未重定义的动态数组返回的也是 True。如果 VarName 是数组元素或一般变量，返回 False。

4. Array 函数*

Array(ArgList)

参数 ArgList 是由逗号分隔的多个值，Array 函数将这些值组成一个一维变体类型的数组。数组元素的值依次为各参数值。数组的下标下界为 0 或 1(由 Option Base 1|0 的设置决定)。如果此函数无参数，则返回一个无元素的空数组。

为了访问 Array 函数生成的数组，可将其返回值赋给一个变体类型的变量。通过该变量可以访问生成的数组，该变量可当作数组名来使用。例如：

```
Dim a As Variant                                              '定义变体变量
a = Array("Mon","Tue","Wed","Thu","Fri","Sat","Sun")          '生成并引用数组
Print a(3)                                                    '显示“Thu”(当 Option Base 0 时)
```

Array 函数简化了数组元素的初始化，不必一一为数组元素赋值了。也可以将 Array 的返回值赋给变体类型的动态数组名，通过该动态数组也可以访问生成的数组。

7.5 变体类型数组*

在 Visual Basic 中，变体类型是一个特殊的类型。变体变量不但可以存放不同类型的数据(包括 Empty、Null 等特殊的值)，还可以引用其他类型的数组。

如果定义变体类型的数组，让其每一个元素再引用一个数组，可以实现特殊的数据结构。

【例 7.5】 以新的方法求杨辉三角。

例 7.4 给出的求杨辉三角的两种解法都使用了二维动态数组，其中右上角的部分数组元素在求解中并未用到(见图 7.10(b)和图 7.11(b))，所以浪费了内存，且行数越多则浪费越多。本例用变体类型的数组来求杨辉三角。

```
Private Sub Command1_Click()
    Dim i As Integer,j As Integer
    Dim n As Integer
    Dim a() As Variant                        '定义动态数组，变体类型
    Dim b As Variant                          '①定义变体类型的变量
    n = Val(Text1.Text)                       '得到行数
    ReDim a(1 To n)                           '重定义动态数组(一维)
    For i = 1 To n
```

```
            ReDim b(1 To i) As Integer                '②
            a(i) = b                                  '③用数组元素引用另一数组
        Next
        '生成杨辉三角,保存于数组中
        For i = 1 To n
            For j = 1 To i
                If j = 1 Or j = i Then
                    a(i)(j) = 1
                Else
                    a(i)(j) = a(i - 1)(j - 1) + a(i - 1)(j)
                End If
            Next
        Next
        '显示杨辉三角
        For i = 1 To n
          Print Space(n - i);                         'Space是生成指定数量空格的内部函数
          For j = 1 To i
              Print a(i)(j) & " ";
          Next
          Print
      Next
    End Sub
```

程序中用到的动态数组 a 是一维数组,其每个元素保存的不是数值,而是另一个一维数组的地址(即对数组的引用)。

注意以下三条语句:

```
Dim b As Variant                           '①
ReDim b(1 To i) As Integer                 '②
a(i) = b                                   '③
```

第①句定义的 b 不是动态数组,而是变体类型变量。第②句不是对动态数组的重定义,而是生成一个整型数组,并将数组的内存地址赋给变量 b。第③句是将数组地址再赋值给变体数组 a 的元素。通过这种方式,使得数组 a 的每个元素引用了另一个数组(数组元素个数递增),如图 7.12(a)所示。访问这些数组元素时,不再需要变量 b 了。

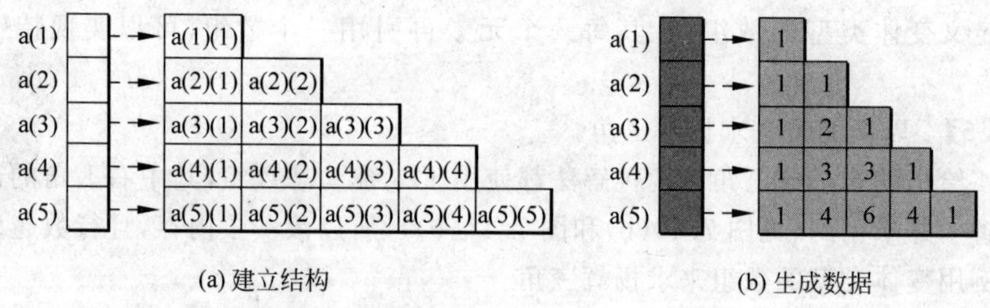

图 7.12 杨辉三角的生成过程(解法三)

这样,原来对二维数组的访问变成了对两个一维数组的访问。例如,对第三行第二个元素进行访问,先通过 a(3)元素得到第三个一维数组的地址,再通过a(3)(2)的方式访问它的第二个元素。

与例 7.4 的两种解法相比,本例的解法没有闲置的数组元素,提高了内存的利用率。

7.6 数组作参数与返回值

7.6.1 数组作参数

在编写通用过程时,允许定义数组参数,这样便可以使用一个参数传递大量的值。

(1) 数组形参的定义如下:

```
[ByRef]␣数组形参名()␣As␣数据类型名
```

数组形参名后必须加空括号,并且不能使用 ByVal 关键字修饰,因为**数组参数必须按地址传递**。

(2) 调用时,相应的实参必须是与形参类型相同的数组名,可以带空括号。

(3) 一个通用过程可以定义多个数组参数。

(4) 作参数的数组可以是任意维的,由实参数组决定。

因为是按地址传递,在通用过程中修改形参数组的元素值可以改变父过程中实参数组的元素值。如果实参是动态数组,则相应的形参也可以被看作为动态数组,在子过程中可以使用 ReDim 语句重新定义,改变数组维数、下标上下界以及元素值,同时也改变了父过程的数组。

【例 7.6】 使用数组参数编写求和的函数 sum。

```
Private Function sum(b() As Integer) As Long      'b 为数组参数
   Dim i As Integer
   For i = LBound(b) To UBound(b)
      sum = sum + b(i)
   Next
End Function

Private Sub Command1_Click()
   Dim i As Integer
   Dim a(10) As Integer                            '定义整型数组
   For i = 1 To 10                                 '为数组元素赋值
      a(i) = 2 * i - 1
   Next
   Print sum(a)                                    '数组作参数,计算数组元素之和
End Sub
```

【例 7.7】 顺序查找。

如果要在一维数组中查找某个数第一次出现的位置,最简单的方法是从第一个元素开始逐个检查每个元素是否等于被查找的数,这种方法称为**"顺序查找法"**。本例程序中的函数 search 实现了顺序查找功能,在数组参数 b 指定的数组中查找参数 s 指定的数值。返回值是被查找数在数组中第一次出现的元素下标,如果没有找到则返回-1。

```
Option Base 1
'b 为数组参数
Private Function search(b() As Integer,s As Integer) As Integer
   Dim i As Integer
   search = -1
```

```
    For i = LBound(b) To UBound(b)
        If b(i) = s Then
            search = i                                  '返回值
            Exit Function
        End If
    Next
End Function

Private Sub Command1_Click()
    Dim i As Integer
    Dim a(10) As Integer                                '定义整型数组
    For i = 1 To 10                                     '为数组元素赋随机值
        a(i) = Rnd * 10
        Print a(i);
    Next
    Print
    i = search(a(),5)                                   '调用函数,空括号可以省略
    If i = -1 Then
        Print "没有 5。"
    Else
        Print "5 第一次出现的位置是: " & i
    End If
 End Sub
```

【例 7.8】 折半查找。

使用顺序查找法在一个有 n 个元素的数组中查找一个值,平均需要进行 $n/2$ 次比较。如果数组中有 100 个元素,则平均比较 50 次。如果数组是已排序的(元素从小到大或从大到小排列的),则“折半查找法”效率更高一些。

折半查找的原理是:假设数组是递增的,并且被查找的数一定在数组中。如图 7.13 所示,先拿被查找数(12)与数组中间的元素进行比较,如果被查找数大于元素值,则说明被查找数位于数组中的后面一半元素中。如果被查找数小于数组中间元素值,则说明被查找数位于数组中的前面一半元素中。

接下来,只考虑数组中包括被查找数的那一半元素。拿剩下这些元素的中间元素与被查找数进行比较,然后根据二者的大小,再去掉那些不可能包含被查找值的一半元素。这样,不断地减小查找范围,直到最后只剩下一个数组元素,那么这个元素就是被查找的元素。当然,也不排除某次比较时,中间的元素正好是被查找元素。

折半查找中应该注意的是,如果数组(或中间过程)的元素个数是偶数,就没有一个元素正好位

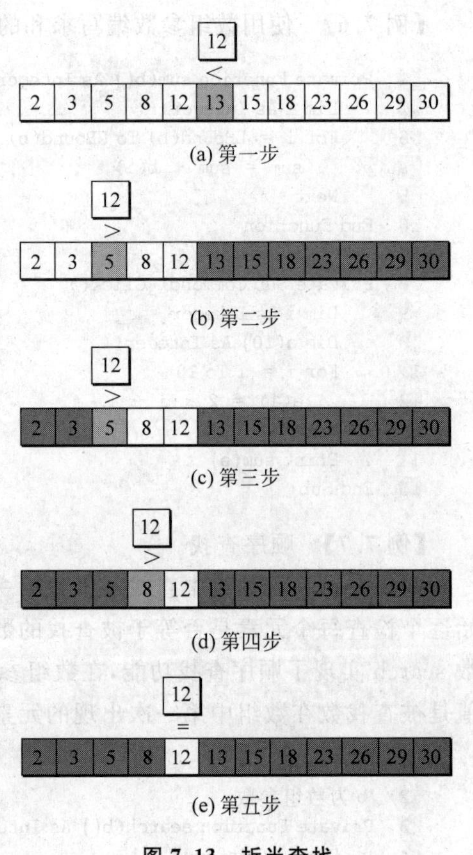

图 7.13　折半查找

于中间，这时取中间偏前或中间偏后的那个元素来与被查找值进行比较，不会影响查找结果的正确性。

下面的函数 bSearch 使用折半查找的方法从数组 a 中查找 s 值所在的元素，并返回它的下标。

```
Private Sub Command1_Click()
   Dim a(1 To 12) As Integer
   a(1) = 2: a(2) = 3: a(3) = 5: a(4) = 8: a(5) = 12: a(6) = 13
   a(7) = 15: a(8) = 18: a(9) = 23: a(10) = 26: a(11) = 29: a(12) = 30
   Text1.Text = "被查找数位于第" & bSearch(a,12) & "位"
End Sub

Function bSearch(a() As Integer,s As Integer) As Integer
   Dim m As Integer,n As Integer,i As Integer
   m = LBound(a): n = UBound(a)
   Do
       i = (m + n) \ 2                            '得到中间元素的下标
       If s < a(i) Then                           '被查找值位于前半部分
          n = i - 1
       ElseIf s > a(i) Then                       '被查找值位于后半部分
          m = i + 1
       Else                                       '被查找值恰好是中间元素
          bSearch = i
          Exit Function
       End If
       If m = n Then                              '只剩 1 个元素时
          bSearch = m
          Exit Function
       End If
   Loop
End Function
```

请思考：①当被查找值正好是数组的第一个或最后一个元素时，函数 bSearch 能否正确执行？②如果数组中没有要查找的值，程序返回的是什么值？

虽然使用折半查找方法的编程更复杂一些，但是它的查找效率比顺序查找高得多。在 n 个元素中查找一个值，进行比较的次数不会超过 $(\log_2 n)+1$。如果 n 为 100，则比较次数不会超过 7 次(远远小于顺序查找所用的 50 次)。当 n 的值很大时，折半查找的优势更能体现出来。

折半查找的局限在于，数组中的元素必须是排序了的(递增或递减)。否则，折半查找就无能为力了，只能尝试其他的查找方法(如顺序查找法)。

7.6.2 不定数量的参数(ParamArray)*

如果通用过程的数组形参使用 ParamArray 关键字进行修饰，则该过程被调用时可以接受任意多个普通实参值，这些实参值按顺序存于这个数组中，在通用过程中可以访问这些值。

使用 ParamArray 参数有以下特点：

(1) ParamArray 关键字修饰的形参必须是通用过程的唯一的或最后一个形参。

(2) 一个过程只能有一个这样的形参。

(3) ParamArray 不能与 ByVal、ByRef 或 Optional 关键字针对同一个形参一起使用。

(4) 使用 ParamArray 关键字修饰的参数只能是 Variant 类型。

(5) 调用时,前面的实参传递给相应的形参,多余的实参都会以数组元素的形式传递给 ParamArray 修饰的数组参数。

(6) ParamArray 修饰的数组参数只能是一维的。

【例 7.9】 使用 ParamArray 求多个数之和。

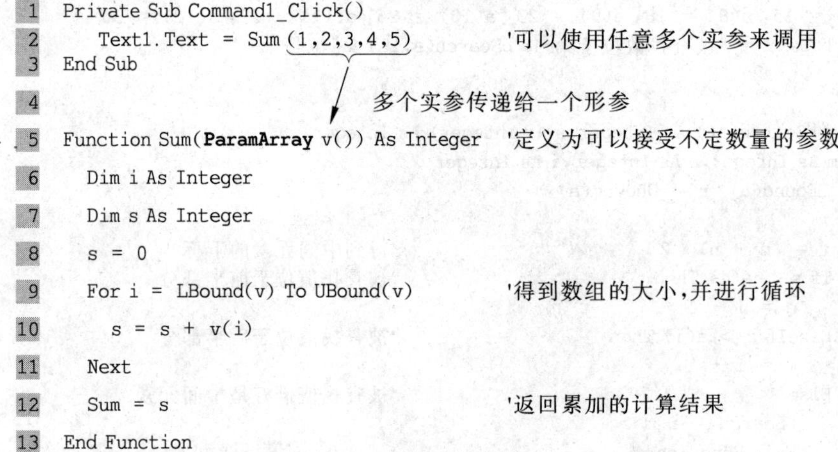

```
Private Sub Command1_Click()
   Text1.Text = Sum (1,2,3,4,5)          '可以使用任意多个实参来调用
End Sub

Function Sum(ParamArray v()) As Integer   '定义为可以接受不定数量的参数
  Dim i As Integer
  Dim s As Integer
  s = 0
  For i = LBound(v) To UBound(v)          '得到数组的大小,并进行循环
    s = s + v(i)
  Next
  Sum = s                                 '返回累加的计算结果
End Function
```


本例的函数过程 Sum 中仅有一个形参 v,使用了 ParamArray 修饰。它的后面必须有一个空的小括号,表明是一个数组;不能使用 As 关键字指定变体之外的其他数据类型;也不能使用 ByVal 或 ByRef 关键字。当在事件过程 Command1_Click 中调用这个过程时,无论提供了多少个实参,都会作为数组元素赋给 v 这个参数。在函数过程 Sum 中,使用内部函数 LBound()和 UBound()来计算出此数组下标的下界与上界,并计算所有实参的总和。

7.6.3 函数返回数组*

函数返回数组是返回大量值的好办法。如果在定义函数过程时,返回值类型后加上空的小括号,表示此函数过程的返回值是一个数组。

Function␣函数过程名(形参列表)␣As␣数据类型名()

1. 指定函数的返回值

首先在函数体中定义一个与返回值类型相同的数组,把要返回的值赋给数组的各个元素。在返回之前,把这个数组名赋值给函数名,则这个数组会作为返回值返回。

2. 调用返回数组的函数

调用返回数组的函数之前,先定义一个与函数返回值类型相同的动态数组(不必重定义)或变体类型的变量;调用函数时,把返回值赋给定义好的动态数组名或变量。通过动态数组或变体变量即可访问返回数组的元素。

【例 7.10】 矩阵乘法。

矩阵 $\boldsymbol{A}$ 和矩阵 $\boldsymbol{B}$ 能进行乘法运算的前提条件是:$\boldsymbol{A}$ 的列数与 $\boldsymbol{B}$ 的行数相等。

假设数组 $a(1\ \text{To}\ n,\ 1\ \text{To}\ m)$ 代表 n 行 m 列的矩阵 $\boldsymbol{A}$：

$$\boldsymbol{A}=\begin{bmatrix} a(1,1) & a(1,2) & \cdots & a(1,m) \\ a(2,1) & a(2,2) & \cdots & a(2,m) \\ \cdots & \cdots & \cdots & \cdots \\ a(n,1) & a(n,2) & \cdots & a(n,m) \end{bmatrix}$$

数组 $b(1\ \text{To}\ m,1\ \text{To}\ p)$ 代表 m 行 p 列的矩阵 $\boldsymbol{B}$：

$$\boldsymbol{B}=\begin{bmatrix} b(1,1) & b(1,2) & \cdots & b(1,p) \\ b(2,1) & b(2,2) & \cdots & b(2,p) \\ \cdots & \cdots & \cdots & \cdots \\ b(m,1) & b(m,2) & \cdots & b(m,p) \end{bmatrix}$$

则 $\boldsymbol{A}$、$\boldsymbol{B}$ 两个矩阵相乘的结果 $\boldsymbol{C}$ 是一个 n 行 p 列的矩阵。如果用数组 $c(1\ \text{To}\ n,1\ \text{To}\ p)$ 表示矩阵 $\boldsymbol{C}$，则数组 c 每个元素的值可以使用下式表示：

$$c(i,j)=\sum_{k=1}^{m}[a(i,k)\cdot b(k,j)]$$

本例程序计算矩阵 $\begin{bmatrix} 1 & 3 & 5 & 7 & 9 \\ 2 & 4 & 6 & 8 & 10 \end{bmatrix}$ 和 $\begin{bmatrix} 1 & 6 & 5 \\ 2 & 7 & 4 \\ 3 & 8 & 3 \\ 4 & 9 & 2 \\ 5 & 10 & 1 \end{bmatrix}$ 的乘积，事件过程中调用了专门计算矩阵乘法的函数过程 MatrixMultiple，此函数的两个数组形参代表参与运算的矩阵，返回值也是数组，代表乘积的结果矩阵。

```
Private Sub Command1_Click()
    Dim i As Integer,j As Integer
    Dim a(1 To 2,1 To 5) As Single,b(1 To 5,1 To 3) As Single
    Dim c() As Single                          '动态数组
    'Dim c As Variant                          '也可以将 c 定义为变体变量
    '定义矩阵 A
    a(1,1) = 1: a(1,2) = 3: a(1,3) = 5: a(1,4) = 7: a(1,5) = 9
    a(2,1) = 2: a(2,2) = 4: a(2,3) = 6: a(2,4) = 8: a(2,5) = 10
    '定义矩阵 B
    b(1,1) = 1: b(1,2) = 6: b(1,3) = 5
    b(2,1) = 2: b(2,2) = 7: b(2,3) = 4
    b(3,1) = 3: b(3,2) = 8: b(3,3) = 3
    b(4,1) = 4: b(4,2) = 9: b(4,3) = 2
    b(5,1) = 5: b(5,2) = 10: b(5,3) = 1
    c = MatrixMultiple(a,b)                    '调用计算矩阵乘积的函数
    '输出矩阵 C
    For i = LBound(c,1) To UBound(c,1)
        For j = LBound(c,2) To UBound(c,2)
            Print c(i,j),
        Next
        Print
    Next
End Sub
'实现矩阵乘法的函数过程,返回数组
Private Function MatrixMultiple(a() As Single,b() As Single) As Single()
```

```
    Dim i As Integer,j As Integer,k As Integer
    Dim c() As Single
    ReDim c(LBound(a,1) To UBound(a,1),LBound(b,2) To UBound(b,2))
    For i = LBound(a,1) To UBound(a,1)
        For j = LBound(b,2) To UBound(b,2)
            For k = LBound(b,1) To UBound(b,1)
                c(i,j) = c(i,j) + a(i,k) * b(k,j)
            Next
        Next
    Next
    MatrixMultiple = c
End Function
```

7.7 自定义数据类型

无论是常规数组还是动态数组,都只能存放同一种类型的数据(变体类型是个特例)。自定义数据类型(User-Defined Data Type)变量可以存放多种类型的数据,如姓名、性别、出生年月与课程成绩等。自定义数据类型可以和 Visual Basic 的基本数据类型一样,用来定义变量、数组、作通用过程的参数和返回值。

7.7.1 定义自定义数据类型

程序设计者可以使用 Type 关键字来定义自定义数据类型。自定义数据类型是由已存在的数据类型组合而成的。定义自定义数据类型,必须要在模块的声明段中进行。定义自定义数据类型的语法格式是:

```
[Public|Private]␣Type␣自定义数据类型名
    成员名1␣As␣已有的数据类型名
    成员名2␣As␣已有的数据类型名
    成员名3␣As␣已有的数据类型名
    …
End␣Type
```

使用 Private 关键字定义的模块级自定义数据类型,只能在本模块中使用;使用 Public 关键字定义的全局自定义数据类型,可在程序的所有模块中使用。如果省略了 Public 和 Private 关键字,默认是应用程序级。**如果要定义全局的自定义数据类型,必须在标准模块的声明段中定义,不能在窗体模块中定义全局自定义数据类型。**

自定义数据类型中成员的定义方法类似于定义变量,只是省略了 Public|Private|Dim|Static 关键字。成员可以是任何已有的数据类型,包括定长和变长字符串以及已定义的其他自定义类型。如果是变体类型,必须使用“As Variant”显式定义。成员也可以是数组(包括常规数组和动态数组)。除非使用 To 关键字指定下标的上下界,否则成员数组的下标下界总是 0,不受 Option Base 0|1 设置的影响。

下面定义了一个名为 Student 的模块级自定义数据类型,它有 5 个成员,其中有一个常规数组和一个动态数组成员。虽然 Option Base 设置的是 1,但是 intMark(2)数组的下标下界仍然是 0,它共有 3 个元素:intMark(0)、intMark(1)和 intMark(2)。对于动态数组成员，需要在定义了自定义类型的变量或数组后对变量或数组元素的该成员进行重定义。

```
Option Base 1
Private Type Student                        '自定义数据类型名为 Student
   strName As String * 4                    '定长字符串成员(姓名)
   dtmBirthday As Date                      '日期时间型成员(出生日期)
   blnSex As Boolean                        '逻辑型成员(性别)
   intMark(2) As Integer                    '整型数组成员(成绩)
   strHobby() As String                     '变长字符串类型的动态数组成员(爱好)
End Type
```

7.7.2 自定义类型的变量和数组

1. 定义自定义类型的变量和数组

可以使用与基本数据类型一样的语法格式来定义自定义类型的变量和数组。例如：

```
Dim student1 As Student,student2 As Student   '定义两个 Student 类型的变量
Dim students(1 To 50) As Student              '定义 Student 类型的常规数组 students
Dim mystudents() As Student                   '定义 Student 类型的动态数组 mystudents
ReDim mystudents(50)                          '重定义动态数组,下标下界由 Option Base 0|1 的
                                              '设置决定
```

自定义类型变量所占用的内存空间是各个成员占用内存空间之和。其中变长字符串和动态数组只占 4 字节，字符串和数组内容保存在内存的其他区域，成员中保存的是这个区域的地址。图 7.14 是自定义类型 student 的数组和变量占用内存的示意图。

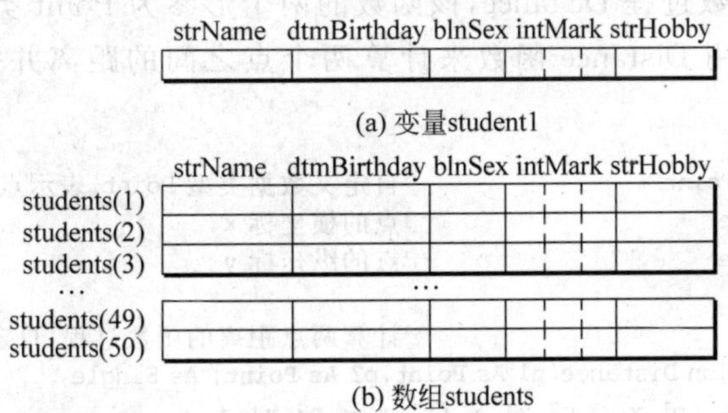

(a) 变量student1

(b) 数组students

图 7.14 自定义类型变量和数组占用的内存空间

2. 访问自定义类型变量或数组元素的成员

为自定义类型变量、数组元素赋值，或使用其值，应使用以下格式（类似于访问对象的属性）：

自定义类型变量名.成员名

自定义类型数组(下标).成员名

3. 为自定义类型变量赋值

为自定义类型变量赋值有两种方法：①逐一给各个成员赋值；②使用同类型的变量或数组元素为整个变量赋值，被赋值变量的每个成员的值与赋值变量每个成员的值相同。

例如：

```
student1.strName = "张三"  '为自定义类型变量 student1 的 strName 成员赋值
student1.dtmBirthday = #1981-01-02#        '为 dtmBirthday 成员赋值
student1.intMark(1) = 95                   '为数组成员 intMark 的元素赋值
ReDim student1.strHobby(1 To 10)           '重定义动态数组成员 strHobby
student1.strHobby(5) = "唱歌"              '为动态数组成员 strHobby 的元素赋值
student2 = student1                        '使用同一自定义类型的变量赋值
```

4. 为自定义类型数组赋值

为自定义的数组赋值就是为其每个元素赋值，方法与为自定义类型的变量赋值相同。例如：

```
students(1).strName = "张三"     '为数组 students 下标为 1 的元素的 strName 成员赋值
students(2).strName = "李四"
students(3) = students(2)        '将下标为 2 的元素值赋给下标为 3 的元素
```

7.7.3 自定义数据类型参数

如果通用过程的形式参数被定义为自定义数据类型，则可以给该通用过程传递自定义类型的值。若父过程与被调用的子过程不在同一个模块中，必须在标准模块中定义全局的自定义类型。**自定义类型参数必须按地址传递，不能使用 ByVal 关键字修饰。**

【例 7.11】 自定义类型参数。本例定义了一个模块级自定义数据类型 Point 和一个计算两点之间距离的函数过程 Distance，该函数的两个形参为 Point 类型。按钮 Command1 的 Click 事件过程调用 Distance 函数来计算两个点之间的距离并把结果显示在文本框 Text1 中。

```
Private Type Point                        '自定义数据类型 Point,表示点的坐标
   x As Single                            '点的横坐标 x
   y As Single                            '点的纵坐标 y
End Type
                                          '计算两点距离的函数过程,自定义类型的参数
Private Function Distance(p1 As Point,p2 As Point) As Single
   Distance = (p1.x - p2.x) * (p1.x - p2.x) + ␣_
        (p1.y - p2.y) * (p1.y - p2.y)
   Distance = Distance ^ 0.5
End Function

Private Sub Command1_Click()              '计算(-1,-1)和(1,1)之间的距离
   Dim p1 As Point,p2 As Point            '自定义类型的变量
   p1.x = -1: p1.y = -1                   '点(-1,-1)
   p2.x = 1: p2.y = 1                     '点(1,1)
   Text1.Text = Distance(p1,p2)           '调用函数 Distance 计算两点间的距离
End Sub
```

7.7.4 函数返回自定义类型值

要让函数过程返回自定义类型的值，首先应定义全局的或模块级的自定义数据类型。定义函数过程时应该把函数返回值的类型定义为自定义类型。在函数过程体中，定义

自定义类型的变量,给这个变量的各个成员赋值,最后把这个变量的值赋予函数名作为返回值(也可以把函数名当成这种自定义类型的变量,直接给它的各个成员赋值)。例 7.12 所示为一个返回自定义类型值的函数,计算两个给定点的中点坐标并返回。

在父过程中调用函数之前,应该定义一个相同类型的变量,调用函数时,把函数返回值赋给这个变量即可。

下面的事件过程调用了上面的函数 MidPoint,返回值赋给变量 mp,然后把中点的坐标输出。

【例 7.12】 自定义类型的返回值。本例编制了一个可以返回两点连线的中点坐标的函数 MidPoint,使用了自定义数据类型 Point。

```
Private Type Point                                    '自定义类型,表示点的坐标
    x As Single
    y As Single
End Type
                                                      'MidPoint 函数返回自定义类型的值
Private Function MidPoint(p1 As Point,p2 As Point) As Point
    Dim m As Point                                    '自定义类型的变量
    m.x = (p1.x + p2.x) / 2
    m.y = (p1.y + p2.y) / 2
    MidPoint = m
End Function
Private Sub Command1_Click()
    Dim mp As Point,p1 As Point,p2 As Point           '自定义类型的变量
    p1.x = 0: p1.y = 0: p2.x = 1: p2.y = 2            '指定两点坐标
    mp = MidPoint(p1,p2)                              '调用函数计算中点坐标
    Print mp.x,mp.y                                   '显示为".5     1"
End Sub
```

习　题　7

一、选择题

1. 下面定义数组语句中错误的是________。

(A) Private A(－10 To 5)　　(B) Dim A(10,－10 To －10) As Integer

(C) Dim A() As Integer　　(D) Dim A(N)　　'N 是变量

2. 下面的________语句与 Visual Basic 的默认设置相同。

(A) Option Base 1　　(B) Option Base 0

(C) ByVal　　(D) Option Explicit

3. 下面的________语句可以正确地定义一个动态数组。

(A) Private A(n) As Integer　(B) Dim A() As Integer

(C) Dim A(,) As Integer　　(D) Dim A(1 To n)

4. ________可以在窗体模块的声明段中进行定义。

(A) 全局变量　　(B) 全局常量

(C) 全局数组　　(D) 全局自定义数据类型

5. 如果在模块的声明段中有 Option Base 0 语句,则在该模块中使用 Dim a(6,3 To 5)定义的数组的元素个数是________。

(A) 30　　(B) 18　　(C) 35　　(D) 21

二、判断题

1. 使用 ReDim 语句不但可以改变动态数组的下标界限，而且可以改变其维数。

2. 无论是在定义时，还是在访问其元素时，数组的下标不能是变量，只能是常量表达式。

3. 数组下标的下界可以是负值，但上界只能是正数。

4. 自定义数据类型中的各个成员不但可以是 Visual Basic 的基本数据类型，还可以是自定义数据类型或数组。

5. Visual Basic 允许定义过程级自定义数据类型。

6. 数组可以作通用过程的参数，但必须是最后一个参数。

7. 数组作通用过程的参数时，一定是按地址传递。

8. 自定义数据类型既可以作参数，也可以作返回值。

三、填空题

1. 运行下面程序，当单击窗体时，窗体上显示的内容是＿＿(1)＿＿；如果把 A 语句替换为 x = 64，B 语句替换为 r = 8，则输出结果为＿＿(2)＿＿。分析一下这个程序的功能是什么。

```
Dim n As Integer,k As Integer,x As Integer,r As Integer    '模块级变量
Dim a(8) As Integer                                         '模块级数组
Private Sub conv(d As Integer,r As Integer,i As Integer)
    i = 0
    Do While d <> 0
        i = i + 1
        a(i) = d Mod r: d = d \ r
    Loop
End Sub

Private Sub Form_click()
    x = 12                                                  'A 语句
    r = 2                                                   'B 语句
    Print CStr(x); "("; CStr(r); ") =";
    If x = 0 Then
        Print 0
    Else
        Call conv(x,r,n)
        For k = n To 1 Step -1
            Print a(k);
        Next k
        Print
    End If
End Sub
```

2. 阅读下面程序，当单击窗体时，窗体上显示的内容是＿＿(3)＿＿。

```
Private Sub Form_Click()
    Dim a(3,3) As Integer: Dim i As Integer
    a(1,1) = 1: a(1,2) = 2: a(1,3) = 3: a(2,1) = 4
    a(2,2) = 5: a(2,3) = 6: a(3,1) = 7: a(3,2) = 8: a(3,3) = 9
    For i = 1 To 3
        For k = 1 To i
```

```
            Call chang(a,i)
        Next
    Next
    For i = 1 To 3
        For k = i To 3
            Print a(i,k) & ",";
        Next
    Next
End Sub

Sub chang(a() As Integer,i As Integer)
    c = a(i,UBound(a,2))
    For k = UBound(a,2) - 1 To 1 Step -1
        a(i,k + 1) = a(i,k)
    Next
    a(i,1) = c
End Sub
```

3. 下面的事件过程把一维数组中元素的值向右循环移位，移位次数由文本框输入。“循环”指的是最右边的元素值补到最左边。

例如，数组各元素的值依次为0,1,2,3,4,5,6,7,8,9,10；移位三次后，各元素的值依次为：8,9,10,0,1,2,3,4,5,6,7。在画线处填入适当的语句。

```
Private Sub Command1_Click()
    Dim intArray(10) As Integer
    Dim intI As Integer,intJ As Integer,intK As Integer
    For intI = 0 To 10
      intArray(intI) = intI
    Next
    intJ = Text1.Text
    Do
      intK = intK + 1
    ______(4)______
    Loop Until ______(5)______
    For intI = 0 To 10
       Print intArray(intI)
    Next
End Sub

Private Sub Moveright(intA() As Integer)
    Dim intI As Integer,intJ As Integer,intK As Integer
    intI = UBound(intA): intJ = intA(intI)
    For intK = intI To LBound(intA) + 1 Step -1
        ______(6)______
    Next
    ______(7)______
End Sub
```

4. 本程序段的功能是重新排列数组 a 中元素的值，使相等元素值相邻存放，并且保持它们在数组中首次出现时的相对次序。在画线处填入适当内容。

例如，原数组：1,2,4,3,3,3,2,1,4,5

重排后：1,1,2,2,4,4,3,3,3,5

排列的原理是：先删去重复元素，再根据各元素在数组中出现的次数展开排列。

```
Dim n As Integer
Dim i As Integer,j As Integer,k As Integer,t As Integer,m As Integer
Dim a() As Integer,b() As Integer
n = 10
ReDim a(n),b(n)
a(1) = 1: a(2) = 2: a(3) = 4: a(4) = 3: a(5) = 3
a(6) = 3: a(7) = 2: a(8) = 1: a(9) = 4: a(10) = 5
m = 1
______(8)______
Do While m <= t
   k = 1: i = m + 1
   Do While i <= t
      If a(i) = a(m) Then
         k = k + 1
         For j = ______(9)______
            a(j) = a(j + 1)
         Next j
         t = t - 1
      Else
         ______(10)______
      End If
   Loop
   b(m) = k: m = m + 1
Loop
t = n
For i = m - 1 To 1 Step -1
    For j = 1 To ______(11)______
       a(t) = a(i)
       ______(12)______
   Next j
Next i
For j = 1 To n
      Print a(j)
Next j
```

5. 本程序生成 50 个介于－100～100 之间的不重复的随机整数,并找出第几个是最大值(执行结果如图 7.15 所示)。填空完善程序。

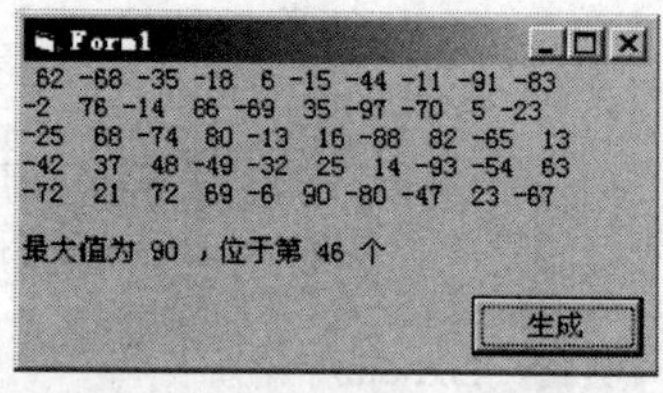

图 7.15　不重复的 50 个随机数

```
Option Base 1
Private Sub Command1_Click()
   Dim i As Integer,k As Integer,t As Integer,s As Integer
   Dim max As Integer,pmax As Integer
   Dim a() As Integer
   Randomize
   max = -100
   pmax = 1
   ______(13)______
   Do
      If Rnd > 0.5 Then s = 1 Else s = -1
      t = s * Int(Rnd * 101)
      ______(14)______
      Do While k < i
         If t <> a(k) Then
            k = k + 1
```

```
            Else
                Exit Do
            End If
        Loop
        If k = i Then
                (15)
            a(k) = t
            Print a(k);
            i = i + 1
            If (i - 1) Mod 10 = 0 Then Print
            If max < t Then max = t:      (16)
        End If
    Loop Until i > 50
    Print
    Print "最大值为"; max; ",位于第"; pmax; "个"
End Sub
```

四、改错题

下面程序的功能是分别找出 48、308 和 1155 三个数的所有质因子(如图 7.16 所示)。要求:

(1) 新建工程,输入以下代码。

(2) 改正程序中的错误,改错时,不得增加或删除语句。

(3) 分别以 tform 和 tprj 为文件名将窗体和工程保存到 C:盘新建的文件夹 t 中。

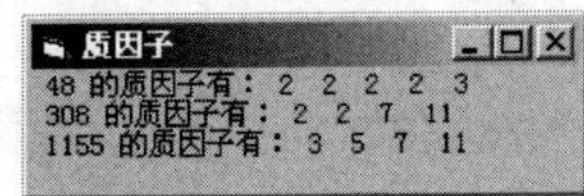

图 7.16　求质因子(改错题)

```
Private Sub Form_click()
    Dim Fac() As Integer,N(3) As Integer
    Dim I As Integer,J As Integer
    N(1) = 48: N(2) = 308: N(3) = 1155
    For I = 1 To 3
        Call Factor(Fac,N(I))
        Print N(I); "的质因子有:";
        For J = 1 To UBound(Fac)
            Print Fac(J);
        Next
        Print
        ReDim Fac(I)
     Next
End Sub

Private Sub Factor(F() As Integer,ByVal N() As Integer)
    Dim I As Integer,J As Integer,Idx As Integer
    Dim K As Integer
    K = 2
    Do Until N = 1
        If N Mod K = 0 Then
            Idx = Idx + 1
            ReDim F(Idx)
            F(Idx) = K
            N = N / K
        Else
            K = K - 1
```

```
        End If
    Loop
End Sub
```

五、编程题

1. 编程找出 3 个 3 位数,它们分别是某 3 个两位数的平方,且 1～9 这 9 个数字在这 3 个 3 位数中每个只允许出现一次。

2. 定义一个二维动态数组 $a(1\ \text{To}\ n,1\ \text{To}\ n)$ 代表 $n\times n$ 的方阵(n 由文本框输入)。编程给数组元素赋值,使之成为如下图所示的螺旋方阵(图中是 $n=5$ 时的情况)。

$$\begin{bmatrix} 1 & 16 & 15 & 14 & 13 \\ 2 & 17 & 24 & 23 & 12 \\ 3 & 18 & 25 & 22 & 11 \\ 4 & 19 & 20 & 21 & 10 \\ 5 & 6 & 7 & 8 & 9 \end{bmatrix}$$

3. 有 17 个人围成一个圈(编号为 0～16),从第 0 号的人开始从 1 报数,凡报到 3 的倍数的人离开圈子,然后再继续数下去,直到最后只剩下一个人为止。求此人原来的编号是多少。

4*. 编写递归函数过程实现折半查找。

5*. 编写一个求多个正整数最大公约数的递归函数。

第8章

内 部 控 件

第 2 章已经介绍了 Visual Basic 中的窗体对象、文本框、命令按钮和标签控件对象的常用属性、方法和事件及用法。本章将介绍其余的内部控件。这些内部控件在集成开发环境“工具箱”窗口中的位置见图 2.3。

这里介绍的是控件最常用的属性、方法与事件以及基本用法，其他内容请参阅相关资料。Name 属性和绝大多数控件都有的 Left 属性、Top 属性、Width 属性、Height 属性、Visible 属性、Enabled 属性以及 Move 方法、Click 事件和 DblClick 事件的意义和用法在第 2 章中已介绍过，本章不再作详细讲解。

8.1 图形与图像类控件

8.1.1 直线控件

直线(Line)控件 ＼ 并不常用，它的主要作用是在窗体上显示一条直线段，对窗体上的控件进行视觉上的分组。因为 Line 控件只起装饰作用，无法响应用户的操作，所以它没有 Move 方法和 Enabled 属性，也不支持任何事件。直线控件的外观可以由为数很少的几个属性来决定。

1. X1 属性、Y1 属性、X2 属性、Y2 属性

这四个属性决定了直线控件的两个端点在窗体上的坐标值(如图 8.1(a)所示)。直线控件没有 Left、Top、Width 和 Height 属性，可以使用这四个属性来调整控件的大小(线条的长度)与位置。

2. BorderStyle 属性

此属性决定直线控件的线型(即线条样式)。它的取值为 0～6，意义列于表 8.1 中，外观见图 8.1(b)。

表 8.1 Line 控件 BorderStyle 属性的值

属性值	常量	意义	属性值	常量	意义
0	vbTransparent	透明(控件不可见)	4	vbBSDashDot	点划线
1	vbBSSolid	实线(默认值)	5	vbBSDashDotDot	双点划线
2	vbBSDash	虚线	6	vbBSInsideSolid	实线(内部)
3	vbBSDot	点线			

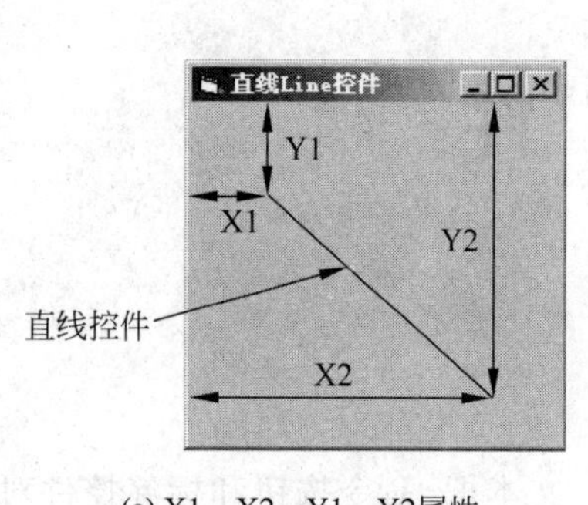

(a) X1、X2、Y1、Y2属性

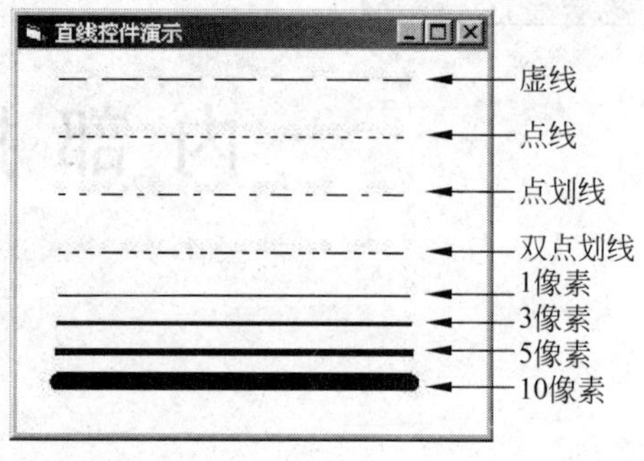

(b) BorderStyle、BorderWidth属性

图 8.1 直线(Line)控件

表 8.1 中第二列是 Visual Basic 的内部常量,代表第一列中的相应数值。例如,下面的两条语句是等效的,都是把直线控件的线型设为点划线。

```
Line1.BorderStyle = 4
Line1.BorderStyle = vbBSDashDot
```

Visual Basic 为控件的很多属性取值都提供了相应的常量。如果能记得住这些常量名,使用时比直接使用数值更直观。

3. BorderWidth 属性

此属性为直线控件线条的宽度(单位是像素)。如果将 BorderStyle 属性设置为除"实线"与"透明"之外的线型时,BorderWidth 属性必须设为 1,否则只能显示实线。也就是说,不可能有粗点划线、粗虚线等。图 8.1(b)显示了几个不同宽度的直线控件。

8.1.2 形状控件

直线控件只能显示直线条,而形状(Shape)控件 则可以显示多种不同的几何形状。形状控件的主要作用也是装饰窗体,没有 Enabled 属性,不支持任何的事件,但支持 Move 方法。

1. Shape 属性

Shape 属性决定形状控件以何种形状显示,其取值见表 8.2,效果如图 8.2 所示。

表 8.2 Shape 控件的 Shape 属性取值

属性值	常量	形状	属性值	常量	形状
0	vbShapeRectangle	矩形	3	vbShapeCircle	圆形
1	vbShapeSquare	正方形	4	vbShapeRoundedRectangle	圆角矩形
2	vbShapeOval	椭圆形	5	vbShapeRoundedSquare	圆角正方形

应该注意的是,只有当一个形状控件显示为矩形时,显示形状的大小才与控件本身的大小相同。当控件显示为其他形状时,比如圆形,显示的圆形是控件内部能够容纳的最大圆形。如图 8.2 所示,圆形周围的选定句柄围成的区域才是控件的大小。

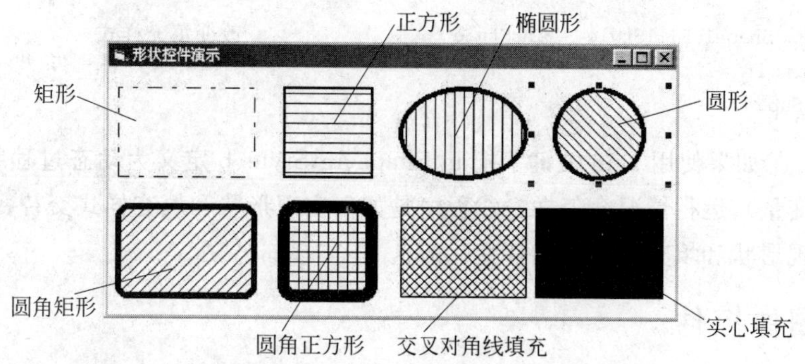

图 8.2　不同形状、填充样式的形状(Shape)控件

2. BorderStyle 属性、BorderWidth 属性

这两个属性决定了形状控件的边框样式和边框宽度,与直线控件的同名属性意义相同。BorderStyle 属性的取值见表 8.1。当 BorderStyle 属性值为 1 和 6 时,直线控件外观相同,形状控件将受影响。当 BorderWidth 设置大于 1(即粗线条),BorderStyle 属性值为 6 时,形状控件所显示的图形将比取值为 1 时的图形大一些。

3. FillStyle 属性

此属性决定形状控件所包围区域的填充样式,取值见表 8.3,显示效果见图 8.2。

表 8.3　Shape 控件 FillStyle 属性的取值

属性值	常量	填充样式	属性值	常量	填充样式
0	vbFSSolid	实心	4	vbUpwardDiagonal	上斜对角线
1	vbFSTransparent	透明(默认值)	5	vbDownwardDiagonal	下斜对角线
2	vbHorizontalLine	水平直线	6	vbCross	十字线
3	vbVerticalLine	垂直直线	7	vbDiagonalCross	交叉对角线

【例 8.1】　窗体上有一个形状控件与一个命令按钮。编写按钮的 Click 事件过程如下。运行程序,连续单击按钮,形状控件的形状与填充样式会交替循环地改变。

```
Private Sub Command1_Click()
    Static intShape As Integer
    Static intStyle As Integer
    Static b As Boolean
    If b Then
        intShape = intShape + 1
        If intShape > 5 Then
            intShape = 0
        End If
        b = Not b
        Shape1.Shape = intShape                          '改变形状
    Else
        intStyle = intStyle + 1
        If intStyle > 7 Then
            intStyle = 0
        End If
        b = Not b
```

```
        Shape1.FillStyle = intStyle                '改变填充样式
    End If
End Sub
```

请思考：①如果使用 Dim 关键字把 intShape、intStyle、b 定义为动态过程级变量(而非静态过程级变量)，运行情况会怎样？②程序是如何实现形状和填充样式交替变化的？③程序是如何实现形状和填充样式的循环变化的？

8.1.3 图像控件

使用图像(Image)控件可以在窗体上显示保存在图像文件中的图像，支持的图像文件格式有：位图文件(.bmp)、Windows 元文件(.wmf)、增强型元文件(.emf)、图标文件(.ico)、光标文件(.cur)和以.jpg、.gif 为扩展名的图像文件。图像控件支持鼠标单击(Click)和双击(DblClick)事件，也支持 Move 方法。图 8.3 显示的窗体上有两个显示同一幅图片的图像控件。

BorderStyle=0 Stretch=False　BorderStyle=1 Stretch=True

图 8.3　图像控件

1. Picture 属性

通过图像控件的 Picture 属性为图像控件指定要显示的图像。有两种情况：

(1) 在设计状态下，使用"属性"窗口指定 Picture 属性。

这种方式将打开"加载图片"对话框，通过此对话框可以指定磁盘上已有的图形文件。加载之后，图片会被保存到二进制窗体文件中(与控件所在窗体.frm 文件同名，扩展名为.frx)，运行时不再需要原图片文件。

(2) 在运行时通过 LoadPicture 函数加载图片。

例如，下面的语句为图像控件 img1 的 Picture 属性加载指定的文件。

```
img1.Picture = LoadPicture("f:\图片\风景照 1.jpg")
```

程序运行时必须保证 LoadPicture 函数要加载的文件存在，否则会出错。

如果使用不带参数的 LoadPicture 函数，将清空 Picture 属性，使图像控件不显示任何图片，如：

```
img1.Picture = LoadPicture
```

图像控件显示图片时，总是把图片的左上角与控件的左上角重合。

2. BorderStyle 属性

此属性值为 0 时，图像控件无边框(默认值)；为 1 时，控件有边框(显示凹陷效果，如图 8.3 右图所示)。

3. Stretch 属性

这是个逻辑型属性。若此属性为 True，则当所显示图像的原始大小与控件大小不相同时，会缩放图像来填充整个控件，容易造成失真和畸变(如图 8.3 右图所示)。当 Stretch 属性为 False 时(默认值)，图像会以原始大小显示(如图 8.3 左图所示)。如果控件比图像控件小，会使图像显示不完整。

8.1.4　图片框控件

图片框(PictureBox)控件包括了图像控件功能，可以显示一幅图像。除此之外，该控件还有以下两大功能：支持绘图方法，可以绘制自定义的函数图、曲线图和图片等(详见第10章)；可以用作其他控件的容器。

1. Picture属性

图片框控件的Picture属性的意义与用法和图像控件的Picture属性相同。

2. BorderStyle属性

BorderStyle属性值为0时，图片框无边框；为1时，有边框(默认)。

3. AutoSize属性

此属性为逻辑型属性，若为True，当控件所显示的图像(Picture属性决定)大小与控件大小不同时，会自动改变控件的大小来与图像的大小一致；如果属性值为False(默认值)，不自动调整控件大小，图像可能显示不完整。图片框控件不会对其显示的图像进行缩放，这一点与图像控件不同。

4. Align属性

Align属性决定图片框自动定位模式，其取值与意义见表8.4。

表8.4　图片框控件Align属性的取值

属性值	常　量	意　义
0	vbAlignNone	图片框控件的大小与位置受Width、Height、Left和Top属性决定，不自动定位(默认值)
1	vbAlignTop	图片框控件自动位于窗体的顶部，宽度等于窗体的ScaleWidth属性值。当窗体大小变化时，图片框自动调整大小
2	vbAlignBottom	图片框控件自动位于窗体的底部，宽度等于窗体的ScaleWidth属性值。当窗体大小变化时，图片框自动调整大小
3	vbAlignLeft	图片框控件自动位于窗体左边上，高度等于窗体的ScaleHeight属性值。当窗体大小变化时，图片框自动调整大小
4	vbAlignRight	图片框控件自动位于窗体右边上，高度等于窗体的ScaleHeight属性值。当窗体大小变化时，图片框自动调整大小

表8.4中的ScaleWidth和ScaleHeight是窗体的属性，它们的值分别是窗体对象去掉标题栏与边框后(即窗体客户区)的宽度与高度(详见10.3节)。

因为图片框可以自动位于窗体的某侧边上，所以可以用来制作工具栏和状态栏。

5. Change事件

当图片框的Picture属性的值变化时，即由显示一个图片改为显示另一个图片，触发这个事件。

8.1.5 使用图片框作控件容器

与其他控件不同,图片框可以作为控件的"容器(Container)",能像窗体一样容纳其他控件。在所有内部控件中,除了图片框,还有框架(Frame)控件(参见8.2节)可以作控件的容器,称为"**容器控件**"。容器控件可以进行多层嵌套,也就是说,一个容器中除了可以容纳一般的控件,如按钮、文本框等,还可以容纳图片框和框架等容器控件。窗体实际上也是容器。

使用图片框和框架控件"包容"其他控件有以下作用与特点:

(1) 移动容器控件,被包容的控件会跟随移动。

(2) 隐藏容器控件,被包容的控件也不可见。

(3) 被包容的控件的位置坐标以所在的容器控件的左上角为原点。

(4) 通过设置 Left 和 Top 属性,无法将包容的控件移动到容器控件之外。

(5) 容器控件和被包容的控件的编程方法与普通控件相同。

(6) 对于单选框(OptionButton)等成组使用的控件,使用容器对其进行分组。

下面举例说明如何往一个容器控件中添加控件,并使用图片框控件创建一个工具栏(如图8.4所示),按如下的步骤进行。

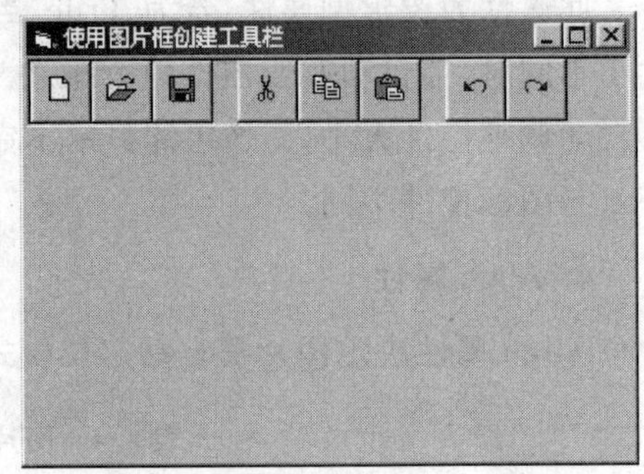

图8.4 使用图片框创建工具栏

(1) 在窗体上放置一个图片框控件,然后把图片框的 Align 属性设置为1,图片框会自动地"附着"在窗体的标题栏下面。

(2) 单击"工具箱"窗口中的命令按钮图标,然后在图片框里拖动添加一个按钮控件。这种方式添加的按钮控件被容纳在图片框控件中,使用拖动的方法不能将其移出图片框。

如果要把一个窗体上已有的控件移到图片框中,不能使用拖动的办法。拖动只能把控件叠放在容器上面,并不是放在其内部。应该使用剪切与粘贴的方法,先选定控件,然后选择"剪切"命令,再选定图片框控件,最后选择"粘贴"命令即可。

(3) 在图片框中添加多个控件,并对各个控件的大小和位置进行调整,设置相关的属性,然后编写事件过程。这样,图片框及所容纳的控件便可以作为工具栏使用了。

默认情况下,命令按钮控件不能显示图片,如果要做出如图8.4所示的按钮来,需要将其 Style 属性设置为1(Graphical),然后通过其 Picture 属性设置一幅合适的按钮图片文件,并将 Caption 属性的值清空即可。如果 Caption 属性的值不清空,可以产生按钮表面既有图形又有文字的效果。还可以设置按钮控件的 TooltipText 属性,使得在运行时,当把鼠标指针停在控件上片刻后,显示出一个简要地介绍控件功能的小提示窗口。

8.2 滚动条、框架与定时器控件

8.2.1 滚动条控件

滚动条分为水平滚动条(HScrollBar)和垂直滚动条(VScrollBar)两种控件( )。两种控件除了类型名不同、放置的方向不同之外,其他方面都一样。下面介绍的所有属性、方法与事件对二者都适用。滚动条由两端带有箭头的滚动按钮、中间的滚动块(或称为滚动框)以及剩余的空白区域组成,如图 8.5 所示。滚动条控件一般用来上下、左右地滚动文字或图形,也可以用来进行其他内容的输入输出,比如指示音量、速度等。

滚动条控件不支持 Click 和 DblClick 事件。

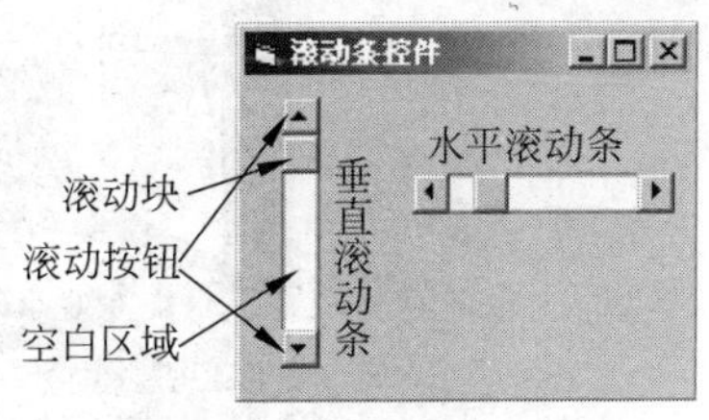

图 8.5　滚动条控件

1. Value 属性

Value 属性是滚动条最重要的属性,它反映了滚动条的当前值。Value 属性的值与滚动块的位置相关联,无论是单击滚动按钮、单击空白区域还是拖动滚动块,都会改变 Value 属性的值。

2. Min 属性、Max 属性

Min 属性决定当滚动条的滚动块处于顶部(垂直滚动条)或最左位置(水平滚动条)时,滚动条 Value 属性的值,即滚动条滚动范围的下限(最小值)。Max 属性决定了当滚动条的滚动块处于底部(垂直滚动条)或最右位置上(水平滚动条)时,滚动条 Value 属性的值,即滚动条滚动范围的上限(最大值)。

Min 与 Max 属性的值可以是－32768～32767 范围内的整数。默认设置值:Max 为 32767,Min 为 0。

若希望垂直滚动条的滚动块向上移动时它的 Value 属性增加,可以使 Max 属性值小于 Min 属性值。Min 与 Max 属性的取值也可以相等。

3. SmallChange 属性、LargeChange 属性

SmallChange 属性的值是当用户单击滚动按钮时,滚动条控件 Value 属性值的变化量。LargeChange 属性的值是当用户单击滚动按钮和滚动块之间的空白区域时,Value 属性值的变化量。这两个属性的取值范围都是 1～32767 之间的整数。默认时,两个属性均为 1。一般情况下,滚动条控件的 LargeChange 属性要比 SmallChange 属性的值大,但是如果需要,也允许后者大于前者。

在 Max 和 Min 属性值确定的前提下,LargeChange 属性值越大,则滚动块越长。

4. Change 事件

滚动条控件不支持 Click 和 DblClick 事件。当滚动条的 Value 属性值发生变化时,将激发 Change 事件。能够引起 Value 属性改变的原因包括:单击滚动按钮、单击空白区域、拖动滚动块然后释放鼠标按钮或是在程序中使用代码重设了 Value 属性的值。

5. Scroll 事件

当滚动条的滚动块被拖动时,引发此事件。Scroll 事件与其他的事件不同,在使用鼠标拖动滚动块的过程中,会连续地引发多个 Scroll 事件。

【例 8.2】 如图 8.6 所示,在窗体上放置一个名为 Image1 的图像控件、一个名为 VScroll1 的垂直滚动条控件和一个名为 HScroll1 的水平滚动条控件。为 Image1 控件指定一幅大小适中的图片。将 VScroll1 的 Max 属性设置为 Image1 的 Height 属性值,将 HScroll1 的 Max 属性设置为 Image1 的 Width 属性值,二者的 LargeChange 和 SmallChange 属性值均分别设置为 1000 和 100。其他属性采用默认值。

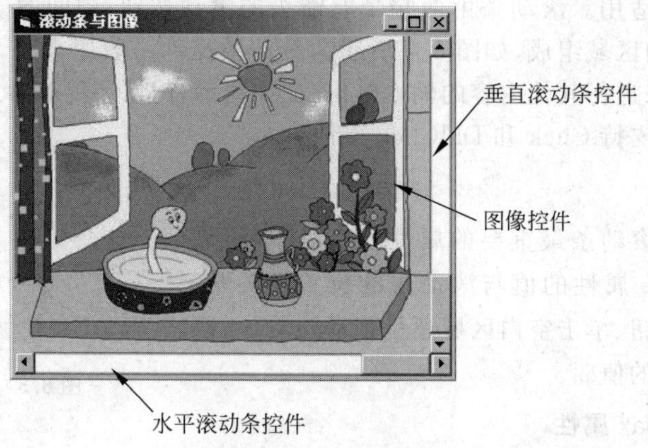

图 8.6 例 8.2 的界面

编写两个滚动条的以下四个事件过程：

```
Private Sub HScroll1_Change()
    Image1.Width = HScroll1.Value
End Sub
Private Sub HScroll1_Scroll()
    Image1.Width = HScroll1.Value
End Sub
Private Sub VScroll1_Change()
    Image1.Height = VScroll1.Value
End Sub
Private Sub VScroll1_Scroll()
    Image1.Height = VScroll1.Value
End Sub
```

运行程序，使用各种方法操作两个滚动条控件，图片可以像窗帘一样开合。

8.2.2 框架控件

框架(Frame)控件是一个左上角有标题文字的方框。它的主要作用是对窗体上的控件进行分组，使窗体上的内容更有条理。图 8.7 所示的对话框上一共有三个框架控件。

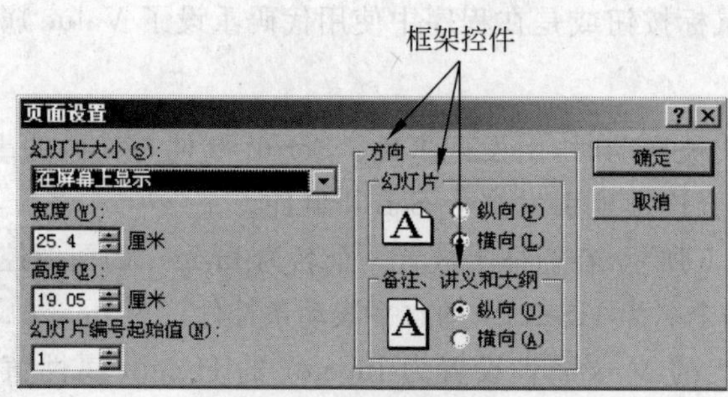

图 8.7 框架控件

在图片框一节已经提到过，框架控件也可以作为控件的容器，希望被框架围起来的控件可以放置到框架控件的内部。当使用多组单选框、复选框时，一般使用框架控件作为容器进行分组。

框架控件支持鼠标的单击(Click)与双击(DblClick)事件，用法与其他控件相同。一般不必编写框架控件的这两个事件过程。

1. Caption 属性

此属性的值就是框架左上角的标题文字。与标签控件相似，可以在这个属性值中使用“&”字符设置一个快捷键。

2. BorderStyle 属性

当这个属性值为1时(默认值)，框架显示边框和文字；为0时，框架不显示边框与标题文字，但仍可起到容器的作用。

8.2.3　定时器控件

定时器(Timer)控件又称为“计时器”，它能在程序运行的过程中不断地累积时间，当达到给定的时间间隔时，自动地引发名为 Timer 的事件。一个窗体可以使用多个定时器控件，它们各自的时间间隔相互独立。

定时器是运行时不可见控件，它没有 Visible 属性。定时器的大小不可改变，无 Width 和 Height 属性。定时器控件有 Left 和 Top 属性，但是因为它运行时不可见，所以这两个属性值并不重要。定时器控件没有任何方法。

1. Interval 属性

以毫秒为单位的时间间隔。定时器从被打开时起，每隔这个时间间隔都会激发一次 Timer 事件。Interval 属性的取值范围为 1～65535，因此时间间隔最长为1分钟多。定时器的时间间隔并不精确，如果将时间间隔设定得太小，会影响系统性能。当 Interval 属性为0时(默认值)，停止计时，不引发 Timer 事件，相当于关闭定时器。

2. Enabled 属性

此属性为 True 时，打开计时器；为 False 时，关闭计时器(不论 Interval 属性的值是多少)。Enabled 属性和 Interval 属性一起控制定时器。

3. Timer 事件

当预定的时间间隔达到时，定时器自动触发这个事件。Timer 事件是定时器控件支持的唯一事件。

【例 8.3】　窗体上自动移动的按钮。

建立如图 8.8 所示的界面，窗体上放置三个控件：两个按钮和一个定时器。实现如下的要求：当程序运行时，单击“开始”按钮，“<--”按钮会自动在窗体上水平地移动，遇到窗体的左右边框时自动调转方向。按钮在运动时，“开始”按钮上的文字变为“停止”，这时，单击这个按钮会使运动的按钮停止。各对象的初始属性设置见表 8.5。

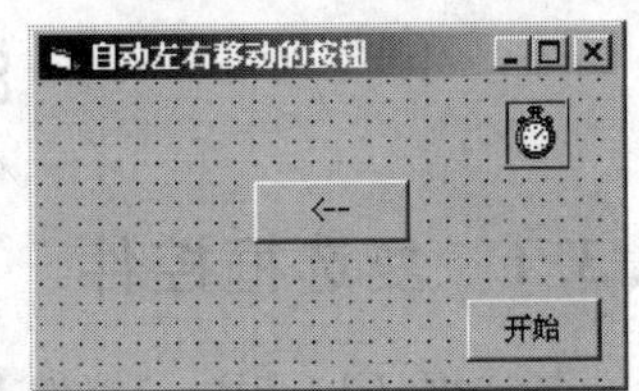

图 8.8　例 8.3 的界面

表 8.5　例 8.3 中用到的对象

对象类型	对象名	属性名	初始属性值	说　明
窗体	frmMove	Caption	自动左右移动的按钮	
按钮	cmdMove	Caption	<——	小于号和两个减号
	cmdControl	Caption	开始	运行时,按钮文字可以变化
定时器	tmrMove	Interval	200	时间间隔
		Enabled	False	开始时,不运动

编写按钮 cmdControl 和定时器 tmrMove 的事件过程如下：

```
Private Sub cmdControl_Click()
    Static blnMove As Boolean                  '这个静态变量保存按钮是否运动
    If blnMove Then                            '在运动与停止之间切换
        tmrMove.Enabled = False                '关闭定时器
        cmdControl.Caption = "运动"            '改变按钮表面的文字
        blnMove = False
    Else
        tmrMove.Enabled = True                 '打开定时器
        cmdControl.Caption = "停止"            '改变按钮表面的文字
        blnMove = True
    End If
End Sub

Private Sub tmrMove_Timer()
    Static blnDirect As Boolean                '这个静态变量保存移动方向
    If blnDirect Then                          '向右移动
        cmdMove.Left = cmdMove.Left + 100
    Else                                       '向左移动
        cmdMove.Left = cmdMove.Left - 100
    End If
    If cmdMove.Left <= 0 Then
        blnDirect = True                       '改变方向
        cmdMove.Caption = "-->"                '改变移动按钮表面的显示内容
    End If
    If cmdMove.Left >= frmMove.Width -cmdMove.Width Then
        blnDirect = False                      '改变方向
        cmdMove.Caption = "<--"                '改变移动按钮表面的显示内容
    End If
End Sub
```

请思考：①按钮开始为何总是向左移动？②如何判断到达窗体边框？③如何实现转头？④如果将两个定义变量的 Static 改为 Dim,程序会如何运行？

8.3　提供选项的控件

8.3.1　复选框控件

复选框(CheckBox)控件 ☑ 是提供选择项的控件,这种控件的典型外观是一个小的方框后接一串文字。如果方框中有一个对钩,表明这一项被选中；如果方框中为空白,则未选中。除此之外,复选框还有一个介于选中与未选中之间的中间状态,这时,方块是灰色的并有对勾。

多数情况下,在一个窗体中会有多个复选框(如图 8.9 所示),并且按功能进行了分组。在同一组中,可以有多个复选框被选中,也可以不选中其中任何一个。用户可以使用下列几种方法使复选框在选中与不选中之间切换:直接用鼠标单击;使用复选框标题文字中的快捷键字母(Alt+字母);把输入焦点移至复选框控件上,然后按空格键。

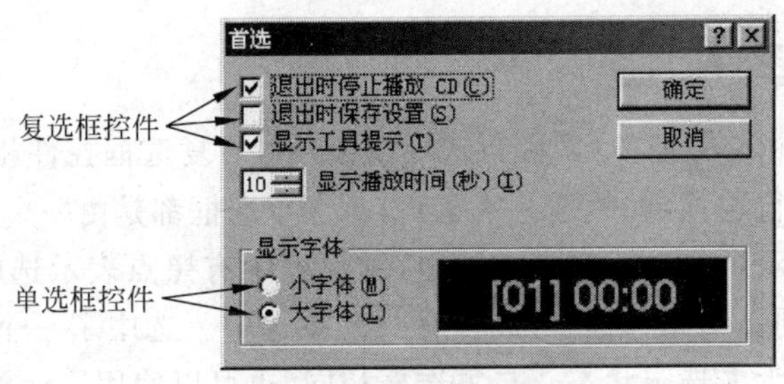

图 8.9　复选框和单选框控件

1. Caption 属性

使用 Caption 属性设置复选框控件的显示文字,可以包含“&”字符来建立快捷键。

2. Style 属性

此属性值为 0 时(默认值),复选框以标准样式显示;为 1 时,以命令按钮样式显示,按下表示选中,弹起表示未选中,类似于老式盒式磁带录音机的按键。

3. Alignment 属性

Alignment 属性值为 0 时(默认值),复选框的方框在标题文字左边;为 1 时,方框显示在标题文字的右边。

4. Value 属性

Value 属性决定复选框的选中状态,见表 8.6。

表 8.6　复选框控件 Value 属性的取值

属性值	常　量	意　义
0	vbUnchecked	未选中(默认值)
1	vbChecked	选中
2	vbGrayed	灰色显示

注意复选框 Value 属性值为 2 的情况。只能通过在程序中把 2 赋值给 Value 属性来达到,用户的操作不会导致复选框以灰色显示。复选框以灰色显示表示某种状态不确定或不一致,例如,在 Windows 资源管理器中选择多个文件或文件夹,然后从“文件”菜单中执行“属性”命令来打开“属性”窗口,如果被选择的文件或文件夹之间的“只读”、“隐藏”或“存档”属性不一致,则相应的复选框会“变灰”。当单击一个灰色显示的复选框时,就会在选中与未选中之间切换,不能再回到变灰状态。复选框控件 Value 属性的值为 2 时以灰色显示,同 Enabled 属性为 False 时变灰是完全不同的。前者不影响对用户操作的响应。

5. Click 事件

复选框控件支持 Click 事件,但不支持 DblClick 事件。除了用户的鼠标单击动作之外,其他任何可以改变复选框控件 Value 属性值的用户动作或程序语句都会引发 Click 事件。

值得注意的是,用户通过鼠标单击、快捷键等方法使复选框的状态发生变化是复选框本身具有的行为功能。也就是说,不编写 Click 事件过程,复选框也能响应用户的操作,所以一般不必编写其 Click 事件过程。

8.3.2 单选框控件

单选框(OptionButton)控件(又称为选项按钮)与复选框控件相似,也是成组地列在窗体上供用户从中进行选择(如图 8.9 所示)。每个单选框都是由一个圆形框和标题文字组成。圆形框中空白表示这个选择项未被选中,圆形框中有黑点表示选中。单选框与复选框最大的区别在于,在同一组单选框中,最多有一个被选中。选中了一个单选框,则原来被选中的单选框会自动变为未选定状态。与复选框相同,也可以使用鼠标单击、快捷键或空格键操作单选框。

应该注意的是,直接放置在窗体上的所有单选框被认为是属于同一组,无论它们的相互位置及排列方式如何。要在一个窗体上建立多组单选框,需使用图片框或者框架等容器控件。把要作为一组的所有单选框放置在容器控件里面(而不是“控件上面”),就形成了一个单选框组。

1. Caption 属性、Style 属性、Alignment 属性

单选框控件的这三个属性和复选框控件的用法相同。

2. Value 属性

本属性表示单选框的选择状态,与复选框不同,单选框的 Value 属性为逻辑型。属性值为 False 时(默认值),表示未选中状态; 为 True 时,表示选中状态。

3. Click 事件、DblClick 事件

与复选框不同,单选框同时支持 Click 事件和 DblClick 事件。一般情况下,没有必要编写这两个事件过程,因为单选框的选中与多个单选框之间的切换是控件自动完成的。

【例 8.4】 “调查表”程序(如图 8.10 所示)。

这个程序用到的窗体与控件对象列于表 8.7 中,共用到两组单选框“性别”和“民族”,分别放置在两个框架控件中。6 个复选框放置在“爱好”框架中。“围棋”和“象棋”两个复选框受“下棋”复选框的控制,只有当“下棋”复选框被选中,“围棋”和“象棋”两个复选框才变为可用。水平滚动条用来辅助输入年龄。

运行时,在窗体上输入或选择必要的内容之后,单击“汇总”按钮,会在窗体最下面的标签控件中显示出所输入的内容。

表 8.7 中未提及的属性使用其默认值。

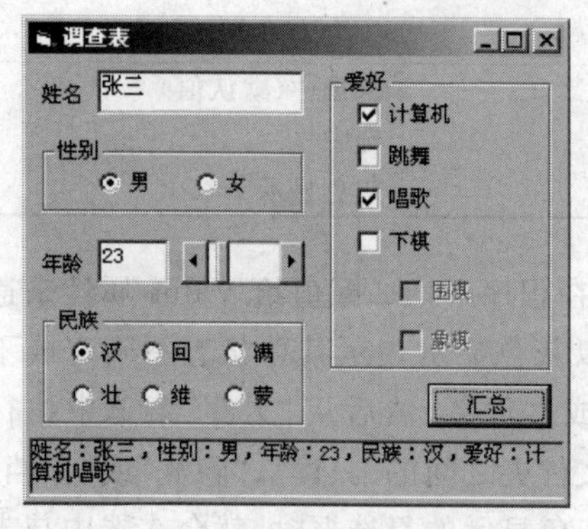

图 8.10 例 8.4 程序界面

表 8.7 例 8.4 中用到的对象

对象类型	对象名	属性名	初始属性值	说 明
窗体	frmSurvey	Caption	调查表	
按钮	cmdSum	Caption	汇总	
文本框	txtName	Text	(空)	输入姓名的文本框
	txtAge	Text	(空)	输入年龄的文本框
标签	lblName	Caption	姓名	
	lblAge	Caption	年龄	
	lblStatus	Caption	(空)	窗体最底部的标签
		BorderStyle	1	
水平滚动条	hsbAge	Min	18	
		Max	60	
		SmallChange	1	
		LargeChange	5	
框架	fraSex	Caption	性别	
	fraNation	Caption	民族	
	fraHobby	Caption	爱好	
单选框	optMale	Caption	男	
		Value	True	把"男"设为默认值
	optFamale	Caption	女	
	optHan	Caption	汉	
		Value	True	把"汉"设为默认值
	optHui	Caption	回	
	optMan	Caption	满	
	optZhuang	Caption	壮	
	optWei	Caption	维	
	optMeng	Caption	蒙	
复选框	chkComputer	Caption	计算机	
	chkDance	Caption	跳舞	
	chkSing	Caption	唱歌	
	chkChess	Caption	下棋	控制下面两个复选框
	chkWChess	Caption	围棋	
		Enabled	False	
	chkCChess	Caption	象棋	
		Enabled	False	

整个程序只需编写水平滚动条、"汇总"按钮与"下棋"复选框的几个事件即可。

```
Private Sub chkChess_Click()                    '单击"下棋"复选框
    If chkChess.Value = 0 Then
       chkWChess.Enabled = False
       chkCChess.Enabled = False
       chkWChess.Value = 0
       chkCChess.Value = 0
     Else
        chkWChess.Enabled = True
        chkCChess.Enabled = True
```

```
    End If
End Sub

Private Sub hsbAge_Change()                         '改变滚动条的值
    txtAge.Text = hsbAge.Value
End Sub
Private Sub hsbAge_Scroll()                         '拖动滚动块
    txtAge.Text = hsbAge.Value
End Sub

Private Sub cmdSum_Click()                          '单击"汇总"按钮
    Dim strSum As String
    strSum = "姓名:" & txtName.Text                 '得到姓名
    If optMale.Value = True Then                    '判断性别
        strSum = strSum & ",性别:男"
    Else
        strSum = strSum & ",性别:女"
    End If
    strSum = strSum & ",年龄:" & txtAge.Text      '年龄
    If optHan.Value = True Then strSum = strSum & ",民族:汉" '民族
    If optHui.Value = True Then strSum = strSum & ",民族:回"
    If optMan.Value = True Then strSum = strSum & ",民族:满"
    If optZhuang.Value = True Then strSum = strSum & ",民族:壮"
    If optWei.Value = True Then strSum = strSum & ",民族:维"
    If optMeng.Value = True Then strSum = strSum & ",民族:蒙"
                                                    '爱好
    If chkComputer.Value = 1 Or chkDance.Value = 1 Or chkSing.Value ␣ _
            = 1 Or chkWChess.Value = 1 Or chkCChess.Value = 1 Then
        strSum = strSum & ",爱好:"
    End If
    If chkComputer.Value = 1 Then strSum = strSum & "计算机"
    If chkDance.Value = 1 Then strSum = strSum & "跳舞"
    If chkSing.Value = 1 Then strSum = strSum & "唱歌"
    If chkWChess.Value = 1 Then strSum = strSum & "围棋"
    If chkCChess.Value = 1 Then strSum = strSum & "象棋"
    lblStatus.Caption = strSum
End Sub
```

8.3.3 列表框控件

列表框(ListBox)控件与复选框、单选框一样,也是提供选项的控件(选中的被突出显示)。如图8.11所示,列表框控件占用有限的空间,可以提供许多的选项。当列表框不能同时显示所有的选项时,会提供滚动条,允许对控件中的选项进行滚动浏览、选择。通过设置相应的属性,列表框可以支持单选和多选。

列表框中的选择项称为"条目(Item)"。

1. Columns 属性

Columns 属性决定列表框中显示条目的列数。这个属性为0时(默认值),显示一列,条目多时自动添加垂直滚动条;为1时,仍显示一列,但滚动条是水平的;属性值为 $n>1$ 时,条目以 n 列显示,滚动条为水平的。图8.11中显示的多列列表框的 Columns 属性值是2。

2. ListCount 属性

此属性的值是列表框中的条目数(非负整数)。ListCount 属性是只读属性,并且在设

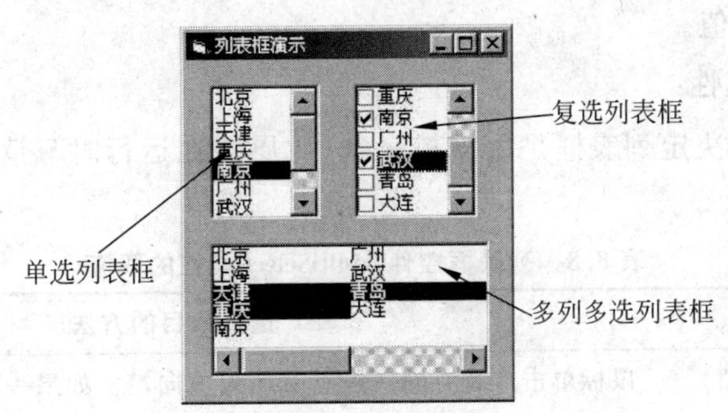

图 8.11　列表框控件

计时不可用。

3．List 属性

List 属性是一个一维字符串数组，数组下标的下界为 0，上界为 ListCount 属性值减 1。每个数组元素的值对应列表框中一个条目的文字内容，下标为 0 的元素对应列表框中第 1 个条目，下标为 1 的元素对应列表框中的第 2 个条目，……，下标为 ListCount－1 的元素对应列表框中的最后一个条目。

程序设计阶段，可以在“属性”窗口中的 List 属性处为列表框添加初始条目。“属性”窗口中的 List 属性处会显示一个下拉列表，输入或编辑条目后使用 Ctrl＋Enter 组合键换行。如果只按 Enter 键是关闭列表。

在程序运行时，可以使用 List 属性来改变列表框现有条目文字。假设一个名称为 List1 的列表框，当前有 n 个条目(序号为 $0\sim n-1$)，可以使用类似如下的语句改变序号为 $m(0\leqslant m\leqslant n-1)$的条目上所显示的文字：

```
List1.List(m) = "新值"
```

如果上面语句中的 $m=n$，会在列表框的最后添加一个新条目。当 $m>n$ 时，则会出错。

4．ListIndex 属性

ListIndex 属性的值是当前被选中条目的序号，列表框中被选中的条目会突出显示。如果第 1 个条目被选中，则此属性的值为 0；第 2 个条目被选中，此属性值为 1，……。如果没有条目被选中，则此属性值为－1。

若列表框支持多选，ListIndex 属性的值是最后一个被选中条目的序号。

还有一种情况比较特殊，如果列表框中有一条目未被选中，但却拥有输入焦点(虚线矩形框包围)，则它的序号就是 ListIndex 属性的值。一般情况下，具有焦点的条目和最后被选中的条目是同一条目。

5．ItemData 属性

列表框控件还为每个条目保存了一个长整型数值，存储于 ItemData 属性中，它不被显示出来，但可以通过程序进行存取。

ItemData 属性是一个长整型数组，数组中每个元素对应列表框中的一个条目，元素的个数与列表框中条目数相同，并与 List 属性的元素一一对应。程序可以利用这个属性保存与条目相关的各种数值。

6. MultiSelect 属性

MultiSelect 属性决定列表框是否支持多选(此属性在运行时只读)。具体取值与意义见表 8.8。

表 8.8 列表框控件 MultiSelect 属性的取值

属性值	意义	选择条目的方法
0	单选(默认值)	鼠标单击或者有输入焦点时使用方向键。如果一个条目被选中,原来选中的条目会自动变为未选中状态
1	允许多选	鼠标左键单击或空格键选择,方向键移动光标
2	允许多选	类似于在 Windows 资源管理器中选择多个文件。按住 Ctrl 键用鼠标单击多个条目,或者按住 Shift 键来选择连续的多个条目

7. Style 属性

Style 属性为 0 时(默认值),列表框为标准样式;为 1 时,为复选框样式(如图 8.11 所示),列表框的每个条目以复选框的形式显示。此属性运行时只读。

注意,如果 Style 属性为 1,无论 MultiSelect 属性为何值,列表框均能多选。单击复选框可以对条目进行取舍。

8. SelCount 属性

SelCount 属性值表明列表框中当前被选中的条目数。如果没有条目被选中,属性值为 0。此属性运行时只读,设计时不可用。

9. Selected 属性

Selected 属性是一个逻辑型数组,与 List 和 ItemData 属性相似。Selected 属性数组元素个数与列表框中条目个数相同,每一个元素对应一个条目。数组元素值为 True 表示相应的条目被选中,为 False 表示未被选中。可以利用这个属性在程序中检测某个条目是否被选中,也可以使用此属性在程序中控制列表框中条目的选定状态。此属性在设计时不可用。

10. TopIndex 属性

此属性的值是列表框控件当前显示的第一个条目的序号。可以通过设置此属性使得某一条目滚动显示到控件的最顶部。此属性设计时不可用。

11. Text 属性

Text 属性的值是列表框当前所选条目的文字内容。如果没有条目被选中,则此属性为空字符串。列表框的 Text 属性是只读属性,并且在设计时不可用。对于列表框 List1,如果它有条目被选中,则 List1. Text 的值与 List1. List(List1. ListIndex)的值相同。

12. Sorted 属性

Sorted 属性决定列表框中的条目是否排序。属性值为 True 时,条目按字符内码顺序递增排列;为 False 时不排序(默认值)。此属性在运行时只读。

13. NewIndex 属性

该属性值是最新添加到列表框中条目的序号。这个属性为只读,对于排序(Sorted 属性为 True)的列表框特别有用。使用 AddItem 方法往列表框中添加一个条目之后,使用此属性可以获得它的序号,可以使用此序号为新条目赋 ItemData 属性值,或进行其他操作。如果在列表框中没有条目或在新条目被加入之后有条目被删除,那么 NewIndex 属性值为−1。

14. AddItem 方法

使用列表框的 AddItem 方法向列表框中添加新条目。此方法有两个参数,第二个为可选参数。AddItem 方法的语法格式为:

```
列表框对象名.AddItem ␣ Item [,Index]
```

AddItem 方法把第一个参数"Item"(字符串表达式)的值添加到列表框中"Index"参数指定的位置上。Index 参数值在 0 和列表框的 ListCount 属性值(条目数)之间。如果 Index 参数值小于 ListCount 属性值,则插入到指定位置上,后面的所有条目都自动往下移动一行。如果 Index 参数值等于 ListCount 属性值,新条目添加到列表的最后。

如果列表框的 Sorted 属性(排序)设置为 True,应省略 Index 参数,新条目会被插入到适当的位置上。如果省略了 Index 参数,且列表框未排序(Sorted 属性为 False),则新条目会被加到列表框中的最后一条上。

添加新条目后,对应于此条目的 ItemData 属性值设置为默认值 0。应该在添加之后使用 NewItem 属性得到新条目的序号,设置新条目对应的 ItemData 值。

> Visual Basic 允许以下面两种方式调用有参数的对象方法(类似于调用 Sub 过程):
>
> ```
> 对象名.方法名 ␣ 逗号分隔的参数
> Call ␣ 对象名.方法名(逗号分隔的参数)
> ```
>
> 例如,下面的两条语句是等效的:
>
> ```
> List1.AddItem "南京",0
> Call List1.AddItem("南京",0)
> ```

15. RemoveItem 方法

此方法从列表框中删除 Index 参数指定序号的条目:

```
列表框对象名.RemoveItem ␣ Index
```

Index 参数指定的条目被删除后,与这一条目相联系的所有数据(如 ItemData 属性值、Selected 属性值)都会被自动删除,它后面的条目向上移动一行。

16. Clear 方法

清除列表框中所有条目,此方法无参数:

```
列表框对象名.Clear
```

17. Click 事件、DblClick 事件

列表框控件支持 Click 和 DblClick 事件。应该注意的是,只有使用鼠标在列表框控件中的条目上单击或双击时才引发这两个事件。如果在列表框中没有条目的空白区域中操作

鼠标,不会引发这两个事件。

另外,如果通过程序代码改变了列表框的 ListIndex 属性值,也会引发 Click 事件。

18. Scroll 事件

当列表框的滚动条被滚动时,触发此事件。Scroll 事件的用法与滚动条控件的同名事件相同。

19. ItemCheck 事件

如果列表框控件的 Style 属性设置为 1(复选框样式),当某个条目的复选框被选定或者被取消选定时该事件发生。ItemCheck 事件发生在 Click 事件之前。事件过程的语法为:

```
Private␣Sub␣列表框对象名_ItemCheck(Item␣As␣Integer)
```

Item 参数传递来的值是引发此事件条目的序号。

【例 8.5】 "城市与人口"程序。

本程序具备以下功能(如图 8.12 所示):①在"城市名"和"人口数"文本框中输入信息之后,单击"添加"按钮,城市名被添加到"已有城市"列表框中,相应的人口数量也被保存;②单击列表框中任意一个城市名,在两个文本框中显示出这个城市的名称与相应的人口数量;③单击"删除"按钮,删除列表框中当前选定的城市名;④当单击"全部删除"按钮,消除列表框中的所有城市名。

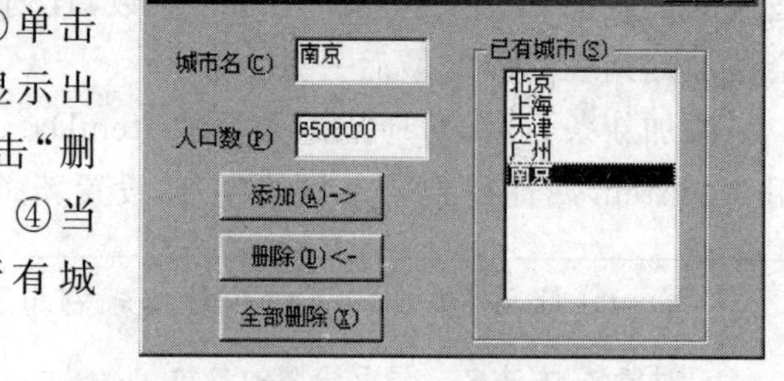

图 8.12 例 8.5 的界面

本程序用到的对象列于表 8.9 中。

表 8.9 例 8.5 中的对象

对象类型	对象名	属性名	初始属性值	说明
窗体	frmCity	Caption	城市与人口	
框架	fraCity	Caption	已有城市(&S)	
标签	lblCity	Caption	城市名(&C)	
	lblPop	Caption	人口数(&P)	
按钮	cmdAdd	Caption	添加(&A)->	
	cmdDelete	Caption	删除(&D)<-	
	cmdClear	Caption	全部删除(&X)	
列表框	lstCity			无初始条目
文本框	txtCity	Text	(空)	
	txtPop	Text	(空)	

编写以下事件过程:

```
Private Sub cmdAdd_Click()                               '单击"添加"按钮
    Dim strCity As String, lngPop As Long, int1 As Integer
    strCity = txtCity.Text
    lngPop = txtPop.Text
    If strCity = "" Then Exit Sub                        '如果"城市名"文本框为空,则什么都不做
```

```
    For int1 = 0 To lstCity.ListCount - 1          '如果列表框中已有,则不添加
        If strCity = lstCity.List(int1) Then
            Exit Sub
        End If
    Next
    lstCity.AddItem strCity                         '添加城市名
    lstCity.ItemData(lstCity.NewIndex) = lngPop     '保存人口数量
    txtCity.Text = "": txtPop.Text = ""             '添加完毕,清空文本框
End Sub

Private Sub cmdClear_Click()                        '单击"全部删除"按钮
    lstCity.Clear                                   '清空列表框
End Sub

Private Sub cmddelete_Click()                       '单击"删除"按钮
    If lstCity.ListIndex > -1 Then
        lstCity.RemoveItem lstCity.ListIndex        '删除选中的城市
    End If
End Sub

Private Sub lstCity_Click()                         '单击列表框时
    txtCity.Text = lstCity.List(lstCity.ListIndex)
    txtPop.Text = lstCity.ItemData(lstCity.ListIndex)'显示人口数
End Sub
```

请思考：①本程序是如何避免列表框中出现重复条目的？②程序是如何记录城市的人口数的？

【例 8.6】 移动列表框条目。

如图 8.13 所示，窗体上有两个列表框，在左边的"源列表框"中选择多个条目，单击"->"按钮后，选中的条目被移动到"目标列表框"中。

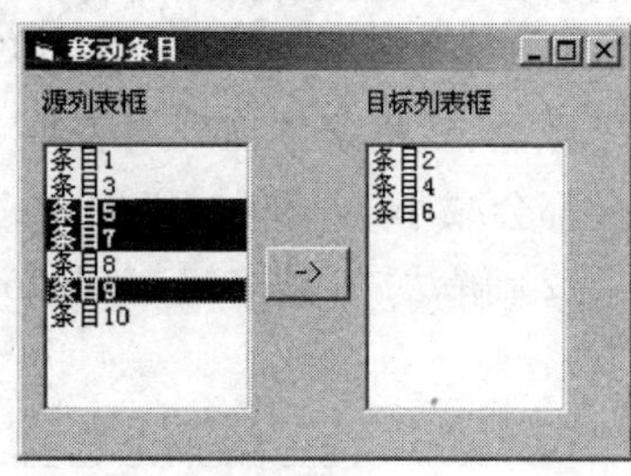

图 8.13 例 8.6 的界面

本例用的对象列于表 8.10 中。

表 8.10 例 8.6 中的对象

对象类型	对象名	属性名	属性的初始值	说明
窗体	frmMove	Caption	移动条目	
标签	lblFrom	Caption	源列表框	
	lblTo	Caption	目标列表框	
按钮	cmdMove	Caption	->	
列表框	lstFrom	源列表框(在窗体的 Load 事件过程中添加条目)		
		MultiSelect	2	支持多选
	lstTo	目标列表框		

(1) 解法一：

```
Private Sub Form_Load()              '在窗体的 Load 事件过程中为列表框添加条目
    Dim i As Integer
    For i = 1 To 10
```

```
        lstFrom.AddItem "条目" & i
    Next
End Sub
Private Sub cmdMove_Click()                     '单击"->"按钮
    Dim intSelNo() As Integer                   '定义动态数组
    Dim intSelNum As Integer
    Dim i As Integer,j As Integer
    intSelNum = lstFrom.SelCount                '得到选定条目的个数
    ReDim intSelNo(1 To intSelNum)              '重新定义动态数组
    i = 1
    For j = 0 To lstFrom.ListCount - 1          '得到各个被选条目的序号
        If lstFrom.Selected(j) Then
            intSelNo(i) = j
            i = i + 1
        End If
    Next
                                                '依次移动各个条目
    For i = 1 To intSelNum
        lstTo.AddItem lstFrom.List(intSelNo(i))
        lstFrom.RemoveItem intSelNo(i)
        For j = i + 1 To intSelNum
            intSelNo(j) = intSelNo(j) - 1       '这里为什么要减1?
        Next
    Next
End Sub
```

每个条目的移动实际上是分两步实现的,首先在目标列表框中添加一条与源列表框中被选条目相同的条目,然后将源列表框中的条目删除。

在 cmdMove_Click 事件过程中,首先使用动态数组保存列表框 lstFrom 中被选定条目的序号,然后逐条移动到列表框 lstTo 中。在源列表框中,每删除一个条目,其后各条目的序号都会减小 1,编程时必须考虑这一点。

(2) 解法二,对按钮 cmdMove 的事件过程重编代码,如下所示(Form_Load 事件过程不变):

```
Private Sub cmdMove_Click()
    Dim i As Integer
    Do While lstFrom.SelCount > 0
        Do Until lstFrom.Selected(i)
            i = i + 1
        Loop
        lstTo.AddItem lstFrom.List(i)
        lstFrom.RemoveItem i
    Loop
End Sub
```

解法二的程序比解法一要简短得多,分析它是如何实现移动条目的。

8.3.4 组合框控件

组合框(ComboBox)控件 虽然是单独控件,但是可以看作是由文本框和列表框构成的组合体,所以组合框拥有文本框与列表框大多数常用的属性、方法和事件。

1. Style 属性

组合框按照特性与功能,可以分为"下拉式组合框"、"简单组合框"和"下拉式列表框" 3

种不同的样式(如图 8.14 所示)。Style 属性决定组合框的样式,属性取值与意义见表 8.11。实际使用时,应根据编程任务和 3 种样式的特点,选择适当样式的组合框。

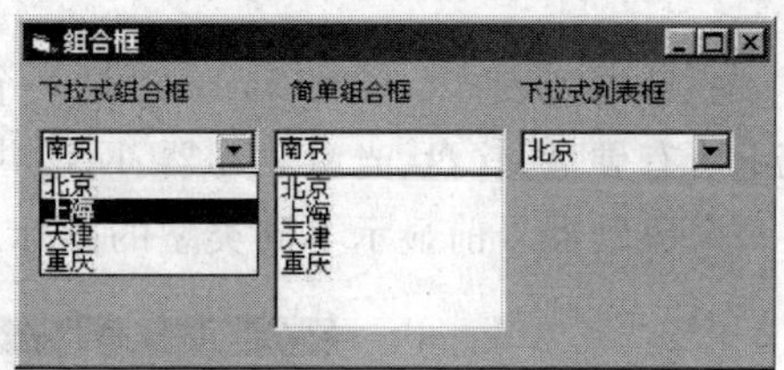

图 8.14 组合框控件

2. 组合框控件的常用属性

因为组合框可以看作是文本框与列表框的组合体,因此它具有二者的事件与方法。组合框不支持多选,所以没有 MultiSelect、SelCount 和 Selected 这 3 个与多选有关的属性。组合框不支持复选框样式,因此也无 ItemCheck 事件。

表 8.11 组合框控件 Style 属性的取值

属性值	常量	意义
0	vbComboDropDown	(默认值)下拉式组合框。不操作时列表框部分隐藏,在文本框部分右边显示一个下拉箭头,单击此箭头可以打开列表框。用户可以直接在文本框中输入,也可以从列表中选择,选择的条目被显示在文本框中
1	vbComboSimple	简单组合框。文本框和列表框部分一直显示在窗体上,文本框右端无向下箭头。用户可以从列表中选择或在文本框中直接输入。往窗体上添加了一个简单组合框后,应该调整列表框部分的显示大小
2	vbComboDropDownList	下拉式列表框。这种列表框的样式外观与下拉式组合框相似,但是不允许用户在文本框中直接编辑,必须从列表框中进行选择。也就是说,文本框中显示的内容肯定是列表框中的一个条目

除此之外,组合框支持列表框与文本框的大多数常用属性。如:(对应于文本框)SelLength 属性、SelStart 属性、SelText 属性和 Text 属性;(对应于列表框)ListIndex 属性、NewIndex 属性、Sorted 属性、ItemData 属性、TopIndex 属性、List 属性和 ListCount 属性。有些属性会受 Style 属性设置的影响,比如,对于下拉式列表框来说,Text 属性是只读的。

3. 组合框控件的常用方法

组合框控件支持 AddItem 方法、Clear 方法、RemoveItem 方法,用法与列表框控件相同。

4. 组合框控件的常用事件

组合框控件支持 Change 事件(当文本框中的内容发生变化时,触发此事件),也支持 Click 事件、DblClick 事件和 Scroll 事件。

8.4 文件系统控件*

为了方便与磁盘文件操作有关的编程,Visual Basic 提供了 3 个文件系统控件,它们是:驱动器列表框、目录列表框和文件列表框。

8.4.1 驱动器列表框控件

驱动器列表框(DriveListBox)是一个下拉式列表框(如图8.15所示),能自动列出计算机上所有硬盘、软盘、光盘驱动器、网络共享驱动器、U盘和移动硬盘的驱动器号(盘符),并在每个驱动器号前显示不同类型的图标。

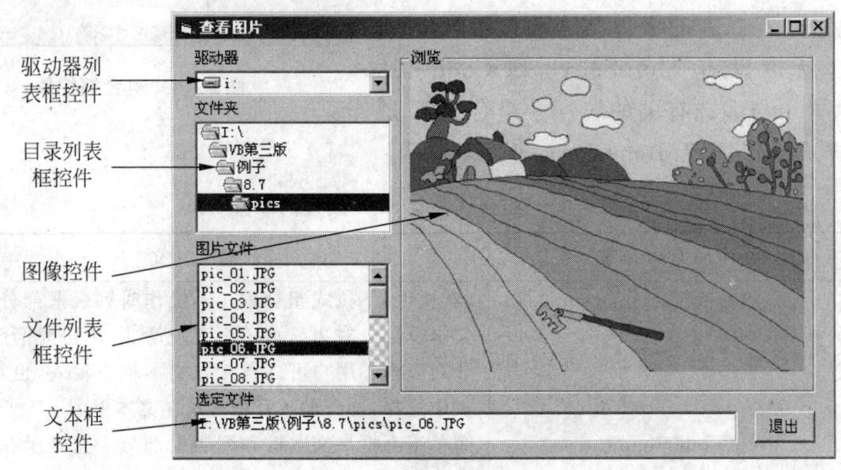

图8.15 文件系统控件

用户可以根据需要从中选择一个驱动器。

驱动器列表框控件▭中的内容是程序所运行的计算机上实际情况的反映,程序不能改变驱动器列表框中的条目(这一点与列表框控件不同)。

1. List、ListIndex、ListCount 属性

这三个属性的意义与列表框控件的同名属性相同,均为设计时不可用属性,List 和 ListCount 属性运行时只读。通过 List 属性可以得到各个驱动器号;通过 ListCount 属性可以得到计算机上的驱动器数量;通过 ListIndex 属性可以得到当前(即用户所选择的)驱动器的序号(取值为0~ListCount-1)。

下面的语句可以使计算机上的第二个驱动器成为被选定驱动器:

```
Drive1.ListIndex = 1
```

2. Drive 属性

Drive 属性反映当前显示的或用户选择的驱动器号(如"A:"、"C:"等),设计时不可用。可以给该属性赋一个字母(大小写均可)来选定相应的驱动器。如:

```
Drive1.Drive = "D"
```

可以赋给此属性一个字符串,但只有第一个字符有意义。如果当前计算机上没有所指定的驱动器,则会出错。

3. Change 事件

当驱动器列表框中当前所选驱动器发生改变时,如用户使用鼠标选择或程序设置,则会

引发此事件。驱动器列表框不支持 Click 和 DblClick 事件。

8.4.2 目录列表框控件

目录列表框(DirListBox)控件（如图 8.16 所示）以层次结构显示指定目录（文件夹）中的所有第一级子目录及其所有的父目录。

用户可以通过双击一个目录名来指定当前目录。

1. Path 属性

Path 属性的值反映了目录列表框中打开的当前目录。当前目录是目录列表框中显示打开文件夹图标的最后一个条目，如图 8.16 中的 E：\VB5\samples\entrpris 目录。

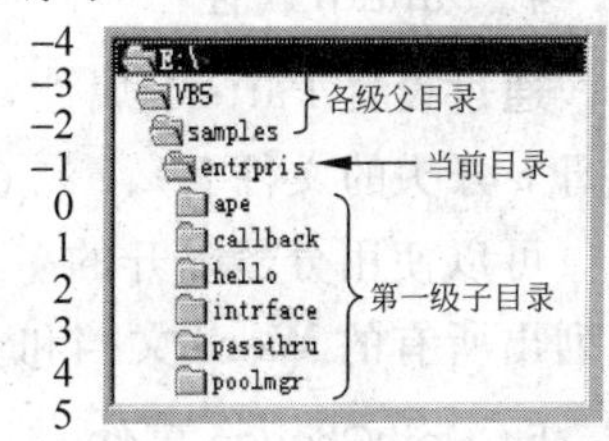

图 8.16　目录列表框

目录列表框对象的 Path 属性在设计时不可用。

2. List 属性、ListCount 属性

目录列表框的 List 属性值是一个字符串数组，数组中每个元素包括了控件中相应条目的目录名称（带有完整路径）。

ListCount 属性的值是当前目录（即 Path 属性指定的目录）中子目录的个数。这个值肯定不大于目录列表框中的条目数。

List 属性和 ListCount 属性在设计时不可用，并且运行时只读。

3. ListIndex 属性

ListIndex 属性值是目录列表框中以突出方式显示的条目的序号，此条目不一定就是 Path 属性指定的目录。如图 8.16 所示，ListIndex 属性值对应的条目为"E：\"，而 Path 属性对应的条目为"entrpris"。

目录列表框中条目的序号编排与列表框控件不同，由 Path 所指定的目录的序号为－1。它的上一级目录的序号依次为－2、－3、…；它的第一个子目录序号为 0，第二个子目录的序号为 1，依此类推。如图 8.16 所示，左侧的数字是相应条目的序号。例如：

List(2)的值为"E：\VB5\samples\entrpris\hello"。

4. Change 事件

当目录列表框中的当前目录（即 Path 属性的值）被改变时激活 Change 事件。目录列表框支持 Click 事件，不支持 DblClick 事件。

8.4.3 文件列表框控件

文件列表框(FileListBox)控件（如图 8.15 所示）用于显示指定目录下所有指定类型的文件，可以选定其中一个或多个文件。

1. List 属性、ListCount 属性、ListIndex 属性、MultiSelect 属性、Selected 属性

文件列表框的这几个属性的意义和用法与列表框控件的相应属性相同。

2. Path 属性

此属性（字符串类型）指定文件列表框中显示的文件所在目录（文件夹）的路径。

3. FileName 属性

此属性返回文件列表框中选择的文件名(字符串类型)。如果支持多选(MultiSelect 属性设置为 True),需要使用 Selected 属性来确定多个被选定文件。如果 FileName 属性的值为空字符串,表示没有文件被选择。

4. Pattern 属性

通过设置 Pattern 属性,可以在文件列表框中只列出某种类型的文件,如:"a＊.＊"(以字母 a 开头的文件名)、c＊.exe(以字母 c 开头的 exe 文件)等,其中星号"＊"称为**通配符**。

可以使用分号隔开的多个通配符项,使文件列表框显示多种文件,如"＊.doc; ＊.xls"可列出所有的 Word 文档和 Excel 工作簿文件。

5. PathChange 事件

当文件列表框对应的目录(即 Path 属性值)变化时,触发此事件。

8.4.4 联合使用三个文件系统控件

使用文件系统控件的目的是让用户方便地选择驱动器、文件夹(目录)和文件。驱动器列表框、目录列表框与文件列表框常常是配合起来使用的,这样才能方便地从整个文件系统中选择一个或多个文件、目录。要使三者联动,就必须在一个控件内容发生改变之后立刻刷新其他的控件。

【例 8.7】 图片查看程序。

如图 8.15 所示,程序允许用户在任何一个驱动器的任何一个目录中指定一个图片文件(＊.bmp、＊.jpg 或 ＊.wmf)并显示在图像控件中。

```
Private Sub Form_Load()
   File1.Pattern = "*.bmp; *.jpg; *.wmf" '设置过滤文件类型
End Sub
Private Sub Drive1_Change()
   Dir1.Path = Drive1.Drive                       '驱动器列表框改变后刷新目录列表框
End Sub
Private Sub Dir1_Change()
   File1.Path = Dir1.Path                         '目录列表框改变后刷新文件列表框
End Sub
Private Sub File1_Click()
   Image1.Picture = LoadPicture(File1.Path & "\" & File1.FileName)
   Text1.Text = File1.Path & "\" & File1.FileName
End Sub
Private Sub Command1_Click()
   End                                            '退出程序
End Sub
```

8.5 控件的键盘输入焦点与 Tab 键次序*

在 Windows 窗口中,尤其是在对话框上,某一时刻只能有一个控件拥有键盘输入焦点。拥有焦点的控件,用户可以通过键盘直接对其进行操作。

不同种类的控件拥有焦点后的表现形式不相同:按钮表面上会显示矩形虚线框;文本

框会显示插入点光标；单选框与复选框的标题文字会被虚线框围起；列表框的当前条目也有虚线框；组合框中会显示光标或者突出显示文字。标签、框架、直线、形状、图像等控件不支持键盘输入焦点。

使一个控件拥有焦点的方法有多种：①使用鼠标对其进行操作；②使用快捷键(标题中有下划线的字符)；③使用 Tab 键或 Shift＋Tab 组合键在各个控件上循环移动焦点；④在同一组中的单选框之间使用方向键移动焦点；⑤在程序中使用有关语句进行设置(如 SetFocus 方法)。

下面介绍各类控件与焦点有关的属性、事件和方法。

1. TabIndex 属性

TabIndex 属性决定用户使用 Tab 键在控件对象之间移动焦点时的移动次序。各个控件之间的 TabIndex 属性值应是连续的整数，第一个拥有焦点的控件属性值为 0，其他递增。在设计阶段，向窗体上添加控件时，会自动按添加的前后顺序设置各个控件的 TabIndex 属性值。窗体加载时，会把焦点置于 TabIndex 为 0 的控件上。

菜单、定时器、图像、直线和形状等控件没有这个属性，它们不支持焦点。标签、框架控件有此属性，但是它们不能拥有焦点。每当它们得到焦点时(一般通过快捷键)，会立刻把焦点传递给 Tab 键次序中下一个可以拥有焦点的控件。所以，把标签用于文本框、组合框之前时，也应该适当设置它们的 TabIndex 属性，使文本框或组合框的 TabIndex 属性值比标签的 TabIndex 属性值大 1。

2. TabStop 属性

此属性为逻辑值，当一个能够拥有焦点的控件的 TabStop 值为 True 时，用户可以使用 Tab 键(或 Shift＋Tab 组合键)把焦点置于此控件上；否则，使用 Tab 键(或 Shift＋Tab 组合键)移动焦点时会跳过此控件。TabStop 属性为 False 的控件仍然可以用其他的方法获得焦点(如使用鼠标直接操作)。

Enabled 或 Visible 属性为 False 的控件不能拥有键盘焦点，不论其他属性的设置如何。

3. SetFocus 方法

```
对象名.SetFocus
```

"对象名"应该是窗体名或能够拥有焦点的控件名。用此方法把焦点移动到"对象名"指定的窗体或控件上。只有窗体上所有可拥有焦点的控件都无效时，窗体才可以得到焦点。

4. GotFocus 事件、LostFocus 事件

当窗体或能够拥有输入焦点的控件得到焦点时引发 GotFocus 事件，失去焦点时引发 LostFocus 事件。引发这两个事件的原因可以是任何一种能够引起焦点移动的动作。

8.6 鼠标与键盘事件

实际上，大多数的对象不必处理鼠标和键盘事件就可以方便地使用。例如，文本框不必编写键盘事件过程便具有编辑功能，单选框和复选框不必处理鼠标事件就可以进行选定。但是，如果要进行复杂的编程，需要使用高级鼠标和键盘事件(相对于 Click 和 DblClick 事件)。

8.6.1 MouseDown 事件、MouseUp 事件、MouseMove 事件

前面的章节中介绍了窗体与各种控件的 Click 事件和 DblClick 事件。这两个事件都没有参数，当程序在处理这两个事件时，不能确定用户是在对象的什么位置上进行鼠标单击的，也不能确定用户单击的是鼠标上的哪一个键，更不能确定在单击鼠标时是否按下了键盘上的某个控制键(如 Ctrl、Shift 和 Alt 键)。这里介绍的 3 个事件支持参数，可以向程序传递上述的各种状态。

具有这 3 个事件的对象有窗体、命令按钮、文本框、复选框、单选框、框架、图像、标签、列表框和图片框。

当用户在对象上按下鼠标键时触发 MouseDown 事件。事件过程的语法为：

```
Sub object_MouseDown(Button As Integer,Shift As Integer, _
X As Single,Y As Single)
```

当用户在对象上释放鼠标键时引发 MouseUp 事件。事件过程的语法为：

```
Sub object_MouseUp(Button As Integer,Shift As Integer, _
X As Single,Y As Single)
```

当用户在对象上移动鼠标时连续引发多个 MouseMove 事件。事件过程的语法为：

```
Sub object_MouseMove(Button As Integer,Shift As Integer, _
X As Single,Y As Single)
```

上述语法中的 object 应该是“Form”或者控件对象名。

这 3 个事件过程与前面学过的其他事件过程最大的不同在于，它们都有 4 个参数，通过这些参数可以在程序中确定事件发生时的详细信息。

1. Button 参数

Button 参数是一个整型值，反映事件发生时按下的是哪个鼠标键：1 表示左键；2 表示右键；4 表示中键。

对于 MouseMove 事件来说，事件发生时，可能同时有两个或 3 个鼠标键被按下，这时 Button 参数是相应的两个或 3 个值的和。例如，按着鼠标左键和右键移动，则参数 Button 的值是 3(=1+2)。因为移动鼠标时，可能不按下任何一个鼠标键，所以对于 MouseMove 事件，Button 参数可以是 0。

对于 MouseDown 和 MouseUp 事件，这个参数应是 1、2 和 4 之一。因为按下或释放鼠标键的时候，不可能完全同时地操作一个以上的键。

2. Shift 参数

Shift 参数也是一个整数，它表明在这 3 个鼠标事件发生时，键盘上的哪一个控制键被按下：1 表示 Shift 键；2 表示 Ctrl 键；4 表示 Alt 键。如果同时有两个或 3 个控制键被按下，则 Shift 参数值是相应键的数值之和。例如，当事件发生时，Ctrl 键被按着，则 Shift 参数值是 2；如果 Shift 键和 Alt 键同时处于按下状态，则 Shift 参数值为 5。如果事件发生时，没有键盘控制键被按下，则这个参数的值为 0。

3. X 参数、Y 参数

这两个参数反映的是事件发生时鼠标指针热点所处位置的坐标。默认情况下,坐标系的原点在引发事件对象的左上角。

应该注意的是,当移动鼠标时,会不断地发生 MouseMove 事件。但是,并不是每经过一点都会发生 MouseMove 事件,而是在移动过程中每隔很短的一段时间引发一个此事件。所以,在相同的距离上,鼠标移动的速度越快,产生 MouseMove 事件的个数越少。

在对象上操作一次鼠标,会产生多个与鼠标有关的事件,如:Click 事件、DblClick 事件、MouseDown 事件、MouseUp 事件或 MouseMove 事件。对于不同类型的对象,这些事件产生的顺序可能不同,还有些对象不支持其中的某个事件。所以,在使用前应仔细测试。

比如,在窗体上单击鼠标左键,会依次引发 MouseDown、MouseUp、Click 3 个事件。在窗体上双击鼠标左键,会依次引发如下事件:MouseDown、MouseUp、Click、DblClick、MouseUp。在命令按钮上单击鼠标左键,会依次引发 MouseDown、Click、MouseUp 事件。

当一个控件不可见或无效时,针对它的鼠标操作会传递到位于它下面的对象上(比如窗体)。

8.6.2 MousePointer 属性、MouseIcon 属性*

窗体和多数控件对象都具有这两个属性。MousePointer 属性指定在运行过程中当鼠标移动到对象上时鼠标指针的形状。此属性的取值见表 8.12。

表 8.12 MousePointer 属性的取值

属性值	常量	鼠标指针的形状
0	vbDefault	(默认值)形状由对象决定
1	vbArrow	箭头
2	vbCrosshair	十字线
3	vbIbeam	I 形
4	vbIconPointer	箭头图标
5	vbSizePointer	四个方向的箭头
6	vbSizeNESW	指向右上和左下方向的双箭头
7	vbSizeNS	指向上下方向的双箭头
8	vbSizeNWSE	指向左上、右下方向的双箭头
9	vbSizeWE	指向左右方向的双箭头
10	vbUpArrow	向上的箭头
11	vbHourglass	沙漏(表示等待状态)
12	vbNoDrop	"不能停止"图标
13	vbArrowHourglass	箭头和沙漏
14	vbArrowQuestion	箭头和问号
15	vbSizeAll	四向箭头(表示改变大小)
99	vbCustom	通过 MouseIcon 属性所指定的自定义图标

MouseIcon 属性使用一个图标文件来自定义鼠标指针形状。只有当 MousePointer 属性的值为 99 时,此属性才有效。在程序中应该使用 LoadPicture 函数装入磁盘文件(以.ico 和.cur 为扩展名的图标文件)来设置此属性。例如:

```
Form1.MousePointer = 99
Form1.MouseIcon = LoadPicture("c:\aaa.ico")        '改变窗体鼠标指针
Command1.MousePointer = 13                          '改变按钮鼠标指针
```

注意,改变鼠标指针的形状一般不是为了美观,而是向用户显示当前的工作状态。不同的状态下具有描述性的鼠标指针形状是交互性良好的用户界面的重要部分。

8.6.3 KeyDown 事件、KeyUp 事件

因为窗体和像文本框这样的控件本身已经具备了处理按键的功能,所以在编制简单程序时一般不必编写键盘事件过程。但是,如果要识别组合键、功能键、光标移动键、小键盘(数字键盘)上的按键,区别按下和松开的动作,对输入字符进行筛选,就需要使用键盘事件了。

当一个对象具有焦点时,当用户按下或松开一个键盘键时引发 KeyDown 和 KeyUp 事件。具有这两个事件的对象有窗体、命令按钮、文本框、复选框、单选框、列表框、组合框、滚动条与图片框。这两个事件过程的语法为:

```
Sub␣object_KeyDown(KeyCode␣As␣Integer,Shift␣As␣Integer)
Sub␣object_KeyUp(KeyCode␣As␣Integer,Shift␣As␣Integer)
```

其中的 object 应是"Form"或控件对象名。事件过程有 KeyCode 和 Shift 两个参数。

KeyCode 是整型参数,表示按键的代码。每一个按键都有相应的键码。Visual Basic 还为每个键的代码定义了内部常量。例如,F1 键的代码为 112,相应的内部常量为 vbKeyF1; Home 键的代码为 36,内部常量为 vbKeyHome。键盘上字母和数字键的代码与其 ASCII 码是相同的,其他键的代码与相应的常量列于附录 D 中。

Shift 也是整型参数,指示在事件发生时,是否同时按下了 Shift、Ctrl 或 Alt 键。此参数为 1 时,表示按下了 Shift 键; 为 2 时,表示 Ctrl 键; 4 代表 Alt 键。当这 3 个键中有不只一个键被按下,则 Shift 参数是被按下键相应数值之和。例如,如果 Shift 参数值为 6,表明按下了 Ctrl 和 Alt 两个键。如果 3 个键均未被按下,这个参数值为 0。

> 窗体只有当它的所有控件都不可见或都无效时才可以获得焦点,得到键盘事件。
>
> 下面的情况不会引发任何对象的 KeyDown 和 KeyUp 事件: ①当窗体上有一个 Default 属性设置为 True 的按钮控件时,按 Enter 键; ②当窗体上有一个 Cancel 属性设置为 True 的按钮控件时,按 Esc 键; ③当窗体上有多个可拥有焦点的控件时,按 Tab 键或 Shift+Tab 组合键。

对于字母键,KeyCode 返回的总是大写形式,若要明确大小写,应检测 Shift 参数的值。

8.6.4 KeyPress 事件

在具有焦点的对象上完成一次完整的按键操作(包括按下和释放)会引发 KeyPress 事件。只有字母、数字和符号等可打印字符键以及 Enter、退格等有相应 ASCII 码的按键才能引发此事件。支持 KeyPress 事件的对象有窗体、命令按钮、文本框、复选框、单选框、列表框、组合框、滚动条与图片框。

KeyPress 事件过程的语法是：

Sub␣object_KeyPress(KeyAscii␣As␣Integer)

object 是指“Form”或控件名。整型参数 KeyAscii 传递的是按键字符的 ASCII 码。如需处理不被 KeyPress 识别的击键，应该使用 KeyDown、KeyUp 事件。

KeyPress 事件过程在截取对文本框或组合框控件输入的击键时非常有用。它可立即测试击键的有效性并在字符输入时对其进行处理。改变 KeyAscii 参数的值会改变实际输入到控件中的字符。将 KeyAscii 改为 0 时可取消击键，这样一来对象便接收不到字符了。

与 KeyDown 和 KeyUp 不同，KeyPress 事件将每个字符的大小写形式作为不同的键代码解释，即可以区分字符的大小写。

【例 8.8】 下面是文本框 Text1 的 KeyPress 事件过程，它能阻止用户在这个文本框中输入除了数字(0～9)之外的任何其他字符。

```
Private Sub Text1_KeyPress(KeyAscii As Integer)
  If KeyAscii < 48 Or KeyAscii > 57 Then
     KeyAscii = 0
  End If
End Sub
```

字符“0”～“9”的 ASCII 码分别为 48～57。

8.6.5 KeyPreview 属性

窗体有 KeyPreview 属性，当此属性被设置为 True 时(默认值为 False)，窗体先于该窗体上的控件接收到键盘事件。可以利用该属性，编制窗体的键盘处理程序。例如，应用程序使用功能键时，不必为每个可以接收击键事件的控件编写按钮事件过程。

如果在窗体的 KeyDown 事件过程中为 KeyCode 参数赋 0，则控件将不会接收到同一个键盘事件。

一些控件能够拦截键盘事件，使得窗体不能再接收到键盘事件。如：按钮控件有焦点时按 Enter 键以及焦点在列表框控件上时按方向键。

8.6.6 SendKeys 语句*

SendKeys 语句向当前活动的窗体(可以是本程序或其他程序的活动窗体)发送一个或一串击键消息，窗体(或控件)会得到相应的键盘事件，如同用户真正敲击键盘一样。此语句的语法为：

SendKeys␣字符串

其中“字符串”参数包含的是要发送的按键序列。例如：

```
SendKeys "ABC"              '发送 A、B、C 三个字符键
SendKeys "{F4}"             '发送一个 F4 功能键
SendKeys "%{F4}"            '发送 Alt+F4 组合键
```

一般的可打印字符(包括大小写字母、数字、符号)可以直接包含于字符串中；不可打印的字符(如功能键、方向键、翻页键、制表键、换挡键等)要用特殊的形式表示，如{F4}表示 F4

功能键,{Enter}代表 Enter 键,+、^和%分别表示 Shift、Ctrl 和 Alt 键。其他按键的表示形式参阅附录 F(表中内容不区分大小写)。

```
SendKeys "^(PA)"              '按住 Ctrl 键,然后按 P 和 A 两键,再释放 Ctrl 键
SendKeys "^PA"                '按住 Ctrl 键,然后按 P 键,释放 Ctrl 键后按 A 键
SendKeys "{PGDN 10}"          '连续按 10 次 Page Down 键
SendKeys "{F 20}"             '连续按 20 次 F 键
SendKeys "{+}{^}{%}"          '+、^和 % 三个键
```

注意,SendKeys 语句不能向非 Windows 程序(如 DOS 程序)发送击键。

8.7 控件数组

正如使用数组可以简化编程,使用控件数组可以替代同一个窗体上功能类似的多个同类控件,如计算器上的数字按键、同一组中的多个单选框或复选框等。控件数组具有以下特性:

(1) 控件数组中的所有元素控件必须是同一类型。

(2) 控件数组中所有的元素控件的 Name 属性相同。

(3) 通过控件的 Index 属性区别同一控件数组中的各个元素控件。

(4) 对于同一个事件,同一控件数组中的所有控件共用同一个事件过程,与单个控件相比,控件数组的事件过程增加了一个 Index 参数,该参数值与引发该事件的控件数组元素的 Index 属性值相同。

(5) 除了 Name 属性和 Index 属性,控件数组中每个元素的其他属性可以单独设置。

(6) 控件数组元素的下标(即控件的 Index 属性值)不能重复,但可以不连续。

(7) 控件数组的元素个数受系统资源的限制,并且最大的 Index 属性值不能超过 32767。

(8) 同一窗体上,可以有多个控件数组。

(9) 所有的内部控件都可以创建控件数组。

如果一个窗体中有些控件的功能和操作方式很相似,使用控件数组可以很大程度上简化编程。下面以编制如图 8.17 所示的"计算器"为例介绍如何使用控件数组。

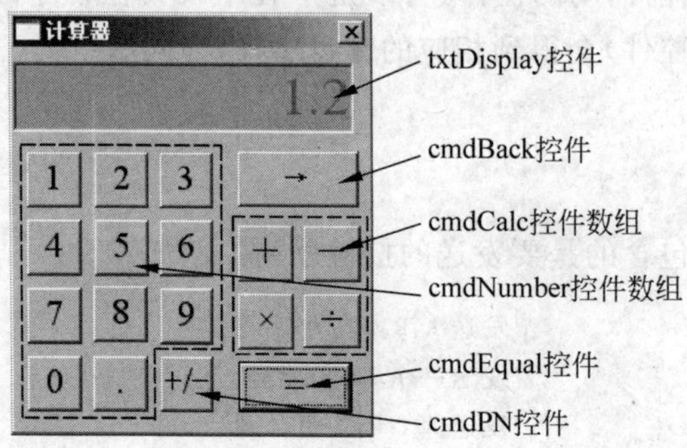

图 8.17 使用控件数组编制"计算器"程序

8.7.1 创建控件数组

创建控件数组有以下两种方法：

1. 复制、粘贴方法

(1) 创建一个新的工程，把窗体名改为 frmCalculator，Caption 属性改为“计算器”。同时把窗体的 BorderStyle 属性设计为 1(固定边框)。

(2) 使用常规方法在窗体上放置控件数组 cmdNumber 中的第一个按钮(即数字“0”)。然后把按钮的 Name 属性改为 cmdNumber，Caption 属性改为“0”。

(3) 选择按钮 cmdNumber，然后选择“编辑”菜单中的“复制”菜单项(也可以单击工具栏上的“复制”按钮或按 Ctrl+C 组合键)。

(4) 选择“编辑”菜单中的“粘贴”命令(也可以使用工具栏上的“粘贴”按钮或按 Ctrl+V 组合键)。Visual Basic 弹出一个消息框，询问是否要创建控件数组，单击“是”按钮。窗体上会添加一个与已有按钮外观相同的新按钮。

(5) 重复执行上一步骤(不会再询问是否创建控件数组)，再添加 9 个按钮，生成共有 11 个按钮的控件数组。多次粘贴到窗体上的按钮可能相互重叠在一起，应该及时把它们移开，按粘贴的前后顺序排列在窗体上。

选择控件数组中任意一个按钮，在“属性”窗口中它们的 Name 属性都是 cmdNumber，即控件数组名；它们的 Index 属性的值各不相同，这是数组元素的下标。控件数组中最初创建的控件下标值为 0，通过复制与粘贴方法添加的元素下标值依次是 1、2、…。从“属性”窗口顶部的“对象”组合框中也可以看出(如图 8.18(a)所示)，每一个按钮的完整对象名应该是 cmdNumber(0)、cmdNumber(1)、……，类似于访问数组元素。

> 同一个控件数组中的不同元素，除了 Name 属性值相同，Index 属性值各不相同之外，其他的属性值可以单独设置。所以，控件数组中的不同元素可以单独指定位置与大小。

分别把控件数组 cmdNumber 中每个控件的 Caption 属性值改为“0”、“1”、“2”、…，修改时应该保证 Caption 属性值与 Index 属性值相一致，这样编程最简便。小数点“.”可与十个数字按键属于同一个数组，它的 Index 属性值为 10。然后，调整控件的大小与位置，达到理想的布局效果。

(6) 使用与上述相同的步骤，创建按钮控件数组 cmdCalc。“+”、“-”、“×”和“÷”4 个按钮的 Index 属性值分别是 0、1、2 和 3。

(7) 使用常规方法在窗体上放置其他 3 个单独的按钮控件：“+/-”、“=”和“→”，它们的 Name 属性值分别是 cmdPN、cmdEqual 和 cmdBack。

> 对于“×”、“÷”和“→”等键盘上没有的符号，可使用汉字输入法的软键盘输入中文图形符号。

(8) 使用常规方法在窗体上放置文本框控件 txtDisplay，MultiLine 属性设为 True，

Alignment 属性设为 1,BackColor 设为 &H00FFFF00,Locked 属性设为 True(防止直接编辑),并通过 Font 属性将字号设置得稍大一些。

这样,“计算器”程序的界面就完成了,如图 8.17 所示,窗体上共有两个按钮控件数组、3 个单独的按钮控件和一个文本框控件。

2. 更改 Name 属性和 Index 属性

除了使用上述的复制与粘贴的方法之外,还可以使用下列步骤创建控件数组。

(1) 使用常规方法把所有将要成为控件数组元素的控件添加到窗体上。

(2) 在“属性”窗口中,先把它们的 Index 属性设为下标值(比如,0、1、2 等,Index 属性的默认值为空)。

(3) 在“属性”窗口中,再将它们的 Name 属性设置为统一的控件数组名。

上述步骤(2)和(3)不能颠倒。

8.7.2 编写事件过程

控件数组创建之后,切换到“代码”窗口。在“代码”窗口顶部的“对象”组合框中,控件数组名与其他单独的控件名列在一起(如图 8.18(b)所示)。

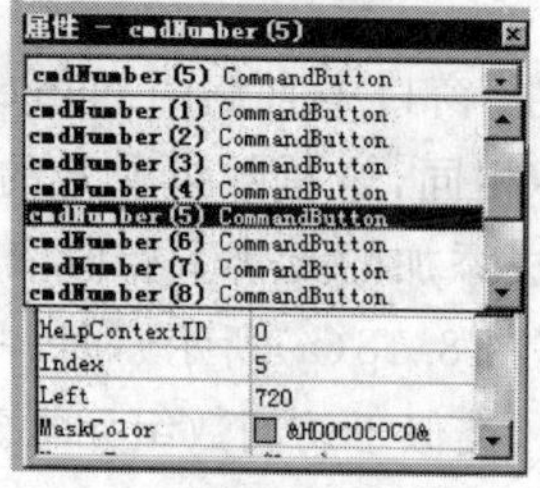

(a) “属性” 窗口

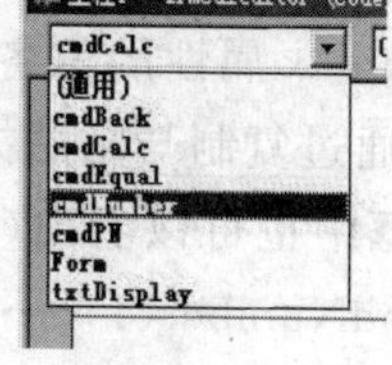

(b) “代码” 窗口

图 8.18 控件数组的属性和事件过程

控件数组的事件过程比单独控件的事件过程多一个参数“Index As Integer”,并且,这个参数总是事件过程的第一个参数。例如:

```
Sub␣cmdNumber_Click(Index␣As␣Integer)
Sub␣cmdNumber_KeyPress(Index␣As␣Integer,KeyAscii␣As␣Integer)
```

程序可以根据 Index 参数传递的值来判断这个事件是由控件数组中的哪个控件引发的。引发事件的控件数组元素的 Index 属性值(即下标值)与 Index 参数值相同。

【例 8.9】 编制“计算器”程序。

创建了如图 8.17 所示的窗体界面之后,在“代码”窗口中输入以下的事件过程代码可以实现简单的计算器功能。

```
Option Explicit                           '下面是模块级变量
Dim s1 As String                          '以字符串形式存放第一个操作数
Dim s2 As String                          '以字符串形式存放第二个操作数
Dim t As String                           '存放临时字符串
Dim b As Boolean  '为 False 时,输入第一个操作数; 为 True 时,输入第二个操作数
Dim p As Integer                          '存放运算类型: 0: 加; 1: 减; 2: 乘;3: 除

```

```
Private Sub cmdNumber_Click(Index As Integer)          '控件数组的事件过程
    If Not b Then t = s1 Else t = s2
    If Index < 10 Then                                  '输入的是数字
        t = t + CStr(Index)
    Else                                                '输入的是小数点
         If InStr(t,".") = 0 Then t = t + "."           '阻止出现两个小数点
    End If
    If Len(t) > 1 And Left(t,1) = "0" And Mid(t,2,1) <> "." Then
          t = Right(t,Len(t) - 1)                 '删除多余的 0
    End If
    txtDisplay.Text = t
    If Not b Then s1 = t Else s2 = t
End Sub

Private Sub cmdBack_Click()               '去掉最右边的一个字符
    If Not b Then t = s1 Else t = s2
    If Len(t) > 0 Then t = Left(t,Len(t) - 1) '去掉操作数最后一个字符
    txtDisplay = t
    If Not b Then s1 = t Else s2 = t
End Sub

Private Sub cmdPN_Click()                 '改变正负号
    If Not b Then t = s1 Else t = s2
    If Len(t) > 0 And Left(t,1) = "-" Then
        t = Right(t,Len(t) - 1)           '去掉负号
    Else
        t = "-" & t                       '添加负号
    End If
    txtDisplay = t
    If Not b Then s1 = t Else s2 = t
End Sub

Private Sub cmdCalc_Click(Index As Integer)  '控件数组的事件过程
    s2 = ""                               '按下运算符时,把第二个操作数清空
    txtDisplay.Text = ""
    b = True                              '为输入第二个操作数作准备
    p = Index
End Sub

Private Sub cmdEqual_Click()              '单击了"="键时进行运算
    If Len(Trim(s1)) = 0 Or Len(Trim(s2)) = 0 Then
        b = False
        Exit Sub                          '任一字符串为空,则不进行计算
    End If
    Dim dbl1 As Double
    Dim dbl2 As Double
    dbl1 = Val(s1)                        '把字符串转换为数值
    dbl2 = Val(s2)
    Select Case p                         '进行不同的运算
        Case 0
            txtDisplay.Text = dbl1 + dbl2
        Case 1
            txtDisplay.Text = dbl1 - dbl2
        Case 2
            txtDisplay.Text = dbl1 * dbl2
        Case 3
            If dbl2 = 0 Then
                MsgBox "除数不能为零!",16,"计算器"
```

```
                Exit Sub
            End If
            txtDisplay.Text = dbl1 / dbl2
    End Select
    b = False                        '为输入第一个操作数作准备
    s1 = ""                          '清空两个字符串
    s2 = ""
End Sub
```

此计算器程序功能简单，不能进行连算，即不能把前一次运算的结果当作下一次运算的第一个操作数。程序中用到了几个字符串处理内部函数：Len、Left、Right、Trim、Val 和 InStr，它们的详细介绍在 9.2 节。

请思考：①程序是如何区别当前输入的是第一个操作数还是第二个操作数？②程序如何保证输入的数没有两个小数点？③程序如何保证不会出现除数为 0 的情况？

8.7.3 动态添加、删除控件数组元素

1. Load 语句

Visual Basic 允许使用 Load 语句通过程序代码在运行过程中添加控件数组元素，语法格式为：

Load ␣ 控件数组名(下标)

动态数组必须在设计时使用 8.7.1 节中的方法创建，“下标”参数是要添加元素的下标，不能与已有的控件数组元素的下标重复。

使用 Load 语句加载的新控件是不可见的(Visible 属性值为 False)，可以在加载之后通过设置 Visible 属性值使其显示。

2. Unload 语句

使用 Unload 语句可以卸载用 Load 语句动态加载的控件数组元素，语法格式为：

Unload ␣ 控件数组名(下标)

“下标”参数必须是使用 Load 语句加载的控件元素下标，UnLoad 语句不能卸载设计时添加的“静态”元素的下标。

8.8 菜　单

菜单(Menu)是 Windows 窗口的标准组成部分，Visual Basic 允许为工程中每个窗体创建一个独立的菜单系统。

菜单中的菜单项(也称为菜单命令)一般包括了应用程序窗口全部的主要功能。菜单中的菜单项应该按功能分类组织并以级联方式显示。如图 8.19(b)所示，选择主菜单栏上的一个菜单项(如“文件”、“编辑”和“帮助”)，弹出下拉菜单。如果下拉菜单上的某个菜单项的右边显示一个指向右方的三角形，表明它有子菜单。子菜单最多不能超过四级。

为了便于键盘操作，可以为菜单项定义“访问键”和“快捷键”。访问键是菜单标题(菜单项显示的文字)中的下划线字母(如“新建(N)”中的字母“N”)。当菜单在屏幕上可见时，可

以使用 Alt+访问键字母组合键快速选择相应的菜单项。快捷键是指在不打开菜单的情况下,可以快速执行一个菜单项功能的组合键。菜单项的快捷键一般显示在这个菜单项的右边(如"新建"菜单项的快捷键为 Ctrl+N)。

应用程序还可以在某些用来显示切换状态的菜单项前面显示一个复选标记(对钩)来表示程序当前的设置状态(如图 8.19(b)中的"关闭所有"菜单项)。

当某个菜单项在当前的状态下不可用时,往往以无效(灰色)显示(如图 8.19(b)中的"保存"菜单项)。也可以使当前不可用的菜单项暂时隐藏起来。

为了使有较多菜单项的菜单有条理,一般会在上面显示几条水平的分隔条,这种分隔条实际上是特殊的菜单项。

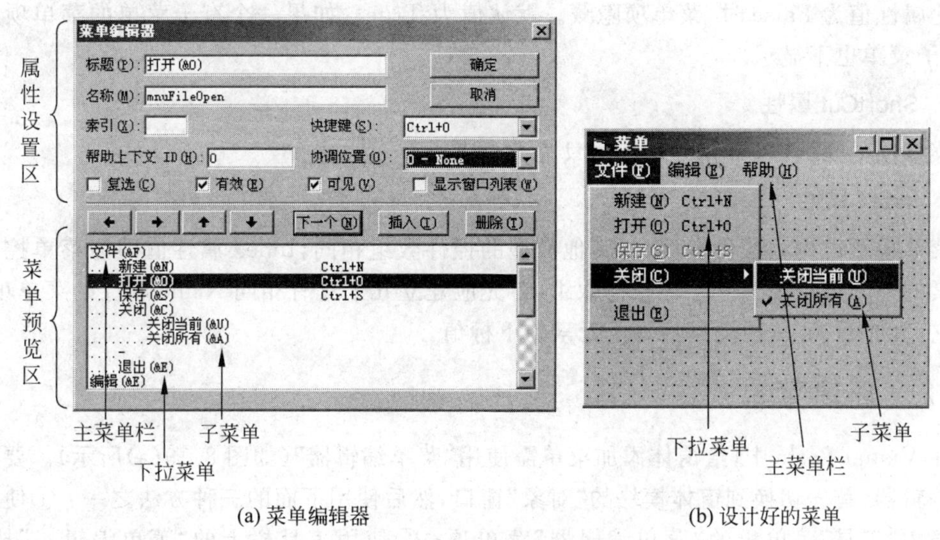

(a) 菜单编辑器　　　(b) 设计好的菜单

图 8.19　创建菜单

8.8.1　菜单控件的属性

在 Visual Basic 中,菜单项是一种特殊类型的控件:菜单(Menu)控件。菜单中的每一个菜单项都是单独的菜单控件对象。与其他常规控件(如文本框、按钮等)的区别在于,菜单控件不出现在"工具箱"窗口中,添加菜单需使用"菜单编辑器"(如图 8.19(a)所示)。

菜单控件有以下几个常用属性。

1. Name 属性

Name 属性值为菜单控件名,意义与其他控件相同。为菜单控件命名时应遵照相应的约定,子菜单的菜单项应能反映父菜单的控件名。比如,"文件"菜单项的 Name 属性为 mnuFile,则"文件"菜单中的"新建"菜单项的 Name 属性应该为 mnuFileNew。

2. Caption 属性

Caption 属性的值即菜单项上显示的文字(菜单标题)。可以在这个属性中使用"&"字符定义菜单项的访问键。如果一个菜单项的 Caption 属性为"-"(减号,连字符),它会显示为一个菜单分隔条。Caption 属性值可以是空字符串,这时菜单项不显示任何文字,但可以正常工作。

3. Enabled 属性

此属性决定菜单项是否可用,默认值为 True(可用)。当此属性值为 False 时,菜单标题以灰色显示,不能被选择(如图 8.19(b)中的"保存"菜单项)。

4. Checked 属性

此属性为 True 时,菜单标题前面显示复选标记(如图 8.19(b)中的"关闭所有"菜单项)。默认值为 False。

5. Visible 属性

此属性值为 False 时,菜单项隐藏。默认值为 True。如果一个有子菜单的菜单项被隐藏,则子菜单也不显示。

6. ShortCut 属性

菜单项的快捷键,该属性运行时只读。

7. Index 属性

菜单也可以构建控件数组,与其他类型的控件数组相同,Index 属性值即为菜单控件数组元素的下标值。要建立菜单控件数组,首先应建立几个具有相同 Name 属性的菜单项,然后把它们的 Index 属性设置为每个元素的下标值。

8.8.2 创建菜单

在 Visual Basic 中,给窗体添加菜单需使用"菜单编辑器"(如图 8.19(a)所示)。要打开菜单编辑器,首先切换到窗体模块的"对象"窗口,然后使用下面的三种方法之一:①使用集成环境中"工具"菜单里的"菜单编辑器"菜单项;②使用工具栏上的"菜单编辑器"按钮;③右击"对象"窗口中的窗体对象,从弹出的快捷菜单中选择"菜单编辑器"。

在菜单编辑器中,既可以创建菜单控件,又可以设置它们的初始属性值。关闭菜单编辑器之后,还可以通过"属性"窗口设置菜单控件的属性。

菜单编辑器分为上下两部分,下面部分是菜单预览区(实际是一个列表框)。该区域以层次结构列出了所设计的菜单标题、快捷键、热键以及菜单项的层次关系。位于最左边的菜单项是主菜单栏上的菜单项,其次是下拉菜单项,然后是子菜单上的菜单项。

把突出显示的光标置于预览区中某个菜单项上,菜单编辑器上部的"属性设置区"各个控件会反映出这个菜单控件的各个属性的值。表 8.13 列出了属性设置区中各个控件相对应的菜单控件属性,复选框控件被选择,表明相应的属性值为 True。

表 8.13 属性设置区中控件相应的菜单控件属性

编辑器上的控件	菜单的属性	编辑器上的控件	菜单的属性
标题	Caption	复选	Checked
名称	Name	有效	Enabled
索引	Index	可见	Visibled
快捷键	ShortCut		

当首次打开菜单编辑器时，没有任何菜单项。这时光标停留在一个空行上，相当于一个空的菜单项，使用菜单编辑器上各个控件为这个空菜单项进行属性设置。一个菜单项设置完成之后，就可以单击“下一个”按钮，移动到一个新的空白行进行新的菜单项的设置。

要在菜单中添加一条分隔线，就要在相应位置上插入一个 Caption 属性为“－”(减号)的菜单项。注意，分隔线也要有 Name 属性值(名称)。

如果想在已有的菜单项中插入一个新的菜单项，可以单击“插入”按钮在当前位置上插入一个空行，然后进行设置。也可以使用“删除”按钮删除当前光标所在的菜单项。使用有上、下、左、右箭头的 4 个按钮可以交换菜单项的次序或改变菜单项的层次级别。

Windows 应用程序的菜单系统有个公认的约定：一般程序都有“文件”、“编辑”、“帮助”等主菜单项，“新建”、“保存”、“另存为”、“打开”、“打印”、“退出”等菜单项都被组织在“文件”菜单下；“复制”、“剪切”、“粘贴”、“查找”、“替换”都位于“编辑”菜单中。而热键也要与约定一致：Ctrl＋O 为“打开”、Ctrl＋S 为“保存”、Ctrl＋C 为“复制”、Ctrl＋V 为“粘贴”、……

快捷键在整个菜单系统中不能重复使用，一个具有下一级子菜单的菜单项是不能有快捷键的。

完成了对菜单的编辑，单击“确定”按钮关闭菜单编辑器，返回到窗体模块的“对象”窗口。如果在编辑菜单时有错误，菜单编辑器会拒绝关闭。经常出的问题是忘记给菜单项命名。如果编辑器底部有两个以上的空行，也会出错。

如果对菜单不满意，可以再次打开菜单编辑器对其进行修改。

8.8.3 设置菜单控件的属性

设置已设计好的菜单控件的属性有下列 3 种方法：

(1) 重新打开“菜单编辑器”，对菜单项进行设置。

(2) “属性”窗口顶部的列表中有所有已设计好的菜单控件名(如图 8.20 所示)，从中选择要编辑的菜单控件，然后通过“属性”窗口进行设置。

(3) 与其他控件相同，可以使用程序代码在运行时设置菜单的属性。例如：

```
mnuFileSave.Enabled = True
```

如果在运行时通过代码将分隔条菜单项的 Caption 属性值改变为“－”之外的其他值，它将变为正常的菜单项。

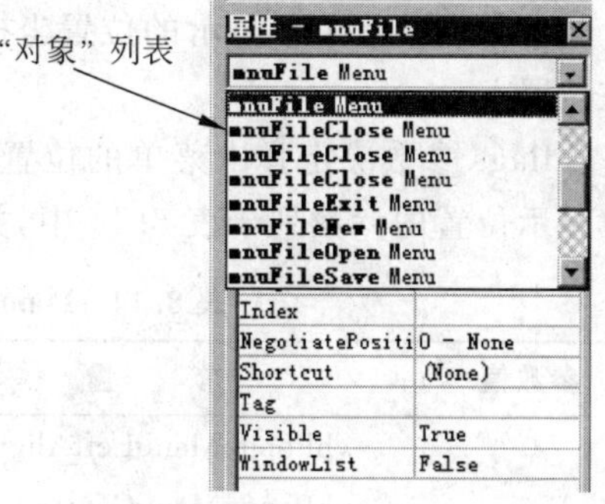

图 8.20 菜单属性

8.8.4 菜单控件的 Click 事件

使用菜单编辑器设计出的菜单还不能完成任何任务，就像没有编写任何事件过程的按钮。除了支持 Click 事件之外，菜单控件没有任何方法和其他事件。能够引发菜单控件 Click 事件的条件可以是下列之一：①鼠标单击菜单项；②使用快捷键；③使用访问键；④使用键盘把光标移动到菜单项上，然后按回车键。

要让一个菜单控件(菜单项)实现某个功能，必须编写它的 Click 事件过程。

首先切换到窗体模块的“代码”窗口，从“代码”窗口顶部的“对象”列表中可以看到，在菜单编辑器中添加的每一个菜单项的名称(Name 属性值)都以单独对象的形式列了出来。从

“对象”列表中还可以找到分隔条菜单项的对象名(如 mnuFileSeparator),这说明可以给一个分隔条菜单项编写 Click 事件过程(除非将其 Caption 属性改为其他值,否则事件过程不会被执行)。

在“对象”列表中选择一个菜单控件名,Visual Basic 会自动在“代码”窗口中添加它的 Click 事件过程的结构语句,例如:

```
Private ␣ Sub ␣ mnuDrawCircleCircle_Click()
```

与编写其他事件过程相同,在过程体中输入菜单 Click 事件过程的语句,便可实现该菜单项的功能。

另外,设计状态下,在“对象”窗口上打开菜单后单击一个菜单项,也可以转到“代码”窗口定位到它的 Click 事件过程。

为菜单控件数组编程的方法与命令按钮控件数组的编程方法相似。

当单击一个具有子菜单的菜单项时,会显示下一级子菜单,这是菜单内在的功能,不必编写 Click 事件过程便可实现。

8.8.5 弹出式菜单*

很多的应用程序支持所谓的“快捷菜单”,即在窗体或控件上右击时,会在鼠标指针处弹出一个菜单。

窗体对象有 PopupMenu 方法,使用此方法可以在窗体上弹出菜单。它的语法为:

```
窗体名.PopupMenu ␣ 菜单控件名,[flags],[x],[y],[boldcommand]
```

PopupMenu 方法必需的参数是“菜单控件名”,它应该是使用“菜单编辑器”为窗体设计的菜单系统中一个有子菜单的菜单控件名。

参数 x、y 是菜单显示的位置坐标,如果省略这两个参数,则弹出菜单显示在鼠标指针所在位置上。

flags 参数决定弹出菜单的位置与行为。flags 参数的设置值分为两类,关于弹出式菜单显示位置的参数列于表 8.14 中,关于如何响应鼠标操作行为的参数列于表 8.15 中。

表 8.14 PopupMenu 方法关于菜单显示位置的参数

参数值	常　量	意　义
0	vbPopupMenuLeftAlign	弹出式菜单的左边与参数 x 对齐(默认值)
4	vbPopupMenuCenterAlign	弹出式菜单的中间与参数 x 对齐
8	vbPopupMenuRightAlign	弹出式菜单的右边与参数 x 对齐

表 8.15 PopupMenu 方法关于菜单响应行为的参数

参数值	常　量	意　义
0	vbPopupMenuLeftButton	只有当使用鼠标左键时,弹出式菜单中的菜单项才响应鼠标单击(默认值)
2	vbPopupMenuRightButton	不论使用鼠标右键还是左键,弹出式菜单中的菜单项都响应鼠标单击

要同时指定两类 flags 参数，只需把两个值相加即可。例如，希望菜单显示在参数 x 指定位置的左边（即右对齐），并且使用鼠标左右键都可以选择菜单项，则 flags 参数值就为 10(=8+2)。

boldcommand 参数应是弹出式菜单上的一个菜单项名，这个菜单项的标题将以粗体显示（如图 8.21 中的“打开”菜单项）。

【例 8.10】 下面的事件过程在用户按下鼠标右键时，把图 8.19 中的“文件”菜单以弹出式菜单的形式显示在窗体上鼠标指针位置的左边，并把“打开”菜单项以粗体显示（如图 8.21 所示）。

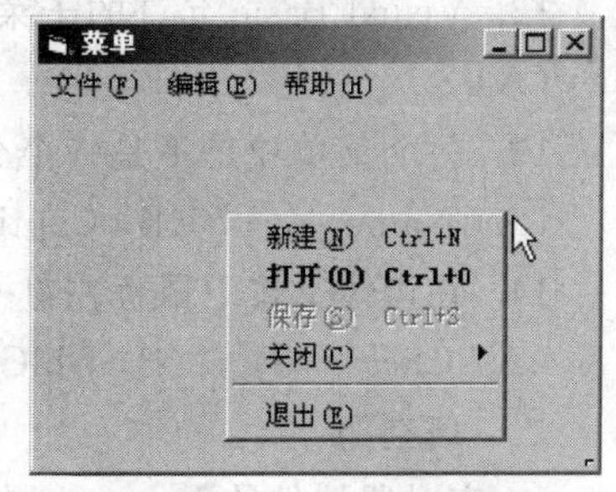

图 8.21 弹出式菜单

```
Private Sub Form_MouseDown(Button As Integer,Shift As Integer, ␣ _
                X As Single,Y As Single)
    If Button = 2 Then
        Form1.PopupMenu mnuFile,10,,,mnuFileOpen
    End If
End Sub
```

习 题 8

一、选择题

1. 下列对象中________在运行时一定是不可见的。

(A) Line (B) Timer (C) Shape (D) Frame

2. 下面各类型对象中，没有 Move 方法的是________。

(A) Form (B) Shape (C) Line (D) Image

3. 形状控件所显示的图形不可能是________。

(A) 圆 (B) 椭圆 (C) 圆角正方形 (D) 等边三角形

4. 列表框控件的下列几个属性中，________不是数组。

(A) List (B) ListIndex (C) Selected (D) ItemData

5. 向列表框中添加一个条目，应使用列表框的________方法。

(A) InsertItem (B) AddItem (C) AppendItem (D) RemoveItem

6. 下列的控件中，不具有 Caption 属性的是________。

(A) ListBox (B) CheckBox (C) Frame (D) OptionButton

7. 下面________类型的对象不能作为控件的容器。

(A) Form (B) PictureBox (C) Shape (D) Frame

8. 要使一个图片框控件自动地附着在窗体的一条边上，应该设置它的________属性。

(A) Picture (B) Align (C) Left (D) AutoSize

9. ________控件不支持 Change 事件。

(A) TextBox (B) Label (C) PictureBox (D) ListBox

10. ________对象不支持 DblClick 事件。

(A) OptionButton (B) CheckBox (C) Form (D) Image

11. 菜单控件没有________属性。

(A) Caption (B) Checked (C) Enabled (D) Value

12. Visual Basic 允许的子菜单最多有________级。

(A) 3 (B) 4 (C) 5 (D) 6

13. 一个菜单项是不是一个分隔条,是由________属性决定的。

(A) Name (B) Caption (C) Enabled (D) Visible

14. 在窗体上按下鼠标左键一次后释放,不会触发窗体的________事件。

(A) Click (B) DblClick (C) MouseUp (D) MouseDown

二、填空题

1. 定时器控件的 Interval 属性值是时间间隔,单位是____(1)____;当每隔此间隔的时间,定时器会引发一次____(2)____事件。

2. Visual Basic 为添加到窗体上的第一个图片框提供的默认对象名为____(3)____。

3. 组合框的____(4)____属性决定了该组合框是简单组合框、下拉式组合框还是下拉式列表框。

4. 当复选框被选定,它的 Value 属性值为____(5)____;单选框被选定时,则它的 Value 属性值为____(6)____。

5. 不支持 Click 事件的控件类型有____(7)____。

6. 在一个控件数组中,各个控件的____(8)____属性值一定不相同。

三、判断题

1. 文本框中只能显示单行文本,要显示多行文本应该使用列表框控件。

2. 标签控件所显示的文本只能在设计时设置,运行时不能改变。

3. 框架控件和形状控件都不能响应用户的鼠标单击事件。

4. 滚动条的 LargeChange 属性值不能小于 SmallChange 属性值,Max 属性值也不能小于 Min 属性值。

5. 调用窗体对象的 Hide 方法可以隐藏该窗体,但这不会改变它的 Visible 属性值。

6. 直线控件无 Move 方法、Left 属性、Top 属性,所以直线控件在运行时不能移动。

7. 组合框控件可以看作是文本框与列表框的组合体,所以它具有二者的全部属性、方法与事件。

8. 当定时器控件的 Interval 属性值为 0 时,会连续不断地发送 Timer 事件。

9. 可以通过语句代码使一个单选框组中的所有单选框均为不选定状态。

10. 默认情况下,当向下移动垂直滚动条的滚动框时,其 Value 属性值会减小。

11. 菜单控件的属性也可以通过“属性”窗口设置。

12. 作为分隔条的菜单项是不能有事件过程的。

13. 如果菜单项的 Visible 属性为 False,则它的子菜单也不会显示。

14. 可以编写一个具有子菜单的菜单项的 Click 事件过程,但是该过程不会被执行。

15. 菜单控件也可以创建控件数组。

16*. 只有右击窗体之后,才可以使用窗体的 PopupMenu 方法弹出快捷菜单。

四、简答题

1. MouseUp、MouseDown、MouseMove 事件过程有些什么参数，每个参数的含义是什么？

2. KeyDown、KeyUp 与 KeyPress 事件各有什么不同，应分别用在什么场合？

五、编程题

1. 编程找出两个正整数 m 和 n，使得 $m<n$、$m+n=99$、m 和 n 的最大公约数是 3 的倍数。统计满足条件的数共有多少对，使用列表框控件把找到的数对显示出来。要求同一组的两个数用逗号分隔，并作为同一条目添加到列表框中。

2. 编写程序，使得一个文本框控件沿窗体内边框的四条边自动顺时针移动，并且在文本框中显示出已移动的距离(单位为缇)。

3. 编制如图 8.22 所示的程序。本程序根据如下公式，由输入的身高计算标准体重。

男：标准体重(kg) = 身高(cm) - 100

女：标准体重(kg) = 身高(cm) - 105

图 8.22　标准体重程序(编程第 3 题)

窗体上使用了图像控件显示图形，也可以使用其他图形代替。完成后，将窗体和工程分别以 frmWeight 和 prjWeight 为文件名保存在 C：盘根目录中，并编译为可执行文件。

4. 如果一个正整数恰好等于它所有因子之和，则称为“完数”。例如，6 的因子有 1、2 和 3，并且 6 ＝ 1＋2＋3，因此 6 是“完数”。编程找出 1000 之内所有的完数，并以列表框显示，完数的个数用文本框输出。

5. 编程计算哪两个正整数之间的所有连续正整数的和为 1000，共有几组这样的数，使用列表框输出结果。

6*. 使用控件数组编写一个“模拟电话”程序，使之具有拨号、重拨、号码记忆等功能。

第9章

内部函数

与函数过程不同，内部函数是指 Visual Basic 已经定义好的函数。编程者可以在自己的程序中直接调用，不必定义。

Visual Basic 提供了数以百计的内部函数，可以完成很多的常用任务。对编程者来说，掌握一些常用的内部函数的函数名、返回值类型、参数个数、参数类型、参数的意义是很有必要的。其他一些不常用的函数，可以通过参阅联机文档等方法学习。本章涉及的内部函数大多数都支持命名参数调用。

9.1 数学函数

1．Sin(number)、Cos(number)、Tan(number)、Atn(number)

这四个函数分别返回参数 number(单位为弧度)的正弦、余弦、正切和反正切函数值。参数和返回值都是 Double 类型。

它们是基本的三角函数，其他的函数(包括反函数、双曲函数等)都可以用基本函数推导得出(可查阅 Visual Basic 的帮助文档)，因此 Visual Basic 未提供。

2．Sqr(number)

此函数返回参数 number 的算术平方根。number 必须为非负数，参数和返回值均为 Double 类型。

3．Exp(number)

返回 e 的 number 次幂(即 e^{number} 的值)，参数和返回值均为 Double 类型。e 为自然对数的底，即欧拉常数。当 number 大于 709 时会产生溢出错误。

4．Log(number)

返回参数 number 的自然对数值，即数学上的 Ln(number)，返回值为 Double 型。参数 number 必须为正值。

5．Abs(number)

返回参数 number 的绝对值。

6．Sgn(number)

判断参数 number 的正负符号。当 number＞0 时返回 1，当 number＜0 时返回－1，当 number ＝ 0 时返回 0。

7. Int(number)、Fix(number)

这两个函数都把 number 变为整数，但规则稍有不同。当 number≥0 时，二者都删除 number 的小数部分，返回其整数部分（注意，不是四舍五入）。当 number<0 时，Int 返回小于或等于 number 的最大整数；Fix 函数返回大于或等于 number 的最小整数。

例如：Int(－8.4)返回值为－9；Fix(－8.4)返回值为－8；Int(－5)返回值为－5；Fix(－5)返回值为－5；Fix(8.6)返回值为 8；Int(8.4)返回值为 8。

8. Rnd [(number)]

Rnd 函数返回一个大于等于 0、小于 1 的 Single 类型的随机数。

计算机生成随机数需要提供一个"种子"。在同一个"种子"下，Rnd 函数生成的随机数相同。

在调用 Rnd 函数前，可以使用 Randomize 语句建立新的随机数"种子"。语法为：

Randomize ␣ [number]

如果省略了参数 number，则用系统时钟返回值作"种子"值。

使用不同的 number 参数，调用 Rnd 函数得到的返回值不同，具体见表 9.1。

表 9.1　Rnd 函数的参数

number 参数值	Rnd 函数的返回值
大于 0	用前一次调用 Rnd 函数的返回值作为本次随机数的种子
小于 0	每次都使用 number 作随机数种子，得到相同的值
等于 0	返回最近一次调用 Rnd 函数生成的数值
省略	与大于 0 时的情况相同

如果没有使用 Randomize 语句进行初始化，则不带参数的 Rnd 函数会使用第一次调用 Rnd 函数的种子值。

因为 Rnd 函数直接返回的是[0,1)区间内的 Single 类型值，如果要生成其他区间的随机数，则要构造表达式。例如：

要生成[0 , x)区间的随机浮点数，使用表达式：Rnd * x；

要生成[m , n)区间的随机浮点数，使用表达式：m＋Rnd * (n－m)；

要生成[i , j]区间的随机整数，使用表达式：Int(i＋Rnd * (j－i＋1))。

【例 9.1】 为数组元素随机赋值。本程序使用随机函数 Rnd 将 1～16 共 16 个数随机地赋值给 4 行 4 列共 16 个元素的二维数组。

```
Private Sub Command1_Click()
    Dim n As Integer
    Dim i As Integer, j As Integer
    Dim a(1 To 4, 1 To 4)As Integer
    Randomize                                '初始化随机数
    For n = 1 To 16
        Do
            i = Rnd * 3 + 1                  '随机行
            j = Rnd * 3 + 1                  '随机列
            If a(i, j) = 0 Then              '判断是否已赋值
                a(i, j) = n
```

```
                Exit Do
            End If
        Loop
    Next
                                            '显示生成的数组
    For i = 1 To 4
        For j = 1 To 4
            Print a(i, j);
        Next
        Print
    Next
End Sub
```

请思考，如果要将 0～15 共 16 个数赋给 4 行 4 列共 16 个元素的二维数组，程序应如何改写。

9.2　字符串函数

1. Space(number)、String(number, character)

Space 函数返回一个由 number 个空格组成的字符串，number 参数应为非负整数。

String 返回一个由 number 个重复的字符组成的字符串，字符由 character 参数决定。如果 character 参数为字符串，则重复的字符是其首字符；如果是整数，则重复的字符是以其为 ASCII 码的字符。

例如，String(10, "VB")的返回值为“VVVVVVVVVV”，String(4,66)的返回值为“BBBB”(字符“B”的 ASCII 码为 66)。

2. Str(number)

把数值表达式 number 的值转换为相应的字符串。此函数与 CStr 函数的区别在于，当参数 number 为正数时，Str 函数返回的字符串的第一个字符为空格(相当于符号位)，而 CStr 函数没有前导空格。

例如，Str(－12.3)的返回值为“－12.3”；CStr(－12.3)的返回值也为“－12.3”；Str(12)的返回值为“␣12”(三个字符，有前导空格)；CStr(12)的返回值为“12”(两个字符，无前导空格)。

3. Val(string)

Val 函数把包含有数值信息的字符串 string 转换为数值。从左到右转换，直到遇到不能转换的字符为止。Val 函数认为是数值有效组成部分的字符有：0～9 的 10 个数字、正负符、小数点和组成浮点常量的 E、e、D、d 4 个字符，遇到无法转换的字符时会停止转换。转换时忽略空格、制表符与换行符。例如：

```
Val(" - 161.5 198th Street N. E.")          '返回值为 - 161.5198
Val(" + 200 .3 e - 3")                       '返回值为 0.2003
Val("&HFFFF")                                '返回值为十进制数 - 1
```

当字符串无法被转换为任何数值时，Val 函数返回 0，不会出现“类型不匹配”的错误。

4. Len(string)

Len 函数返回字符串表达式 string 中字符个数,即字符串长度。一个汉字为一个字符,空格也是一个字符。空字符串的长度为零。

例如,Len("Computer Is Great!")返回值为 18。

> 此外,Len(变量名)还可以返回一个变量或数组元素所占用的存储空间大小(以字节为单位)。
>
> 例如,Dim i As Integer : j = Len(i),j 被赋的值为 2。

5. InStr([start,]string1, string2[, compare])

InStr 函数在字符串 string1 中从第 start 个字符开始搜索子字符串 string2 第一次出现的位置,start 为整型参数。如省略 start 参数,则从字符串 string1 的第一个字符开始搜索。返回值总是从字符串 string1 第一个字符算起的字符位置。

如果 string1 中不包括 string2,则返回值为 0。如果被搜索的字符串 string2 是空字符串,当 string1 不是空字符串时,返回值是在 string1 中搜索的开始位置,即 start 参数值;当 string1 是空字符串时,返回 0。如果 start 参数值大于 string1 的长度,函数返回 0。例如:

```
InStr(4, "Visual Basic", "i")              '返回值为 11
InStr("Visual Basic", "i")                 '返回值为 2
InStr("VB","i")                            '返回值为 0
InStr(2,"VB","")                           '返回值为 2
```

6. LTrim(string)、RTrim(string)、Trim(string)

LTrim 函数返回删除了字符串 string 中前导空格(左边的空格)之后的剩余部分。RTrim 函数返回删除了字符串 string 中结尾空格(右边的空格)之后的剩余部分。Trim 函数组合了前两个函数的功能,同时删除字符串 string 的前导与结尾空格,返回剩余部分。

如果参数 string 是只有空格的字符串,则三个函数的返回值都是空字符串。三个函数都不会对非空格字符之间的空格进行任何处理。例如:

```
LTrim(" ␣␣Say␣You,␣Say␣Me␣␣␣")          '返回"Say␣You,␣Say␣Me␣␣␣"
RTrim(" ␣␣Say␣You,␣Say␣Me␣␣␣")          '返回" ␣␣Say␣You,␣Say␣Me"
Trim("" ␣␣Say␣You,␣Say␣Me␣␣␣"")         '返回"Say␣You,␣Say␣Me"
```

7. Left(string, length)、Right(string, length)

Left 函数返回字符串参数 string 左面(前边)的 length 个字符组成的子字符串。length 为整型参数。Right 函数返回参数 string 右面(后边)的 length 个字符组成的子字符串。

当 length 参数值大于字符串 string 的长度时,返回整个 string 字符串。例如:

```
Dim strSource As String, strResult As String
strSource = "你好,Visual Basic!"
strResult = Left(strSource, 1)              '返回 "你"
strResult = Left(strSource, 7)              '返回 "你好,Visu"
strResult = Right(strSource, 8)             '返回 " l Basic!"
```

```
strResult = Right(strSource, 20)                    '返回 "你好,Visual Basic!"
```

应该注意的是,在LTrim、RTrim、Trim、Left和Right等字符串函数执行时,不会对作为参数的字符串做任何修改。比如上面的例子中,strSource变量的值一直没有变化,始终为“你好,Visual Basic!”。

8. Mid(string, start[, length])

Mid函数返回字符串string中从第start个字符开始的length个字符组成的子字符串。如果start大于string的长度,返回空字符串。如果省略参数length,则返回从第start个字符开始的全部字符。实际上,Left和Right两个函数是Mid函数的特例。

例如:

```
Mid("Hello",2,1)                                    '返回"e"
Mid("Hello",2)                                      '返回"ello"
```

除此之外,还可以利用Mid函数修改字符串中指定位置上的字符,格式如下:

Mid(string, start[, length]) = string2

这一语句的功能是把字符串变量string中从第start个字符起的length个字符用字符串string2来替换。例如:

```
Dim MyString As String
MyString = "The dog jumps"                          '设置字符串变量的初值
Mid(MyString, 5, 3) = "fox"                         'MyString的值为"The fox jumps"
Mid(MyString, 5) = "cow"                            'MyString的值为"The cow jumps"
Mid(MyString, 5, 3) = "duck"                        'MyString的值为"The duc jumps"
Mid(MyString, 5) = "cow jumped over"                'MyString的值为"The cow jumpe"
```

注意,当参数length被省略时,Mid语句会用整个字符串string2去替换字符串string中从start个字符开始的字符,但是到达string的末尾时结束。也就是说,Mid语句不会改变原始字符串string的长度。

9. LCase(string)、UCase(string)

LCase函数把字符串参数string中的大写字母转换为小写形式。UCase函数把string中的小写字母转换为大写,不影响非字母字符。例如:

```
LCase("Nanjing, China")          '返回值为"nanjing, china"
```

10. Asc(string)

Asc函数返回字符串string中第一个字符的十进制编码值。如果是单字节字符(如字母、数字、西文符号),返回值在0~255之间(ASCII码);如果是双字节字符(如汉字、中文符号),返回值在-32768~32767之间。ASCII码表参见附录E。例如:

```
Asc("␣␣Say You,␣Say␣Me!")        '返回值为32(空格“␣”的ASCII码为十进制数32)
Asc("Yesterday Once More")       '返回值为89(字符“Y”的ASCII码)
```

11. Chr(charcode)

Chr函数与Asc函数正相反,它把字符编码charcode转换为相应的字符并返回,返回值为仅有一个字符的字符串。

例如，Chr(97)返回值为“a”。

> 可以使用 Chr 函数返回一些无法直接输入到字符串中的控制符和不可显示的特殊字符。如 Chr(10)返回“换行符”，Chr(13)返回“回车符”。例如，可以通过下面语句在多行文本框(MultiLine 属性为 True)中显示两行内容：
>
> ```
> Text1.Text = "Hello" + Chr(13) + Chr(10) + "Good Bye"
> ```
>
> 如果文本框的 MultiLine 属性为 False，则忽略回车符与换行符。

12．Hex(number)、Oct(number)*

Hex 函数以字符串形式返回整数 number 的十六进制表示形式。Oct 函数返回整数 number 的八进制表示形式。例如，Hex(255)返回值为“FF”；Oct(255)返回值为“377”。

【例 9.2】 删除字符串中的空格。下面的程序段把文本框 txtInput 中输入文字的所有空格删除，并把结果显示在 txtOutput 文本框中。

```
Private Sub Command1_Click()
    Dim strInput As String, strOutput As String
    Dim int1 As Integer
    strInput = txtInput.Text
    strOutput = ""
    For int1 = 1 To Len(strInput)
        If Asc(Mid(strInput, int1, 1))<> 32 Then          '空格的 ASCII 码为 32
            strOutput = strOutput & Mid(strInput, int1, 1)
        End If
    Next
    txtOutput.Text = strOutput
End Sub
```

13．LSet 语句、RSet 语句*

```
LSet␣stringvar = string
RSet␣stringvar = string
```

stringvar 为字符串类型变量，string 为字符串表达式。LSet 语句先将 stringvar 变量内容清空，再将 string 中的字符放置到 stringvar 的左边(即作为起始字符)，stringvar 右边的剩余空间使用空格填充。RSet 语句将 string 中的字符放置到 stringvar 的右边(即结尾字符)，stringvar 左边的剩余空间使用空格填充。例如：

```
Dim s1 As String                    '定义字符串变量
s1 = "Computer"                     '赋值,字符串长度为 8
LSet s1 = "Left"                    's1 的值为 "Left␣␣␣␣"
RSet s1 = "Right"                   's1 的值为 "␣␣␣Right"
```

如果字符串 string 长度大于 stringvar 长度，不会使 stringvar 变长，而是截去 string 左边(对于 RSet)或右边(对于 LSet)的多余字符。

14．Format 函数*

```
Format(expression [,format[, firstdayofweek[, firstweekofyear]]])
```

Format 函数将任意类型的表达式 expression 的值,按字符串型参数 format 指定的格式转换为字符串。expression 是被转换的值,format 是转换格式控制字符串。

如果被转换的是日期时间型值,会用到剩余的两个可选参数:firstdayofweek 和 firstweekofyear。

若只使用一个参数 expression,则按默认的转换方式转换为字符串(参见 3.3.8 节)。使用 Format 函数对数值进行默认转换时,不会产生前导空格。

格式控制字符串 format 参数用来指定具体的转换格式。format 参数可以是 Visual Basic 预定义的,也可以是自定义的。

(1) 预定义数值转换格式

表 9.2 中是一些 Visual Basic 预定义的数值转换格式控制字符串。

表 9.2 预定义的数值转换格式控制字符串

格式控制字符串	意 义
"General Number"	转换为没有千分位符号的数值形式
"Currency"	转换为包含千分位符号的数值形式,小数点后会有两位数,并且带有取决于系统国别设置的货币符号
"Fixed"	转换为至少小数点左边一位数、右边两位数的形式
"Standard"	转换为包含千分位符号的数值形式,至少小数点左边一位数、右边两位数
"Percent"	转换为乘以 100 的数值形式,其后附加一个百分号"%",小数点右边总是两位数
"Scientific"	转换为标准科学计数法表示形式
"Yes/No"	如果被转换的数值为 0,则转换为"No",否则转换为"Yes"
"True/False"	如果被转换的数值为 0,则转换为"False",否则转换为"True"
"On/Off"	如果被转换的数值为 0,则转换为"Off",否则转换为"On"

例如,同样是数值 12,指定的格式不同则转换成的字符串也不同:

```
str1 = Format(12, "Currency")        '返回值为"￥12.00"
                                     '其中的货币符号会因系统的设置不同而不同
str1 = Format(12, "Percent")         '返回值为"1200.00%"
str1 = Format(12, "yes/no")          '返回值为"Yes"
str1 = Format(12, "scientific")      '返回值为"1.20E+01"
```

(2) 预定义日期时间转换格式

表 9.3 中是一些 Visual Basic 预定义的日期时间转换格式控制字符串。

表 9.3 预定义的日期时间转换格式控制字符串

格式控制字符串	意 义
"General Date"	转换为一般形式的日期和/或时间形式的字符串。例如,"99-12-20 05:34"、"99-12-25"、"15:34 "。日期时间的具体形式要依系统设置而定
"Long Date"	以系统的长日期格式转换为字符串
"Medium Date"	依适当的主应用程序语言版本中的日期格式来转换日期
"Short Date"	以系统的短日期格式转换为字符串
"Long Time"	以系统的长时间格式转换为字符串,包括时、分、秒
"Medium Time"	使用时和分以及 AM/PM,转换为 12 小时时间格式的字符串
"Short Time"	以 24 小时的时间格式转换为字符串,例如"17:45"

在进行日期时间的格式转换时，可能用到 Format 函数的后两个可选参数。

firstdayofweek 参数指定星期几是一个星期中的第一天，取值与意义见表 9.4。这个参数值会影响很多关于日期的转换函数。

表 9.4　firstdayofweek 参数的取值

参数值	常　量	意　义	参数值	常　量	意　义
0	vbUseSystem	使用系统设置	4	vbWednesday	星期三
1	vbSunday	星期日(默认)	5	vbThursday	星期四
2	vbMonday	星期一	6	vbFriday	星期五
3	vbTuesday	星期二	7	vbSaturday	星期六

firstweekofyear 参数指定哪个星期为一年中的第一个星期，取值与意义见表 9.5。

表 9.5　firstweekofyear 参数的取值

参数值	常　量	意　义
0	vbUseSystem	使用系统设置
1	vbFirstJan1	包含 1 月 1 日的那个星期(默认)
2	vbFirstFourDays	至少有四天在本年中的第一个星期
3	vbFirstFullWeek	完全在本年中的第一个星期

例如：

```
str1 = Format(#12/25/1999 12:01:00 PM#, "General Date")
                                                '返回"99-12-25 12:01:00"
str1 = Format(#12/25/1999 12:01:00 PM#, "Short Time")    '返回"12:01"
str1 = Format(0.75, "Long Time")                          '返回"18:00:00"
```

注意，日期和时间的各类转换很大程度上受到操作系统的具体设置的影响，所以同样的语句在不同的计算机上执行，结果可能不同。

(3) 自定义数值转换格式

在自定义转换格式控制字符串中可以包含一些起控制作用的字符，见表 9.6。使用这些出现在转换格式字符串中的"控制符"，可以得到一些特殊的转换格式。

表 9.6　自定义数值转换格式控制符

控制符	意　义
(无)	显示没有特定格式的数值
0	数字占位符。代表一位数字或是零。如果被转换数值在格式字符串中"0"的位置上有一位数字存在，那么就显示出来；否则，就以零显示。如果数值的位数少于格式表达式中"0"的位数(无论是小数点的左方或右方)，那么就把前面或后面的零补足。如果数值的小数点右方位数多于格式表达式中小数点右面零的位数，那么就四舍五入到有零的位数的最后一位。如果数值的小数点左方位数多于格式字符串中小数点左面零的位数，那么多出的部分会不加修饰地显示出来
#	数字占位符。代表一位数字或什么都不显示。如果被转换数值在格式字符串中"#"的位置上有数字存在，那么就显示出来；否则，该位置什么都不显示。此符号的工作原理和数字占位符"0"大致相同，不同之处是当被转换数值的位数少于#的位数(无论是小数点左方或右方)时，不会添加前面或后面的零

续表

控制符	意　义
.	小数点占位符。小数点占位符用来决定在小数点左右可显示多少位数。如果格式字符串在此符号左边只有正负号,那么小于1的数字将以小数点为开头。如果想在小数前有"0",就应该在小数点占位符前加上数字占位符"0"。小数点占位符的实际字符在格式输出时要依赖于系统的数字格式设定。一些国家是用逗号来作小数点的
%	百分比符号占位符。被转换的数值乘以100,百分号"%"会插入到格式字符串中它出现的位置上
,	千分位符号占位符。千分符主要是把数值小数点左边超过四位数时分出千位。如果格式字符串中在数字占位符("0"或"#")前后包含有千分位符号,则指定的是标准的千分位符号使用法。两个相邻的千分位符号或一个千分位符号紧接在小数点左边(不管小数位是否指定),其意思为"将数值除以1000的整数次方,按需要四舍五入"。例如,可以用格式字符串"##0,,"将1亿表示成100。数值小于1百万的话表示成"0",千分位符号除了紧接在小数点左边以外,在任何位置出现时均简单地视为指定了使用千分位符号。小数点占位符的真正字符在格式输出时,需视系统识别的数字格式而定。有的国家用句点来当千位符号
E-、E+、e-、e+	科学计数格式。如果格式字符串在"E-"、"E+"、"e-"或"e+"的右方含有至少一个数字占位符("0"或"#"),那么数值将表示成科学格式,而"E"或"e"会被安置在数值和指数之间。"E"或"e"右方数字占位符的个数取决于指数位数。使用"E-"或"e-"时,会用减号来表示负的乘幂。使用"E+"或"e+"时,会用减号来表示负的乘幂并用加号来表示正的乘幂
-、+、$、(、)	这些字符会原封不动地出现在返回值中。如想显示这几个字符以外的控制字符时,可以用反斜杠字符"\"作前缀或以双引号括起来
\	使格式字符串中下一个控制字符不起控制作用。如想把一个控制符原封不动地输出到函数的返回值中,则在这个控制符前加反斜杠"\",使其不再起控制作用。反斜杠"\"本身也是控制符,它并不会输出到返回值中。如果要在返回值中包含一个反斜杠"\",则要使用两个连续的反斜杠"\\"
""	如果在格式控制字符串中,使用双引号把一个或多个控制符括起来,则这些控制符不再起控制作用,而是原样出现在返回值中。因为在字符串中使用双引号要双写,所以把控制符括起来要用到四个双引号,如""%#""。也可以使用chr(34)返回单个双引号字符

在格式控制字符串中,所有不是控制符的字符都会原样出现在Format函数的返回值中。

使用Format函数把数值转换为字符串时,可以对正数、负数、零以及Null值指定不同的格式。这时,需要在自定义数值格式转换字符串参数format中定义1～4个区段,各区段间以分号隔开。每一个区段应用到不同的数值上(正、负、零等),见表9.7。

表9.7　数值转换的区段设置

区段数	每个区段应用到的值
一个区段	格式表达式format应用到所有的值
两个区段	第一个区段应用到正值或零,第二个区段应用到负值
三个区段	第一个区段应用到正值,第二个区段应用到负值,第三个区段应用到零
四个区段	第一个区段应用到正值,第二个区段应用到负值,第三个区段应用到零,第四个区段应用到Null值

如果两个分号之间没有指定格式,那么遗漏的区段将以正值的格式来表示。例如,下面的格式以第一个区段显示正值及负值,而如果值为零时,则显示"Zero"。

```
"$#,##0;;\Z\e\r\o"
```

例如,表9.8中列出了当Format函数中的格式控制字符串为不同情况时,5、-5和0.5三个数值被转换的结果。

表9.8 使用不同的格式控制字符串时的转换结果

参数 format	5	−5	0.5
""	"5"	"−5"	"0.5"
"0"	"5"	"−5"	"1"
"0.00"	"5.00"	"−5.00"	"0.50"
"#,##0"	"5"	"−5"	"1"
"#,##0.00"	"5.00"	"−5.00"	"0.50"
"$#,##0;($#,##0)"	"￥5"	"(￥5)"	"￥1"
"$#,##0.00;($#,##0.00)"	"￥5.00"	"(￥5.00)"	"￥0.50"
"0%"	"500%"	"−500%"	"50%"
"0.00%"	"500.00%"	"−500.00%"	"50.00%"
"0.00E+00"	"5.00E+00"	"−5.00E+00"	"5.00E−01"
"0.00E−00"	"5.00E00"	"−5.00E00"	"5.00E−01"
"此数为−0.0?"	"此数为−5.0?"	"−此数为−5.0?"	"此数为−0.5?"

```
str1 = Format(5459.4, "##,##0.00")        '返回 "5,459.40"
str1 = Format(334.9, "###0.00")           '返回 "334.90"
str1 = Format(334.9, "ab#.000")           '返回 "ab334.900"
str1 = Format(334.9, "a00000.###b")       '返回 "a00334.9b"
```

(4) 自定义日期时间转换格式

表9.9中列出了一些可用来创建用户自定义日期时间格式的字符。

表9.9 自定义日期时间转换格式控制符

格式控制符	意 义
:	时间分隔符。格式化时间值时,时间分隔符可以分隔时、分、秒。时间分隔符的真正字符在格式输出时取决于系统的设置。在一些国家,可能用其他符号来当时间分隔符
/	日期分隔符。格式化日期值时,日期分隔符可以分隔年、月、日。日期分隔符的真正字符在格式输出时取决于系统设置。在一些国家,可能用其他符号来当日期分隔符
c	以 ddddd 来显示日期并且以 ttttt 来显示时间
d	以没有前导零的数字来显示日(1~31)
dd	以有前导零的数字来显示日(01~31)
ddd	以简写来表示日(Sun~Sat)
dddd	以全称来表示日(Sunday~Saturday)
ddddd	以完整日期表示法转换(包括年、月、日),日期的显示要依系统的短日期格式设置而定。默认的短日期格式为 m/d/yy

续表

格式控制符	意　义
dddddd	以完整日期表示法转换(包括年、月、日),日期的显示要依系统识别的长日期格式而定。默认的长日期格式为 mmmm dd, yyyy
w	将星期几以数值表示(默认情况下,1代表星期日,……,7代表星期六)
ww	将一年中的第几个星期以数值表示(1～54)
m	以没有前导零的数字来显示月份(1～12)。如果 m 是直接跟在 h 或 hh 之后,那么显示的将是分钟而不是月份
mm	以有前导零的数字来显示月份(01～12)。如果 m 是直接跟在 h 或 hh 之后,那么显示的将是分钟而不是月份
mmm	以简写来表示月份(Jan～Dec)
mmmm	以全称来表示月份(January～December)
q	将一年中的季以数值表示(1～4)
y	将一年中的日以数值表示(1～366)
yy	以两位数来表示年(00～99)
yyyy	以四位数来表示年(1900～1999)
h	以没有前导零的数字来转换小时(0～23)
hh	以有前导零的数字来转换小时(00～23)
n	以没有前导零的数字来转换分(0～59)
nn	以有前导零的数字来转换分(00～59)
s	以没有前导零的数字来转换秒(0～59)
ss	以有前导零的数字来转换秒(00～59)
ttttt	以完整时间表示法转换(包括时、分、秒),用系统识别的时间格式定义的时间分隔符进行格式化。如果选择有前导零并且时间是在 10:00AM 或 PM 之前,那么将显示有前导零的时间。默认的时间格式为 h:mm:ss
AM/PM	在中午前以 12 小时配合大写 AM 符号来使用;在中午和 11:59P. M. 间以 12 小时配合大写 PM 来使用
am/pm	在中午前以 12 小时配合小写 am 符号来使用;在中午和 11:59P. M. 间以 12 小时配合小写 pm 来使用
A/P	在中午前以 12 小时配合大写 A 符号来使用;在中午和 11:59P. M. 间以 12 小时配合大写 P 来使用
a/p	在中午前以 12 小时配合小写 a 符号来使用;在中午和 11:59P. M. 间以 12 小时配合小写 p 来使用
AMPM	在中午前以 12 小时配合系统设置的 AM 字符串文字来使用;在中午和 11:59P. M. 间以 12 小时配合系统设置的 PM 字符串文字来使用。AMPM 可以是大写或小写,但必须和系统设置相匹配。其默认格式为 AM/PM

例如,表 9.10 是以不同的自定义日期时间格式把日期时间值 #6/12/2000 6:30:00 PM# 转换为字符串的结果。

参数 firstdayofweek 和 firstweekofyear 在对日期量进行格式转换时要用到。

(5) 自定义字符串格式

表 9.11 中列出了可用于字符串转换时的格式控制字符。

表 9.10 使用不同的日期时间格式时的转换结果

参数 format	转换结果(返回值)
""	"00-6-12 18:30:00"
"m/d/yy"	"6-12-00"
"d-mmm"	"12-Jun"
"d-mmmm-yy"	"12-June-00"
"d mmmm"	"12 June"
"mmmm yy"	"June 00"
"hh: mm AM/PM"	"06:30 PM"
"h: mm: ss a/p"	"6:30:00 p"
"h: mm"	"18:30"
"h: mm: ss"	"18:30:00"
"m/d/yy h: mm"	"6-12-00 18:30"
"dddd, mmm d yyyy"	"Monday, Jun 12 2000"
"yyyy 年 mm 月 dd 日 h: mm"	"2000 年 06 月 12 日 18:30"
"今天是 dddddd"	"今天是 2000 年 6 月 12 日"
"dddddd 是 yyyy 年的第 ww 周"	"2000 年 6 月 12 日是 2000 年的第 25 周"

表 9.11 自定义字符串转换格式控制符

格式控制符	意 义
@	字符占位符。转换为字符或空格。如果被转换字符串在格式字符串中"@"的对应位置上有字符存在,那么就转换出来;否则,就在那个位置上填上一个空格字符。除非有惊叹号"!"在格式字符串中,否则字符占位符将由右而左被填充
&	字符占位符。转换为字符或什么都不显示。如果被转换字符串在格式字符串中"&"的对应位置上有字符存在,那么就转换出来;否则,就什么都不转换。除非有惊叹号"!"在格式字符串中,否则字符占位符将由右而左被填充
<	强制小写。将所有字符转换为小写格式
>	强制大写。将所有字符转换为大写格式
!	强制从左向右填充字符占位符。默认是由右而左填充字符占位符

与自定义数值转换格式字符串相似,在自定义字符串转换格式字符串 format 时,也可以使用分号设置区段,但是最多为 2 个。当只有 1 个区段时,它作用于所有的字符串值;当有 2 个区段时,第一个区段应用于所有非零长度字符串,第二个区段应用于空字符串和 Null 值。

例如:

```
MyStr = Format("HELLO", "<")                   '返回 "hello"
MyStr = Format("This is it", ">;\空字符串")    '返回 "THIS IS IT"
MyStr = Format("", ">;\空字符串")              '返回 "空字符串"
```

9.3 日期与时间函数

1. Date、Time、Now

这 3 个函数均没有参数,分别返回计算机系统的当前日期、时间和日期+时间(Date 类型的值)。

```
Dim dtmNow As Date
dtmNow = Date                            '返回系统日期,赋给变量 dtmNow
dtmNow = Time                            '返回系统时间,赋给变量 dtmNow
dtmNow = Now                             '返回系统日期和时间
```

此外,Date 和 Time 函数还可以用来调整系统时间,方法是把 Date 或 Time 关键字放在赋值号的左边,赋以新的日期和时间。不能使用 Now 函数来设置系统时间。

```
Date = #9/9/2008#                        '把系统日期设置为 2008 年 9 月 9 日
Time = #6:00:00 AM#                      '把系统时间设置为早上六点
```

2. DateSerial(year, month, day)

此函数按指定的年(year 参数)、月(month 参数)、日(day 参数)返回一个日期值。

```
DateSerial(2000,3,5)                     '返回值为#3/5/2000#
```

此函数允许 month 与 day 超出有意义的范围。例如:

```
DateSerial(1999,2,-3)                    '返回的日期为#1/28/99#(即 1999 年 1 月 28 日)
```

3. TimeSerial(hour,minute,second)

此函数由 3 个正整数参数 hour、minute、second(分别代表时、分、秒)生成一个时间值,功能与 DateSerial 函数相似。

```
TimeSerial(18 , 20, 20)                  '返回值为#6:20:20 PM#
```

4. Year(date)、Month(date)、Day(date)、WeekDay(date,firstdayofweek)

这 4 个函数分别返回给定日期 date 的年、月、日以及星期。WeekDay 返回的星期值是指从所在星期的第一天到给定日期经历的天数,并非星期几,这个值受 firstdayofweek 参数的影响,见表 9.4。

```
Day(DateSerial(2000,1,1))                '返回值为 1(2000 年 1 月 1 日的日期为 1)
Weekday (DateSerial (2000,1,1),2)        '返回值为 6 (2000 年 1 月 1 日是星期六)
```

5. Hour(date)、Minute(date)、Second(date)

这 3 个函数分别返回给定时间 date 的时、分、秒值。

```
Hour(#2000-3-5 12:00:00 PM#)             '返回值为 12(12 点)
```

6. TimeValue(date)

此函数返回日期时间型值 date 的时间部分。

例如:TimeValue(#6/12/2000 8:30:00 PM#)的返回值为#8:30:00 PM#。

如果 date 中没有时间信息,则返回#0:00:00#。

7. DateAdd(interval, number, date)*

此函数返回在参数 date 指定的日期时间上增加一段时间后的日期时间。interval 是字符串型参数,表示时间间隔单位,取值与意义见表 9.12。number 是增加的时间量。

表 9.12　interval(时间间隔单位)参数的取值

参数值	意　义	参数值	意　义	参数值	意　义
"yyyy"	年	"n"	分钟	"w"	一周中的天数
"m"	月	"q"	季	"h"	时
"d"	日	"y"	一年中的天数	"s"	秒
"ww"	星期				

对于 DateAdd 函数,"d"、"y"和"w"是等效的。例如,要计算 2000 年 1 月 31 日加上 30 天之后的日期,可以使用 DateAdd("d", 30, #1/31/2000#)、DateAdd("w", 30, #1/31/2000#)、DateAdd("y", 30, #1/31/2000#),它们都返回#3/1/2000#(即 2000 年 3 月 1 日)。

注意,DateAdd("m", 1, #1/31/2000#)的返回值为#2/29/2000#。所以,增加一个月与增加 30 天是不一样的。

DateAdd("h", 26, #1/1/99#)返回#1/2/99 02: 00: 00AM#(1999 年 1 月 1 日加上 26 个小时,得到 1999 年 1 月 2 日 2 点)。

当 number 为负值时,表示在 date 上减去一定的时间。

8. DateDiff(interval, date1, date2 [,firstdayofweek[,firstweekofyear]])*

DateDiff 函数返回两个日期时间 date1、date2 之间的差,返回值的单位由 interval 参数指定,它的取值与意义参见表 9.12。参数 firstdayofweek 和参数 firstweekofyear 分别指定一个星期中的星期几为第一天和一年中哪个星期为第一个星期,这两个参数的取值与意义见表 9.4 和表 9.5。

例如,DateDiff("d", #1/31/2000#, #2/1/2000#)返回值为 1(2000 年 1 月 31 日和 2000 年 2 月 1 日差一天),DateDiff("m", #1/31/2000#, #2/1/2000#)返回值为 1(2000 年 1 月 31 日和 2000 年 2 月 1 日虽然只差一天,但是却在相邻的两个月中)。所以,这里的"月"不等同于 30 天。

此外,使用"w"与"ww"、"y"与"yyyy"比较的结果也各不相同。在计算 12 月 31 日和来年的 1 月 1 日的年份差时,DateDiff 返回 1 年,虽然实际上只相差一天而已。

```
DateDiff("yyyy", #12/31/1999#, #1/2/2000#)    '返回值为 1(相差 1 年)
DateDiff("y", #12/31/1999#, #1/2/2000#)       '返回值为 2(相差 2 天)
```

9. DatePart(interval, date [,firstdayofweek[, firstweekofyear]])*

此函数返回给定日期时间 date 的年、月、日、时、分、秒等方面的信息。interval 参数的取值和意义参见表 9.12。firstdayofweek 和 firstweekofyear 两个参数的取值和意义见表 9.4 和表 9.5。

```
DatePart("d",#1/30/2000#)                  '返回值为 30(30 日)
DatePart("h",#1/30/2000 6:00:00 PM#)       '返回值为 18(18 点)
```

注意,当 interval 分别为"d"、"w"、"y"时的区别。

```
DatePart("d", #2/29/2000#)     '返回 29(29 日)
DatePart("w", #2/29/2000#)     '返回 3(星期二,默认设置星期日为一周中的第一天)
DatePart("y", #2/29/2000#)     '返回 60(2000 年的第 60 天)
```

```
DatePart("ww", #2/29/2000#)      '返回 10(2000 年的第 10 个星期)
DatePart("yyyy", #2/29/2000#)    '返回 2000(2000 年)
```

10. Timer*

Timer 函数无参数,返回从当日午夜到当前时刻所经历的秒数。

9.4 类型测试函数*

1. TypeName(VarName)

TypeName 函数以字符串形式返回给定参数 VarName 的数据类型。

(1) 如果 VarName 是一个变体类型变量,返回当前值的类型。

(2) 如果参数 VarName 是普通变量名,将以字符串返回其数据类型名,如"Integer"、"Double"等。

(3) 如果参数 VarName 是对象型变量,则返回它的具体对象类型,如"TextBox"、"CommandButton"等。

(4) 如果 VarName 是一个数组名,则返回数组类型名加一个空括号。例如,当 a 是一个整型数组名时,则 TypeName(a)返回"Integer()"。

(5) 如果 VarName 是一个变体类型变量,它的当前值是对数组的引用,则返回带空括号的类型名。

2. VarType(VarName)

使用 VarType 函数可以测试 VarName 参数指定的变量(尤其是变体变量)的当前类型或当前值。此函数的返回值为整型数,见表 9.13。

表 9.13 VarType 函数的返回值

返回值	常量	类型	返回值	常量	类型
0	vbEmpty	Empty 值	8	vbString	字符串型
1	vbNul	Null 值	9	vbObject	对象型
2	vbInteger	整型	11	vbBoolean	逻辑型
3	vbLong	长整型	12	vbVariant	变体类型
4	vbSingle	单精度浮点型	17	vbByte	字节型
5	vbDouble	双精度浮点型	36	vbUserDefinedType	自定义类型
6	vbCurrency	货币型	8192	vbArray	数组
7	vbDate	日期时间型			

如果被测试的是一个数组名,返回值是 8192 加上它的类型所代表的值。例如:

```
Dim intArr()As Integer
i = VarType(intArr)              '返回值为 8194 = 8192 + 2
```

3. IsNumeric(expression)

如果表达式 expression 的值是一个有效的数值(包括 Integer、Long、Currency、Single、Double、Byte),则此函数返回 True,否则返回 False。如果 expression 的值是可以默认地转

换为数值的其他类型值(如字符串"12"),此函数也返回 True。

4. IsDate(expression)

如果表达式 expression 的值是有效日期时间,则返回值为 True,否则返回 False。

5. IsArray(expression)

如果参数 expression 是一个数组名,则返回值为 True,否则返回 False。如果 expression 是引用了数组的变体类型变量名,也返回 True。

6. IsNull(expression)

如果表达式 expression 的值为 Null,则返回 True,否则返回 False。注意,不能使用 If var1=Null 这样的语句来判断变量 var1 当前的值是否为 Null,应该使用 IsNull 函数或 VarType 函数进行测试。

7. IsObject(VarName)

如果参数 VarName 是一个对象型变量或引用对象的变体类型变量,则返回 True,否则返回 False。

9.5 分支函数*

1. IIf(Expression,TruePart, FalsePart)

当逻辑型参数 Expression 的值为 True 时,此函数返回第二个参数 TruePart 的值;当 Expression 为 False 时,返回第三个参数 FalsePart 的值。使用此函数可以简单地编出求两个值中较大值的表达式:

```
IIf(sng1>sng2, sng1,sng2)          '返回两个值 sng1 和 sng2 中的最大值
```

2. Choose(index, choice1[, choice2, … [, choice*n*]])

Choose 函数的第一个参数 index 应为整型表达式,其他的参数 choice1、choice2、choice3…可以是任何类型的值。当 index 的值为 1 时,此函数返回 choice1 值;index 的值为 2 时,此函数返回 choice2 值,依此类推。如果 index 的值小于 1 或者超出可选项数,则返回 Null。

3. Switch(expr1, value1[, expr2, value2,…[, expr*n*,value*n*]])

Switch 函数从左至右依次计算表达式 expr1、expr2…的值,如果 expr1 为 True,则返回 value1 值;如果 expr2 为 True,则返回 value2 值,依此类推。当有多个表达式为 True 时,只返回最前面表达式相对应的值。如果所有的表达式均不为 True,则返回 Null。

Switch 函数中的表达式参数 expr×与相应的值参数 value×必须成对出现。

9.6 预定义对话框函数

预定义对话框是指 Visual Basic 已经定义好的对话框,程序设计者只需调用一个函数就可以显示这个对话框,并根据用户的不同操作得到不同的返回值。

9.6.1 消息框函数 MsgBox

消息框是一种系统定义的对话框,有两个方面的作用:①程序以文本和图标的方式向用户显示运行过程中的信息;②以按钮方式向用户显示1～3个选项,由用户通过单击按钮作出选择。图9.1显示的是两个消息框,图9.1(a)的主要作用是显示消息;图9.1(b)的主要作用是让用户作出决定。

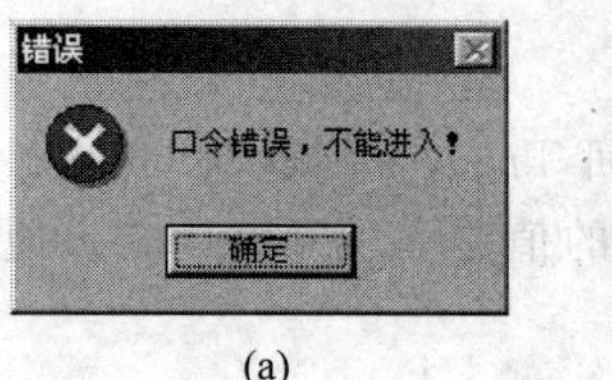

(a)

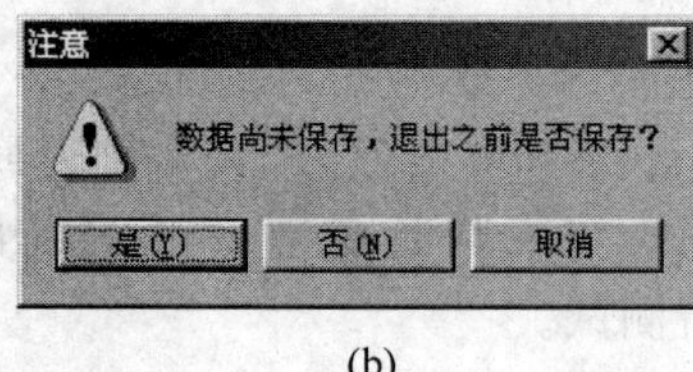

(b)

图9.1 消息框

Visual Basic提供的MsgBox函数可以使程序通过函数调用的方式显示消息框,它的语法格式为:

```
MsgBox(prompt[, buttons] [, title] [, helpfile, context])
```

字符串类型参数prompt指定消息框中显示的文字(即消息内容)。如果要使消息内容在中间某处换行,可以用回车符Chr(13)或换行符Chr(10)。

字符串类型参数title指定消息框标题栏文字,如果省略该参数,则以工程名为标题栏文字。

整型参数buttons可以指定消息框四个方面的内容:按钮的个数、图标的样式、默认按钮以及对话框的模态性。参数buttons可由四组内容组成(分别见表9.14～表9.17),四部分各取一个值相加之和可作为buttons参数的值。

表9.14 定义按钮

参数值	常量	显示的按钮
0	vbOKOnly	只显示"确定"按钮
1	vbOKCancel	显示"确定"与"取消"按钮
2	vbAbortRetryIgnore	显示"终止"、"重试"与"忽略"按钮
3	vbYesNoCancel	显示"是"、"否"和"取消"按钮
4	vbYesNo	显示"是"和"否"按钮
5	vbRetryCancel	显示"重试"和"取消"按钮

表9.15 定义图标

参数值	常量	图标	参数值	常量	图标
16	vbCritical		48	vbExclamation	
32	vbQuestion		64	vbInformation	

表 9.16 定义默认按钮

参数值	常 量	默认按钮
0	vbDefaultButton1	第一个按钮
256	vbDefaultButton2	第二个按钮
512	vbDefaultButton3	第三个按钮
768	vbDefaultButton4	第四个按钮

表 9.17 定义模态性

参数值	常 量	模态性
0	VbApplicationModal	应用程序级模态
4096	VbSystemModal	系统级模态

表 9.17 中的“应用程序级模态”是指，如果不关闭这个对话框，无法对本程序中其他的窗体进行操作。“系统级模态”是指不关闭这个对话框，无法对所有的程序进行操作。

例如，下面两条语句分别显示如图 9.1 所示的消息框。

```
i = MsgBox("口令错误,不能进入!", 16, "错误")
i = MsgBox("数据尚未保存,退出之前是否保存?", 51, "注意")      '51 = 3 + 48
```

当程序执行到 MsgBox 函数时，在屏幕上显示消息框，并暂停程序运行，等待用户响应。当用户选择任何一个按钮后，返回一个代表所选按钮的整数，然后继续执行，程序根据返回的整数值进行相应的处理。

各个按钮对应的整数列于表 9.18 中。

表 9.18 MsgBox 函数的返回值

返回值	常 量	按 钮	返回值	常 量	按 钮
1	vbOK	确定	5	vbIgnore	忽略
2	vbCancel	取消	6	vbYes	是
3	vbAbort	终止	7	vbNo	否
4	vbRetry	重试			

如果不必处理 MsgBox 函数的返回值（如只显示“确定”按钮），可以使用调用过程的方法调用 MsgBox 函数。例如，下面的两条语句都可以显示如图 9.2 所示的简单消息框：

```
MsgBox "启动完毕," & Chr(10)& Chr(13)& "敬请使用。"
Call MsgBox ("启动完毕," & Chr(10)& Chr(13)& "敬请使用。")
```

图 9.2 简单消息框

MsgBox 函数的 helpfile 和 context 参数不在本书所讲范围之内。

9.6.2 输入框函数 InputBox

输入框是 Visual Basic 的另一个预定义对话框，它的作用是提示用户输入一个字符串。图 9.3 显示的就是一个提示输入学号的输入框，它由提示文本、输入文本框和“确定”、“取消”两个按钮组成。

图 9.3　输入框

调用 InputBox 函数，会在屏幕上显示一个输入框，并返回用户输入的字符串。InputBox 函数的语法是：

```
InputBox(prompt[,title][,default][,xpos][,ypos][,helpfile,context])
```

参数 prompt 指定输入框上的提示文本内容。如果要显示多行信息，则可在各行之间用回车符 Chr(13)和换行符 Chr(10)来分隔。

参数 title 指定输入框标题栏文字。如果省略，则把应用程序名作为标题栏文字。

参数 default 为输入框中的文本框提供默认内容。如果省略这个参数，则弹出输入框时文本框是空的。

参数 xpos、ypos 指定对话框显示在屏幕上的位置。如果省略，则对话框会显示在屏幕中央。

执行 InputBox 函数时，弹出输入框并等待用户响应，程序暂停，如果用户输入字符串并选择“确定”按钮，则以字符串的形式返回文本框中的内容。如果用户选择了“取消”按钮，则返回空字符串。返回后，程序继续执行。

【例 9.3】 提示输入学号。本程序使用了 Do...Loop 循环，如果用户输入的学号不正确，会反复提示输入，直到输入正确或用户取消输入为止。

```
Private Sub Command1_Click()
    Dim s As String
    Dim i As Integer
    Do
        s = InputBox("请输入学号(10 位数)：","学号")           '显示如图 9.3 所示的输入框
        If s = "" Then Exit Do                                '如果选择了“取消”按钮
        If Len(Trim(s))<>10 Then                              '输入不正确
            i = MsgBox("学号位数不正确！是否重新输入?", vbQuestion + vbYesNo)
            If i = vbNo Then                                  '不继续输入
                Exit Do
            End If
        Else
            Print s                                           '输入正确时，显示学号
            Exit Do
        End If
    Loop
End Sub
```

习 题 9

一、选择题

1. 下面表达式的值是 False 的有__________。

(A) "n"& "969"<"n97"

(B) InStr("visualbasic","b")<>Len("basic")

(C) Str(2000)< "1997"

(D) UCase("aBC")>"aBC"

2. 圆心在原点上的两个同心圆,半径分别为 2 和 4。描述点(x,y)在小圆外但在大圆内(包括在两个圆周上)的表达式为__________。

(A) Abs(x)<=4.0 And Abs(y)>=2.0

(B) 2.0 <= Sqr(x * x+y * y)<=4.0

(C) x * x+y * y <=16.0 And x * x+y * y >=4.0

(D) (x Or y)>=2.0 And (x Or y)<=4.0

3. 设 s1 和 s2 都是字符串型变量,s1="Visual Basic" : s2="b",则下列表达式中结果为 True 的是__________。

(A) Mid(s1,8,1)> s2

(B) Len(s1)<>2 * Instr(s1, "l")

(C) Chr(66)& Right(s1,4)= "Basic"

(D) Instr(Left(s1,6), "a")+60>Asc(UCase(s2))

4. Format(1732.46, "+##,##0.0%")的返回值为__________。

(A) "173,246.0"　　(B) "1,732.5%"

(C) "+173,246.0%"　　(D) "+173,246%"

5. 下列函数中,返回值是字符串的有__________。

(A) Chr　(B) InStr　(C) Val　(D) Asc

6. 下列函数中,返回值不是字符串的是__________。

(A) Trim　(B) Left　(C) Rnd　(D) Hex

7. 下列 7 个表达式中,表达式的值不是数值 5 或 5.0 的是__________。

① Sqr(25); ② 25 ^ 0.5; ③ 55 Mod 10; ④ 5.5 \ 1.2;

⑤ 5 * 3 / 15 * 5; ⑥ Abs(5-10); ⑦ (3 * 3+4 * 4)^(1 / 2)。

(A) ④　(B) ②、⑥　(C) ①、⑤、⑦　(D) ③

8. 下列 5 个表达式中,值是 True 的有__________。

① False Or True; ② 1 >= 1; ③ 2 = 2 = 2;

④ 3>2>1; ⑤ InStr("Visual Basic", "Basic")。

(A) 全部　(B) ①、②、③、④　(C) ①、②　(D) ③、④

二、填空题

1. 执行下面事件过程,窗体上显示的第一行结果是 (1) ,第三行结果是 (2) 。

```
Private Sub Form_Click()
    Dim Mystr As String
    Dim Mystr1 As String
    Dim Mystr2 As String
    Mystr1 = "B"
    For i = 1 To 3
        Mystr2 = LCase(Mystr1)
        Mystr1 = Mystr1 & Mystr2
        Mystr = Mystr & Mystr1
        Print Mystr
        Mystr1 = Chr(Asc(Mystr1) + i)
    Next
End Sub
```

2. 下面的程序段在窗体上输出 A～Z 的 26 个大写字母，在画线处填入适当内容。

```
Dim a As String
Dim b As Integer
a = ____(3)____
b = 1
Do While b<26
    a = a & ____(4)____
    b = b + 1
Loop
Print a
```

3. 下面程序段的功能是，把一个有偶数个字符的文本框中的内容从头尾至中间依次各取一个字符，组成一个新的字符串 str2，并输出。如果 str1＝"123456"，则 str2＝"162534"。完成此程序段。

```
Dim str1 As String, str2 As String
Dim m As Integer
str1 = txtInput.Text
str2 = ""
m = 0
Do While ____(5)____
    str2 = str2 + ____(6)____
    str2 = str2 + ____(7)____
    m = m + 1
Loop
Print str2
```

4. 运行下面的程序，单击窗体后，从键盘上输入字符串“abcdef”，窗体上显示的第一行输出结果为____(8)____，第二行输出结果为____(9)____。

```
Private Sub Try(c As String, d As String)
    Dim a As String
    Static i As Integer
    i = i + 1
    a = Mid(c, i, 1)
    If a <> "" Then Try c, d
    d = d & a
End Sub

Private Sub Form_Click()
```

```
    Dim s1 As String, s2 As String
    s1 = InputBox("输入一个字符串")
    Try s1, s2
    Print s1
    Print s2
End Sub
```

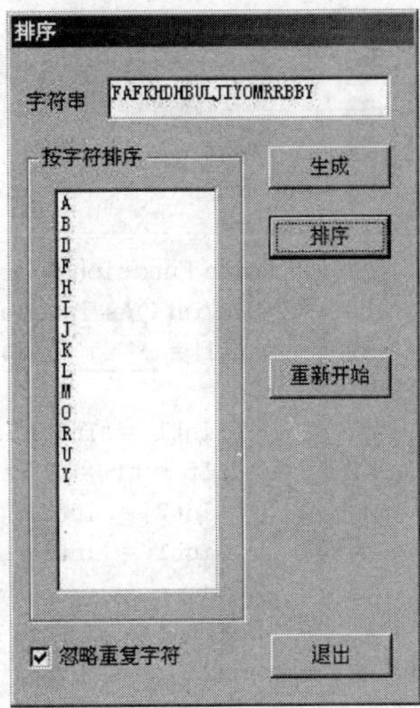

图 9.4　程序界面

5. 本程序界面如图 9.4 所示。首先，单击"生成"按钮，生成一个由 20 个随机大写字母组成的字符串，并由文本框显示。然后，单击"排序"按钮，将此随机字符串中的各个字母按递增顺序添加到列表框中(列表框的 Sorted 属性为 False)。

如果在单击"排序"按钮之前选定"忽略重复字符"复选框，则在向列表框中添加字母时会自动去除重复的字母(即每个字母最多在列表框中出现一次)，否则重复的字母会被相邻地添加到列表框中。

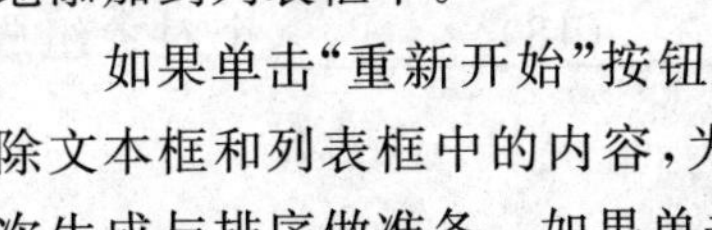

图 9.5　消息框

如果单击"重新开始"按钮，会清除文本框和列表框中的内容，为下一次生成与排序做准备。如果单击"退出"按钮，程序会弹出如图 9.5 所示的消息框，选择"是"退出程序，选择"否"不退出。

请完善程序并回答后面的问题。

```
Dim str1 As String

Private Sub cmdExit_Click()
   If MsgBox(________(10)________, 32 + 4, "确认") = 6 Then
      Unload Me
   End If
End Sub

Private Sub cmdGen_Click()
   Dim int1 As Integer
   Randomize
   For int1 = 1 To 20
      str1 = Trim(str1)& Chr(Int(________(11)________))
   Next
   Text1.Text = str1
End Sub

Private Sub cmdRestart_Click()
   str1 = ""
   Text1 = ""
   ________(12)________
End Sub

Private Sub cmdSort_Click()
   Dim i As Integer
   Dim j As Integer
   For i = 1 To 26
      ____(13)____ = Search(str1, Chr(64 + i))
      Do While j>0
         lstSort.AddItem Chr(________(14)________)
```

```
            If chkMulti.Value = 1 Then ________(15)________
            j = j - 1
        Loop
    Next
End Sub

Private Function Search(str1 As String, str2 As String)As Integer
    Dim int1 As Integer, int2 As Integer
    int1 = ________(16)________
    Do
        int1 = InStr(int1, str1, str2)
        If int1 = 0 Then Exit Do
        int2 = int2 + 1
        int1 = int1 + 1
    Loop
    Search = ________(17)________
End Function
```

本程序的界面(图 9.4)共由________(18)________个对象组成；“生成”按钮的对象名为________(19)________。

三、改错题

如果一个正整数从高位到低位上的数字递减(即百位上的数不小于十位上的数,十位上的数不小于个位上的数),则称为降序数,如 75432、4432、988 等都是降序数。本程序判断输入的数是否为降序数,但是其中有错误,试改正(不能增加或删除语句)。

```
Private Sub Command1_Click()
    Dim n As Long
    Dim flg As Boolean
    n = InputBox("请输入一个正整数。")
    Call c(n, flg)
    If flg Then
        Print n; "不是降序数"
    Else
        Print n; "是降序数"
    End If
End Sub

Private Sub c(n As Long, flg As Boolean)
    Dim x As String, i As Integer
    x = Trim(Str(n))
    For i = 1 To Len(x)
        If Mid(x, i, 1)< Mid(x, i + 1, 1)Then Exit For
    Next i
    If i = Len(x)Then flg = True Else flg = False
End Sub
```

四、编程题

1. 窗体上有两个文本框,当在第一个文本框中输入一个十进制整数,单击窗体,在第二个文本框中以十六进制的形式显示该数(不使用 Hex 函数)。

2. 窗体上有两个文本框和一个按钮,在第一个文本框中输入全部由“0”和“1”组成的字符串,单击按钮,在第二个文本框中显示出给定字符串中连续的 0 和连续的 1 中连续字符数目的最大值。如果输入的字符串中有不是“0”或“1”的字符,使用消息框显示错误信息。

3. 窗体上有文本框、按钮、列表框各一个，在文本框中输入任意一个英语句子(包含多个词)，单击按钮，程序将该句分解为单词，每一个单词作为一个条目添加到列表框中。

4. 编制一个首部为Convert (strInput As String) As String 的函数过程，当给它传递任意一个字符串时，它把此字符串中的非字母字符删去(空格除外)，将剩下的字符逆序排列，并把排列后的字符串中每一个空格后的第一个字母转换为大写(包括首字母)，其他字母转换为小写字母，然后返回此字符串。例如，如果参数为 "eq12 3/,; dsfae de4"，则返回 "Ed Eafsd Qe"。

5. 编程实现以下功能：

(1) 有8行×8列的二维数组，使用20个1随机为其元素赋值，剩余的44个元素值为0(如图9.6(a)所示)。

(2) 计算在同一行或同一列上有三个以上的1相邻的元素共有多少个，并显示这些相邻的元素(如图9.6(b)所示)。

提示：①有的元素同时在行和列上与其他元素构成相邻关系，不能重复计数；②在窗体上显示元素值时可使用全角的“0”和“1”；显示位置时，可使用全角特殊符号“□”和“■”(通过汉字输入法的屏幕软键盘输入)。

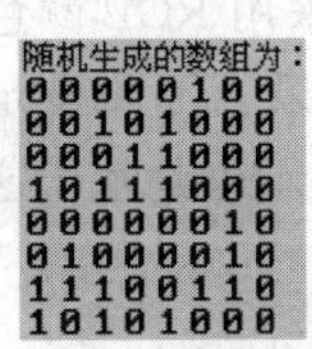

(a) 随机生成的数组

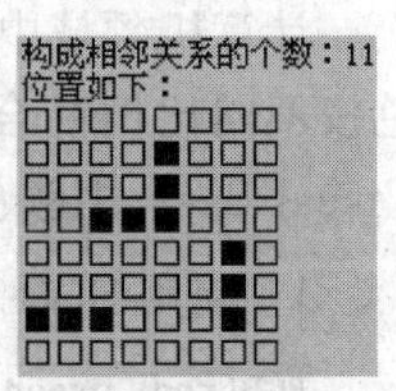

(b) 判断元素的相邻关系

图 9.6　编程第5题

第10章

绘 图*

10.1 颜 色

计算机领域中一般采用RGB颜色模型，任何颜色都是由红(R)、绿(G)、蓝(B)三种颜色按不同比例混合的结果。因此设定一种颜色，只要指定其红、绿、蓝分量的大小即可，Visual Basic中颜色的表示也是基于这个概念。要指定一种颜色有下列五种方法。

1. 使用RGB函数

```
RGB(red, green, blue)
```

RGB是内部函数，返回一个由长整型数表示的颜色值，此函数有三个整型参数：red、green和blue，取值都是0～255，分别表示返回的颜色中红(R)、绿(G)、蓝(B)分量的大小。如：RGB(0,0,0)返回黑色，RGB(255,0,0)返回红色，RGB(255,255,0)返回黄色。

RGB函数可以返回256×256×256≈16M种颜色。

2. 使用长整数

在Visual Basic中颜色是由长整型数表示的，所以可以直接用长整型数来指定一个颜色。表示颜色的长整型数的四个字节中，从高位到低位，第一个字节的所有位都为0，第二个字节表示的是蓝色(B)分量的大小，第三个字节表示的是绿色(G)分量的大小，第四个字节表示的是红色(R)分量的大小。每个分量值的十六进制形式都是&H00～&HFF，十进制形式为0～255。长整型数也能表示256×256×256≈16M种颜色。

用十六进制的长整型常量表示一个颜色值是很直观的，每个颜色分量由两个十六进制位表示：

```
&H00BBGGRR
```

哪一个颜色分量数值大，则它对应的颜色成分越多。当三个分量数值相等时，得到的颜色为灰色。例如，下面是一些表示颜色的长整型数。

```
&H00000000(黑色) &H00FFFFFF(白色) &H00FF0000 (浅蓝)
&H00800000(深蓝) &H0000FFFF(浅黄) &H00008080 (深黄)
```

在源程序中输入长整数时，编辑器会自动删掉前面不必要的0。

3. 使用系统颜色

如果一个表示颜色的长整数最高位为1时(即它的第一字节值为&H80)，则不表示一个具体的RGB颜色值，而是一个系统颜色。系统颜色是由用户在Windows控制面板的"显示"属性中设定的各界面元素(如菜单、按钮表面、桌面等)的颜色。同一个系统颜色在不同计算机上(或使用了不同的桌面主题)的具体设置可能不同。系统颜色目前有 25 个,&H80000000～&H80000018,它们的具体意义见表 10.1。

表 10.1 系统颜色值

长整数	常 量	表示颜色
&H80000000	vbScrollBars	滚动条颜色
&H80000001	vbDesktop	桌面颜色
&H80000002	vbActiveTitleBar	活动窗口的标题栏颜色
&H80000003	vbInactiveTitleBar	非活动窗口的标题栏颜色
&H80000004	vbMenuBar	菜单背景色
&H80000005	vbWindowBackground	窗口背景色
&H80000006	vbWindowFrame	窗口框架颜色
&H80000007	vbMenuText	菜单文本颜色
&H80000008	vbWindowText	窗口文本颜色
&H80000009	vbTitleBarText	标题栏的文本颜色
&H8000000A	vbActiveBorder	活动窗口边框颜色
&H8000000B	vbInactiveBorder	非活动窗口边框颜色
&H8000000C	vbApplicationWorkspace	多文档界面(MDI)应用程序的背景色
&H8000000D	vbHighlight	控件中选中项目的背景色
&H8000000E	vbHighlightText	控件中选中项目的文本颜色
&H8000000F	vbButtonFace	命令按钮表面阴影颜色
&H80000010	vbButtonShadow	命令按钮边缘阴影颜色
&H80000011	vbGrayText	无效文本颜色
&H80000012	vbButtonText	按钮文本颜色
&H80000013	vbInactiveCaptionText	非活动标题文本颜色
&H80000014	vb3DHighlight	三维显示元素的突出显示颜色
&H80000015	vb3DDKShadow	三维显示元素的最深阴影颜色
&H80000016	vb3DLight	vb3DHighlight 之外最亮的三维颜色
&H80000017	vbInfoText	工具提示文本颜色
&H80000018	vbInfoBackground	工具提示背景色

4. 使用颜色常量

Visual Basic 为一些常用颜色定义了内部常量(见表 10.2),颜色常量由颜色的英文单词组成,易于记忆。

表 10.2 内部颜色常量

常量	值	颜色	常量	值	颜色
vbBlack	&H0	黑色	vbBlue	&HFF0000	蓝色
vbRed	&HFF	红色	vbCyan	&HFFFF00	青色
vbGreen	&HFF00	绿色	vbMagenta	&HFF00FF	紫红
vbYellow	&HFFFF	黄色	vbWhite	&HFFFFFF	白色

5. 使用 QBColor 函数

```
QBColor(Color)
```

QBColor 函数根据参数 Color(取值 0～15)返回一个表示颜色的长整型数。不同的参数值与返回值之间的对应关系见表 10.3。

表 10.3 QBColor 函数的参数与返回颜色

参数值	颜色	参数值	颜色	参数值	颜色	参数值	颜色
0	黑色	4	红色	8	灰色	12	亮红色
1	蓝色	5	洋红色	9	亮蓝色	13	亮洋红色
2	绿色	6	黄色	10	亮绿色	14	亮黄色
3	青色	7	白色	11	亮青色	15	亮白色

10.2 绘制文字与图形

能够支持图形输出的有两类对象：窗体和图片框控件，它们拥有与绘图有关的属性和方法，在窗体或图片框的表面上可输出文字或绘图。

绘图时使用的标准坐标系统的原点位于对象绘图区域的左上角，水平(X)向右为正，垂直(Y)向下为正，单位是缇。

10.2.1 输出文字

1. CurrentX 属性、CurrentY 属性

窗体与图片框都有这两个属性，它们只有运行时可用。在输出文字或进行绘图时，可以认为在使用一支看不见的画笔，这支笔的当前位置坐标就是 CurrentX、CurrentY 两个属性的值。这两个属性的默认值都为 0，也就是说，开始时笔是停留在窗体或图片框绘图区域的左上角的(即原点处)。窗体的绘图区域是指窗体的客户区，即窗体去掉标题栏与边框之后的区域；图片框的绘图区域是图片框控件去掉边框的内部区域。

如果要在特定位置上输出文本或图形，可以在程序中先设置这两个属性的值，然后使用相应的绘图方法。调用了绘图方法之后，CurrentX、CurrentY 两个属性的值也会自动地作出相应的变化。

2. Print 方法

Print 方法用于在窗体和图片框上输出文字，语法为：

```
object.Print␣[用,|;分隔的输出项][,|;Spc(n)][,|;Tab(n)]
```

输出项可以是一个或多个任意类型的常量、变量、表达式、属性等，输出时会自动转换为字符串。多个输出项之间必须使用逗号","或分号";"分隔。如果使用","，则每一项输出到不同的制表列，项与项之间有较大的距离；如以";"分隔输出项，则项与项之间紧挨着(当输出项是数值时，只间隔一个空格)。

如果 Print 方法最后一个输出项后加","或";"，则不自动换行，否则，下一次调用 Print 方法时会另起一行。

调用 Print 方法输出的文字的左上角坐标是由窗体或图片框当前 CurrentX、CurrentY 两个属性值决定的。Print 方法执行之后，会自动设置 CurrentX、CurrentY 两个属性的值，使它们指向下一个文本行的开头或本行的结尾处（取决于是否在 Print 方法最后使用了“,”或“;”）。

例如，下面的代码会在窗体上显示如图 10.1 所示的结果。

图 10.1　Print 方法显示结果

```
Form1.CurrentX = 500
Form1.CurrentY = 500
Form1.Print "Microsoft";                   '第一次调用
Form1.Print "Software"                     '第二次调用
Form1.Print "Visual", "Basic"              '第三次调用
```

在上面的程序中，第一次调用 Print 方法时，输出文字左上角的位置坐标为(500,500)，这是受 CurrentX、CurrentY 属性决定的。

因为第一次调用以分号“;”结束，会将 CurrentX 和 CurrentY 属性值定位到行末（不换行）。第二次调用时“Software”会紧接在第一次调用的“Microsoft”之后。

第二次调用会自动把 CurrentX、CurrentY 属性的值指向下一行的开头。CurrentX 的值变为 0，CurrentY 值的增量与当前字体的大小有关。所以，第三次调用会产生第二个文本行，且显示在该行的开头位置上。

如果希望给每次 Print 语句的输出指定位置，应该在每次调用 Print 方法之前，适当设置 CurrentX、CurrentY 两个属性的值。

通过上面的例子，还可以看出使用分号和逗号分隔的效果有何区别。

不带任何输出项的 Print 方法只是简单地把 CurrentX、CurrentY 的值移到下一行，产生换行的效果。

3. 输出项函数 Spc(n)、Tab(n)

如果希望在相邻的两个输出项之间添加 n 个空格，可以在这两个输出项之间添加一个输出项函数：Spc(n)，例如：

```
Form1.Print "Visual"; Spc(2); "Basic"          '在 Visual 和 Basic 之间插入 2 个空格
```

若想把某个输出项指定显示在第 n 列上，可以在这个输出项的前面添加另一个输出项函数：Tab(n)。如果当前行上的这一列上已经有了输出项，Print 方法会自动地把这个输出项显示在下一行的第 n 列上。例如：

```
Form1.Print "Visual", Tab(10),"Basic"          '将 Basic 显示在第 10 列上
```

【例 10.1】 下面的事件过程使用 Print 方法在窗体上输出如图 10.2 所示的“乘法九九表”。

```
Private Sub Command1_Click()
  Dim i As Integer, j As Integer
   For i = 1 To 9                        '每次循环生成一行
      For j = 1 To i                     '每次循环生成一项
         Print Tab(10 * j-10); CStr(j); "×"; CStr(i); "="; CStr(i * j);
      Next
      Print                              '另起一行
      Print                              '两行之间隔一空行
```

```
    Next
End Sub
```

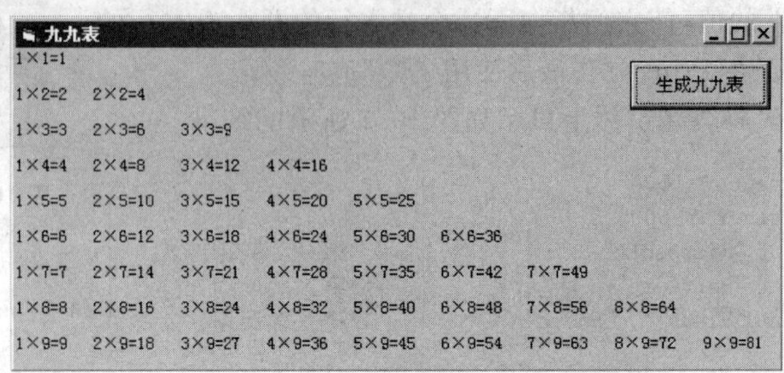

图 10.2　乘法九九表

10.2.2 绘制图形

1. PSet 方法

PSet 方法可以在窗体或图片框的指定位置上使用指定颜色画一个点。PSet 方法的语法为：

object.PSet␣[Step](x, y), [color]

object 为窗体或图片框对象名。

[Step](x,y)指定画点位置的坐标。如没有 Step 关键字，则(x,y)指的是绝对坐标(相对于窗体或图片框绘图区的左上角)，如果有 Step 关键字，则(x,y)表示的是相对于(CurrentX,CurrentY)点的相对坐标。注意，把坐标参数(x, y)括起来的小括号是必不可少的。

参数 color 用来指定点的颜色，它可以是长整型数、常量或颜色函数。PSet 方法执行完后，对象的 CurrentX、CurrentY 属性值会被自动设置为画点位置的绝对坐标。例如：

```
Picture1.PSet (1000, 1000), vbRed
Picture1.PSet Step(500, 500), RGB(0, 255, 0)
```

上面的第一条语句在图片框控件的(1000,1000)位置上画一个红点，并把图片框 CurrentX 和 CurrentY 属性的值设置为 1000、1000。第二条语句使用了相对坐标，在图片框的(1500,1500)＝ (1000＋500,1000＋500)位置上画一个绿色的点，并把 CurrentX 和 CurrentY 的值设置为 1500、1500。

2. Line 方法

Line 方法可以在窗体或图片框上绘制一条直线段或一个矩形。语法为：

object.Line␣[[Step](x1, y1)] - [Step]␣(x2, y2), [color],[B[F]]

object 为窗体或图片框对象名。

参数[Step](x1,y1)指定起点坐标，[Step](x2,y2)指定终点坐标。如果有参数“B”，则绘制以给定两点为对角的矩形，否则画出以给定两点为端点的直线段(如图 10.3 所示)。

参数 color 指定直线或矩形边框的颜色。如果有参数“F”，则用边框颜色填充矩形。无参数“B”时，不能使用参数“F”。如果(x2，y2)参数前有 Step 关键字，表示是以起始点为基准的相对坐标。执行完此方法后，对象的 CurrentX、CurrentY 属性值等于终点的坐标。

例如，下面的两条语句绘制了一条直线段和一个青色填充矩形：

```
Picture1.Line (0, 0) - (1000, 1000), vbRed
Picture1.Line Step(500, 500) - Step(1000, 1000), &HFFFF00, BF
```

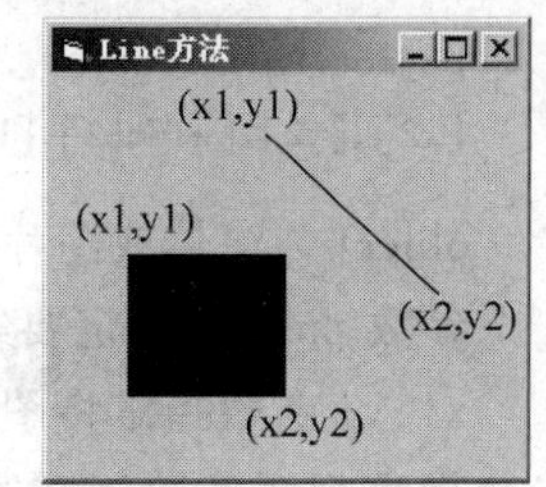

图 10.3 Line 方法

上面的第一条语句绘制一条两个端点分别为(0，0)和(1000，1000)的红色直线段，并把图片框 Picture1 的 CurrentX 和 CurrentY 属性值设为 1000、1000。第二条语句画出两个对角坐标分别是(1500，1500)和(2000，2000)的青色填充矩形，并把 CurrentX 和 CurrentY 属性值设为 2000、2000。

如果在调用 Line 方法时，省略了参数“[Step] (x1，y1)”，则会把 CurrentX、CurrentY 属性的值作为起始点的坐标，相当于“[Step] (0，0)”。

3. Circle 方法

Circle 方法可以在窗体或图片框上绘制圆形、椭圆或弧。语法为：

object.Circle␣[Step](x, y), radius, [color], [start], [end], [aspect]

object 为窗体或图片框对象名。

[Step](x,y)参数指定圆心或椭圆中心的坐标；radius 参数指定圆的半径或椭圆的长半轴；color 参数指定线条颜色；start 与 end 参数指定弧的起止角度(单位是弧度)，如果被省略，则绘制出完整的圆或椭圆；aspect 参数指定圆度(垂直半轴与水平半轴长度之比)，当它为 1 或省略时，绘出的是一个正圆，其他值时为椭圆。

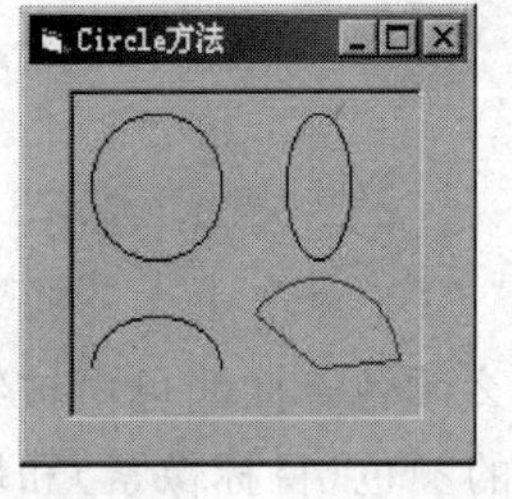

图 10.4 Circle 方法

当 Circle 方法的 start 或 end 参数为负值时，绘制的是与相应的正值相同的一段弧，且多画出从端点到中心的连线(即半径)。

此方法执行后，对象的 CurrentX、CurrentY 属性的值被置为圆心或椭圆中心的坐标。

如图 10.4 所示，下面程序段的第一条语句绘制一个完整的圆；第二条语句绘制一个完整的椭圆(纵横比为 2)；第三条语句绘制半个椭圆(纵横比为 0.7)；第四条语句绘制一个扇形。

```
Picture1.Circle (500, 500), 400, vbBlue
Picture1.Circle (1500, 500), 400, vbBlue, , , 2
Picture1.Circle (500, 1500), 400, vbBlue, 0, 3.14, 0.7
Picture1.Circle (1500, 1500), 500, vbRed, -0.1, -2.5
```

在 Line、Circle 方法中，当省略中间的某个参数时，必须使用逗号保留被省略参数的位置。

4. PaintPicture 方法

此方法在窗体或图片框上绘制来自于磁盘文件的图像，在绘制时可以只绘制图像的一部分，并进行反转和缩放。语法为：

```
object.PaintPicture␣picture, x1, y1, [width1],[height1], _
    [x2],[y2],[width2],[height2], [opcode]
```

object 为窗体或图片框对象名。

参数 picture 指定要绘制的图像，可以使用 LoadPicture 函数调入磁盘上的图形文件。

x1、y1 参数指定将图像绘制在窗体或图片框的什么位置上(即坐标)。width1、height1 参数指定把图像绘制在窗体或图片框区域上的高度和宽度，如果是负值，可以把图像翻转显示。

x2、y2、width2、height2 四个参数可以指定只绘制图像的某个矩形区域，x2、y2 为区域左上角的坐标，width2、height2 为绘制区域的宽度和高度。如果不指定这四个参数，则绘制整个图片。

图 10.5 表示了参数 x1、y1、width1、height1 和 x2、y2、width2、height2 之间的关系。根据给定的宽度和高度参数不同，绘制出来的图片可能被拉伸或压缩。

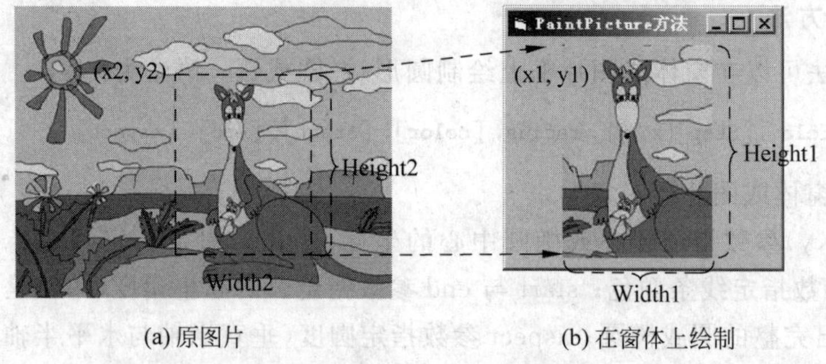

(a) 原图片　　　　(b) 在窗体上绘制

图 10.5　PaintPicture 方法

例如，下面的语句将磁盘文件中的图片绘制在窗体上：

```
Me.PaintPicture LoadPicture("c:\pics\p.bmp"),100,200
```

opcode 参数指定绘制的方法，即绘制出的图像中每一点使用什么颜色。此颜色由被绘制图像中每一个点的颜色(源像素)、窗体(或图片框)上现有像素点的颜色(目标像素)和填充颜色(由 FillColor 和 FillStyle 属性决定)计算得到。计算实质上是表示颜色的长整型数进行按位逻辑运算。

opcode 参数的默认值为 &H00CC0020，即使用源像素颜色覆盖目标像素。其他取值见表 10.4。

表 10.4　opcode 参数取值

参数值	常　量	意　义
&H00550009	vbDstInvert	Not (目标像素)
&H00C000CA	vbMergeCopy	(源像素) And (填充)
&H00BB0226	vbMergePaint	(Not (源像素)) Or (目标像素)
&H00330008	vbNotSrcCopy	Not (源像素)
&H001100A6	vbNotSrcErase	Not ((源像素) Or (目标像素))

续表

参数值	常 量	意 义
&H00F00021	vbPatCopy	只绘制填充
&H005A0049	vbPatInvert	(填充) Xor (目标像素)
&H00FB0A09	vbPatPaint	(Not(源像素)Or (填充)) Or (目标像素)
&H008800C6	vbSrcAnd	(源像素) And (目标像素)
&H00CC0020	vbSrcCopy	使用源像素颜色
&H00440328	vbSrcErase	(源像素) And (Not (目标像素))
&H00660046	vbSrcInvert	(源像素) Xor (目标像素)
&H00EE0086	vbSrcPaint	(源像素) Or (目标像素)

使用 PaintPicture 方法绘制在窗体或图片框上的图像,与窗体和图片框的 Picture 属性设定的背景图像有着根本区别。背景图像不会被擦除(除非改变了 Picture 属性的值),显示位置不能改变;绘制的图像可以指定位置,可以被擦除。

5. Point 方法

Point 方法用来返回窗体或图片框上指定点的颜色,返回的颜色以长整型数表示。语法为:

```
object.Point(x, y)
```

object 是窗体或图片框的对象名。例如:

```
lngColor = Picture1.Point (100, 100)          '返回图片框上(100,100)点处的颜色
```

6. Cls 方法

```
object.Cls
```

object 是窗体或图片框的对象名。Cls 方法没有参数。

Cls 方法用来清除窗体或图片框上由 Print、PSet、Line、Circle、PaintPicture 等方法输出的文字、图形和图像。清除之后 CurrentX 和 CurrentY 属性值都被设为 0。Cls 方法不会清除窗体和图片框上由 Picture 属性设置的背景图像,更不会清除窗体或图片框上的控件对象。

【例 10.2】 逐渐变大的圆。新建工程,在窗体上放置定时器控件 Timer1,并编写其事件过程如下。运行程序,窗体上会显示一个不断自动变大的圆。圆的颜色还能随机变化。

```
Private Sub Timer1_Timer()
    Static i As Integer
    Cls
    Circle (1000, 1000), i, RGB(Rnd * 255, Rnd * 255, Rnd * 255)
    i = i + 50
    If i>1000 Then i = 0
End Sub
```

如果将 Cls 语句去掉,程序的运行结果会有什么不同?

10.3 与绘图有关的属性、事件和方法

1. BackColor 属性、ForeColor 属性

这两个属性分别表示对象的背景颜色与前景颜色。除窗体和图片框之外，按钮、文本框、单选框、复选框、列表框、组合框、标签、形状、框架等控件也有这两个属性。

对于窗体和图片框，BackColor 是背景色，ForeColor 是文字和图形输出的默认颜色。如果绘图方法省略了颜色参数，则以 ForeColor 属性的设置作为文字和边框线条的颜色。

对于普通控件，BackColor 是背景色，ForeColor 是文字的颜色。

在程序中可以使用 10.1 节介绍的几种生成颜色的方法给对象的这两个属性赋值。在“属性”窗口中，可以直接输入长整型数，也可以从图 10.6 所示的下拉调色板中可视化地选择一种颜色。

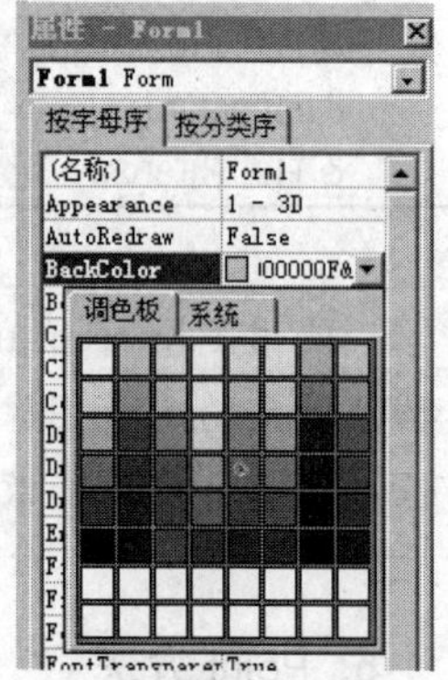

图 10.6 在“属性”窗口中指定颜色

2. DrawWidth 属性、DrawStyle 属性

窗体和图片框对象拥有这两个属性。

DrawWidth 属性设置绘图方法生成直线、圆、弧和矩形的边框宽度以及点的大小(单位为像素)。

DrawStyle 属性设置绘图方法生成图形的线条样式。此属性的取值为 0～6，具体意义与 8.1 节中的表 8.1 所列相同。

3. FillColor 属性、FillStyle 属性

窗体、图片框与形状控件有这两个属性。

FillColor 属性设置由 Circle 和 Line 方法生成的圆、矩形等封闭图形的内部填充颜色。

FillStyle 属性设置绘图方法产生的封闭图形的内部填充样式。此属性的取值为 0～7，意义与 8.1 节中表 8.3 所列相同。这个属性的默认值为 1(透明)，此时，FillColor 属性的值被忽略。

调用 Line 方法绘制矩形时，如果指定了 F 参数，则以边框颜色(ForeColor 属性值)填充，而不是以 FillColor 属性指定的颜色填充。

4. DrawMode 属性

窗体、图片框、直线、形状控件有 DrawMode 属性。此属性决定绘制直线、矩形、圆、弧等线条及其填充时所使用的颜色，此颜色由“画笔色”(包括绘图方法的颜色参数或 ForeColor、FillColor 属性值指定的颜色)和“背景色”(屏幕上原来的颜色)运算得到。这里的“运算”是将表示画笔色和背景色的两个长整型数进行按位逻辑运算。

默认情况下(DrawMode 属性值为 13)，使用的是画笔色，即绘制时使用颜色参数或 ForeColor、FillColor 属性值指定的颜色。但是，如果使用其他取值(见表 10.5)，可以实现特殊显示效果。

表 10.5 DrawMode 属性

属性值	常　量	绘制时使用的颜色
1	vbBlackness	黑色。忽略画笔色和显示色
2	vbNotMergePen	Not ((画笔色) Or (背景色))
3	vbMaskNotPen	(Not (画笔色)) And (背景色)
4	vbNotCopyPen	Not (画笔色)
5	vbMaskPenNot	(画笔色)And (Not(背景色))
6	vbInvert	Not(背景色)
7	vbXorPen	(画笔色) Xor (背景色)
8	vbNotMaskPen	Not ((画笔色) And (背景色))
9	vbMaskPen	(画笔色) And (背景色)
10	vbNotXorPen	Not ((画笔色) Xor (背景色))
11	vbNop	不绘制
12	vbMergeNotPen	Not (画笔色) Or (背景色)
13	vbCopyPen	默认值,使用画笔色
14	vbMergePenNot	(画笔色) Or Not(背景色)
15	vbMergePen	(画笔色) Or (背景色)
16	vbWhiteness	白色。忽略画笔色和背景色

例如,如果窗体的背景色(BackColor 属性)为红色(&H000000FF),将其 DrawMode 属性设置为 10,使用下面语句绘制的圆形将是绿色的。

```
Circle (500, 500), 500, vbBlue
```

上述语句中,参数 vbBlue 是蓝色(&H00FF0000),实际绘制使用的颜色是:Not (&H0000FF Xor &HFF0000) = Not (&HFF00FF) = &H00FF00 = &H0000FF00,为绿色。

如果窗体背景不是单一的颜色而是图片,绘制时在每个像素上都要进行画笔色和背景色的运算。

表 10.5 中比较常用的模式还有 6(背景色取反)和 7(异或),使用这两种模式,在复杂的图片上绘制图形可以被清楚地识别,并且使用相同的代码重画一次可以完全擦除所绘图形。这种方法常用来绘制快速移动的光标线和动画。

5. ScaleLeft 属性、ScaleTop 属性、ScaleWidth 属性、ScaleHeight 属性

与 Left、Top、Width 和 Height 属性不同,ScaleLeft、ScaleTop 属性的值是指在窗体或图片框的坐标下窗体或图片框内部绘图区左上角的坐标;ScaleWidth 和 ScaleHeight 属性的值是在窗体或图片框的坐标下窗体或图片框绘图区的宽度与高度。

在默认的坐标系统下,ScaleLeft、ScaleTop 属性的值都为 0,ScaleWidth 和 ScaleHeight 属性的值分别等于绘图区右下角的横坐标与纵坐标。

【例 10.3】 本程序在窗体的图片框中绘制 Sin 和 Cos 函数曲线的一个周期(0°～360°)(如图 10.7 所示)。

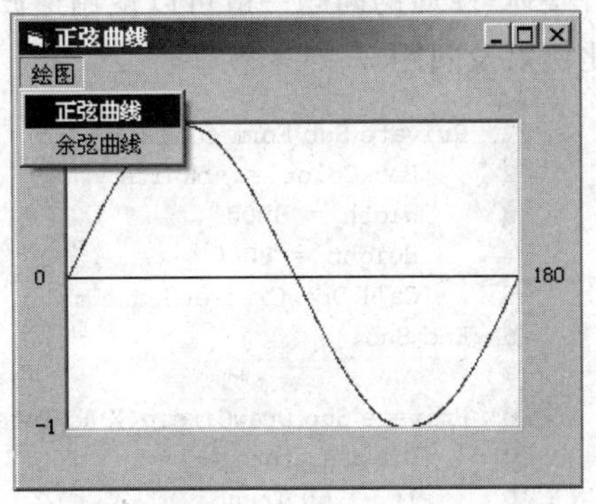

图 10.7 绘制函数曲线

本程序使用了菜单,"正弦曲线"菜单项的对象名为 mnuDrawSin,"余弦曲线"菜单项的对象名为 mnuDrawCos,图片框的对象名为 p。

```
Const PI As Single = 3.141593                              '模块级常量 PI

Private Sub mnuDrawSin_Click()
    Dim d As Single
    Caption = "正弦曲线"                                     '设置窗体标题
    p.Cls                                                   '清除现有内容
    p.BackColor = vbWhite                                   '设置窗体背景色
    p.ForeColor = vbRed                                     '设置曲线颜色
    p.CurrentX = 0: p.CurrentY = p.ScaleHeight / 2          '曲线起始坐标
    For d = 0 To 360 Step 0.5                               '绘制曲线
        p.Line -(p.ScaleWidth / 360 * d, _
                p.ScaleHeight / 2 * (1 - Sin(d / 180 * PI)))
    Next
    '绘制横轴
    p.Line (0, p.ScaleHeight / 2)-(p.ScaleWidth, p.ScaleHeight / 2), vbBlack
End Sub
Private Sub mnuDrawCos_Click()
    Dim d As Single
    Caption = "余弦曲线"                                     '设置窗体标题
    p.Cls                                                   '清除现有内容
    p.BackColor = vbWhite                                   '设置窗体背景色
    p.ForeColor = vbBlue                                    '设置曲线颜色
    For d = 0 To 360 Step 0.5                               '绘制曲线
        p.Line -(p.ScaleWidth / 360 * d, _
                p.ScaleHeight / 2 * (1 - Cos(d / 180 * PI)))
    Next
    '绘制横轴
    p.Line (0, p.ScaleHeight / 2)-(p.ScaleWidth, p.ScaleHeight / 2), vbBlack
End Sub
```

在本例中,For 循环的增量越小,绘制的曲线越光滑;但是如果太小,会显著降低绘制速度。请思考:①图片框的默认坐标系统是 Y 轴向下为正,程序是如何做到向上为正的?②程序使用什么方法保证在图片框中绘制正好一个周期的曲线?

【例 10.4】 在窗体上绘制如图 10.8 所示的图形。

图 10.8 中,每一个大圆周围都有 8 个小圆,这类有规律可循、具有"全息"(局部可以代替整体)性质的问题一般可以使用递归过程来解决。本例中应注意大圆与小圆之间的大小比例以及间距。

```
Private Sub Form_Click()
    BackColor = vbWhite                                     '设置背景色
    Width = 8000                                            '设置窗体的大小
    Height = 8000
    Call DrawCircle(ScaleWidth / 2, ScaleHeight / 2, ScaleWidth / 6.5)
End Sub

Private Sub DrawCircle(X As Integer, Y As Integer, R As Integer)   '递归过程
    Dim i As Integer
    If R<60 Then                                            '画最小的圆
        Circle (X, Y), R                                    '画最小的圆
```

```
        Else
            Circle (X, Y), R                                        '画大圆
            For i = 0 To 7                                          '圆周围的小圆
                Call DrawCircle(X + 2 * R * Cos(i * 3.141593 / 4), _
                    Y + 2 * R * Sin(i * 3.141593 / 4), R / 3.5)
            Next
        End If
    End Sub
```

请思考,如果将表达式 R<60 改为 R<10 或 R<100 会有什么结果?

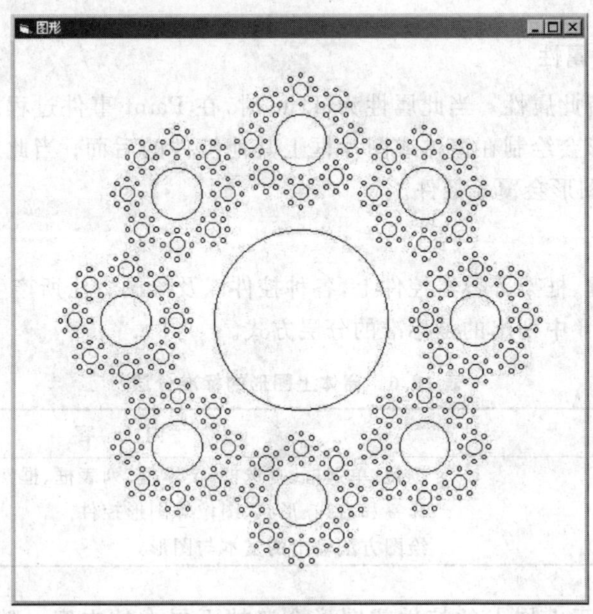

图 10.8 "全息"图形

6. AutoRedraw 属性

当窗体和图片框控件的 AutoRedraw 属性为 True 时,使用绘图方法绘制的图形会被保存在内存中,当窗体或图片框的全部或部分被其他窗体遮盖又显示出来后,图形会自动重画。

当此属性设置为 False 时(默认值),窗体或图片框被遮挡再重新显示时,绘图方法产生的图形不会被自动重画。

如果要在窗体的 Load 事件过程中进行绘图操作,必须将 AutoRedraw 属性设置为 True,否则所绘制的内容显示不出来。

7. Image 属性和 SavePicture 语句

窗体和图片框对象具有 Image 属性。当 AutoRedraw 属性为 False 时,Image 属性只保存窗体或图片框对象 Picture 属性指定的图片;当 AutoRedraw 属性为 True 时,Image 属性保存了 Picture 属性指定的图片和使用绘图方法绘制的图像。使用 SavePicture 语句可以将 Image 属性所保存的绘图结果保存为磁盘位图文件(.bmp)。例如,下面的语句在图片框上画一个圆,然后保存为文件。

```
Picture1.AutoRedraw = True                      '将 AutoRedraw 属性设为 True
Picture1.Circle (1000, 1000), 1000, vbRed       '画圆
```

```
SavePicture Picture1.Image, "c:\circle.bmp"      '保存为磁盘文件
```

8. Paint 事件

窗体与图片框支持 Paint 事件。如果窗体或图片框的 AutoRedraw 属性设置为 False，当窗体、图片框被遮盖后又显示出来或被缩放时(即有部分区域需要更新显示时)，Visual Basic 向窗体或图片框发送 Paint 事件，允许程序进行重新绘制。

当窗体或图片框的 AutoRedraw 属性设为 True 时，不引发 Paint 事件，即不执行 Paint 事件过程中的代码。

9. ClipControls 属性

窗体和图片框有此属性。当此属性为 True 时，在 Paint 事件过程之外的其他过程中，绘图方法产生的图形会绘制在窗体或图片框上其他控件的后面；当此属性与 AutoRedraw 属性均为 False 时，图形会覆盖控件。

10. 图形分层

在窗体和图片框、框架等容器控件上，各种控件以及绘图方法所产生的图形是位于不同的图层上的。表 10.6 中列出的是标准的分层方式。

表 10.6　窗体上图形的标准分层

层　次	内　容
上层	按钮、单选框、复选框、文本框、列表框、框架等非图形控件
中层	标签和直线、形状、图像等图形控件
下层	绘图方法输出的文本与图形

一般情况下，位于上层上的控件或图形会遮挡下层上的内容。随着窗体和图片框的 AutoDraw 和 ClipControls 属性值的变化，会产生非标准分层，这时各种控件与图形、文字相互覆盖的情况比较复杂，这里不作详细讨论。

11. Zorder 方法

所有的窗体和控件在屏幕上显示时都有前后顺序，位于后面的可能被前面的所遮挡。在窗体上添加控件时，后加的会位于先加的控件上面。在设计时，可以使用“格式”菜单中的“顺序”命令，把选定的控件置前或置后。在程序代码中可以使用 Zorder 方法来调整运行时窗体之间或控件之间的前后关系。

```
object.Zorder ␣ [0 |1]
```

object 为控件对象名。参数为 0 或无参数时置前，参数为 1 时置后。

注意，使用此方法只能在同一图层上设置控件的前后顺序。比如，在标准分层情况下，一个按钮、列表框、文本框控件无论如何设置，都会显示在标签或其他图形控件前面。

【例 10.5】 编制一个简单的“画图”程序。如图 10.9 所示，当在窗体上按下鼠标左键并拖动时，在窗体上画出从细到粗的渐变线条，释放鼠标左键时停止画线。当拖动时按住 Shift 键，画出的线条为红色；按住 Ctrl 键，线条为绿色；按住 Alt 键为蓝色；三个键都不按时为黑色。

图 10.9　画图程序

```
Dim sngDrawWidth As Single                                '模块级变量,保存线条宽度
Private Sub Form_MouseDown(Button As Integer, Shift As Integer, _
X As Single, Y As Single)
   If Button = 1 Then                                     '如果按下左键
       CurrentX = X: CurrentY = Y                         '设置画线起点
       sngDrawWidth = 1                                   '设置线条初始宽度
       DrawWidth = sngDrawWidth
   End If
End Sub

Private Sub Form_MouseMove(Button As Integer, Shift As Integer, _
   X As Single, Y As Single)
   Dim lngDrawColor As Long
   If Button = 1 Then                                     '使用不同颜色
      If Shift = 1 Then
         lngDrawColor = RGB(255, 0, 0)
      ElseIf Shift = 2 Then
         lngDrawColor = vbGreen
      ElseIf Shift = 4 Then
         lngDrawColor = &HFF0000
      End If
      sngDrawWidth = sngDrawWidth + 0.1                   '加宽线条
      DrawWidth = sngDrawWidth
      Line -(X, Y), lngDrawColor                          '画线
   End If
End Sub
```

请思考,如果将模块级变量 sngDrawWidth 的数据类型改为 Integer,程序的运行会有什么变化?

10.4　与文字输出有关的属性和方法

1. Font 属性

除了窗体与图片框之外,其他的多数控件也有这个属性。Font 属性决定了使用 Print

方法在窗体或图片框上输出文字,以及各种控件上显示的标题或文本所使用的字体、字号和下划线、斜体、粗体等字体特征。在设计时,可以使用集成环境“属性”窗口中 Font 属性栏右边的按钮,在弹出的如图 10.10 所示的“字体”对话框中进行设置。在程序中,可以使用 Font 属性来设置。

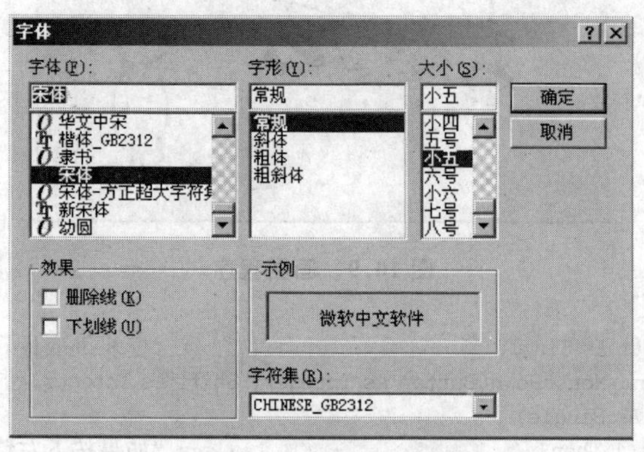

图 10.10 “字体”对话框

Font 属性值本身是一个 Font 对象,它的属性包括了字体各个方面的内容(见表 10.7)。

表 10.7 Font 对象的属性

属性名	意 义
Name	字体名
Size	字号,单位是磅$\left(1\text{ 磅约为}\frac{1}{28}\text{厘米}\right)$,最大为 2048
Bold	逻辑型,值为 True 时,字体是粗体
Italic	逻辑型,值为 True 时,字体是斜体
Underline	逻辑型,值为 True 时,字体有下划线
StrikeThrough	逻辑型,值为 True 时,字体有中划线(也称为删除线)
Weight	字体的粗细度,取值为 0～900

在“属性”窗口中使用对话框设置 Font 属性时,实际上指定的也是 Font 对象的上述几个属性值。下面的语句把窗体 Form1 的字号设为 40 磅,并且为斜体。

```
Form1.Font.Size = 40
Form1.Font.Italic = True
```

此外,窗体与各控件还有 FontName、FontSize、FontItalic、FontBold、FontUnderline、FontStrikeThrough 等属性,它们的意义与上述 Font 对象的相应属性相同。这些属性不在“属性”窗口中出现。

例如,下面的语句同样可以把窗体 Form1 的字号设为 40 磅、斜体。

```
Form1.FontSize = 40
Form1.FontItalic = True
```

2. FontTransparent 属性

窗体和图片框具有这个属性。当此属性为 True 时,使用 Print 方法输出的文字除了笔画部分外，其他部分不会遮挡窗体和图片框上已有的图形与文字；当此属性为 False 时，文字笔画之外的其他部分会以窗体或图片框的 BackColor 属性指定的颜色来填充。

例如，下面程序段输出如图 10.11 所示的结果。

```
Form1.BackColor = vbWhite
Form1.ForeColor = vbRed
Form1.FillColor = vbYellow
Form1.FillStyle = 0
Form1.Circle (1000, 1000), 1000, vbBlue
Form1.Font.Size = 25
Form1.FontTransparent = False
Form1.Print "你好!"
Form1.FontTransparent = True
Form1.Print "你好!"
```

图 10.11　FontTransparent 属性对文字输出的影响

3. TextWidth 方法、TextHeight 方法

窗体和图片框的这两个方法的语法分别是：

```
object.TextWidth(String)
object.TextHeight(String)
```

参数 String 为字符串类型。TextWidth 和 TextHeight 方法分别返回以窗体或图片框对象当前的字体属性显示字符串 String 时，文字所占区域的宽度与高度（以当前坐标系统为度量单位）。如果参数 String 中有回车符或换行符，则返回最长一行的宽度与高度值。如果要将字符串输出到指定位置上，这两个方法很有用。

10.5　绘图坐标系统

坐标对图形绘制与文字输出的操作而言是非常重要的。坐标系统的主要内容包括坐标原点位置、坐标单位以及坐标轴的方向等几个方面。

在窗体和图片框中绘图时，Visual Basic 提供了 7 种标准坐标系统供选用。此外，还可以使用自定义坐标系统。

1. ScaleMode 属性

窗体与图片框的 ScaleMode 属性决定了在窗体和图片框上绘图时使用的坐标系统。这个属性的取值与所代表的坐标系统列于表 10.8 中。

表 10.8　ScaleMode 属性的取值

属性值	常　量	坐 标 系 统
0	vbUser	自定义坐标系统
1	vbTwips	坐标单位为缇（默认）
2	vbPoints	坐标单位为磅（每英寸为 72 磅）
3	vbPixels	像素（显示器或打印机可分辨的最小单位）
4	vbCharacters	字符坐标系统（水平每个单位为 120 缇；垂直每个单位为 240 缇）
5	vbInches	坐标单位为英寸
6	vbMillimeters	坐标单位为毫米
7	vbCentimeters	坐标单位为厘米

当 ScaleMode 值为 1～7 时，是 Visual Basic 已定义好的标准坐标系统。这 7 种标准坐标系统的原点都在对象绘图区的左上角，水平坐标的正方向为向右，垂直坐标的正方向为向下（如图 10.12 所示）。其中坐标系统 3 以像素为度量单位，在不同分辨率的显示器与打印机上输出的结果大小不同，是设备相关的。其他 6 种标准坐标系统都是设备无关的。坐标系统 4 的水平与垂直度量不相同，使用时应当注意。

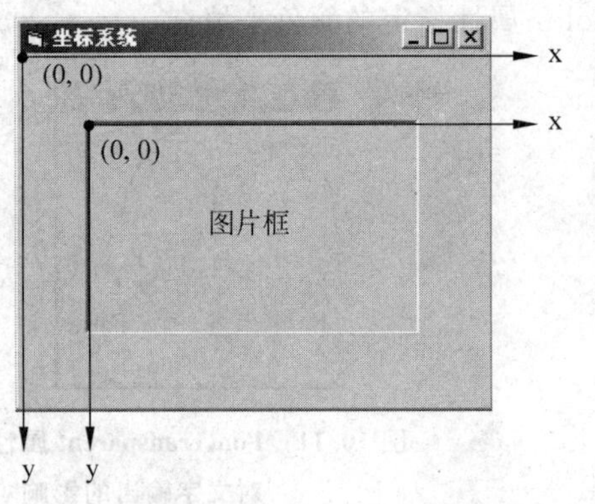

图 10.12　默认的绘图坐标系统

2. 自定义坐标系统

当窗体与图片框的 ScaleMode 属性为 0 时，使用自定义坐标系统，自定义坐标系统的原点位置和坐标单位由 ScaleHeight、ScaleWidth、ScaleLeft 和 ScaleTop 4 个属性决定。

ScaleLeft、ScaleTop 属性分别指定在新坐标系统下对象绘图区左上角的水平和垂直坐标。

ScaleHeight、ScaleWidth 属性决定在新的坐标下窗体或图片框绘图区的高度与宽度。当这两个属性取负值时，会改变坐标的正方向。在自定义坐标系统下，坐标的实际单位是由对象的实际大小和 ScaleHeight、ScaleWidth 属性联合决定的。

在使用标准坐标系统时，上述 4 个属性也是可用的，它们分别反映出在当前标准坐标系统下相应的值，ScaleLeft、ScaleTop 的值都为 0，ScaleHeight、ScaleWidth 值为以当前坐标单位为度量标准的绘图区的高度与宽度。如果在标准坐标系统下，改变了这 4 个属性中任意一个的值，会自动使用自定义坐标，ScaleMode 属性被自动地设置为 0。

更改坐标系统，不会影响窗体或图片框上已有的图形或控件的位置，但是控件实际的坐标会发生变化，CurrentX 和 CurrentY 属性值也会改变，以反映当前点的新坐标。

3. 使用 Scale 方法创建自定义坐标系统

使用 Scale 方法可以设置一个自定义坐标系统，语法为：

```
object.Scale␣(x1, y1) - (x2, y2)
```

object 为窗体或图片框对象名。

x1,y1：对象绘图区左上角在新的自定义坐标系统下的坐标。

x2,y2：对象绘图区右下角在新的自定义坐标系统下的坐标。

对 Scale 方法的调用等价于对 ScaleLeft、ScaleTop、ScaleWidth 和 ScaleHeight 等四个属性的设置，它们的关系如下：

```
ScaleLeft = x1
ScaleTop = y1
ScaleWidth = x2 - x1
ScaleHeight = y2 - y1
```

4. 使用自定义坐标系统

使用自定义坐标系统，可以大大地简化程序，不再需要复杂的坐标转换，使程序更易于阅读与调试。

【例 10.6】 使用自定义坐标系统绘制一个周期的正弦曲线。

```
Private Sub Command1_Click()
    Dim d As Single
    Const PI As Single = 3.14159                      '定义常量 PI
    p.ScaleMode = 0                                   '自定义坐标系统(此语句可以省略)
    p.ScaleLeft = 0: p.ScaleTop = 1                   '把这四个属性设置为便于编程的值
    p.ScaleWidth = 360: p.ScaleHeight = -2
    p.BackColor = vbWhite                             '设置背景色
    p.Line (0, 0)-(360, 0)                            '绘制水平坐标轴
    For d = 0 To 360 Step 0.5                         '绘制曲线
        p.Line -(d, Sin(d / 180 * PI))
    Next
End Sub
```

如图 10.13 所示，通过使用自定义坐标系统，将一个周期的正弦曲线所占用的矩形区域(x 为 0～360，y 为 −1～1)映射到图片框的整个绘图区域。这样，绘制曲线的时候，就不必考虑坐标轴的正负和数值大小的转换了。所以，与例 10.3 相比，例 10.6 的绘图语句要简洁、易懂得多。

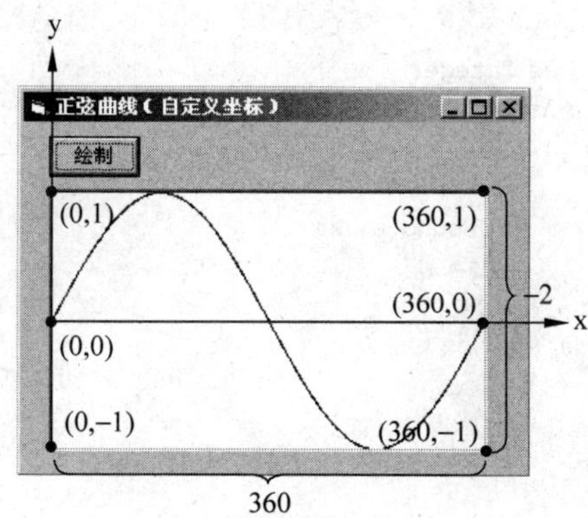

图 10.13 使用自定义坐标系统绘制正弦曲线

习 题 10

一、选择题

1. ________对象具有绘图方法。

(A) Image (B) Line (C) PictureBox (D) Frame

2. 下列窗体的方法中，________不能画出实际内容。

(A) Line (B) PSet (C) Circle (D) Point

3. 如果在图片框上使用绘图方法画一个圆，则图片框的属性中，________不会对此圆的外观产生影响。

(A) BackColor (B) ForeColor

(C) DrawWidth (D) DrawStyle

4. 如果用长整数 &H00FF0000& 来表示颜色，则此颜色为________。

(A) 红色 (B) 黄色 (C) 蓝色 (D) 绿色

5. 下列语句________肯定会引起语法错误。

(A) Print int1,Tab(10),int2,　　(B) Print int1; int3;

(C) Print int1,Spc(10); int2　　(D) Print int1,int2.

6. 调用一次 Circle 方法,不能画出________。

(A) 圆弧　(B) 椭圆弧　(C) 扇形　(D) 螺旋线

二、判断题

1. 使用长整型数表示的颜色数比使用 RGB 函数返回的颜色数多。

2. 文本框控件已具备了处理键盘输入的能力,所以当在文本框中进行键盘输入时不会引发任何键盘事件。

3. 窗体和图片框的绘图方法所绘制的图形的外观会受对象某些属性的影响。

4. Visual Basic 提供的几种标准坐标系统的原点都是在绘图区域的左上角,如果要把坐标原点放在其他位置,则必须使用自定义坐标系统。

三、填空题

读下列程序,当单击窗体时,窗体上显示的第一行内容是__(1)__,第二行是__(2)__。

```
Private Sub Form_Click()
    Dim i As Integer, j As Integer
    Dim m As Integer, n As Integer
    Dim a()As Integer
    Call arry(a)
    n = UBound(a, 1): m = UBound(a, 2)
    For i = 1 To m
        For j = 1 To n
            Print a(i, j)
        Next j
        Print
    Next
End Sub

Private Sub arry(b()As Integer)
    Dim i As Integer, j As Integer, k As Integer
    ReDim b(3, 3)
    For i = 1 To 3
        For j = 1 To 3
            b(i, j) = i * 10 + j
        Next
    Next
End Sub
```

四、编程题

1. 在窗体上绘制曲线 $y=x\sin x-0.5$；根据曲线预估一个粗略解,分别使用二分迭代法与牛顿迭代法求方程 $x\sin x-0.5=0$ 的最小正根(精度为 10^{-6})。

2. 图 10.14 所示为李萨如曲线,其方程如下:

$$\begin{cases} x = a\sin 2t \\ y = a\sin 3t \end{cases} \quad (\text{其中 } a > 0)$$

编写程序,在窗体上绘制此曲线。

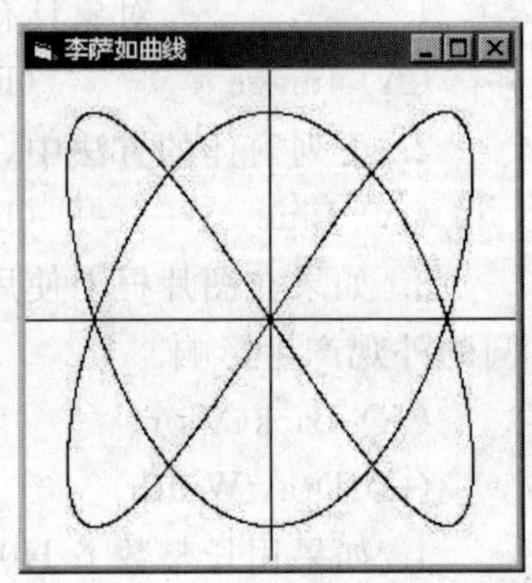

图 10.14　李萨如图形

3. 当沿着一个半径为 R_1 的虚拟圆周，使用半径 R_2 画圆（圆心均匀分布于虚拟圆周上），可以得到如图 10.15 所示的三种图形。三种图形的条件分别是：(a)$R_1 > R_2$；(b)$R_1 = R_2$；(c)$R_1 < R_2$。试编程绘制这些图形。

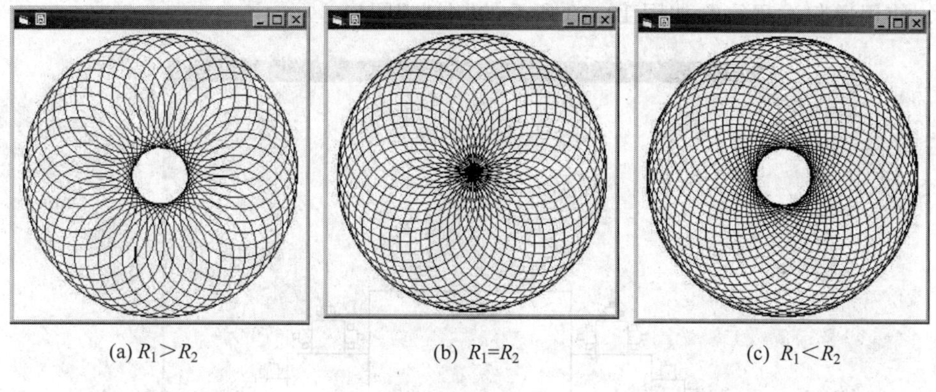

(a) $R_1 > R_2$　　(b) $R_1 = R_2$　　(c) $R_1 < R_2$

图 10.15　画圆

4. 编写程序，在窗体上绘制如图 10.16 所示的螺旋线，要求用 18 条线段填满整个窗体。

5. 绘制“分形”图形。如图 10.17(a)所示，一条直线段 ab，由点 c 和 d 三等分，去掉 cd 段。在线段上方有一点 e，与 c、d 构成等边三角形，连接 ce、ed，形成图 10.17(b)所示的图形。这个图形由四条线段组成，如果对其中每条线段再进行对 ab 同样的动作，会产生图 10.17(c)所示的图形。这样一直做下去，最后得到类似于图 10.18 所示的图形。

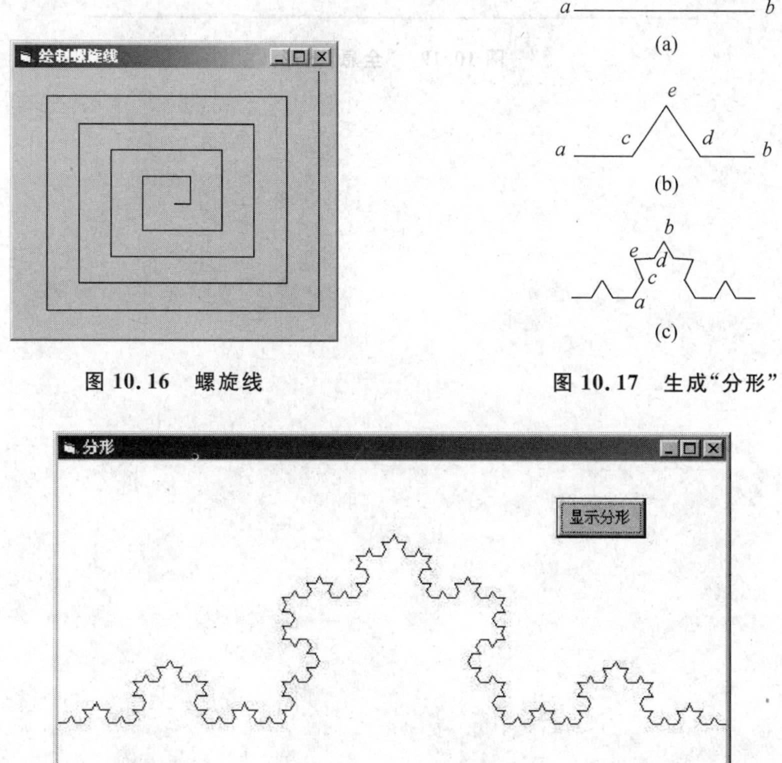

图 10.16　螺旋线

图 10.17　生成“分形”

图 10.18　显示“分形”图形

人们发现了很多类似这样有趣的问题,并且给这些图形取名为:“分形”(Fractal),现在竟然形成了一个专门的学科:“分形图形学”,还用来研究云彩、雨雪的形成过程。

编写程序,在窗体上绘制如图 10.18 所示的图形。

6. 使用递归过程绘制如图 10.19 所示的“全息”图形。

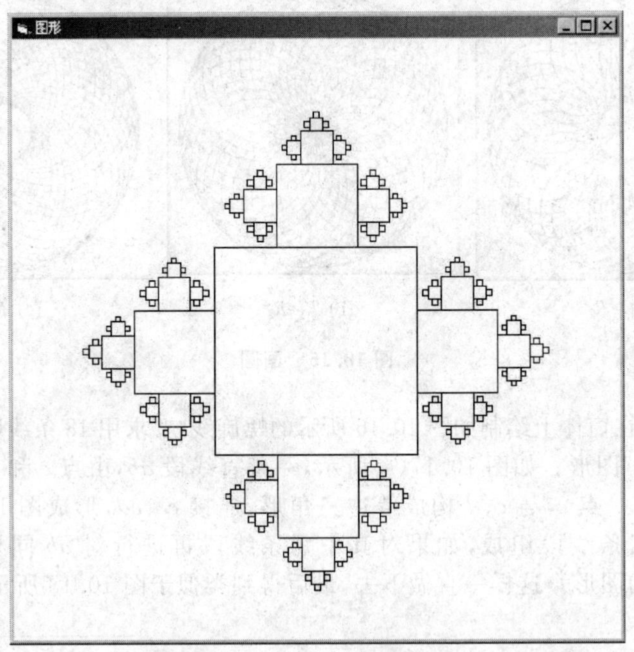

图 10.19 “全息”图形

第11章

多模块程序设计与调试

11.1　多模块程序设计

当新建一个标准 EXE 类型的工程时，Visual Basic 自动在工程中添加了一个窗体对象。但是，功能稍强的程序不只需要一个窗体，所以会往工程中添加更多的窗体（添加窗体的方法参见 2.10.2 节）。工程中每个窗体都是相对独立的程序单位。窗体和控件的属性设置、事件过程、窗体中的通用过程、模块级的变量与常量合起来称为窗体模块。每个窗体模块保存在一个以“.frm”为扩展名的窗体模块文件中。一个程序中可以添加多个窗体，也就有多个窗体模块。

标准模块没有界面对象，只有代码，专门用来存放工程中各个窗体共同使用的全局通用过程、变量、常量及自定义数据类型。一个工程中可以添加多个标准模块，每个标准模块的代码保存在一个以“.bas”为扩展名的标准模块文件中。

此外 Visual Basic 还有其他类型模块，如类模块（文件名以.cls 为扩展名）、用户控件模块（文件名以.ctl 为扩展名）。

11.1.1　启动对象

“启动对象”是指一个 Visual Basic 程序启动时，被自动加载并执行的对象。启动对象可以是工程中的一个窗体模块，也可以是标准模块中名为 Main 的 Sub 过程。

要设定工程的启动对象，选择“工程”菜单中的最后一项“××属性”（××是工程名），弹出“××-工程属性”对话框（如图 11.1 所示）。

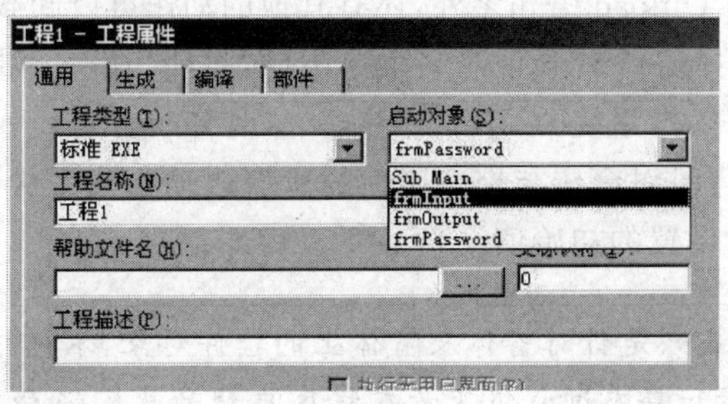

图 11.1　为工程指定启动对象

在“通用”选项卡的“启动对象”列表框中选择要作为启动对象的窗体名或 Sub Main。注意，如果要选择 Sub Main 这一项，必须保证当前工程已经有标准模块，并且标准模块中有且仅有一个 Sub Main 过程。

工程必须有启动对象,默认的启动对象是第一个被创建的窗体(如 Form1)。

如果将 Sub Main 过程指定为启动对象,则程序可以精简到没有任何窗体模块,虽然没有用户界面,但仍可以执行。例如,下面的 Sub Main 过程将系统日期改为 2008 年 10 月 1 日,然后就结束程序。

```
Sub Main()
    Date = #10/1/2008#
End Sub
```

11.1.2 窗体的加载与卸载

如果一个工程有多个窗体模块,除了作为启动对象的窗体是被系统自动加载并显示的,其他的窗体必须使用窗体加载语句才能加载到内存中,并使用相应的方法显示在屏幕上,与用户进行交互。

Visual Basic 也提供了专门的语句来隐藏或从内存中卸载掉已操作完毕的窗体。下面是几个与窗体加载和卸载有关的语句和方法。

1. Load 语句

8.7.3 节中介绍了使用 Load 语句加载控件数组元素的功能,Load 语句还可将窗体模块从磁盘上的可执行文件中加载到计算机内存中,但并不显示在屏幕上。Load 语句的语法为:

Load␣窗体名

窗体一旦被加载到内存中,便可以通过程序对它及其控件进行操作。如果窗体上有打开的定时器控件(Enabled 属性为 True),则定时器已经开始工作了。

除了使用 Load 语句加载窗体之外,通过代码访问窗体与窗体上控件的属性和方法也会导致窗体被加载。

2. Unload 语句

使用 Unload 语句可以将指定的窗体从内存中卸载,同时从屏幕上清除。语法为:

Unload␣窗体名

除了在代码中使用 Unload 语句之外,还有其他的动作可以卸载窗体:①单击窗体右上角的“关闭”按钮;②选择窗体左上角控制菜单中的“关闭”命令;③使用 Alt+F4 组合键;④关闭整个程序或关闭操作系统。

窗体卸载之后,运行时对窗体与控件属性的所有改动都将丢失,下一次加载时,窗体和控件的属性都是设计时设置的初始值。

> 窗体的加载和卸载只是针对窗体及窗体上的控件对象,不包括代码。窗体中定义的全局变量、模块级变量和静态过程级变量在程序启动时就已经存在于内存中,直到整个程序退出时清除,不受该窗体加载和卸载的影响。

3. 窗体的 Show 方法

当调用这个方法时,窗体会被显示到屏幕上,同时窗体的 Visible 属性被设为 True。语法为:

窗体名.Show␣[Modal][, OwnerForm]

“窗体名”是被显示的窗体对象名，Modal 参数指定被显示窗体的模态性，OwnerForm 参数指定被显示窗体的“所有者窗体”。

Modal 参数的取值为 0 和 1(0 为默认值)。为 0 时，窗体被显示为“**非模态窗口**”(Non-modal Window)，非模态窗口不会影响用户对同一程序中其他窗口的操作。当 Modal 参数为 1 时，窗体被显示为“**模态窗口**”(Modal Window)，并暂停执行位于 Show 方法后面的语句。模态窗口阻止用户操作其他窗口，只有隐藏或卸载了模态窗口之后，Show 方法之后的语句才能继续执行，其他的窗口才能被操作。

OwnerForm 参数指定“所有者窗体”，必须是已显示在屏幕上的窗体对象名。被显示的窗体将一直位于“所有者窗体”上方，不会被覆盖。如果在调用 Show 方法之前将被显示窗体的 StartUpPosition 属性设置为 1(所有者中心)，被显示窗体会显示到 OwnerForm 窗体的中心位置。

Modal 和 OwnerForm 参数都是可选参数。

4. 窗体的 Hide 方法

调用窗体的 Hide 方法可以隐藏这个窗体，并不卸载它。语法为：

窗体名.Hide

Hide 方法同时把窗体的 Visible 属性设为 False。如果需要频繁地显示/隐藏某一窗体，不必加载和卸载，只需显示和隐藏，这样执行速度更快一些。

【例 11.1】 使用启动对象。创建工程，添加窗体 Form1、Form2 和标准模块 Module1。在标准模块中定义如下的过程，并将此过程设置为工程的启动对象。

```
Sub Main()
    Dim d As Date
    d = Date
    If Weekday(d) = 1 Or Weekday(d) = 7 Then          '判断是否为周末
        Load Form2                                     '加载窗体 Form2
        Form2.Show                                     '显示窗体 Form2
    Else
        Form1.Show                                     '加载并显示窗体 Form1
    End If
End Sub
```

Main 过程根据当前系统日期判断当天是否是星期六或星期日，如果是，显示窗体 Form2，否则显示窗体 Form1。

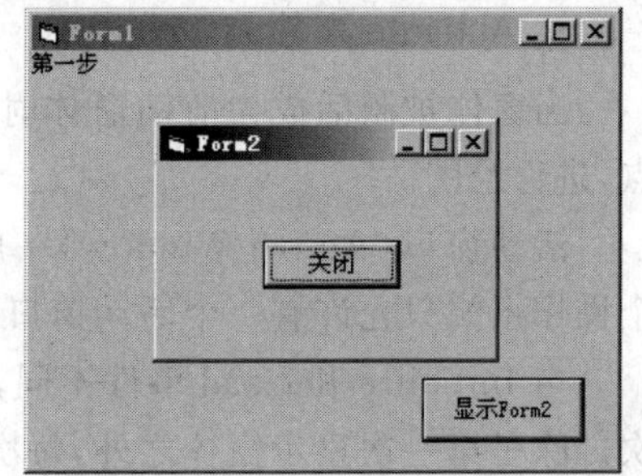

图 11.2　显示模态窗口

【例 11.2】 显示模态窗口(如图 11.2 所示)。创建工程，添加窗体 Form1、Form2，将 Form1 设为启动对象，将 Form2 的 StartUpPosition 属性设置为 1。

窗体 Form1 上有“显示 Form2”按钮，其事件过程为：

```
Private Sub Command1_Click()
    Print "第一步"
```

```
    Load Form2
    Form2.Show 1, Me                '将 Form2 显示为模态窗口,并位于本窗体中央
    Print "第三步"
End Sub
```

窗体 Form2 上有"关闭"按钮,其事件过程为:

```
Private Sub Command1_Click()
    Form1.Print "第二步"
    Unload Me                       '卸载本窗体
End Sub
```

程序启动时,Form1 被自动加载显示;单击"显示 Form2"按钮,先在 Form1 上显示"第一步",再将 Form2 显示在 Form1 的正中央。因为 Form2 被显示为模态窗口,如果不关闭 Form2,则无法对 Form1 继续进行操作。单击 Form2 上的"关闭"按钮,先在 Form1 上显示"第二步",再关闭 Form2。返回到 Form1 后,在窗体 Form1 上再显示"第三步"。

如果将 Show 方法的第一个参数由 1 改为 0,则 Form2 为非模态窗口,Form1 上显示的顺序将是"第一步"、"第三步"和"第二步"。

11.1.3 窗体加载时的事件

窗体从未被加载到加载再到显示,会依次接收到系统发送的 Initialize、Load 和 Activate 三个事件。

1. Initialize 事件

此事件是窗体的初始化事件,没有参数。在加载一个窗体时,此事件最先被引发。

在 Initialize 事件过程中可以为模块级变量或全局变量赋值。因为 Initialize 事件发生时,窗体及控件尚未加载到内存中,所以其属性、方法不可访问。

2. Load 事件

Load 事件过程没有参数。Load 事件发生时,窗体及控件对象已加载到内存中,但尚未显示。一般可在窗体的 Load 事件过程中加入窗体和控件的初始化代码,例如,设置窗体或控件的属性值,在列表框、组合框中加入初始条目,给模块级变量和全局变量赋初值,等等。在 Load 事件过程中进行对象的初始化,比通过"属性"窗口为对象设置初始属性值更利于程序的管理和调试。

因为 Load 事件发生时,窗体并未显示,所以不应该在 Load 事件过程中使用绘图方法(除非窗体的 AutoRedraw 属性设置为 True),也不应该有设置键盘输入焦点的操作。

3. Activate 事件

当窗体被激活成为活动窗体时引发 Activate 事件。可以在此事件过程中设置控件焦点,进行绘图。

活动窗口(Active Window)一般是位于最顶层的窗体,标题栏突出显示,同一时刻,整个操作系统只允许有一个活动窗口,只有活动窗口才能直接得到用户的键盘操作。

与 Initialize 和 Load 事件不同,Activate 事件在窗体的一个"生存周期"中可以触发多次。除了第一次显示窗体之外,每次窗体由非活动窗体变为活动窗体时,都会触发此事件。可以在窗体 Activate 事件过程中进行绘画操作和输入焦点的设置。

11.1.4 窗体卸载时的事件

窗体在卸载时会依次接收到由系统发送的四个事件：Deactivate、QueryUnload、Unload 和 Terminate。

1. Deactivate 事件

当窗体由活动窗体变为非活动窗体时引发此事件，Deactivate 事件过程没有参数。除了卸载时，当窗体变为非激活窗体的时候，也会接收到此事件。

2. QueryUnload 事件

当窗体被卸载时，引发此事件。事件过程的语法为：

Sub␣Form_QueryUnload(Cancel␣As␣Integer, UnloadMode␣As␣Integer)

此事件有两个整型参数：Cancel 和 UnloadMode。UnloadMode 参数传递给事件过程的值能够反映是什么原因导致窗体被卸载，见表 11.1。

表 11.1 QueryUnload 事件 UnloadMode 参数的意义

参数值	卸载窗体的原因
0	选择窗口左上角控制菜单中的“关闭”命令或单击了标题栏上的“关闭”按钮
1	在程序代码中使用了 Unload 语句卸载窗体
2	Windows 操作系统关闭
3	在 Windows 的任务管理器中关闭此程序
4	MDI 窗体关闭引起 MDI 子窗体的关闭(在多文档界面程序中有效)

可以通过事件过程的 Cancel 参数来终止窗体的卸载。在 QueryUnload 事件过程中给 Cancel 赋非零值，就会停止卸载；赋 0 值(或不赋值)，则继续卸载。

可以在 QueryUnload 事件过程中提示用户对未保存的工作进行保存，或者根据各种情况决定是否继续卸载窗体。

【例 11.3】 使用 QueryUnload 事件过程提示用户保存数据。新建工程，在窗体上放置命令按钮 Command1(Caption 属性为“关闭”)，然后编写下列两个事件过程。

```
Private Sub Command1_Click()
   Unload Me
End Sub

Private Sub Form_QueryUnload(Cancel As Integer, UnloadMode As Integer)
   Dim i As Integer
   If UnloadMode <> 1 Then
      MsgBox "请单击“关闭”按钮退出本程序。", vbInformation
      Cancel = 1
      Exit Sub
   End If
   i = MsgBox("数据尚未保存,是否保存?", vbYesNoCancel + vbQuestion)
   If i = vbYes Then                                  '选择“是”则执行保存代码
      MsgBox "数据已保存。", vbInformation
      'Save                                            '进行相应的保存操作
   ElseIf i = vbCancel Then                           '选择“取消”则停止卸载
      Cancel = 1
```

```
        End If
    End Sub
```

本程序使用 QueryUnload 事件过程实现了两个功能：①利用 UnloadMode 参数判断引发 QueryUnload 事件的原因，只允许使用"关闭"按钮卸载窗体。②使用消息框提示用户退出时是否保存数据(实际上本例并没有数据，只是假设)，用户有三个选择："是"，保存数据并退出程序；"否"，不保存数据并直接退出程序；"取消"，不保存数据，不退出程序。

3. Unload 事件

如果 QueryUnload 事件过程未阻止窗体的卸载过程，接下来当窗体从屏幕上消失时，会引发 Unload 事件。此事件过程的语法为：

```
Sub␣Form_Unload(Cancel␣As␣Integer)
```

参数 Cancel 的作用与 QueryUnload 事件过程的参数 Cancel 相同。在事件过程中把参数 Cancel 的值设为非零值，也可以阻止窗体的卸载。

在 Unload 事件过程中，适合进行关闭文件、清除所占系统资源的工作。

4. Terminate 事件

Terminate 事件是窗体卸载过程中引发的最后一个事件，无参数，初学者一般不必编写此事件过程。

11.1.5 多模块之间的数据共享

Visual Basic 的工程是由多个模块组成的，各个模块之间既相互独立又相互联系，模块之间可以共享代码和数据。共享代码是通过调用定义在其他模块中的全局通用过程实现的。共享数据的方式有以下 4 种：

1. 使用全局变量、全局常量和全局数组

使用全局变量、全局数组的根本目的就是在程序内部进行数据交换。一个模块的代码可以存取另一个模块中定义的全局变量、全局数组。如果被访问的全局变量或数组是在窗体模块中定义的，或者有同名的全局变量，则要求在变量名前加所在的模块名进行修饰(请参考 3.3.2 节)。

2. 使用对象属性

Visual Basic 允许一个模块的程序代码对另一个模块中对象(窗体和各种控件)的属性和方法进行访问。

例如，假设窗体 Form1 和 Form2 都显示在屏幕上并且各有一个名为 Text1 的文本框控件，下面 Form1 模块中 Text1 控件的 Change 事件过程使得当 Form1 上 Text1 中内容被编辑时，窗体 Form2 上的 Text1 中会同步显示相同的内容。

```
Private Text1_Change()
    Form2.Text1.Text = Text1.Text
End Sub
```

3. 使用过程的参数

一个模块的代码调用另一个模块中定义的全局过程时(参考 6.1 节)，可以通过参数将数据从一个模块传递到另一个模块。

4. 使用文件

第12章将详细介绍文件的使用。一个模块以文件形式将数据保存在磁盘(外存)上,另一个模块读取该文件,可以实现数据共享。

11.1.6 程序的终止

程序的终止就是程序的关闭或退出。一个用Visual Basic开发的应用程序是由多个模块组成的,程序的终止就是所有的模块全部从内存中卸载掉。

1. Unload语句

使用Unload语句卸载所有窗体,程序即终止。除Unload语句之外,用户直接单击窗体右上角的"关闭"按钮等操作也可以卸载窗体。

2. End语句

End语句可以"生硬地"结束程序,是一种强制终止程序的非正规方法。在终止程序的同时,会关闭以Open语句打开的文件并清除变量,但是不向窗体发送Unload、QueryUnload和Terminate事件。窗体模块中的Unload、QueryUnload和Terminate事件过程不会被执行到,也不执行任何其他的Visual Basic代码。

3. Stop语句

在调试程序时,向代码中加入Stop语句,每次执行到这条语句时,会暂停并处于中断状态,按F5键继续执行。所以,可以用Stop语句来协助调试程序。例如,下面的程序每次循环都会中断一次,进入中断状态。

```
Dim I As Integer
For I = 1 To 10                     '开始 For 循环
  Print I                           '将 I 的值显示在窗体上
  Stop                              '每一次循环都会在此暂停
Next I
```

如果把程序编译为可执行文件后再执行时,Stop语句就会像End语句一样终止程序的执行。所以,如果出于调试程序的目的使用了Stop语句,则应在编译生成可执行文件前将其删除。

> **确保程序卸载干净** 程序在退出时,应该将所有的模块卸载,清理所占用的所有内存资源。如果编程时考虑不周,可能出现所有窗口都关闭了,但有些窗体却并未卸载的情况。这些未卸载的窗体仍然占用内存资源。
>
> 在Visual Basic集成开发环境中,可以通过观察工具栏上的"启动"、"中断"、"结束"按钮(如图2.9所示)的显示状态判断是否有上述情况。如果所有窗体都关闭了,但程序仍处于运行状态,说明有模块未卸载。
>
> 编译为可执行程序后,如果执行后再关闭,在系统的任务管理器的"应用程序"列表中仍有该程序名称,说明程序未卸载干净。

11.2 程序的调试

没有人能一蹴而就地完成一个有价值的程序。人人都会犯错误,在程序设计时更是如此。程序设计的过程是不断地发现错误并改正错误的过程,这被称为调试(Debug)。对于编程人员来说,调试程序的技能是编程技术的重要组成部分。

11.2.1 错误的种类

编程时可能出现的错误可以分为3类:编译错误、运行时错误和逻辑错误。

1. 编译错误

编译错误主要是指语法错误,是由不正确地使用关键字或语法结构有误引起的。例如,将关键字写错、遗漏了某些必需的符号、使用了For语句而忘记用Next关键字与之对应、在要求变量定义的模块中有未定义的标识符,等等。

编译错误一般在Visual Basic编译应用程序时可检测到。如果已在“选项”对话框的“编辑器”选项卡中选定“自动语法检测”选项(默认是选定的),那么,在编辑源程序时,只要在“代码”窗口中出现语法错误,Visual Basic会及时地显示错误消息,并以红色字符标示出错位置。

2. 运行时错误

在应用程序运行时,当语句试图执行不能执行的操作时,就会发生运行时错误,也称为实时错误。比如,一个变量当前值为0却作了表达式的除数,尽管语句本身的语法是正确的,但却是要出错的。溢出错误、数组下标越界、试图打开不存在的文件等,都是典型的运行时错误。

3. 逻辑错误

如果一个应用程序的代码从语法角度来看没有问题,在运行过程中也没有无效操作(即没有运行时错误),但是应用程序却没有按预期方式执行或未产生正确的结果。这就是逻辑错误。例如,在计算1+2+3+…+100时得到的不是5050,就是逻辑错误。

逻辑错误往往是由编程者对问题的分析不够透彻、算法不严密导致的。这种错误只有通过测试应用程序和分析产生的结果才能检验出来,需要不断地进行调试。

11.2.2 调试窗口

查找程序中的运行时错误和逻辑错误最直接的方法是分析程序运行到某一语句时程序中各个变量、属性与表达式的值。要得到运行时的这些值,一般要在程序中断状态时利用Visual Basic提供的3个调试窗口进行。

Visual Basic提供的3个调试窗口(如图11.3所示)分别是:“立即”窗口、“本地”窗口和“监视”窗口。可以在设计时、运行时或中断状态时使用“视图”菜单中的“立即窗口”、“本地窗口”和“监视窗口”3个菜单项打开这3个窗口。它们的默认位置在Visual Basic集成环境的底部,与集成环境中的其他窗口(如“属性”窗口)一样,可以是“连接的”或是“浮动的”,它们的位置可以变动。单击窗口右上角的“关闭”按钮,可以关闭这个窗口。

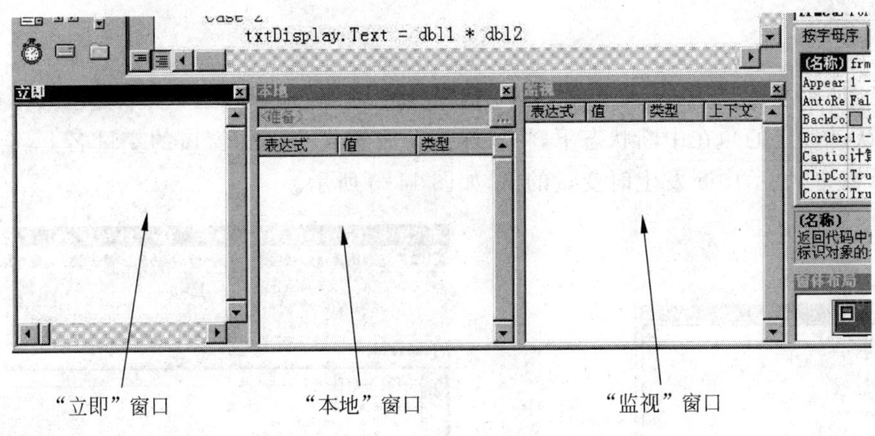

图 11.3　三个调试窗口

1.“立即”(Immidiate)窗口

“立即”窗口可以在程序运行时使用,也可以在中断状态下使用。

(1) 运行时使用“立即”窗口

在运行时使用“立即”窗口要用到 Debug 对象。Debug 是系统内部对象,不需要事先定义,它的 Print 方法可以把程序中的变量、属性、表达式等的值输出到“立即”窗口中。Debug 对象的 Print 方法的语法和窗体的 Print 方法相似,可以同时输出多个变量、属性或表达式的值。

【例 11.4】 在“立即”窗口中显示数据。下面的按钮事件过程使用了 Debug 对象的 Print 方法向“立即”窗口中输出循环变量的值(结果如图 11.4 所示)。

```
Private Sub Command1_Click()
   Dim i As Integer
   For i = 0 To 10 Step 2
      Debug.Print i
   Next
End Sub
```

Debug 对象的 Print 方法不会中断程序的执行,只是把输出项的值显示到“立即”窗口中。此例使用了 Debug 对象的 Print 方法来跟踪循环变量的变化情况。

Debug 对象有另外一个方法 Assert,它的语法为:

```
Debug.Assert␣booleanexpression
```

当逻辑表达式 booleanexpression 的值为 False 时,会中断程序的执行,否则不做任何事情。

【例 11.5】 使用 Debug 对象进入中断状态。下面的按钮事件过程使用了 Debug 对象的 Assert 方法,当程序执行到第 3 次循环时(i = 4)会进入中断状态。

```
Private Sub Command1_Click()
   Dim i As Integer
   For i = 0 To 10 Step 2
      Debug.Print i
      Debug.Assert i <> 4
```

```
    Next
End Sub
```

注意,如果在 Visual Basic“工具”菜单的“选项”对话框中选择了“自动显示数据提示”复选框(默认是选定的),在中断状态下,将鼠标指针放置到“代码”窗口的变量名上,会弹出小工具提示窗口,显示中断发生时变量的值,如图 11.5 所示。

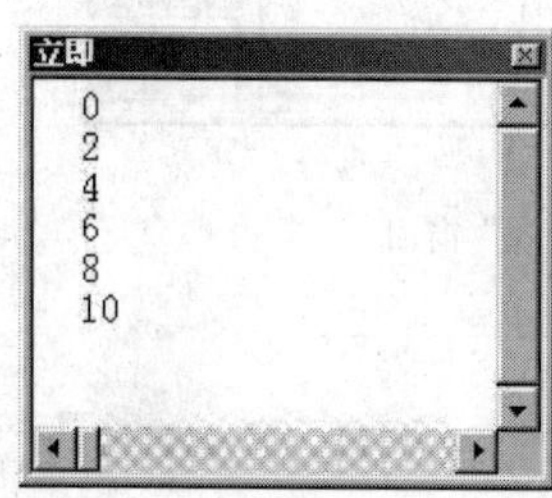

图 11.4　在“立即”窗口中显示数据

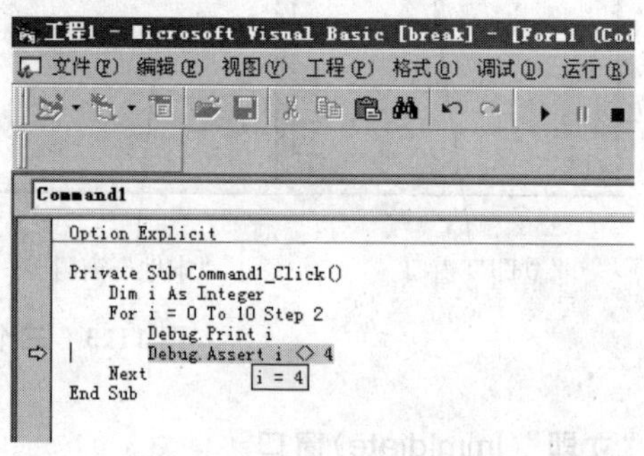

图 11.5　在中断状态下查看变量的值

Debug 对象的主要作用就是调试,当工程被生成为可执行文件后运行时,所有对 Debug 对象方法的调用都会被忽略。所以,在生成可执行文件之前,没有必要把程序中与 Debug 有关的语句删掉。这一点要比使用 Stop 语句优越得多。

(2) 中断时使用“立即”窗口

当程序处于中断状态时,可以使用“立即”窗口了解当前程序中各个变量、对象属性和表达式的值。方法如下:

使用鼠标单击“立即”窗口,把插入点光标置于“立即”窗口中。必要时使用滚动条,把插入点移动到一个空行上。在空行上输入下面的语句:

Print|? ␣[逗号或分号分隔的一个或多个输出项]

在“立即”窗口中使用“?”和“Print”是等价的。这里的“输出项”应该是中断发生时程序中有效的变量(包括全局变量、当前模块级变量、当前过程级变量和调用当前过程的父过程中的过程级变量)、对象的属性或它们组成的表达式。

如果在“输出项”中包括有当前窗体的属性,则可以省略窗体名。要显示其他窗体的属性、其他窗体中定义的全局变量或其他窗体中控件属性的值,必须使用模块名进行修饰。

例如,如果工程中有 Form1 和 Form2 两个窗体,每个窗体上都有一个 Text1 文本框。当程序在执行 Form1 模块中的某个程序时发生了中断,则可以使用 Print 或?语句在“立即”窗口中输出各种想要的信息(如图 11.6 所示)。图中画线的语句是输入内容,无画线的行是输出结果。

在“立即”窗口中几乎可以执行 Visual Basic 所有的语句,但是必须写在一行上。每当按下 Enter 键,“立即”窗口就会执行输入的语句。所以,执行判断语句或循环语句时,要设法以单行形式表示。

“立即”窗口中的内容是可编辑的,把插入点光标移动到某一行上,编辑后按下回车键会执行当前这一行。除了查询变量、属性、表达式的值之外,在“立即”窗口中还可以给正在运

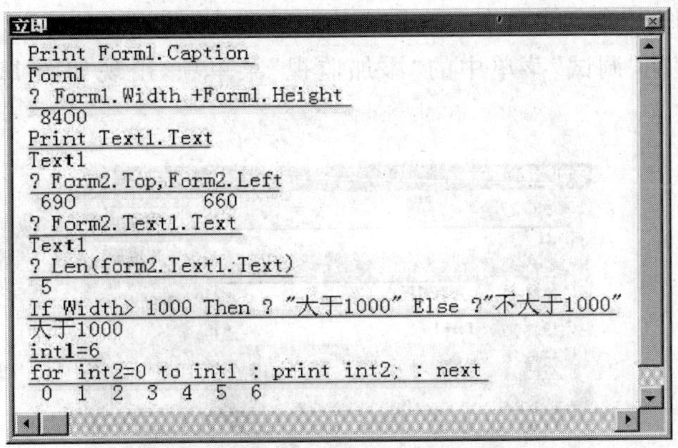

图 11.6　在“立即”窗口中执行语句

行中的程序的变量和属性赋值。

在程序结束运行之后，“立即”窗口中的内容仍然保留。

2.“本地”(Local)窗口

与“立即”窗口不同，“本地”窗口只有在程序处于中断状态时才可用。

“本地”窗口以列表的方式显示当前过程中所有的过程级变量名及其值（如图 11.7(a)所示）。在“本地”窗口中还可以改变变量的值。列表中的第一行显示的不是变量，而是当前过程所在的模块名（如果是窗体模块，则显示为“Me”）。单击模块名前面的“＋”图标，会以树型结构列出当前模块中的全局变量、模块级变量、窗体和各控件的属性值（如图 11.7(b)所示）。

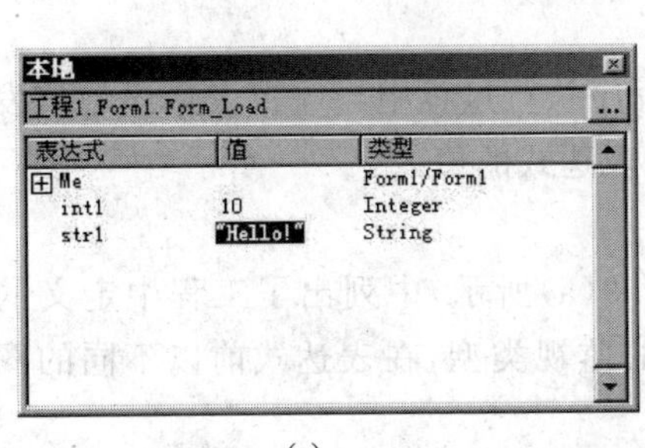

(a)

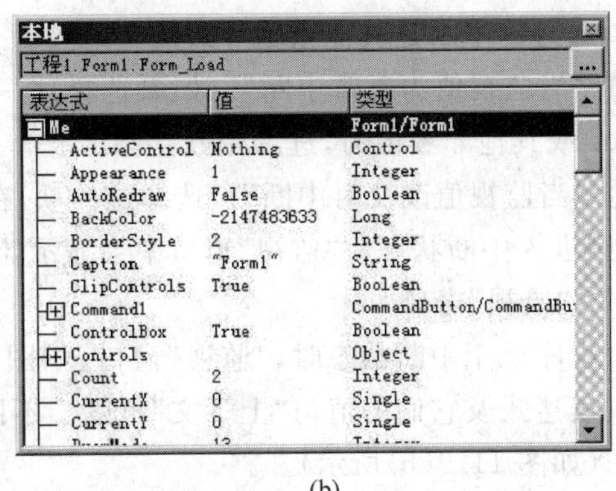

(b)

图 11.7　“本地”窗口

“本地”窗口最顶部是一个文本框，中间显示的是当前被中断的过程名。当过程进行嵌套调用时，除了当前过程之外，还可以了解父过程及父过程所在模块的变量名以及变量值。单击文本框右边的按钮，打开一个“调用堆栈”对话框，从中选择一个过程即可。

3.“监视”(Watch)窗口

(1) 什么是监视

“监视”就是定义一个表达式，当程序运行时，此表达式的值也会更新变化，并可以根据表达式的变化情况作出相应的动作。这个表达式被称为“监视表达式”。要给工程添加一个监视表达式，可以使用“调试”菜单中的“添加监视”菜单项，出现如图 11.8 所示的“添加监视”对话框。

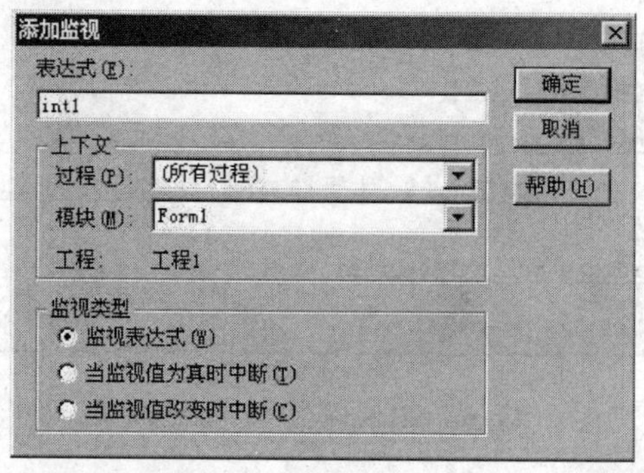

图 11.8　添加监视表达式

在“添加监视”对话框中可以输入监视表达式。监视表达式可以是变量、属性、函数或者任何其他合法的表达式。

输入表达式之后，还要指定监视表达式的“上下文”。表达式的“上下文”是指程序在运行过程中，在什么范围内计算监视表达式的值。这个范围可以是整个工程，或是单个模块，也可以是一个过程。因为在“上下文”范围内，每执行一条语句，Visual Basic 都会重新计算监视表达式的值，这样势必会影响执行速度。所以，“上下文”范围应该尽量得小。

除此之外，在“添加监视”对话框中还应该指定“监视类型”。监视类型共有三种情况：

①“监视表达式”。如果选择这一项，当程序中断时，在“监视”窗口中显示监视表达式的值。这时的中断是其他原因导致的。

②“当监视值为真时中断”。如果选择这一项，在程序执行过程中，当监视表达式的值为 True 或其他非零值时，进入中断状态。

③“当监视值改变时中断”。选择这一项，在程序执行过程中当监视表达式的值发生了变化，则进入中断状态。“监视”窗口中会显示监视表达式的值。

(2)“监视”窗口

当程序处于中断状态时，“监视”窗口(如图 11.9(a)所示)中列出了工程中定义的所有的监视表达式及它们的值与“上下文”范围。不同的监视类型，在表达式前以不同的图标加以标识(如图 11.9(b)所示)。

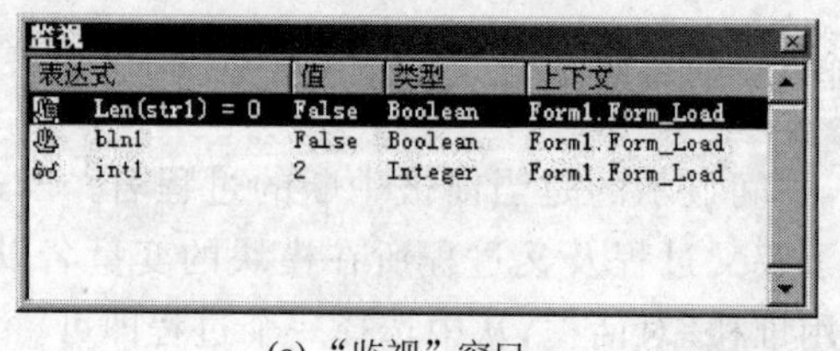

(a)“监视”窗口

(b) 监视类型图标

图 11.9　“监视”窗口

如果程序的当前执行位置不在某个监视表达式的“上下文”范围中，则这个表达式的“值”一列中会显示“溢出上下文”。如果一个监视表达式是由单个变量组成的，则在中断状态时，可以使用监视窗口来改变这一变量的值。

在“监视”窗口中的一个监视表达式上右击，从弹出的快捷菜单中选择“编辑监视”或“删除监视”菜单命令，可以修改或删除选择的监视表达式。

(3) 快速监视

在程序的中断状态下，也可以检查那些未定义为监视表达式的属性、变量或表达式的值。要检查这样的表达式，首先从“代码”窗口中选择表达式，然后从“调试”菜单中选择“快速监视”命令，会弹出如图11.10所示的“快速监视”对话框。对话框中显示了表达式、表达式的值以及“上下文”范围。查看完毕后单击“取消”按钮关闭对话框。如果想把这个表达式定义为一个监视表达式，则应该单击“添加”按钮。

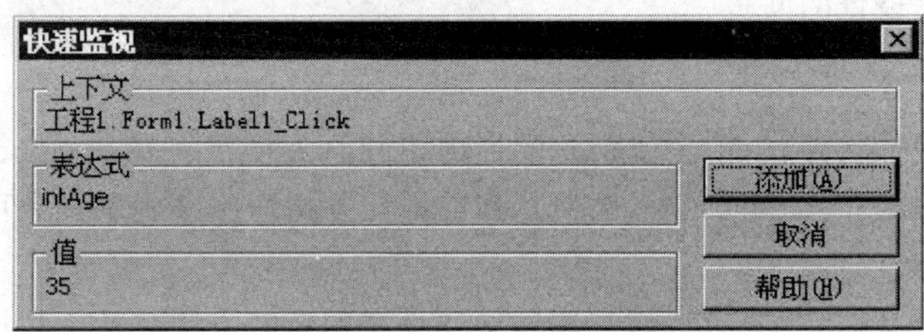

图 11.10　“快速监视”对话框

11.2.3　切换到中断状态的方法

在 Visual Basic 集成开发环境中，程序有三种状态：设计、运行与中断。其中中断状态对程序的调试来讲是非常重要的。由运行状态转到中断状态的方法综合起来有：

- 运行时，按 Ctrl+Break 组合键，或选择“运行”菜单中的“中断”菜单项，或单击工具栏上的“中断”按钮。
- 程序运行时出错可以切换到“中断”状态。
- 当程序中有 Debug.Assert 方法调用，并且参数值为 False 时。
- 当一个监视表达式的值为 True 或监视表达式的值改变时。
- 执行到 Stop 语句时。

除此之外，为了更有效地调试程序，Visual Basic 还提供了下面5种切换到中断状态的方法。

1. 使用断点

在设计状态下，可以在程序代码中设置“断点”，当程序执行到有断点的语句时(注意，还未执行此语句)，切换到中断状态。

在一条语句上设置/取消断点的方法有两种：①在“代码”窗口中，使用鼠标单击语句左边的灰色选择区域；②把插入点光标置于目标语句上，然后按 F9 键或选择“调试”菜单中的“切换断点”命令。

如图11.11所示，被设置为断点的语句会突出显示，前边会有一个圆图标。中断时的当前语句以箭头图标标识。程序中可以设定多个断点。在设计阶段、运行时和中断状态都可以进行断点的设置。但是像变量定义这类“非执行语句”上是不能设置断点的。

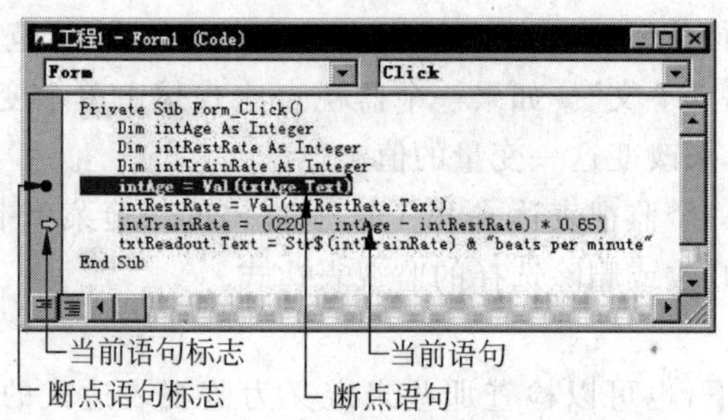

图 11.11 断点与当前语句

如果一行上有冒号分隔的多条语句，只有第一条语句可以设置断点。

可以使用 Ctrl＋Shift＋F9 组合键或选择"调试"菜单中的"清除所有断点"菜单项来一次性地清除所有已设置的断点。

2. 逐语句执行

当程序处于中断状态时，箭头所指示的当前语句其实还没有被执行。这时，按 F8 键或选择"调试"菜单中的"逐语句"命令，会执行当前语句并把箭头移到下一条可执行语句上，程序仍转为中断状态。

逐条语句执行又称为单步执行，是调试局部程序的有效方法。

3. 逐过程执行

逐过程执行与逐语句执行的区别在于，当遇到过程调用语句时，逐语句执行会转到被调用过程中单步执行，而逐过程执行只是把过程调用语句当成单一语句执行。其他方面，二者相同。

按 Shift＋F8 组合键或者选择"调试"菜单中的"逐过程"命令，可以实现逐过程执行。

4. 跳出

"跳出"是指一次性执行完当前过程剩余的所有语句，如果有父过程，则返回到父过程，并把紧接在调用语句后面的一条语句当作当前语句，转入中断状态。

按 Ctrl＋Shift＋F8 组合键，或者选择"调试"菜单中的"跳出"命令执行跳出操作。

如果在过程的剩余语句中有断点或 Stop、Debug. Assert 语句，则只能执行到这些语句。

5. 运行到光标处

在程序设计阶段或中断状态下，按 Ctrl＋F8 组合键或选择"调试"菜单中的"运行到光标处"命令，则程序会执行到插入点光标所在语句并切换到中断状态。

如果在光标之前有断点或 Stop、Debug. Assert 语句，则只能执行到这些语句。如果光标所处的过程与当前的过程不是属于同一过程，也很有可能不能执行到光标处就处于空闲等待状态。

Visual Basic 的集成开发环境中提供了一个专门帮助调试程序的"调试"工具栏（如图 11.12 所示），可以使用上面的按钮来代替前面讲过的快捷键、菜单命令或工具栏按钮。

图 11.12 "调试"工具栏

11.3 捕获并处理运行时错误*

如11.2节所介绍的，使用Visual Basic提供的调试工具，可以查找程序中可能出现的很多错误。但是，有一些问题是可以预料但却不能避免的。例如，在打开文件时，指定了一个不存在的驱动器，或者光盘驱动器中没有插入光盘；以读方式打开文件时，文件不存在等。幸好，Visual Basic提供的错误捕获与处理机制使得这一问题变得很容易解决。程序员可以在程序中可能会出错的地方添加错误捕获语句，当可以捕获的错误(附录G中列出了所有可以捕获的错误)发生时，会根据编程者的意愿转而执行错误处理代码。

11.3.1 Err对象

Err对象是Visual Basic的内部对象，可以不必定义直接使用。Err对象用于存储程序执行过程中出现的错误。该对象有Number和Description等属性，其中Number属性值是错误的代号，Description属性是错误的简单描述。使用Err对象的这两个属性便可知道出现了什么错误。

11.3.2 On Error语句

如果不使用On Error语句，任何运行时错误都是致命的，导致显示错误信息并中止程序的运行。On Error语句指定当错误发生时执行的操作，它有下面3种形式，具体意义见表11.2。

```
On␣Error␣GoTo␣行号或行标号
On␣Error␣Resume␣Next
On␣Error␣GoTo␣0
```

表11.2 On Error语句

语 句	意 义
On Error GoTo 行号或行标号	发生错误时，执行由“行号或行标号”指示的错误处理子程序。行号或行标号所标识的语句必须与On Error语句在同一个过程中，否则会发生编译错误
On Error Resume Next	当运行时错误发生时，转到紧接着发生错误的语句之后的语句继续执行
On Error GoTo 0	禁止当前过程中任何已启动的错误处理子程序

11.3.3 Resume语句

Resume语句是用在错误处理子程序结束位置上的，指定如何恢复错误发生时的执行状态。它有下面3种情况，具体意义见表11.3。

```
Resume␣[0]
Resume␣Next
Resume␣行号或行标号
```

表 11.3 Resume 语句

语　句	意　义
Resume [0]	如果错误和错误处理程序出现在同一个过程中，则从产生错误的语句恢复执行。如果错误出现在被调用的过程中，则从最近一次调用包含错误处理程序过程的语句处恢复执行
Resume Next	如果错误和错误处理子程序出现在同一个程序中，则从紧接着产生错误的语句的下个语句恢复运行。如果错误发生在被调用的过程中，则对最后一次调用包含错误处理程序过程的语句(或 On Error Resume Next 语句)，从紧接着该语句之后的语句处恢复运行
Resume 行号或行标号	从“行号或行标号”指定的语句开始执行，“行号或行标号”指定的语句必须和错误处理子程序在同一个过程中

11.3.4 错误的捕获与处理

这里以一个实例介绍如何运行 On Error 和 Resume 语句进行运行时错误的捕获与处理。

【例 11.6】 处理运行时错误。

创建新工程，在窗体上放置图像控件 Image1 和命令按钮 Command1。下面事件过程的主要目的是加载光盘(假设光盘驱动器号为 H：)上的图片文件 p. bmp 并在 Image1 中显示。

为了防止出现光驱中没有光盘的情况而导致严重错误(错误号为 71)。程序使用了 On Error GoTo 和 Resume 语句进行错误处理。

如果没有光盘，显示消息框提示插入光盘，用户插入光盘后可以正确加载指定的图片。

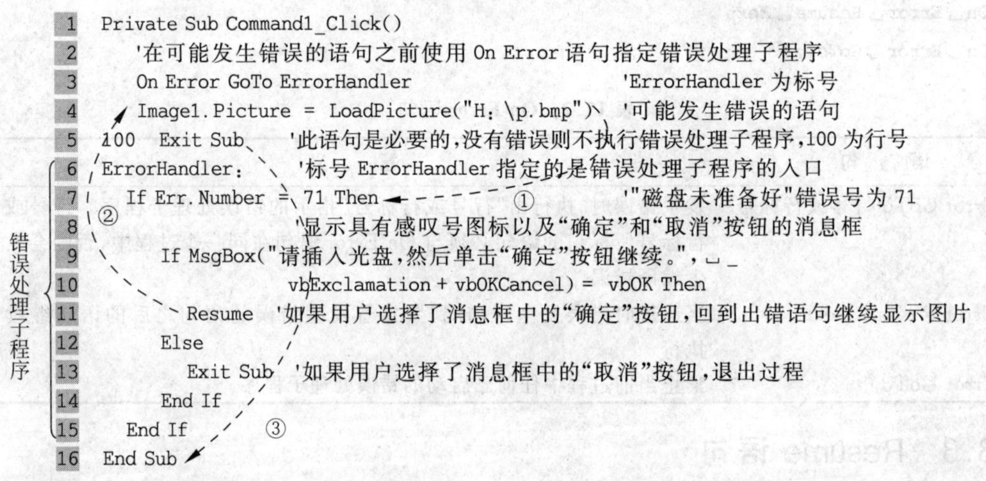

On Error 必须写在可能出错的语句之前。ErrorHandler 标号到 End Sub 之间是错误处理子程序。如果出错，会从标号指示的语句开始执行。错误处理子程序中的 Resume 语句使程序回到出错语句继续执行。

行号为 100 的语句 Exit Sub 必须要有，否则即使不出错也会执行错误处理子程序。

11.3.5　Err 对象的 Raise 方法和 Clear 方法

为了便于调试，Err 对象有一个名为 Raise 的方法，使用此方法可以人为地制造运行时错误，方便调试。语法为：

```
Err.Raise␣错误号
```

把这个语句放在程序中可能出现运行时错误的位置上，程序执行到这个方法时，会模拟出错，转而去执行错误处理子程序，可以利用这个办法来调试错误处理子程序。

一个错误被处理之后，应该及时地清除 Err 对象中的错误信息。一般来说，当程序执行了 Resume、On Error、Exit Sub、Exit Function 等语句之后，Err 对象中的错误信息会自动清掉；也可以使用 Err. Clear 方法来显式地清除。清除之后，Err 对象的 Number 属性的值为 0，Description 属性的值为空字符串。

习　题　11

一、选择题

1. 当一个窗体被卸载时，最后引发的事件是＿＿＿＿＿。

(A) Deactivate　　(B) QueryUnload

(C) Unload　　(D) Terminate

2. 窗体从加载到显示，依次引发的事件有＿＿＿＿＿。

(A) Load、Initialize、Activate　　(B) Initialize、Activate、Load

(C) Load、Activate、Initialize　　(D) Initialize、Load、Activate

3. 窗体的＿＿＿＿＿事件在窗体从加载到卸载这个过程中只可能引发一次。

(A) GotFocus　　(B) Activate

(C) Load　　(D) Deactivate

4. ＿＿＿＿语句肯定不能用来结束一个应用程序。

(A) Unload　　(B) End

(C) Stop　　(D) Exit

5. ＿＿＿＿可以用来调试程序。

(A)"属性"窗口　　(B)"本地"窗口

(C)"工程"窗口　　(D)"窗体布局"窗口

6. ＿＿＿＿不能用来在模块之间传递数据。

(A) 全局变量　　(B) 对象属性

(C) 全局数组　　(D) 模块级变量

二、判断题

1. 对于一个 Visual Basic 的标准 EXE 程序来讲，窗体并不是必需的。如果工程中有标准模块就可以没有窗体，但是要求标准模块中必须有一个名为 Main 的 Sub 过程。这时，程序可以用 Main 过程启动。

2. 一个工程中不可能有两个 Sub Main 过程。

3. 在一个窗体的代码中不能使用 Unload 语句来卸载本窗体，即一个窗体只能由其他的窗体卸载。

4. 在一个工程的窗体模块的代码中，不能操作其他窗体模块中对象的属性，只能使用其他窗体中定义的全局变量。

5. 窗体卸载时会引发 QueryUnload 事件和 Unload 事件，二者的事件过程都可以阻止窗体卸载。

三、填空题

本程序有一个标准模块和一个窗体模块。Sub Main 过程是本程序的启动过程，其他过程是窗体模块的事件过程。执行本程序，依次单击命令按钮 Command1 和 Command2，在窗体上输出的 3 行内容分别是 ___(1)___、___(2)___ 和 ___(3)___。

```
'标准模块
Public x As Integer
Sub Main()
   x = 5
   Form1.Show
   Form1.Print x
End Sub

'窗体模块
Dim y As Integer
Private Sub Command1_Click()
   y = x * 2
   Print y
End Sub

Private Sub Command2_Click()
   y = x / 2
   Print y
End Sub
```

第12章

文件操作

12.1 文件操作概述

12.1.1 文件操作的必要性

通过前面章节的学习，可以看到，对于应用程序来说，变量（和数组）就像是人体的血液一样重要。正是变量在程序的各个部分之间传递信息并且保存数据，才能使程序完成预定的功能。但是，变量的值是保存在内存中的，程序关闭或是系统断电都会使变量的值立刻丢失。

磁盘文件是永久存储信息的重要方式。应用程序在以下的情况下需要进行磁盘文件操作：①大量的数据需要以文件的形式传递给程序进行处理，而不是通过鼠标和键盘输入；②程序计算的结果、得到的大量数据需要以文件的形式保存，以供其他程序处理，而不仅仅是显示在屏幕上；③程序的运行参数、用户的设置需要以文件形式保存，供以后本程序再次使用。总之，除非功能极其简单的程序，几乎所有的程序都需要进行文件操作。

Visual Basic 支持文件的操作，提供了大量的语句和函数，根据文件读写方式和保存格式的不同，把文件分为三类：①顺序访问文件；②随机访问文件；③二进制文件。

12.1.2 文件的标识方法

1. 文件名

文件名即文件的名称，由两部分组成：**主文件名**和**扩展名**。例如，文件名“picture.jpg”中“picture”是主文件名，“.jpg”是扩展名。扩展名是对文件格式的描述，而主文件名是对内容的描述。

Windows 操作系统允许文件名中可以包括多个“.”，但是只有最后一个“.”以后的是扩展名。文件名中也可以没有“.”。默认情况下，Windows 的资源管理器不显示已注册的扩展名。

2. 文件路径

磁盘（包括光盘和 U 盘，通称为“驱动器”）上的文件是以文件夹（Folder）管理的，文件夹又称为目录（Directory），是一种树型结构。因为不同的文件夹中可能有同名文件，所以要唯一地指定一个文件，就必须指明此文件所在的驱动器号、文件夹层次结构及文件名，这种标识文件的方法称为文件的**路径**（Path）。例如，“c:\mypictures\photos\picture.jpg”就是一个文件的完整路径，可以唯一地确定这个文件。其中的“\”称为路径分隔符。在有些场合，路径只含驱动器与文件夹结构，不包括文件名。

在 Visual Basic 程序中，文件名和文件路径是以字符串常量或变量表示的。

3. 当前驱动器和当前文件夹

为了简化操作，操作系统为应用程序提供了一个当前驱动器(也称为默认驱动器)，每个驱动器上又有一个当前文件夹(默认目录)。如果操作的是当前驱动器上的文件，可以不指明路径中的驱动器号；如果操作的是当前驱动器上当前文件夹下的文件，可以不指定驱动器号和文件夹，只使用文件名即可。

4. 应用程序的路径

很多情况下，需要对应用程序可执行文件所在的文件夹中的文件进行操作。Visual Basic 提供了内部对象 App(即应用程序对象)，其 Path 属性值就是可执行文件所在的文件夹。例如，下面表示的是一个与可执行文件在同一文件夹下的文件：

```
App.Path & "\picture.jpg"
```

5. 文件号

Visual Basic 程序在对文件进行读写之前，必须打开文件。这里的“打开”指的是在内存中开辟一个缓冲区域，便于读写操作。每个打开了的文件被赋予唯一的“文件号”，是1～511 之间的整数。

打开文件之后，对文件的操作均要通过此文件号进行。一个被占用的文件号不能再用于打开其他的文件。文件号不要求连续使用，也不要求第一个打开的文件的文件号一定为1。

12.2 顺序访问文件

顺序访问文件(简称为顺序文件)，实际上是文本文件。写入到顺序文件中的任何类型的数值，都被转换成字符形式。因此，Visual Basic 程序生成的顺序文件可以使用任何的文本编辑软件来打开和查看(比如 Windows 附件中的“记事本”和“写字板”)。

> 任何文件都可以看作是保存在外存储器上的字节流(或字符流)，有头也有尾。可以假想有一个指针在文件头和文件尾之间移动，标识着读写的位置，这就是文件读写指针。顺序文件的读写指针只能从文件头向文件尾方向移动。

12.2.1 打开顺序文件

打开文件是对它进行读写的前提，所有文件都是使用 Open 语句打开的，下面是使用 Open 语句打开顺序文件的语法格式：

Open ␣ 文件名 ␣ For ␣ Input |Output |Append ␣ As ␣ [#]文件号

“文件名”参数是字符串类型的常量、变量或表达式，指定文件的路径与文件名。

参数“Input|Output|Append”决定文件的读写模式，详见表 12.1。

表 12.1　Input、Output、Append 关键字的比较

关键字	对文件的操作
Input	打开文件是为了读。可以从文件读入数据。如果文件不存在，则会出错
Output	打开文件是为了写。可以把数据写到文件中。如果文件不存在，则创建新文件。如果文件已存在，覆盖文件中原有的内容
Append	打开文件是为了追加。可以追加数据到文件的末尾，不覆盖文件原来的内容。如果文件不存在，则创建新文件

"文件号"参数指定代表被打开文件的文件号，应为1～511之间的整数。文件号前面的"#"号可有可无。使用 Open 打开文件时指定的文件名不能是正在被使用的文件号，否则会出错。

12.2.2　关闭文件

使用 Close 语句关闭由 Open 语句打开的顺序文件、随机文件和二进制文件，语法为：

Close␣[[#]文件号 1,[[#]文件号 2,…]]

"文件号×"参数指定将要关闭文件的文件号，Close 语句一次可以关闭多个文件。不带任何参数的 Close 语句可以关闭所有用 Open 语句打开的文件。

此外，Reset 语句也可以关闭所有打开的文件。

文件被关闭之后，释放占用的系统资源，使用的文件号会被释放，可供再次打开其他文件时使用。下面是打开和关闭文件的语句：

```
Open "C:\myfirst.txt" For Output As # 1          '打开文件
Close #1                                         '关闭文件
```

12.2.3　写顺序文件

写顺序文件之前，应该以 Output 或 Append 模式打开文件。可以使用下列语句把变量、常量、属性或表达式的值写入顺序文件。

1. Print #语句

Print␣#文件号，一个或多个参数，|；

Print # 语句可以向"文件号"参数指定的文件中写入多个数据项，用法与窗体的 Print 方法(详见10.2.1节)很相似。多个参数可以用逗号分隔也可以用分号分隔。用逗号分隔时，写入文件中的数据项之间有较多的空格分隔；用分号分隔时，写入文件中的数据项只间隔最多一个空格。

如果 Print #语句以一个逗号或分号结尾，则下一条写文件语句的输出不另起一行，否则换行。Print #语句也支持 Spc(n)和 Tab(n)函数，把参数输出到特定位置上。

2. Write #语句

Write␣#文件号，一个或多个参数，|；

Write # 语句与 Print # 语句的语法完全相同，但是输出到文件中的结果不一样，主要表现在：①Write #输出到文件中的各数据项之间用逗号分隔；②Write #写到文件中的

内容会加上“界定符”：字符串加双引号，日期型、逻辑型加“#”，数值类型无特殊处理；③不论使用逗号还是分号来分隔参数，Write #语句都会把数据一个挨一个地写入文件中，并用逗号隔开。

Print #语句适合于为其他软件生成数据文件，而Write # 更适合于为Visual Basic程序读入而生成文件。另外，Print #和Write #语句不能将整个数组或自定义类型变量的值写入文件中，只能一个元素(成员)一个元素(成员)地写。

【例12.1】 写顺序文件。下面的事件过程向文件c:\myfirst.txt中输出四行文字。

```
Private Sub Command1_Click()
  Open "C:\myfirst.txt" For Output As #1        '以 Output 方式打开顺序文件
  Print #1,"Welcome",123.4,Date,True            '写文件
  Print #1,"Welcome"; 123.4; Date; True
  Write #1,"Welcome",123.4,Date,True
  Write #1,"Welcome"; 123.4; Date; True
  Close #1                                      '关闭文件
End Sub
```

图12.1所示的是使用“记事本”打开并显示该文件的内容。可见，Print #和Write #语句的输出结果不同。

图12.1 写顺序文件

12.2.4 读顺序文件

要从顺序文件中读入数据到变量中以供后续处理，必须以Input方式打开文件。读顺序文件可以使用下列语句。

1. Line Input #语句

Line␣Input␣#文件号,字符串变量名

Line Input # 语句是整行读入语句，可以把“文件号”所代表文件中当前读写位置上的一整行数据作为一个字符串读入，赋予指定的字符串变量。这个语句把一行中所有界定符、分隔符都当成字符串的组成部分。读入的内容中不包含行末的回车符与换行符。

2. Input #语句

Input␣#文件号,一个或多个变量名

Input # 语句一次可以读入一项或多项内容，读入的值依次赋给相应的变量。如果文件中的数据项与对应的变量类型不同，会作一些默认的转换，无法转换时产生“类型不匹配”错误。此语句读入数据时，将逗号、空格、回车符、换行符等当作数据的分隔符。因为

Write #语句写文件时产生的数据项具有明显的分隔符(逗号、双引号和井号),所以应该用Input #语句来读 Write # 语句产生的数据。

如果使用 Input # 语句读取由 Print #语句产生的数据(尤其是字符串数据),可能会出现数据项定位不准的情况。例如,本想读入 10 个字符,却读入了20 个字符。

12.2.5 关于顺序文件的几点说明

1. 顺序文件的特点

无论是读操作还是写操作,顺序文件都是一个数据项一个数据项地从文件头向文件尾依次进行,不会跳跃也不会返回。Visual Basic 为每个打开的文件提供了一个文件读写指针,指针指向的位置就是下一次读写操作时的开始位置,读写之后,指针会自动作相应的移动并指向下一个位置。刚打开文件时,指针停留在文件的开头。

在读顺序文件时,读入一个数据项后,下一条读文件的语句就从下一个数据项读入数据。如已到文件尾,继续读文件会产生错误,写文件的操作则不会出错,它会把文件扩大。

2. 文件号的有效性

从作用域的概念上讲,文件号是具有全局性质的。一个文件使用 Open 语句以某一文件号打开之后,在用 Close 语句关闭之前,文件号总是有效的,可以用来进行读写。也就是说,只要在时间上保证"打开—读写—关闭"这个顺序即可,打开、读写和关闭的语句可以分别位于不同的事件过程,甚至不同的模块中。比如,对于频繁读写的文件,频繁地进行打开和关闭的操作会浪费大量的时间,应该在窗体的 Load 事件过程中打开,在 Unload 事件过程中关闭,在窗体工作过程中进行读写。对于偶尔读写的文件,可以在单个过程中完成整个打开、读写和关闭的全套操作。

3. 文件的扩展名

使用 Open 语句打开新文件时,可以指定任意的扩展名。不过,为了检验生成数据的正确性,建议在编程练习时使用". txt"为扩展名。这样,所生成的文件可以很方便地在 Windows 资源管理器中通过鼠标双击的方法,用"记事本"打开查看其内容。

【例 12.2】 课程管理程序。

如图 12.2(a)所示,程序界面上有一个列表框、一个文本框和三个按钮控件。列表框中显示课程名称,使用"插入"按钮可将文本框中的新课程名添加到课程列表中。使用"删除"按钮可删除所选的课程名。单击"退出"按钮关闭程序。再次运行本程序,列表框中仍能显示上次退出时的课程名称列表。

要想在两次运行之间保留数据,必须使用磁盘文件来存储数据。本程序在关闭时通过 Unload 事件过程,将列表框中的课程名保存在与可执行文件(当前工程)同一个文件夹的 data. txt 文件中。每次启动程序时,通过 Load 事件过程打开该文件并将数据读到列表框中。

为了防止使用 For Input 模式打开文件时出错,先使用 Dir 函数(详见 12.6 节)检测该文件是否存在。数据文件中的第一个数据项是课程数目(如图 12.2(b)所示),从第二行开始才是课程名。读文件时,先读数目,然后使用循环语句读取各个课程名。

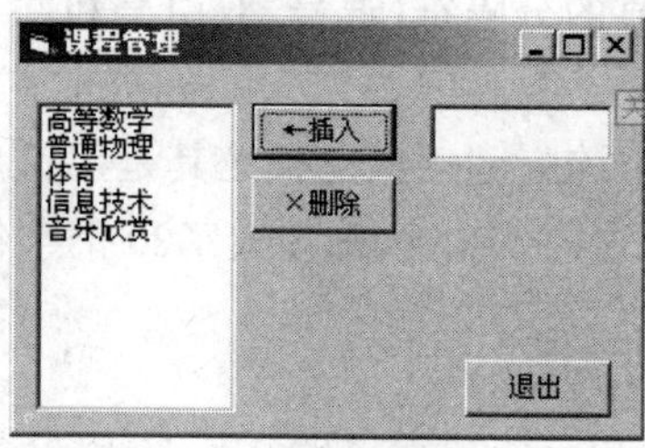

(a) 程序界面

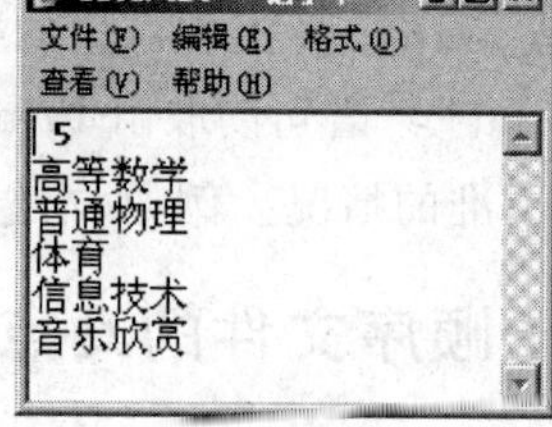

(b) 数据文件

图 12.2　课程管理程序

```
Dim fn As String                                    '模块级变量,保存数据文件路径

Private Sub Form_Load()                             '加载窗体时读取数据
    Dim n As Integer
    Dim i As Integer
    Dim s As String
    fn = App.Path & "\data.txt"
    If Dir(fn) <> "" Then                           '判断文件是否存在
        Open fn For Input As #1
        Input #1,n                                  '读入课程数目
        For i = 1 To n
            Line Input #1,s                         '读入课程名称
            List1.AddItem s                         '添加到列表框中
        Next
        Close #1
    End If
End Sub

Private Sub Form_Unload(Cancel As Integer)          '卸载窗体时保存数据
    Dim i As Integer
    Open fn For Output As #1                        '此模式会删除旧文件
    Print #1,List1.ListCount                        '保存课程数目
    For i = 0 To List1.ListCount - 1
        Print #1,List1.List(i)                      '保存课程名称
    Next
    Close 1
End Sub
Private Sub cmdAdd_Click()                          '添加课程
    If List1.ListIndex = -1 Then
        List1.AddItem Text1.Text                    '添加到最后
    Else
        List1.AddItem Text1.Text,List1.ListIndex    '插入所选的位置上
    End If
    List1.ListIndex = -1
    Text1.Text = ""
End Sub

Private Sub cmdDelete_Click()
    If List1.ListIndex = -1 Then
        MsgBox "请先选择要删除的课程。",vbInformation
    Else
        List1.RemoveItem List1.ListIndex            '删除课程
        List1.ListIndex = -1
```

```
        End If
    End Sub

    Private Sub cmdExit_Click()
        Unload Me                                    '卸载窗体,退出程序
    End Sub
```

本程序每次退出都会保存数据。请思考,如何修改程序,使得未添加或未删除课程时,退出时不进行保存操作,这样可提高执行效率。

12.3 随机访问文件

与顺序文件不同,随机文件有特殊的格式要求:①文件的数据分为一个个等长的单元,称为记录(Record);②每条记录中包含一个或多个数据项,称为字段(Field),每条记录中字段数目相等,对应字段类型相同;③在随机文件中,除字符串之外,其他类型的数据不转换成字符形式,而是直接以与内存中相同的二进制形式存放。记录之间、字段之间没有分隔符进行分隔。

由于随机文件的这些特点,使得使用自定义数据类型对其进行操作是非常方便的。一条记录对应一个自定义类型值,一个字段对应自定义数据类型的一个成员。

随机文件的"随机"体现在,无论是从文件中读数据,还是向文件中写数据,都可以任意指定记录,不必像顺序文件那样只能从文件头向文件尾进行。

如果使用文本编辑软件(如"记事本")打开随机文件,那些非字符数据项会变得不可辨认(以乱码显示)。

1. 打开随机文件

Open␣文件名␣[For␣Random]␣As␣[#]文件号␣Len = 记录长度

For Random 关键字指定文件是以随机方式打开,因为 Random 是默认方式,所以可以省略。以随机方式打开的文件既可以读也可以写。如果文件不存在,则新建文件。

"记录长度"参数指定读写操作时一条记录的长度(以字节为单位),如果使用自定义数据类型,可以使用 Len 函数计算自定义类型变量所占用的内存字节数,当作记录长度。

2. 写随机文件

使用 Put 语句写随机文件。语法为:

Put␣[#]文件号,[记录号],表达式

"文件号"参数应该是已打开的随机文件的文件号。

"记录号"参数应是正整数,指定数据将写在文件中的第几条记录上。如果省略这个参数,则写在当前记录上。如果尚未进行读写,则写在第一条记录上。

"表达式"是指要写入文件中的数据来源。Put 语句把"表达式"的值写入文件中指定的一条记录上。当表达式的值所占的存储空间大于打开文件时指定的"记录长度"时,会出错。一般情况下,"表达式"是自定义类型变量名,变量的各个成员对应这条记录的各个字段。

如果被写的记录上本来有数据,会被新的内容覆盖。如果指定的"记录号"超出文件当前的记录数,则文件被扩大(文件尾向后移动)。

完成操作之后，Put 语句将下一条记录设为当前记录。

3. 读随机文件

使用 Get 语句读随机文件，语法为：

```
Get␣[#]文件号,[记录号],变量名
```

“文件号”参数指定要读取的随机文件。

“记录号”参数指定要读入随机文件中的第几条记录。如省略此参数，则读当前记录。如果尚未进行读写，则为第一条记录。

“变量名”参数确定读入的数据存入哪个变量中。此变量的类型应与写文件时使用的变量类型相匹配，否则读出的数据可能没有意义。

完成操作之后，Get 语句将下一条记录设为当前记录。

【例 12.3】 学生信息管理程序。

本例由两个窗体模块 Form1、Form2（见图 12.3）和一个标准模块 Module1 组成。Form1 为程序的主界面，负责对学生信息文件的新建、打开、保存和关闭操作，以及对学生信息的添加、修改和删除操作。Form2 负责在新建和打开文件时指定文件的完整路径。

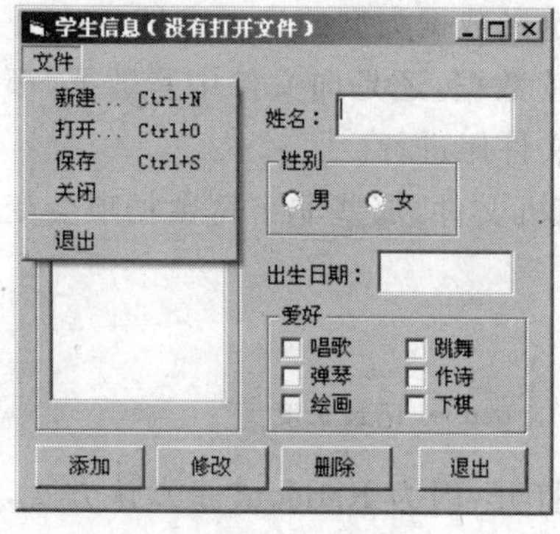

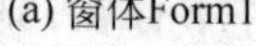
(a) 窗体Form1

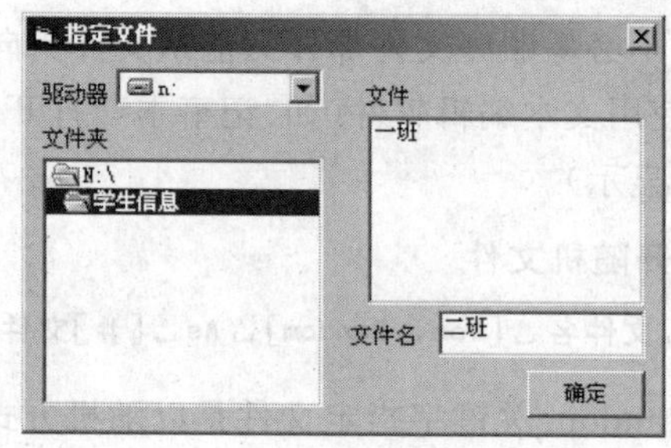

(b) 窗体Form2

图 12.3 两个窗体模块(例 12.3)

(1) 程序的使用方法

如图 12.4 所示，使用“文件”菜单中的“新建”或“打开”命令指定学生信息文件名后，主窗口的标题栏上显示打开文件的完整路径。“学生名单”列表框中列出的是所有文件中已存的学生姓名。单击姓名，在窗体的右侧部分显示出该学生的姓名、性别、出生日期和爱好等信息。

也可以在右侧区域输入信息，然后单击“添加”按钮，将其作为新的学生信息添加到列表框中。如果单击“修改”按钮，会用右侧区域的学生信息覆盖列表框中被选学生的信息。单击“删除”按钮可以删除列表框中所选学生信息。

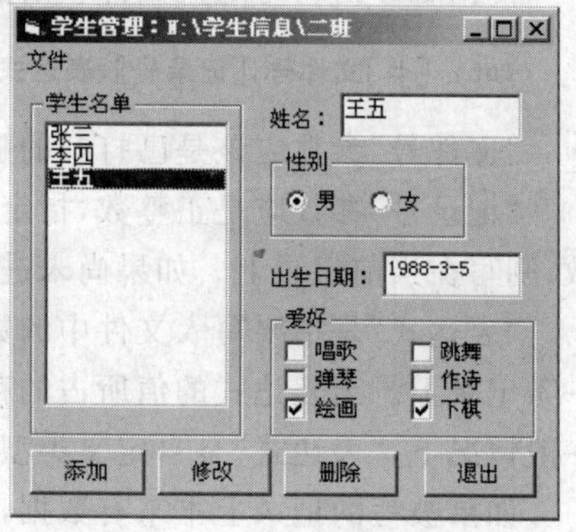

图 12.4 编辑学生信息(例 12.3)

使用“保存”菜单命令将所做的修改保存到文件

中后，可以关闭当前文件，再打开其他的学生信息文件进行操作。

(2) 标准模块 Module1

标准模块中定义了全局自定义数据类型 Student，此类型用于存储学生信息和对随机文件进行读写。另外，还定义了字符串类型的全局变量 filename，保存打开或新建的文件的完整路径。本模块的代码为：

```
Public Type Student              '自定义数据类型
   strName As String * 8         '姓名
   blnSex As Boolean             '性别
   dtmBirth As Date              '出生日期
   bytHobby As Byte              '爱好
End Type

Public filename As String  '数据文件的完整路径
```

(3) Form1 模块

Form1 是工程的启动对象。表 12.2 中列出了 Form1 模块中主要对象的初始属性设置，标签、框架等没有编写事件过程的控件未列出。

表 12.2　窗体模块 Form1 中用到的主要对象(例 12.3)

对象类型	对象名	属性	初始属性值	说明
窗体	Form1	Caption	学生信息管理(没有打开文件)	
菜单	mnuFile	Caption	文件	
	mnuNew	Caption	新建	快捷键 Ctrl+N
	mnuOpen	Caption	打开	快捷键 Ctrl+O
	mnuSave	Caption	保存	快捷键 Ctrl+S
	mnuClose	Caption	关闭	
	mnuExit	Caption	退出	
列表框	lstStudent			
文本框	txtName			输入姓名
	txtBirth			输入出生日期
单选框	optMale	Caption	男	性别
	optFemale	Caption	女	
复选框(控件数组)	chkHobby	Caption	唱歌	Index 属性为 0
	chkHobby	Caption	跳舞	Index 属性为 1
	chkHobby	Caption	弹琴	Index 属性为 2
	chkHobby	Caption	作诗	Index 属性为 3
	chkHobby	Caption	绘画	Index 属性为 4
	chkHobby	Caption	下棋	Index 属性为 5
命令按钮	cmdAdd	Caption	添加	
	cmdModify	Caption	修改	
	cmdDelete	Caption	删除	
	cmdExit	Caption	退出	

下面是 Form1 窗体模块的全部代码。其中定义了模块级变量 modified 和动态数组 info，以及菜单、命令按钮、列表框的 Click 事件过程和窗体的 Unload 事件过程。

```
Private modified As Boolean        '模块级变量,标识数据是否被修改,即是否需要保存
Dim info() As Student              '自定义类型的动态数组,保存学生信息

Private Sub mnuNew_Click()         '"新建"菜单
    Load Form2
    Form2.Show 1,Me                '将 Form2 显示为模态窗口
    If Dir(filename) <> "" Then
        MsgBox "“" & filename & "”" & "已存在,请重新指定。",vbInformation
        Exit Sub
    End If
    Form1.Caption = "学生管理：" & filename
    Erase info
    lstStudent.Clear
    modified = False
End Sub

Private Sub mnuOpen_Click()                     '"打开"菜单
    Dim i As Integer,n As Integer
    Dim st As Student
    Load Form2
    Form2.Show 1,Me                             '将 Form2 显示为模态窗口
    Form1.Caption = "学生管理：" & filename
    Erase info
    lstStudent.Clear
    n = FileLen(filename) / Len(st)             '计算文件中的记录数
    If n > 0 Then
        Open filename For Random As 1 Len = Len(st)
        ReDim info(1 To n)
        For i = 1 To n
            Get #1,i,info(i)
            lstStudent.AddItem info(i).strName
        Next
        Close #1
    End If
    modified = False
End Sub

Private Sub mnuSave_Click()                                 '"保存"菜单
    Dim i As Integer,n As Integer
    If filename = "" Then
        MsgBox "请先新建或打开文件。",vbExclamation
        Exit Sub
    End If
    If Dir(filename) <> "" Then Kill filename               '删除已有文件
    Open filename For Random As 1 Len = Len(info(1))
    n = lstStudent.ListCount
    For i = 1 To n
        Put #1,i,info(i)
    Next
    Close
    modified = False
End Sub

Private Sub mnuClose_Click()                                '"关闭"菜单
```

```
    Dim i As Integer
    If filename = "" Then Exit Sub                    '如果没有打开文件,则不需要关闭
    If modified Then
       i = MsgBox("关闭时是否保存当前文件?",vbQuestion + ␣_
                  vbYesNoCancel,"学生信息")
       If i = vbYes Then  '保存
         Call mnuSave_Click                      '调用事件过程
       Else    '取消
         Exit Sub
       End If
    End If
    filename = ""
    lstStudent.Clear
    Erase info
    Form1.Caption = "学生管理(没有打开文件)"
End Sub

Private Sub mnuExit_Click()                         '"退出"菜单
    Unload Me
End Sub

Private Sub cmdAdd_Click()                          '"添加"按钮
    Dim i As Integer,n As Integer
    Dim b As Byte
    If filename = "" Then MsgBox "请先新建或打开文件。",48 : Exit Sub
    lstStudent.AddItem txtName.Text
    n = lstStudent.ListCount
    ReDim Preserve info(1 To n)
    info(n).strName = txtName.Text
    info(n).blnSex = optMale.Value
    info(n).dtmBirth = txtBirth.Text
    For i = 0 To 5
       b = b Or chkHobby(i).Value * 2 ^ i
    Next
    info(n).bytHobby = b
    modified = True
End Sub

Private Sub cmdModify_Click()                   '"修改"按钮
    Dim i As Integer,n As Integer
    Dim b As Byte
    If filename = "" Then MsgBox "请先新建或打开文件。",48 : Exit Sub
    If lstStudent.ListIndex = -1 Then
       MsgBox "请先选择要修改的学生。",vbInformation
       Exit Sub
     End If
     n = lstStudent.ListIndex + 1
     lstStudent.Text = txtName.Text
     info(n).strName = txtName.Text
     info(n).blnSex = optMale.Value
     info(n).dtmBirth = txtBirth.Text
     For i = 0 To 5
         b = b Or chkHobby(i).Value * 2 ^ i
     Next
```

```
        info(n).bytHobby = b
        modified = True
    End Sub

    Private Sub cmdDelete_Click()              '“删除”按钮
        Dim i As Integer,n As Integer
        If filename = "" Then MsgBox "请先新建或打开文件。",48 : Exit Sub
        If lstStudent.ListIndex = -1 Then
            MsgBox "请先选择要修改的学生。",vbInformation
            Exit Sub
        End If
      If MsgBox("确定要删除“" & Trim(lstStudent.Text) & "”吗?",36) = 7 Then
            Exit Sub
        End If
        n = lstStudent.ListIndex + 1
        lstStudent.RemoveItem n - 1
        For i = n To lstStudent.ListCount
            info(i) = info(i + 1)
        Next
        If lstStudent.ListCount = 0 Then
            Erase info
        Else
            ReDim Preserve info(1 To lstStudent.ListCount)
        End If
        modified = True
    End Sub

    Private Sub Form_Unload(Cancel As Integer)
        If filename <> "" And modified = True Then             '退出程序时提示保存
            If MsgBox("退出前是否保存文件?",32 + 4,"学生管理") = vbYes Then
                Call mnuSave_Click
            End If
        End If
    End Sub

    Private Sub lstStudent_Click()             '单击列表框中的姓名,显示其详细信息
        Dim i As Integer,n As Integer
        If lstStudent.ListIndex = -1 Then
            MsgBox "请先选择要修改的学生。",vbInformation
            Exit Sub
        End If
        n = lstStudent.ListIndex + 1
        txtName.Text = info(n).strName
        optMale.Value = info(n).blnSex
        optFemale.Value = Not optMale.Value
        txtBirth.Text = info(n).dtmBirth
        For i = 0 To 5
            If (info(n).bytHobby And 2 ^ i) = 0 Then
                chkHobby(i).Value = 0
            Else
                chkHobby(i).Value = 1
            End If
        Next
    End Sub
```

(4) Form2 模块

表 12.3 列出了 Form2 模块中用到的主要对象。

表 12.3 窗体 Form2 中用到的主要对象(例 12.3)

对象类型	对象名	属性	初始属性值	说 明
窗体	Form2	Caption	指定文件	
		BorderStyle	1	固定边框
		StartUpPosition	1	启动时位于所有者中心
驱动器列表框	Drive1			
目录列表框	Dir1			
文件列表框	File1			
文本框	Text1			
命令按钮	cmdOk	Caption	确定	

Form2 窗体模块的代码如下:

```
Private Sub Drive1_Change()
   Dir1.Path = Drive1.Drive
End Sub

Private Sub Dir1_Change()
   File1.Path = Dir1.Path
End Sub

Private Sub File1_Click()
   Text1.Text = File1.filename
End Sub

Private Sub cmdOk_Click()
   If Text1.Text = "" Then
      MsgBox "请输入或指定文件名。",vbInformation
   Else
      filename = File1.Path & "\" & Text1.Text
      Unload Me
   End If
End Sub
       '如果不是单击"确定"按钮,则不允许关闭本窗体,防止返回空字符串文件名
Private Sub Form_QueryUnload(Cancel As Integer,UnloadMode As Integer)
   If UnloadMode <> 1 Then Cancel = 1
End Sub
```

(5) 编程技巧

① 自定义类型动态数组 Info 用于在程序运行时保存学生信息。打开文件时将数据从文件读到 Info 数组中,保存文件时再将数据从 Info 数组写到文件中。

② 数据文件使用了随机文件模式。读文件时,使用 FileLen 函数(见 12.6 节)计算文件的字节数,除以 Student 数据类型字节数,得到文件中的记录条数。写文件时,先删除原文件,再以原文件名创建新文件。

③ Student 数据类型的 dtmBirth 成员是日期类型,而输入出生日期的控件是文本框 txtBirth,文本框不具有检查日期格式的功能。所以,用户应保证输入日期的格式的正确性,

否则会引发“类型不匹配”的错误。

④ 性别只有男、女两种可能性，并且单选框控件能够保证二者必选其一，所以在程序代码中，只需要检测其中一个控件的 Value 属性值即可。

⑤ 程序中有多处需要保存文件，为了减少代码的重复，调用了同一个事件过程：“保存”菜单(mnuSave 的 Click 事件过程)。

⑥ Form1 中模块级逻辑型变量 modified 用来记录当前数据是否被修改过(包括添加、修改和删除操作)。退出程序、新建文件、打开文件时根据此变量的值提示用户进行数据的保存。

⑦ Student 数据类型的 bytHobby 成员是字节类型，保存的不是爱好的字符内容，而是利用其 8 个二进制位中的第 0～5 位共六位表示对应的爱好是否被选中。

如图 12.5 所示，窗体上的 6 个爱好复选框属于同一个控件数组 chkHobby。存储数据时，使用按位 Or(或)运算将各个复选框的 Value 值(1 或 0)合成一个字节。显示数据时，再使用按位 And(与)运算提取字节中每位上的 1 或 0，由相应的复选框显示。

通过这种方式，学生的任意爱好组合都可以使用一个字节(实际上是 6 个二进制位)来存储。

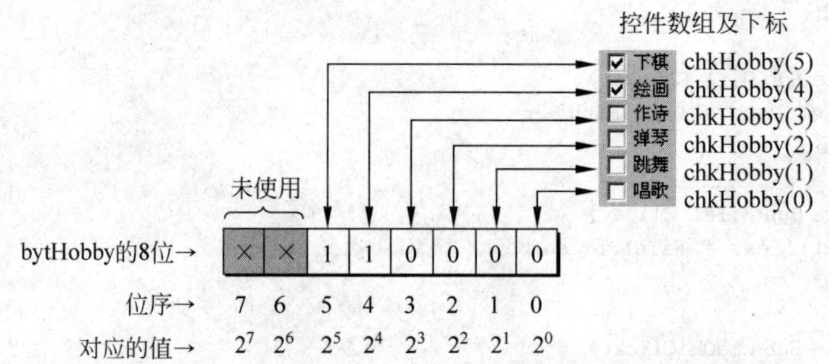

图 12.5 Student 数据类型 bytHobby 成员的存储格式(例 12.3)

12.4 二进制文件

二进制文件以二进制形式记录任意类型的数据，数据在内存以什么形式存储，则在文件中也以什么形式存储。

与随机文件不同，二进制文件没有“记录”的概念，每次读写可以是任意字节数目的内容。与顺序文件不同，二进制文件不把数值、日期和逻辑型数据转换为字符形式，所以占用的存储空间更小，并且具有更高的保密性，以一般的文本编辑软件打开看到的只是“乱码”。二进制文件的内容一般只能由生成它的程序或了解其结构的程序打开读取。大型软件生成的文件(如 Word 的.doc 文档、Excel 的.xls 工作簿)以及多媒体文件(图片、音乐和视频)都采用的是二进制格式。

从本质上讲，顺序文件和随机文件都是二进制文件的特例。

1. 打开二进制文件

使用 For Binary 关键字来打开二进制文件。语法为：

Open␣文件名␣For␣Binary␣As␣[#]文件号

以二进制方式打开的文件既可以读也可以写。如果文件不存在,则创建新文件。

2. 写二进制文件

使用 Put 语句来写二进制文件。

Put␣[#]文件号,[写位置],表达式

"文件号"代表一个以二进制方式打开的文件。

"写位置"参数为长整型数,指定数据要写到文件中的位置(从文件开头以字节为单位计算),如省略此参数,则写入当前位置。如果尚未进行过读写操作,则为文件头的位置。如果指定位置上本来有数据,则会被新写入的数据覆盖。当指定位置超出文件末尾时,会使文件扩大。

"表达式"是要写入文件中数据的来源,表达式的值可以是任意类型。如果"表达式"处是一个数组名,则会把数组所有元素的值依次写入文件中。

写入数据成功后,Put 语句将下一个字节位置设为下一次读写的当前位置。

3. 读二进制文件

使用 Get 语句来读二进制文件。

Get␣[#]文件号,[读位置],变量名

"文件号"代表一个以二进制方式打开的文件。

"读位置"参数指定要读入的数据在文件中的位置(从文件开头以字节为单位)。如省略此参数,则从当前位置开始读。如果尚未进行过读写操作,从文件头开始读入。如果指定位置超出文件长度,并不会出错,读入的是变量类型的默认值。

"变量名"参数指定从文件中读出的数据要存入的变量,变量的数据类型决定从文件中读入的字节数。如果"变量名"为字符串变量,则读入的字符数与字符串变量当前字符数相同。如果"变量名"参数是一个数组名,则会从文件中读入多个值并依次赋给数组元素,读入值的个数与数组元素个数相等。

读数据成功后,Put 语句将下一个字节位置设为下一次读写的当前位置。

【例 12.4】 文件加密解密程序。

如图 12.6 所示,本例的界面分为"加密"和"解密"两个区域,在"加密"区的文本框 Text1 中输入要加密的文件名(包括完整路径),在文本框 Text2 中输入密码(1～255 之间的整数),然后单击"加密!"按钮,指定的文件就被加密。加密之后的文件与原文件同名,但不能再正常使用了。

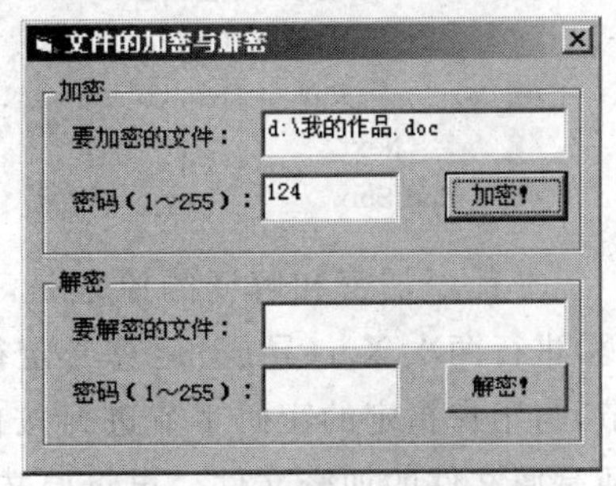

图 12.6 程序界面(例 12.4)

在"解密"区的文本框 Text3 中输入要解密的文件名(之前使用本程序加密了),在文本框 Text4 中输入密码(即加密时使用的密码),然后单击"解密!"按钮,指定的文件被解密。解密之后的文件与加密之前的文件完全相同,可以正常使用。

本程序可以对任意类型的文件进行加密和解密。

```
Private Sub Command1_Click()                  '加密按钮事件过程
    Dim b   As Byte
    Dim key As Byte
    Dim i As Integer
    Dim f1 As String,f2 As String
    f1 = Text1.Text                           '加密文件名
    f2 = "ttt.ttt"                            '临时文件名
    key = Text2.Text
    Open f1 For Binary As 1                   '打开被加密文件
    Open f2 For Binary As 2                   '打开临时文件
    Call s(1,2,key)                           '调用 s 过程进行加密
    Close
    Kill f1                                   '删除原文件
    Name f2 As f1                             '将临时文件改名为原文件
    MsgBox "加密完毕。",vbInformation
End Sub

Private Sub Command2_Click()                  '解密按钮事件过程
    Dim b   As Byte
    Dim key As Byte
    Dim i As Integer
    Dim f1 As String,f2 As String
    f1 = Text3.Text                           '解密文件名
    f2 = "ttt.ttt"                            '临时文件名
    key = Text4.Text
    Open f1 For Binary As 1                   '打开被解密文件
    Open f2 For Binary As 2                   '打开临时文件
    Call s(1,2,key)                           '调用 s 过程进行解密
    Close
    Kill f1                                   '删除原文件
    Name f2 As f1                             '将临时文件改名为原文件
    MsgBox "解密完毕。",vbInformation
End Sub

    '加密和解密共用的过程
Private Sub s(fn1 As Integer,fn2 As Integer,key As Byte)
    Dim b As Byte, k As Long
    For k = 1 To LOF(fn1)
        Get #fn1,,b                           '从源文件中读入一个字节
        b = b Xor key                         '与密码字节进行 Xor(异或)运算
        Put #fn2,,b                           '运算结果写入目标文件中
    Next
End Sub
```

本程序加密和解密的原理是，任意一个二进制数(被加密的数)与另一个二进制数(密码)进行两次 Xor(异或)运算必定得到原来的数。进行文件加密时，从文件中读入每个字节，与用户指定的密码字节进行按位的逻辑 Xor 运算，再写到另一个文件中。生成的文件便是原文件的加密文件。再将原文件删除，把加密文件改名为原文件即可。加密文件中的每个字节都与原文件不同(即数据被伪装)，所以不能正常使用了。

解密的过程与加密的过程是相同的,文件中的每个字节再与相同的密码字节进行一次Xor运算,数据又恢复成原样,即解密了。所以加密和解密操作调用的是同一个过程s。

Kill语句和Name语句分别是删除文件和对文件改名的语句,详见12.6节。

12.5 文件的共享与访问权限*

在Binary、Input和Random模式下,可以用不同的文件号同时打开同一个文件。而使用Append和Output模式不能打开一个正在使用的文件。也就是说,二进制文件、随机文件和以读方式打开的顺序文件是允许多个程序共享的或被一个程序多次打开。

为了防止共享时出现访问冲突,如两个程序同时写相同的字节位置,使用Open语句打开文件时,可以设定访问权限。Open语句的完整语法为:

```
Open␣文件名␣For␣模式␣[Access access]␣[lock]␣As␣[#]文件号
```

其中Access关键字部分设定要打开文件的读写权限,Access参数可以是下列关键字之一:①Read,只读;②Write,只写;③Read Write,可读可写。对于顺序文件,不应使用Access关键字。

lock参数设定要打开文件的共享权限,它可以是下列关键字之一:①Shared,其他程序可以读写此文件;②Lock Read,其他程序不能读此文件;③Lock Write,其他程序不能写此文件;④Lock Read Write,其他程序不能读写此文件。

也可以在文件打开之后,使用Lock和Unlock语句为文件设置共享权限。它们的语法为:

```
Lock|Unlock␣文件号,[记录|[起始记录]␣To␣终止记录]
```

Lock语句锁定文件的指定范围,阻止其他程序对这一部分的读写。Unlock语句作用相反,即解锁。第一个参数"文件号"指定要锁定/解锁的文件。第二个参数可以是一个整数,也可以是用关键字To连接两个整数形成的一个范围,对于随机文件指的是记录号,对于二进制文件指的是字节位置。

如果省略第二个参数,则会锁定/解锁整个文件。对于顺序文件,无论第二个参数是什么,总是锁定或解锁整个文件。一般情况下,解锁时Unlock语句的参数应与锁定时Lock语句相同。在关闭一个文件或退出程序之前,要解除文件的所有锁定。

12.6 文件操作函数与语句

1. Seek函数*

```
Seek(文件号)
```

此函数以长整型数返回"文件号"指定的文件的当前读写位置。对于随机文件,这个值表示记录号;对于顺序文件或二进制文件,这个值表示从文件开头算起以字节为单位的位置。如果程序中下一条读写操作语句没有提供读写位置参数,默认地,就会从这个位置开始进行读写。

2. Seek 语句 *

```
Seek␣[#]文件号,位置
```

Seek 语句将“文件号”所代表文件的下一次读写位置设置在“位置”参数(长整型)指定处,即重设当前位置。随机文件的单位是记录,顺序文件和二进制文件的单位是字节。

如果指定的位置超出文件的长度,会使文件变大。

3. Input 函数

```
Input(字节数,[#]文件号)
```

Input 函数从“文件号”参数指定的文件的当前位置读入指定数量的字符,并作为字符串返回。此函数只适合以 Input 或 Binary 方式打开的文件。读入的内容包括逗号、回车符、空白列、换行符、引号和前导空格等。

4. EOF 函数

```
EOF(文件号)
```

此函数测试“文件号”所代表文件的当前读写位置是否位于文件尾。如果是,则返回 True;否则,返回 False。有的文件操作语句(如 Input #和 Line Input #语句)或函数在执行时,如果超出文件末尾,会导致出错。应该在读取之前使用本函数进行检测。

5. LOF 函数

```
LOF(文件号)
```

此函数返回“文件号”所代表文件的长度(以字节为单位)。

6. FileLen 函数

```
FileLen(文件名)
```

FileLen 函数返回以“文件名”(字符串类型)参数指定的文件的长度(以字节为单位)。文件不要求打开。如果文件已打开,则返回的是打开前的文件长度。

7. FreeFile 函数

```
FreeFile[(0|1)]
```

使用 FreeFile 函数可以获得一个尚未被使用的文件号。FreeFile 或 FreeFile(0)返回 1~255 之间未使用的文件号;FreeFile(1)返回 256~511 之间未使用的文件号。

8. Dir 函数

Dir 函数用来测试指定文件或文件夹是否存在。被测试的文件和文件夹名可以包含通配符“*”(代表任意多个字符)和“?”(代表任意一个字符)。除了文件和文件夹的名称之外,还可以指定其属性。

```
Dir (PathName[,Attributes])
```

其中字符串参数 PathName 指定文件或文件夹名,参数 Attributes 指定文件和文件夹的属性。Attributes 属性的取值可以是表 12.4 中的一项或多项之和。

表 12.4　Dir 函数 Attributes 参数的意义

参数值	常量	意　义	参数值	常量	意　义
0	vbNormal	常规文件(默认值)	8	vbVolume	驱动器的卷标。如果指定了其他属性,则忽略 vbVolume
1	vbReadOnly	常规文件与只读文件			
2	vbHidden	常规文件与隐藏文件	16	vbDirectory	常规文件与文件夹(目录)
4	vbSystem	常规文件与系统文件			

Dir 函数返回的是一个字符串类型值。如果 PathName 参数中没有使用通配符,当指定的文件或文件夹存在,则返回文件或文件夹的名称(不包括驱动器号和目录结构),否则返回空字符串。如果 PathName 参数中使用了通配符,返回第一个符合条件的文件名或文件夹名(不包括驱动器号和目录结构);如果下一次使用不带任何参数的 Dir 函数,则返回第二个符合条件的文件名或文件夹名。这样连续使用不带参数的 Dir 函数可以返回所有符合条件的文件名和文件夹名。当 Dir 函数返回空字符串时,表明所有符合通配符的文件和文件夹已全部返回,这时,如果再使用不带任何参数的 Dir 函数就会导致出错。第一次调用 Dir 函数时必须指定 PathName 参数。

使用通配符时,Dir 函数多次返回的文件名或文件夹名是不经过任何排序的。

例如语句:s = Dir ("c:\pics\photo1.jpg"),如果文件夹"c:\pics\"存在,并且其中有 photo1.jpg 文件,则 s 被赋值为"photo1.jpg",否则 s 被赋值为""(空字符串)。

【例 12.5】 查找文件。本例的界面如图 12.7 所示,在"查找文件名"文本框中输入要查找的文件(可以是确定的文件名,也可以是带通配符的文件名,必须有完整的路径),然后按 Enter 键,程序查找满足条件的文件名,并显示在列表框中。

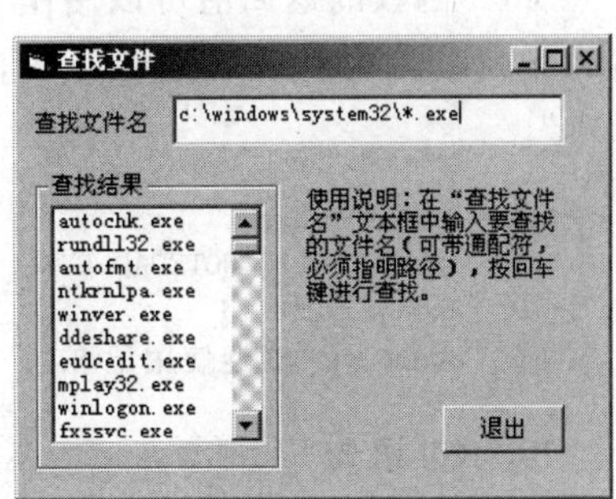

图 12.7　查找文件程序(例 12.5)

```
Private Sub Text1_KeyPress(KeyAscii As Integer)
   Dim filename As String
   Dim s As String
   filename = Text1.Text                    '要查找的文件名
   If KeyAscii <> 13 Then Exit Sub          '判断是否为回车键
   List1.Clear                              '清空列表框
   s = Dir(filename,16)                     '首次调用
   Do
      If s <> "" Then                       '是否已经返回完毕
         List1.AddItem s
      Else
         Exit Do
      End If
      s = Dir()                             '不带参数调用
   Loop
End Sub
```

9. Shell 函数*

Shell(PathName[,WindowStyle])

此函数执行参数 PathName(字符串类型)指定的可执行文件。WindowStyle 参数指定该文件运行时的初始窗口状态,取值与意义见表 12.5。如省略此参数,则以最小化方式启动。

表 12.5 Shell 函数 WindowStyle 参数的取值

参数值	常 量	意 义
0	vbHide	窗口被隐藏,且焦点会移到隐式窗口
1	vbNormalFocus	窗口具有焦点,且会还原到它原来的大小和位置
2	vbMinimizedFocus	窗口最小化且具有焦点
3	vbMaximizedFocus	窗口是一个具有焦点的最大化窗口
4	vbNormalNoFocus	窗口会被还原到最近使用的大小和位置,而当前活动的窗口仍然保持活动
6	vbMinimizedNoFocus	窗口最小化,当前活动的窗口仍然保持活动

如果 Shell 函数执行成功,返回一个标识所执行程序的唯一代号;如果不成功,返回 0。如果指定的文件不存在,则出错。应该注意的是,使用 Shell 函数启动其他的程序之后,会立即执行本程序中下面的语句,并不会等待被启动的程序关闭。这一点与调用过程不同。

Shell 函数的返回值可以用作 AppActivate 语句的参数,此语句用来使一个非活动程序变为当前激活的程序。例如,下面的语句打开“记事本”程序并自动在其中输入“欢迎使用记事本”。

```
Dim id As Long
id = Shell("NOTEPAD.EXE",vbNormalNoFocus)    '运行“记事本”程序
AppActivate id                               '使“记事本”程序成为活动程序
SendKeys "欢迎使用记事本"                      '向“记事本”发送字符串
```

10. Kill 语句

Kill ␣ 文件名

Kill 语句从磁盘上删除“文件名”参数(字符串类型)指定的文件。“文件名”中可以使用“*”和“?”作为通配符。如果文件处于打开状态(被本程序或其他程序使用),则不能删除。例如,下面的语句可以删除指定目录下的所有可执行文件:

```
Kill "D:\Prg\*.exe"
```

11. FileCopy 语句

FileCopy ␣ 源文件,目标文件

把“源文件”(字符串类型参数)复制为“目标文件”(字符串类型参数)。复制时允许改名,不能复制正在打开的文件。例如:

```
s1 = "D:\Prg\p1.exe" : s2 = "C:\p1.exe"
FileCopy s1,s2                      '把文件 p1.exe 复制到 C:根目录下(未改名)
FileCopy s1,"D:\Prg\p2.exe"         '把文件 p1.exe 以新名复制到原来目录下
```

12. Name 语句

Name ␣ 旧文件名 ␣ As ␣ 新文件名

Name 语句对文件或文件夹进行改名。“旧文件名”和“新文件名”（均为字符串类型）可以是文件，也可以是文件夹。如果它们的路径不同，则可以移动文件或文件夹。例如：

```
Name "D:\Prg\p1.exe" As "D:\Prg\p3.exe"           '文件改名,未移动
Name "D:\Prg\p1.exe" As "D:\Prg2\p1.exe"          '移动文件,未改名
Name "D:\Prg\p1.exe" As "D:\Prg2\p3.exe"          '既移动文件,又改名
```

13. ChDrive 语句 *

ChDrive 语句设置当前驱动器（即默认驱动器）。

```
ChDrive␣驱动器号(盘符)
```

ChDrive 语句的参数是一个字符串表达式，用它的首字母指定一个现有的驱动器为当前驱动器。如果使用空字符串""，则不会改变当前驱动器。例如：

```
ChDrive "D"                '使 D:成为当前驱动器
```

14. ChDir 语句 *

ChDir 语句改变当前文件夹（默认目录）。语法为：

```
ChDir␣文件夹的路径
```

ChDir 的参数是一个字符串表达式，指定哪个文件夹将成为新的当前文件夹。如果参数中没有指定驱动器，则改变的是当前驱动器上的当前文件夹。

ChDir 语句改变当前文件夹，但不会改变当前驱动器。例如，如果当前驱动器是 C:，则下面的语句将会改变驱动器 D:上的当前文件夹，但是 C:仍然是当前的驱动器。

```
ChDir "D:\TMP"                 '使 D:\TMP 成为驱动器 D:上的当前文件夹
```

15. CurDir 函数 *

CurDir 函数返回一个字符串值，表示指定驱动器上的当前目录。语法为：

```
CurDir[(驱动器号)]
```

参数是一个字符串表达式，它的第一个字符指定一个现有的驱动器。如果没有指定驱动器，或参数是空字符串""，则 CurDir 函数返回当前驱动器上的当前目录。例如：

```
s = CurDir("D")                '返回 D:驱动器上的当前目录名
s = CurDir                     '返回当前驱动器上的当前目录名
```

16. MkDir 语句

MkDir 语句创建新文件夹。语法为：

```
MkDir␣文件夹路径
```

字符串类型参数指定所要创建的文件夹的完整路径，如果其中没有指定驱动器，则 MkDir 会在当前驱动器上创建新的文件夹。例如：

```
MkDir "\New Folder"        '在当前驱动器的根目录下创建新文件夹
MkDir "New Folder"         '在当前驱动器的当前路径下创建新文件夹
```

```
MkDir "D:\New Folder"        '创建新文件夹 D:\New Folder
```

17. RmDir 语句

RmDir 语句删除现存的文件夹。

RmDir ␣ 文件夹路径

字符串类型的参数指定要删除文件夹的完整路径,如果没有指定驱动器,则在当前驱动器上删除文件夹。如果试图使用 RmDir 语句删除包含文件的文件夹,会发生错误。在删除文件夹之前,应先使用 Kill 语句删除文件夹中的所有文件。

18. FileAttr 函数 *

FileAttr(文件号)

FileAttr 函数返回一个长整型值,表示"文件号"参数所指定的文件是使用何种模式打开的。如果"文件号"参数是一个当前未使用的文件号,则会出错。

FileAttr 函数的返回值及意义见表 12.6。

表 12.6　FileAttr 函数返回值的意义

返回值	意　　义	返回值	意　　义
1	文件是以 Input 方式打开的	8	文件是以 Append 方式打开的
2	文件是以 Output 方式打开的	32	文件是以 Binary 方式打开的
4	文件是以 Random 方式打开的		

19. GetAttr 函数 *

GetAttr(文件或文件夹路径)

GetAttr 函数返回一个整型值,表示字符串类型参数所指定文件或文件夹的属性。其返回值是表 12.7 中所列属性值中的一个或多个之和。

表 12.7　GetAttr 函数返回值的意义

返回值	常　量	意　义	返回值	常　量	意　义
0	vbNormal	常规	4	vbSystem	系统
1	vbReadOnly	只读	16	vbDirectory	文件夹(目录)
2	vbHidden	隐藏	32	vbArchive	归档

20. FileDateTime 函数 *

FileDateTime(文件路径)

此函数返回日期时间类型的值,表示字符串类型参数指定的文件被创建或最后一次修改时的日期和时间。

【例 12.6】 数值排序。

对杂乱无章的大量数据进行排序(递增或递减),是实际生活中经常需要解决的问题。

如图 12.8(a)所示,有一文本文件 before.txt 中保存了一些没有排序的整数值。如何编写一个程序,可以将这些数据按从小到大递增的顺序排列并保存为 after.txt 文件(如

图 12.8(b)所示)?

本例介绍两种排序的方法:“比较法”或“冒泡法”。

(1) 比较法

比较法的原理是这样的(如图 12.9 所示):先拿第 1 个数值与第 2 个数值进行比较,如果第 1 个数值大于第 2 个数值,则交换二者的值。接着再比较第 1 个数值和第 3 个数值,如果第 1 个数值大于第 3 个数值,则交换二者的值。这样,用第 1 个数值和其他所有的数值进行比较之后,第 1 个数值就是所有数值中最小的一个。

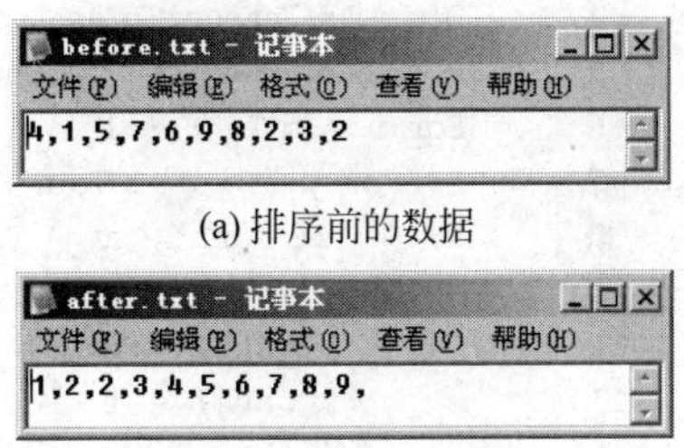

(a) 排序前的数据

(b) 排序后的数据(递增)

图 12.8 数据的排序

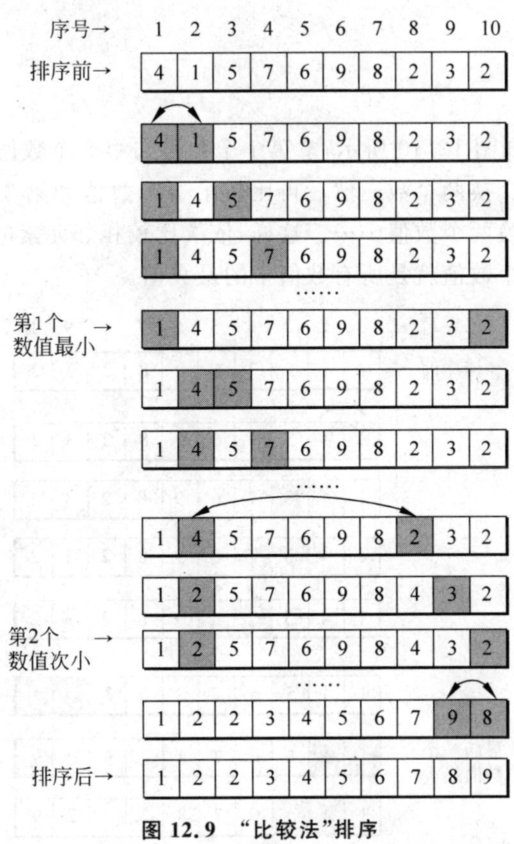

图 12.9 “比较法”排序

接下来,拿第 2 个数值和它后面所有的数值进行类似的比较和交换,则第 2 个数值就是所有数值中的次小值。在图 12.9 中,同一行内阴影表示的是正在比较的两个数值,箭头表示的是要进行交换的数据。

再用相同的方法拿第 3 个数值和后面所有的数值比较、拿第 4 个数值和后面所有的数值比较……,当比较完最后两个数值时,所有的数值就已经按从小到大的顺序排列好了。

如果使用一维数组保存要排序的数值,则下面的函数过程 Sort1 使用比较法对数组 a 的元素值进行递增排序,并且返回排序中进行数值交换的次数。

```
        '比较法排序
Private Function Sort1(a() As Integer) As Integer
    Dim i As Integer,j As Integer,k As Integer
```

```
    Dim m As Integer,n As Integer,t As Integer
    m = LBound(a): n = UBound(a)
    For i = m To n - 1
      For j = i + 1 To n
        If a(i) > a(j) Then               '比较大小
          t = a(i)                        '交换数据
          a(i) = a(j)
          a(j) = t
          k = k + 1                       '记录交换的次数
        End If
      Next
    Next
    Sort1 = k
End Function
```

(2) 冒泡法

冒泡法的原理是：如图 12.10 所示，拿第 1 个数值与第 2 个数值进行比较，如果第 1 个数值大于第 2 个数值则交换两个数。然后再比较第 2 个数值和第 3 个数值，如果第 2 个数值大于第 3 个数值则交换两个数值……。这样，依次比较相邻元素的值，直到最后两个数值比较完毕，这时，最后一个数值就是所有数值中的最大值。

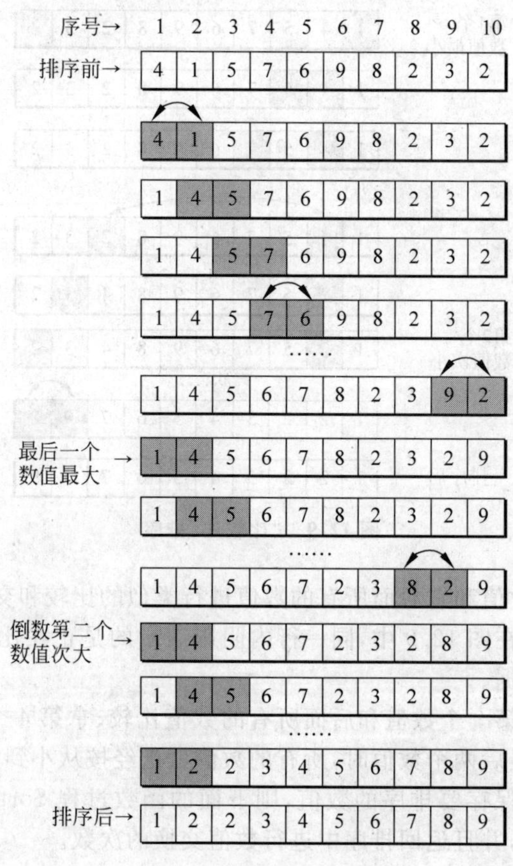

图 12.10 "冒泡法"排序

接下来,再从头开始比较第1个数值和第2个数值、第2个数值和第3个数值……,直至比较完倒数第2和倒数第3个数值之后,倒数第2个数值应是所有数值中的次大值。

这样,每次从头比较相邻数值,大一些的数值就会不断地“向上冒”。当最后一次比较完第1个数值和第2个数值之后,所有的数值便按从小到大的顺序排列好了。

下面的函数过程 Sort2 使用冒泡法对数组 a 的元素值进行递增排序,并且返回排序中进行数值交换的次数。

```
    '冒泡法排序
Private Function Sort2(a() As Integer) As Integer
    Dim i As Integer, j As Integer, k As Integer
    Dim m As Integer, n As Integer, t As Integer
    m = LBound(a): n = UBound(a)
    For i = n To m + 1 Step -1
        For j = m To i - 1
            If a(j) > a(j + 1) Then             '比较大小
                t = a(j)                        '交换数据
                a(j) = a(j + 1)
                a(j + 1) = t
                k = k + 1                       '记录交换的次数
            End If
        Next
    Next
    Sort2 = k
End Function
```

排序程序的界面如图12.11所示。在文本框 txtFilename1 中输入待排序的文件名(包括完整路径),再单击“读入”按钮(cmdImport)将数据读入“排序前”列表框(List1)中。然后选择一种排序方法,单击“排序”按钮(cmdSort),将排序之后的数值显示在“排序后”列表框(List2)中。最后,在 txtFilename2 文本框中输入文件名,单击“保存”按钮(cmdExport)可将排序后的数据写入该文件中。

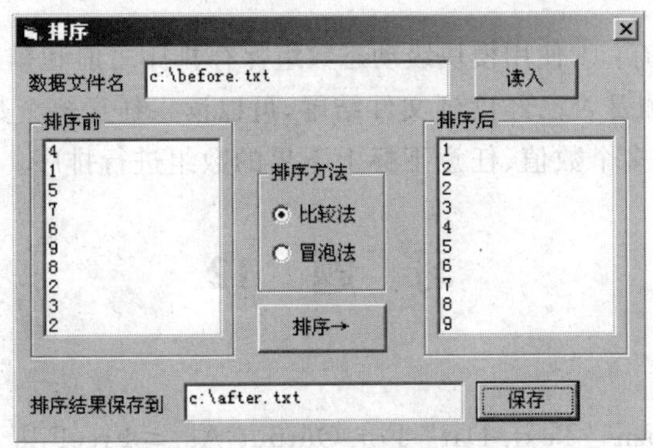

图12.11 排序程序(例12.6)

程序的代码如下(函数过程 s1 和 s2 在前面已给出):

```
Dim a() As Integer                      '模块级动态数组,保存排序前和排序后的数据

Private Sub cmdImport_Click()
    Dim i As Integer
```

```
    '从文件中读入数据
    Open txtFilename1 For Input As #1                    '打开要排序的文件
    Do While Not EOF(1)                                  '检测是否到文件尾
      i = i + 1
      ReDim Preserve a(1 To i)                           '重定义动态数组
      Input #1,a(i)                                      '读入一个整数
      List1.AddItem a(i)                                 '显示在列表框中
    Loop
    Close 1                                              '关闭文件
End Sub

Private Sub Command1_Click()
    Dim i As Integer: Dim n As Integer
    If Option1 Then
      n = Sort1(a)                                       '调用比较法排序函数
    Else
      n = Sort2(a)                                       '调用冒泡法排序函数
    End If

    For i = LBound(a) To UBound(a)
      List2.AddItem a(i)                                 '排序结果写入列表框
    Next
    MsgBox "排序成功,共交换数据" & n & "次。",vbInformation
End Sub

Private Sub cmdExport_Click()                            '把排序后的数据写入文件
    Dim i As Integer
    Open txtFilename2 For Output As 1                    '打开文件
    For i = LBound(a) To UBound(a)
      Write #1,a(i),                                     '输出到文件
      Print a(i);                                        '显示在窗体上
    Next
    Close 1                                              '关闭文件
End Sub
```

本程序的编程要点有：①使用模块级动态数组保存排序之前和排序之后的数值；②读文件时使用 EOF 函数检测是否已经读到文件结尾，可以读入任意多个数值；③Sort1 和 Sort2 两个函数过程可对任意多个数值、任意下标上下界的数组进行排序。

习　题　12

一、选择题

1. 下面对语句 Open "Text.Dat" For Output As #FreeFile 的功能说明有错误的是________。

(A) 以顺序输出模式打开文件 Text.Dat

(B) 如果文件 Text.Dat 不存在，则建立一个新文件

(C) 如果文件 Text.Dat 已存在，则打开该文件，新写入的数据将添加到该文件尾

(D) 如果文件 Text.Dat 已存在，则打开该文件，新写入的数据将覆盖原有的数据

2. 以________方式打开的文件，只能读不能写。

(A) Input　　(B) Output　　(C) Random　　(D) Append

3. 读随机文件中的记录信息,应使用________语句。

(A) Read　　(B) Get　　(C) Input ＃　　(D) Line Input ＃

4. ________不是写文件语句。

(A) Put　　(B) Print ＃　　(C) Write ＃　　(D) Output

二、填空题

1. 下面是按钮 cmd1 的 Click 事件过程,求 1～100 之间的所有质数,质数的个数显示在窗体上,质数从小到大依次写入顺序文件 c：\dataout. txt 中,在划线处填上缺少的内容。

```
Private Sub cmd1_Click()
    Dim intNum As Integer,int1 As Integer,int2 As Integer
    Open ____(1)____ ____(2)____ Output ____(3)____ ＃1
    intNum = 0
    For int1 = ____(4)____
        For int2 = 2 To int1 \ 2
            If (int1 Mod int2) = 0 Then
              Exit For
            End If
        Next
        If ____(5)____
            intNum = intNum + 1
            Write ＃1,int1
        End If
    Next
    Print ____(6)____
    Close ＃1
End Sub
```

2. 本程序的功能是在二维整型数组中查找“鞍点元素”,即该元素在所在行中最大、所在列中最小。

假设程序所在的文件夹中有 array. txt 文件,依次保存了 3 行 4 列数组的 12 个元素值为：0,2,13,5,5,3,7,4,9,1,11,12。下面是“查找”按钮的事件过程(如图 12.12 所示),当单击此按钮后,先从文件 array. txt 中读入数据保存在数组中,然后查找鞍点元素,最后在窗体上显示查找结果(如“鞍点元素为：A(2,3)=7”)。

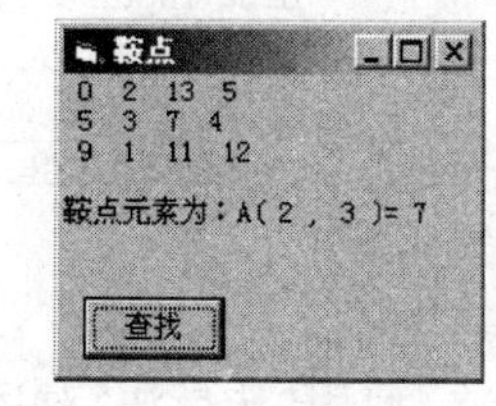

图 12.12　查找鞍点元素

请在画线处填入适当内容完善本程序(注：本程序未进行适当的缩进处理,会增加解题难度)。

```
Private Sub Command1_Click()
Const M As Integer = 3,N As Integer = 4
Dim A(1 To M,1 To N) As Integer
Dim I As Integer,J As Integer
Dim K As Integer,L As Integer,Max As Integer
Open App.Path & "\array.txt" For Input As 1
For I = 1 To M
For J = 1 To N
Input ＃1,A(I,J)
Print A(I,J);
Next
Print
```

```
Next
Close 1
For I = 1 To M
____(7)____
K = 1
For J = 2 To N
If Max < A(I,J) Then
Max = A(I,J)
____(8)____
End If
Next
For J = 1 To M
If Max > A(J,K) Then Exit For
Next
If ____(9)____ Then
Print
Print "鞍点元素为：A("; I; ","; K; ") = "; Max
L = 1
End If
Next
If L = 0 Then Print "鞍点元素不存在"
End Sub
```

3. 已知 e：盘根目录下文本文件 In.txt 中的文本行数不超过 100，本程序段在其每一行首添加行号，再写入同一目录下名为 Out.txt 的文本文件中。请在画线处填入适当内容。

```
Dim fn As String,strA(100)
Dim int1 As Integer,int2 As Integer
fn = "e:\in.txt"
Open fn For Input As 10
____(10)____
int1 = 0
Do Until ____(11)____
  int1 = int1 + 1
  Line Input #10,strA(int1)
Loop
For ____(12)____
  Print #2,CStr(int2) & " "; strA(int2)
Next
Close
```

4. 使用“选择法”对运动员成绩排序。

当对数组元素进行排序时，“选择法”的效率高于“冒泡法”和“比较法”。选择法的原理是这样的：(假设要进行递增排序)对于一个有 n 个元素的数组，从第 2～n 个元素中选出最小值和第 1 个元素进行比较，如果第 1 个元素值大于这个最小值，交换两个元素的值，否则什么都不做；再从第 3～n 个元素中选出最小值和第 2 个元素进行比较，如果第 2 个元素大于此最小值，交换两个元素的值，否则什么都不做……。这样，比较完第 $n-1$ 个元素和第 n 个元素之后，排序完毕。

已知有 10 名(1～10 号)运动员 100 米短跑的成绩，按编号顺序存放在数据文件中(如图 12.13(a)所示)。本程序从数据文件中读入数据，使用“选择法”进行排名次，并用列表框显示排名结果(如图 12.13(b)所示)。请完善程序。

(a) 数据文件内容

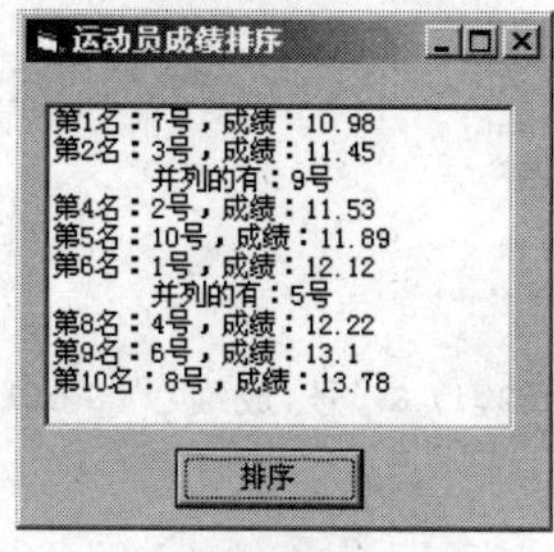

(b) 排序结果

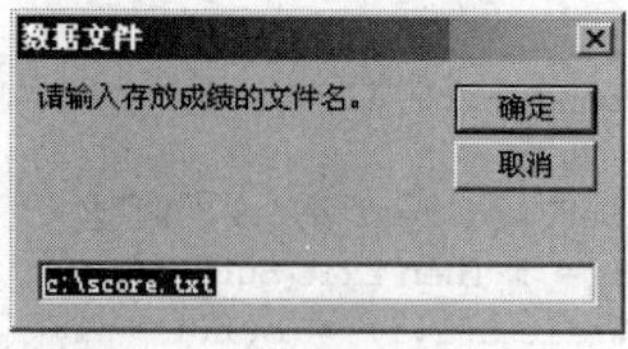

(c) 输入数据文件名

图 12.13 运动员成绩排序

```
Private Sub command1_Click()
   Dim a() As Single, i As Integer
   Dim strFileName As String
   strFileName = InputBox("请输入存放成绩的文件名。","数据文件","c:\score.txt")
   If Len(strFileName) = 0 Then
      Exit Sub
   End If
   If Dir(strFileName) = "" Then
      MsgBox "无指定文件!",48,"错误"
      Exit Sub
   End If
   ________(13)________
   i = 0
   Do While Not EOF(1)
      i = i + 1
      ReDim Preserve a(2,i)
      Input #1,a(1,i)
      a(2,i) = ____(14)____
   Loop

   Close 1
   Sort a
   Out a
End Sub

Private Sub Sort(b() As Single)            '选择法排序
   Dim temp As Single,i As Integer,j As Integer,k As Integer
   Dim p As Integer,n As Integer
   n = UBound(b,2)
   For i = 1 To n - 1
      k = i
      For j = i + 1 To n
         If b(1,k) > b(1,j) Then ____(15)____
      Next j
      If k <> i Then
         For p = 1 To 2
            temp = b(p,i)
```

```
                b(p,i) = b(p,k)
                ________(16)________
            Next
        End If
    Next
End Sub

Private Sub Out(______(17)______)
    Dim i As Integer,p As Integer,m As Integer
    p = 1
    m = UBound(c,2)
    For i = 1 To m
        lstOut.AddItem "第" & i & "名：" & c(2,i) & "号,成绩：" & c(1,i)
        If i = m Then Exit Sub
        Do While c(1,i) = c(1,i + 1)
            ______(18)______
            lstOut.AddItem Space(7) & "并列的有：" & c(2,i) & "号"
        Loop
        p = p + 1
    Next
End Sub
```

5. 本程序的目的是：将1～20共20个自然数按某种顺序围成一个圈，使得所有相邻的两数之和均为质数(素数)。

本程序中，数组a中依次存放1～20之间的奇数，数组b中依次存放1～20之间的偶数，数组c中存放最后的结果(首尾相连即为所要求的圈)。程序首先将1(奇数)放入c，从b中选一偶数放入c，使该两数之和为素数，然后再从a中选一奇数放入c，使相邻两数之和为质数，重复此过程直至c中放满为止。数组c中各个元素的值被显示在窗体上(如图12.14所示)，并被依次存入c：盘根目录下的out.txt文件中。

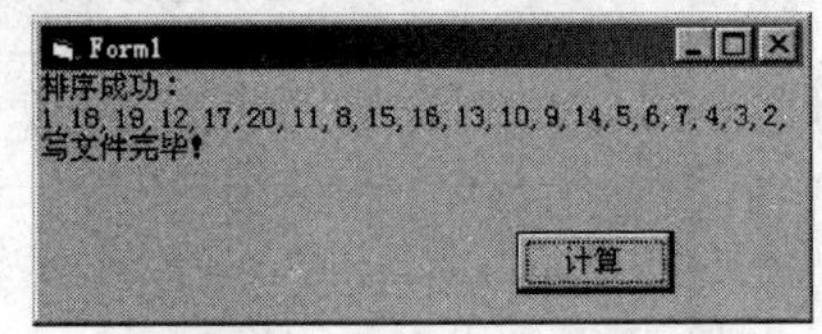

图12.14　填空第5题

```
Option Base 1
Private Sub Command1_Click()
    Dim a(10) As Integer,b(10) As Integer,c(20) As Integer
    Dim i As Integer,k As Integer,m As Integer,n As Integer
    For i = 1 To 10
        a(i) = ______(19)______
        b(i) = a(i) + 1
    Next
    c(1) = a(1): m = c(1): a(1) = 0
    k = ______(20)______
    Do While k <= 20
        If k Mod 2 = ______(21)______ Then
            Call ______(22)______
        Else
            s a,m,n
        End If
        c(k) = n: k = k + 1
        m = n
    Loop
    If prime(c(1) + n) Then
        Print "排序成功："
```

```
        Open ______(23)______ For Output ______(24)______
        For i = 1 To 20
           Print CStr(c(i)) & ",";
           Print #10, ______(25)______
        Next
        Close #10
        Print
        Print "写文件完毕!"
     Else
        Print "不成功"
     End If
  End Sub

  Private Function prime(ByVal i As Integer) As ______(26)______
     Dim int1 As Integer
     For int1 = 2 To i / 2
        If i Mod int1 = 0 Then Exit For
     Next
     If ______(27)______ Then prime = True
  End Function

  Private Sub s(______(28)______,m As Integer,n As Integer)
     Dim f As Boolean,i As Integer
     i = 10
     ______(29)______
     Do While i >= 1 And f
       If x(i) = 0 Then
          i = i - 1
       Else
          n = x(i)
          If prime(______(30)______) Then
             x(i) = 0
             f = False
          Else
             i = i - 1
          End If
       End If
     Loop
  End Sub
```

三、改错题

本程序段从文件中读入 n 个整数 $a_1,a_2,a_3,a_4,\cdots,a_n$，若这些整数满足如下条件之一，则输出“符合条件”，否则输出“不符合条件”。

(1) $a_1<a_2<\cdots<a_n$

(2) $a_1<a_2<\cdots<a_j$ 且 $a_j>a_{j+1}>a_{j+2}>\cdots>a_n$ （其中 $1<j<n$）

(3) $a_1>a_2>\cdots>a_n$

程序中有几处错误，请改正（不得增加或删除语句）。

```
  Dim a() As Integer
  Dim i As Integer,j As Integer,n As Integer
  Open "d:\n.txt" For Input As 1
  Do While EOF(1)
     n = n + 1
     ReDim a(n)
```

```
    Input #1,a(n)
Loop
Close #1
For i = 1 To n
    If a(i) >= a(i + 1) Then Exit For
Next
For j = 1 To n
    If a(j) <= a(j + 1) Then Exit For
Next
If j = n + 1 Then
    Print "符合条件"
Else
    Print "不符合条件"
End If
```

四、编程题

1. 在 C：盘的根目录中有一文件 test1. txt，文件中只有一个正整数。编程建立窗体界面，当按下按钮 cmdCal 时，从文件 test1. txt 中读入那个正整数，显示在文本框 txtInput 中，并计算该数的阶乘值，结果显示在文本框 txtResult 中，然后把这个阶乘值写入 C：盘根目录下的一个新文件 testout1. txt 中。如果文件 test1. txt 中的数大于 12，显示一个“数据太大，不能计算。”的消息框并关闭程序。把程序编译成可执行文件 factor. exe，保存在 C：盘的根目录下。

2. C：盘的根目录中有一文件 test2. txt，此文件中包含一个只有字母的字符串(有双引号界定符)。创建窗体界面，编制程序，当按下一个按钮时从文件中读入字符串并把它显示在一个文本框中。然后，把字符串中的字符以 ASCII 码的顺序重新排列，结果在另一个文本框中显示，并写到 C：盘根目录下的新文件 testout2. txt 中，要求无双引号界定符。

3*. 建立一个使用鼠标画曲线的程序。程序能够把鼠标运动轨迹上点的坐标记录在文本文件中。此文件可以使用本程序打开，并能把轨迹还原到窗体上。

4*. 编制一个“英汉词典”程序。要求使用随机文件，并具有添加词条、删除词条、词条查询等功能。

5*. 编制一个“通讯录”软件，具有添加、删除和查询功能。

6*. 编制一个简单的文本编辑程序(如 Windows 的“记事本”)，具有(通过菜单)新建、打开、保存文件，以及查找、替换功能。

附录A

习题参考答案

习题 1

答案略。

习题 2

一、选择题

1. A　2. A　3. B　4. C　5. B　6. B　7. B　8. D　9. B

二、判断题

1. ×　2. √　3. √　4. ×　5. √　6. ×　7. ×　8. √　9. ×

三、填空题

1. (1) "确定(&O)"
2. (2) Default　(3) True
3. (4) False
4. (5) Text
5. (6) MultiLine　(7) ScrollBars
6. (8) 0

四、简答题(略)

五、编程题(略)

习题 3

一、选择题

1. D　2. A　3. B　4. C　5. D　6. C　7. D　8. D　9. D
10. C　11. B　12. D

二、填空题

1. (1) 1　(2) 2　(3) 4　(4) 4　(5) 8
2. (6) True
3. (7) #0:00:00#　(8) False　(9) Nothing　(10) Empty
4. (11) Set objFirst = cmdFirst
5. (12) Variant　(13) Variant　(14) Integer
6. (15) 5　(16) 23
7. (17) −1
8. (18) Variant　(19) Option Explicit

9.（20）"He said,""Good morning! ""."

10.（21）3　　（22）3　　（23）3　　（24）1　　（25）3

三、判断题

1. √　2. ×　3. ×　4. ×　5. √　6. ×　7. ×

8. ×　9. ×　10. ×　11. √　12. ×　13. ×

四、改错题

改错部分：

（1）Form1_Click 改为 Form_Click。

（2）Dim 改为 Static。

编程部分：

```
Private intLeft As Integer          '模块级变量
Private Sub Form_Click()
    intLeft = intLeft + 100
    Form1.Left = intLeft
End Sub
Private Sub Form_Load()
    intLeft = Form1.Left
End Sub
```

五、找出合法的直接常量

－0.0、.0、0.、""""、5e＋0、&H123A

六、找出合法的变量名

e、PI、OK

习题 4

一、求表达式的值

1. False　2. 11　3. －5　4. 2　5. －1

6. 3　7. －3　8. True　9. False　10. True

二、选择题

1. D　2. B　3. B　4. D　5. A　6. D　7. H

三、填空题

1.（1）－3

2.（2）False

3.（3）(X Mod 5)＝0 And (X Mod 2)＝0 或 X Mod 10＝0

4.（4）a<b Or a<c　　（5）a>c And b>c　　（6）a>c Or b>c

（7）a>c Xor b>c　　（8）a<＝0　　（9）a Mod b<>0

5.（10）x>＝－2 And x<＝2 And y>＝－2 And y<＝2 And x＊x＋y＊y>＝1

习题 5

一、判断题

1. ×　2. √　3. ×　4. ×　5. √　6. ×　7. ×

二、填空题

1. (1) 4　　(2) 1　　(3) 1　　(4) 5

2. (5) 9

3. (6) 3　　(7) 3　　(8) 3　　(9) 5

4. (10) 0　　(11) 1 To 10　　(12) Is > 10

5. (13) 3　　(14) 5　　15

6. (15) 4

7. (16) x<=0　　(17) x<1　　(18) Text2.Text = (1-x) * (1-x)

8. (19) x　　(20) b*(2*n-3)/(2*n-2)

(21) Abs(t) >= 0.000001

9. (22) 1 To 8　　(23) str1 = str1 & "1"

三、编程题

1.

```
Private Sub Command1_Click()
    Dim intN As Integer
    Dim int1 As Integer
    Dim intSum As Integer
    Dim intSgn As Integer
    intSgn = 1
    intN = CInt(Text1.Text)
    For int1 = 1 To intN
        intSum = intSum + intSgn * int1
        intSgn = - intSgn
    Next
    Text2.Text = intSum
End Sub
```

2. 计算结果为 683。

```
Private Sub Command1_Click()
    Dim a As Single,b As Single
    Dim int1 As Integer
    a = 1: b = 1
    For int1 = 1 To 10
      b = - b * 2
      a = a + b
    Next
    Text1.Text = a
End Sub
```

3. 计算结果为 1.040507E+10。

```
Private Sub Command1_Click()
    Dim int1 As Integer
    Dim sng1 As Single
    sng1 = 0
    For int1 = 1 To 10
        sng1 = sng1 + int1 ^ int1
    Next
    Text1.Text = sng1
```

```
End Sub
```

4. 计算结果为 0.9523811。

```
Private Sub Command1_Click()
    Dim sngAmount As Single
    Dim int1 As Integer
    sngAmount = 0
    For int1 = 1 To 20
        sngAmount = sngAmount + 1 / int1 / (int1 + 1)
    Next
    Text1.Text = sngAmount
End Sub
```

5. e 的值为 2.718282，e 为自然对数的底。

```
Private Sub Command1_Click()
    Dim e As Single,sng1 As Single
    Dim int1 As Integer
    e = 1
    sng1 = 1
    int1 = 1
    Do While sng1 > 0.000001
        sng1 = sng1 / int1
        e = e + sng1
        int1 = int1 + 1
    Loop
    Text1.Text = e
End Sub
```

6. 穷举法。共有四种买法，鸡公、鸡母、鸡雏的数量分别是：(1)0、25、75；(2)4、18、78；(3)8、11、81；(4)12、4、84。

```
Private Sub Form_Click()
    Dim dblOutput As Double
    Print "鸡公","鸡母","鸡雏"
    Dim x As Integer,y As Integer,z As Integer
    For x = 0 To 20
        For y = 0 To 34
            For z = 0 To 100 Step 3
                If 5 * x + 3 * y + z / 3 = 100 And x + y + z = 100 Then
                    Print x,y,z
                End If
            Next
        Next
    Next
End Sub
```

7. 至少有 119 级台阶。

```
Private Sub Command1_Click()
    Dim int1 As Integer
    Do
        If int1 Mod 2 = 1 And int1 Mod 3 = 2 And int1 Mod 5 = 4 _
                And int1 Mod 6 = 5 And int1 Mod 7 = 0 Then
            Text1.Text = int1
```

```
            Exit Do
        End If
        int1 = int1 + 1
    Loop
End Sub
```

8. 共有 987 种方法。

提示：上第 n 级台阶的方法数是上第 $n-1$ 级台阶和上第 $n-2$ 级台阶方法数之和。

```
Private Sub Command1_Click()
    Dim int1 As Integer,int2 As Integer
    Dim intN As Integer,intNum As Integer
    int1 = 1: int2 = 2: intNum = 0
    For intN = 3 To 15
        intNum = int1 + int2
        int1 = int2
        int2 = intNum
    Next
    Text1.Text = intNum
End Sub
```

9. 111^{111}的最后三位数为 711。

提示：VB 的数据类型无法表示 111^{111} 这么大的整数。只需取每次乘积的最后三位数。

```
Private Sub Command1_Click()
    Dim int1 As Integer,int2 As Long
    int2 = 111
    For int1 = 2 To 111
        int2 = int2 * 111
        int2 = int2 Mod 1000
    Next
    Text1.Text = int2
End Sub
```

10. 共有 249 个 0。

提示：计算 1～1000 之间的每个数可以被 5 整除几次，次数的总和即所求。

```
Private Sub Command1_Click()
    Dim int1 As Integer,int2 As Integer
    Dim intNum As Integer
    intNum = 0
    For int1 = 1 To 1000
        int2 = int1
        Do While int2 Mod 5 = 0
            intNum = intNum + 1
            int2 = int2 \ 5
        Loop
    Next
    Print intNum
End Sub
```

11. 15 年。

```
Private Sub Command1_Click()
```

```
    Dim sng1 As Single
    Dim int1 As Integer
    sng1 = 1
    Do
        sng1 = sng1 * 1.1
        int1 = int1 + 1
    Loop Until sng1 >= 4
    Print int1
End Sub
```

12. 两种方法计算的根均为 2。

(1) 牛顿迭代法

```
Private Sub Command1_Click()
    Dim x1 As Single,x As Single
    x1 = 1.5
    Do
        x = x1
        x1 = x - (2 * x * x * x - 4 * x * x + 3 * x - 6) _
             / (6 * x * x - 8 * x + 3)
    Loop While Abs(x1 - x) > 0.000001
    Text1.Text = x
End Sub
```

(2) 二分迭代法

```
Private Sub Command1_Click()
    Dim x1 As Single,x2 As Single,x3 As Single
    x1 = -10
    x2 = 10
    Do
        x3 = (x1 + x2) / 2
        If (2 * x1 * x1 * x1 - 4 * x1 * x1 + 3 * x1 - 6) *_
                (2 * x3 * x3 * x3 - 4 * x3 * x3 + 3 * x3 - 6) > 0 Then
            x1 = x3
        Else
            x2 = x3
        End If
    Loop Until x2 - x1 < 0.000001
    Text1.Text = (x1 + x2) / 2
End Sub
```

13. 5 的算术平方根为 2.236068。

提示：可将问题转换为解一元方程：$x^2-5=0$。

```
Private Sub cmdCalc_Click()
    Dim x As Single
    x = 3                                   '初值
    Do While Abs(x * x - 5) > 0.000001
        x = (x + 5 / x) / 2                 '迭代
    Loop
    txtRoot.Text = x                        '输出结果 2.236068
End Sub
```

14. 提示：从第 4 年起，第 n 年牛数等于第 $n-1$ 年和第 $n-3$ 年牛数的和。

```
Private Sub Command1_Click()
    Dim a1 As Integer,a2 As Integer,a3 As Integer,a As Integer
    Dim int1 As Integer,n As Integer
    n = Cint(Text1.Text)
    For int1 = 1 To n
        If int1 < 4 Then
            a1 = 1: a2 = 1: a3 = 1: a = 1
        Else
            a = a1 + a3
            a1 = a2
            a2 = a3
            a3 = a
        End If
    Next
    Text2.Text = a
End Sub
```

15. 120个。

```
Private Sub Command1_Click()
    Dim lng1 As Long
    Dim int1 As Integer,int2 As Integer,intNum As Integer
    intNUm = 0
    For lng1 = 100 To 50000
        int2 = 0
        For int1 = 0 To 4
            int2 = int2 + (lng1 \ (10 ^ int1)) Mod 10
        Next
         If int2 = 5 Then intNum = intNum + 1
    Next
    Print intNum
End Sub
```

16. 穷举法。x、y、z分别是2、3、1。

```
Private Sub Command1_Click()
    Dim x As Integer,y As Integer,z As Integer
    For x = 0 To 9
        For y = 0 To 9
            For z = 0 To 9
                If 100 * x + 10 * x + z + 100 * y + 10 * z + z = 532 Then
                    Print x,y,z
                End If
            Next
        Next
    Next
End Sub
```

17.

```
Private Sub Command1_Click()
    Dim s1 As String,s2 As String
    Dim n As Integer
    Dim i As Integer,j As Integer
    Cls                                 '清除窗体上现有内容
    n = Text1.Text
    For i = 1 To n
```

```
        s1 = ""
        For j = 1 To n - i
            s1 = s1 & "␣"                    '产生n-i个空格
        Next
        s2 = s2 & "* "                       '产生i个由空格分隔的"*"
        Print s1 & s2                        '在窗体上显示一行"*"
    Next
End Sub
```

18.

(1) 积分结果为 0.499999。

```
Private Sub Command1_Click()
    Dim h As Single
    Dim L1 As Single,L2 As Single
    Dim s As Single
    Dim int1 As Integer,n As Integer
    Dim a As Single,b As Single
    s = 0
    a = 0: b = 3.1415926 / 2
    n = 1000
    h = (b - a) / n
    For int1 = 1 To n
        L1 = Sin(a + (int1 - 1) * h)
        L2 = Sin(a + int1 * h)
        s = s + (L1 + L2) * h / 2
    Next
    Text1.Text = s / 2
End Sub
```

(2) 积分结果为 0.3413445。

```
Private Sub Command1_Click()
    Dim h As Single
    Dim L1 As Single,L2 As Single
    Dim s As Single
    Dim int1 As Integer,n As Integer
    Dim a As Single,b As Single
    s = 0
    a = 0: b = 1
    n = 1000
    h = (b - a) / n
    For int1 = 1 To n
        L1 = Exp( - (a + (int1 - 1) * h) * (a + (int1 - 1) * h)/2)
        L2 = Exp( - (a + int1 * h) * (a + int1 * h)/2)
        s = s + (L1 + L2) * h / 2
    Next
    Text1.Text = s / Sqr(2 * 3.1415926)
End Sub
```

习题 6

一、选择题

1. D　　2. C　　3. D

二、判断题

1. √　2. ×　3. ×　4. √　5. ×　6. ×　7. ×　8. √

三、填空题

1. (1) 按地址传递　(2) ByVal
2. (3) 33
3. (4) 20　10　(5) 10　15　(6) 20　10　(7) 20　10
4. (8) 1　6　(9) 5　26
5. (10) 10　(11) 10　(12) 58　(13) 58
6. (14) 23　(15) 47
7. (16) 6　6　12　(17) 6　10　10　(18) 9　6　15　(19) 6　4　10
8. (20) 4　(21) 5　(22) 7　(23) 5
9. (24) (x1 * f(x2) − x2 * f(x1)) / (f(x2) − f(x1))　(25) Exit Do
   (26) x2 = r　(27) x1 = r　(28) f = x − 2 * sin(x)

四、编程题

1.

```
Private Function Add(n As Integer) As Integer
    If n = 1 Then
        Add = 1
         Exit Function
    End If
    Add = n + Add(n - 1)
End Function
```

2. 提示：闰年是指能被 4 整除的年份，不包括去掉后面两个零之后不能被 4 整除的世纪年。如：2000 年是闰年，1900 年不是闰年。

解法一：

```
Private Function Leapyear(year As Integer) As Boolean
    If (year Mod 4 = 0 And year Mod 100 <>0) Or year Mod 400 = 0 Then
        Leapyear = True
    Else
        Leapyear = False
    End If
End Function
```

解法二，更简洁的写法：

```
Private Function Leapyear(year As Integer) As Boolean
    Leapyear = year Mod 4 = 0 And year Mod 100 <>0 Or year Mod 400 = 0
End Function
```

3. 第 21 项。

```
Private Sub Command1_Click()
    Dim n As Integer
    n = 1
    Do
        If Fib(n) > 10000 Then Exit Do
```

```
        n = n + 1
    Loop
    Print "从数列的第" & n & "项开始超过 10000"
End Sub
```

4.

```
Private Function c(m As Integer,n As Integer) As Integer
    c = f(m) / f(n) / f(m - n)
End Function

Private Function f(i As Integer) As Long
    If i = 1 Or i = 0 Then
        f = 1
    Else
        f = i * f(i - 1)
    End If
End Function
```

5.

解法一：

```
Private Function s(m As Integer,n As Integer) As Long
    Dim int1 As Integer
    Dim str1 As String
    For int1 = 1 To n
        str1 = str1 & CStr(m)
        s = s + CLng(str1)
    Next
End Function
```

解法二：

```
Private Function s(m As Integer,n As Integer) As Long
    Dim int1 As Integer
    Dim lng1 As Long
    For int1 = 1 To n
        lng1 = lng1 * 10 + m
        s = s + lng1
    Next
End Function
```

6.

```
Private Function t(n As Integer) As Single
    Dim g As Single
    Dim a As Integer
    g = 100
    For int1 = 1 To n
        t = t + g * 1.5
        g = g * 0.5
    Next
End Function
```

7.

```
Private Function MyExp(x As Single) As Single
    Dim sngTemp As Single
    Dim int1 As Integer
    sngTemp = 1
    MyExp = 1
    int1 = 1
    Do
        sngTemp = sngTemp * x / int1
        MyExp = MyExp + sngTemp
        int1 = int1 + 1
    Loop Until Abs(sngTemp) < 0.000001
End Function
```

8.

```
Private Sub Command1_Click()
    Dim sng1 As Single
    sng1 = CSng(Text1.Text)
    If sng1 < 0 Or sng1 > 3.1415926 Then
        Text2.Text = "请输入 0 和 Pi 之间的值"
    Else
        Text2.Text = f(sng1)
    End If
End Sub

Private Function f(x As Single) As Single
    Dim n As Integer
    Dim sngTemp1 As Single
    Dim sngTemp2 As Single
    f = Sin(x) / 2
    sngTemp1 = 1
    n = 1
    Do
        sngTemp1 = sngTemp1 * (2 * n - 1) / (2 * n)
        sngTemp2 = sngTemp1 * Sin((2 * n + 1) * x) /  _
                          (2 * n + 1) / (2 * n + 2)
        f = f + sngTemp2
        n = n + 1
    Loop While Abs (sngTemp2) > 0.000001
End Function
```

习题 7

一、选择题

1. D　　2. B　　3. B　　4. A　　5. D

二、判断题

1. √　　2. ×　　3. ×　　4. √　　5. ×　　6. ×　　7. √　　8. √

三、填空题

1. (1) 12(2)=1 1 0 0　　　　(2) 64(8)=1 0 0

2. (3) 3,1,2,6,4,9

3. (4) Call Moveright(intArray) 或 Moveright intArray

   (5) intK = intJ　　(6) intA(intK) = intA(intK−1)

   (7) intA(LBound(intA)) = intJ

4. (8) t = n　　(9) i To t−1　　(10) i = i+1　　(11) b(i)

   (12) t = t−1

5. (13) i = 1　　(14) k = 1　　(15) ReDim Preserve a(k)

   (16) pmax = k

四、改错题

(1) 第 16 行中形参 N 后面的空括号应删除。

(2) 第 23 行应为：ReDim Preserve F(Idx)。

(3) 第 27 行应为：K = K + 1。

五、编程题

1. 这三个三位数分别是：361、529 和 784。

```
Private Sub Command1_Click()
    Dim intA(10 To 31,1 To 4)
    Dim int1 As Integer,int2 As Integer,int3 As Integer
    Dim int4 As Integer
    Dim bln1 As Boolean
    For int1 = 10 To 31
        intA(int1,1) = int1 * int1
        intA(int1,2) = intA(int1,1) Mod 10
        intA(int1,3) = intA(int1,1) \ 10 Mod 10
        intA(int1,4) = intA(int1,1) \ 100
    Next
    For int1 = 10 To 31
        For int2 = int1 + 1 To 31
            For int3 = int2 + 1 To 31
                For int4 = 1 To 9
                    bln1 = False
                    bln1 = bln1 Or (int4 = intA(int1,2))
                    bln1 = bln1 Or (int4 = intA(int1,3))
                    bln1 = bln1 Or (int4 = intA(int1,4))
                    bln1 = bln1 Or (int4 = intA(int2,2))
                    bln1 = bln1 Or (int4 = intA(int2,3))
                    bln1 = bln1 Or (int4 = intA(int2,4))
                    bln1 = bln1 Or (int4 = intA(int3,2))
                    bln1 = bln1 Or (int4 = intA(int3,3))
                    bln1 = bln1 Or (int4 = intA(int3,4))
                    If Not bln1 Then Exit For
                Next

                If int4 = 10 Then
                Print intA(int1,1),intA(int2,1),intA(int3,1)
                End If
            Next
        Next
    Next
End Sub
```

2.

```
Private Sub Command1_Click()
    Dim a() As Integer
    Dim nc As Integer,nr As Integer,n As Integer
    Dim i As Integer,j As Integer,k As Integer
    n = Cint(Text1.Text)
    ReDim a(1 To n,1 To n)
    nc = n: nr = 1: i = 1: j = 1
    For k = 1 To n * n
        a(i,j) = k
        If i < nc And j = nr Then
            i = i + 1
        ElseIf i = nc And j < nc Then
            j = j + 1
        ElseIf i > nr And j = nc Then
            i = i - 1
        ElseIf i = nr And j > nr + 1 Then
            j = j - 1
        End If
        If i = nr And j = nr + 1 Then
            nc = nc - 1
            nr = nr + 1
        End If
    Next
    For i = 1 To n
        For j = 1 To n
            Print a(i,j),
        Next
        Print
    Next
End Sub
```

3. 10 号。

解法一：

```
Private Sub Command1_Click()
    Dim intA(0 To 16) As Integer
    Dim intNum As Integer
    Dim int1 As Integer
    Dim int2 As Integer
    For int1 = 0 To 16
        intA(int1) = 1
    Next
    int1 = 0
    int2 = 0
    intNum = 17
    Do While intNum > 1
        int1 = int1 + intA(int2)
        If int1 Mod 3 = 0 And intA(int2) <> 0 Then
            intA(int2) = 0
            intNum = intNum - 1
        End If
        int2 = int2 + 1
        If int2 > 16 Then int2 = 0
    Loop
```

```
    For int1 = 0 To 16
        If intA(int1) = 1 Then Print int1
    Next
End Sub
```

解法二：

```
Private Sub Command1_Click()
    Dim blnA(0 To 16) As Boolean
    Dim intNum As Integer
    Dim int1 As Integer
    Dim int2 As Integer
    int1 = 0
    int2 = 0
    intNum = 17
    Do While intNum > 1
        Do While blnA(int2)
            int2 = int2 + 1
            If int2 > 16 Then int2 = 0
        Loop
        int1 = int1 + 1
        If int1 Mod 3 = 0 Then
            blnA(int2) = True
            intNum = intNum - 1
        End If
        int2 = int2 + 1
        If int2 > 16 Then int2 = 0
    Loop
    For int1 = 0 To 16
        If Not blnA(int1) Then Print int1
    Next
End Sub
```

4.

```
Function Search3(a() As Integer,intStart As Integer, _
                 intEnd As Integer,b As Integer) As Integer
    Dim m As Integer,n As Integer,int1 As Integer
    m = intStart
    n = intEnd
    int1 = (m + n) \ 2
    If b < a(int1) Then
        n = int1 - 1
        Search3 = Search3(a,m,n,b)
    ElseIf b > a(int1) Then
        m = int1 + 1
        Search3 = Search3(a,m,n,b)
    Else
        Search3 = int1
    End If
    If m = n Then
        Search3 = m
    End If
End Function
```

说明：调用时，对应于形参 a()的实参为被搜索的数组（递增或递减），intStart 和

intEnd 是数组下标的下界和上界,b 是要查找的数值。

5.

```
Private Function gcd(a() As Integer) As Integer
    Dim i As Integer,j As Integer
    Dim u As Integer,v As Integer,r As Integer
    i = LBound(a)
    j = UBound(a)
    If i = j Then
        gcd = a(i)
    Else
        u = a(j - 1)
        v = a(j)
        Do While v <> 0
            r = u Mod v
            u = v
            v = r
        Loop
        a(j - 1) = u
        ReDim Preserve a(i To j - 1)
        gcd = gcd(a)
    End If
End Function
```

说明:调用本函数时,对应于形参 a()的实参必须是动态数组,本函数计算并返回此数组各元素的最大公约数。

习题 8

一、选择题

1. B　2. C　3. D　4. B　5. B　6. A　7. C
8. B　9. D　10. B　11. D　12. B　13. B　14. B

二、填空题

1. (1) 毫秒 ms　(2) Timer
2. (3) Picture1
3. (4) Style
4. (5) 1　(6) True
5. (7) Line、Shape、Timer、VScrollBar、HScrollBar
6. (8) Index

三、判断题

1. ×　2. ×　3. ×　4. ×　5. ×　6. ×　7. ×　8. ×
9. √　10. ×　11. √　12. ×　13. √　14. ×　15. √　16. ×

四、简答题(略)

五、编程题

1. 共 16 对。

```
Private Sub Command1_Click()
    Dim m As Integer,n As Integer
```

```
    Dim int1 As Integer
    For m = 1 To 49
        n = 99 - m
        If gcd(m,n) Mod 3 = 0 Then
            List1.AddItem CStr(m) & "," & Str(n)
        End If
    Next
    Text1.Text = "共" & CStr(List1.ListCount) & "对"
End Sub

Private Function gcd(m As Integer,n As Integer) As Integer
    Dim u As Integer
    Dim v As Integer
    Dim r As Integer
    u = m
    v = n
    Do While v <> 0
        r = u Mod v
        u = v
        v = r
    Loop
    gcd = u
End Function
```

2.

```
Dim intdir(1 To 2) As Integer
Private Sub Form_Load()
    Text1.Top = 0
    Text1.Left = 0
    Text1.Text = 0
    intdir(1) = 1
    intdir(2) = 0
    Timer1.Interval = 100
End Sub

Private Sub Timer1_Timer()
    Text1.Left = Text1.Left + intdir(1) * 100
    Text1.Top = Text1.Top + intdir(2) * 100
    Text1.Text = Text1.Text + 100
    If Text1.Left > Form1.ScaleWidth - Text1.Width Then
        Text1.Left = Form1.ScaleWidth - Text1.Width
        intdir(1) = 0
        intdir(2) = 1
    ElseIf Text1.Top > Form1.ScaleHeight - Text1.Height Then
        Text1.Top = Form1.ScaleHeight - Text1.Height
        intdir(1) = -1
        intdir(2) = 0
    ElseIf Text1.Left < 0 Then
        Text1.Left = 0
        intdir(1) = 0
        intdir(2) = -1
    ElseIf Text1.Top < 0 Then
        Text1.Top = 0
        intdir(1) = 1
        intdir(2) = 0
```

```
        End If
    End Sub
```

3.

```
Private Sub Command1_Click()
    If Option1.Value Then
        Text2.Text = CSng(Text1.Text) - 105
    Else
        Text2.Text = CSng(Text1.Text) - 100
    End If
End Sub
```

4. 共有三个完数：6、28 和 496。

```
Private Sub cmdCalc_Click()
    Dim int1 As Integer,int2 As Integer
    Dim intNumber As Integer,intAmount As Integer
    intNumber = 0
    For int1 = 2 To 999
        intAmount = 0
        For int2 = 1 To int1 / 2
            If int1 Mod int2 = 0 Then              '如果是因子
                intAmount = intAmount + int2       '求因子之和
            End If
        Next
        If int1 = intAmount Then                   '如果为完数
            intNumber = intNumber + 1              '个数加 1
            lstOutput.AddItem int1                 '添加到列表框中
        End If
    Next
    txtOutput.Text = intNumber                     '显示完数个数
End Sub
```

5. 共有三组："28－52"、"55－70"和"198－202"。

```
Private Sub cmdCalc_Click()
    Dim intstart As Integer,intend As Integer,intamo As Integer
    For intstart = 1 To 500                        '循环上限定为 500
        intamo = 0
        For intend = intstart To 500
            intamo = intamo + intend
            If intamo >= 1000 Then Exit For
        Next
        If intamo = 1000 Then                      '输出结果
            lstOutput.AddItem CStr(intstart) & " - " & CStr(intend)
        End If
    Next
End Sub
```

6.（略）。

习题 9

一、选择题

1. D　2. C　3. C　4. C　5. A　6. C　7. A　8. C

二、填空题

1. (1) Bb　(2) BbCcEe
2. (3) "A"　(4) Chr(65+b)
3. (5) m<Len(str1)/2　(6) Mid(str1,m+1,1)
   (7) Mid(str1,Len(str1)−m,1)
4. (8) abcdef　(9) fedcba
5. (10) "是否要退出?"　(11) 65 + Rnd * 26
   (12) lstSort. Clear　(13) j
   (14) 64 + i　(15) Exit Do
   (16) 1　(17) int2
   (18) 10　(19) cmdGen

三、改错题

(1) 第 7 行应为:

```
Print n;"是降序数"
```

(2) 第 9 行应为:

```
Print n;"不是降序数"
```

(3) 第 19 行应为:

```
If i = Len(x) + 1 Then flg = True Else flg = False
```

四、编程题

1.

```
Private Sub Form_Click()
    Dim lngInput As Long
    Dim str1 As String
    Dim int1 As Integer
    lngInput = CLng(Text1.Text)
    Do
        int1 = lngInput Mod 16
        lngInput = lngInput \ 16
        If int1 < 10 Then
            str1 = CStr(int1) & str1
        Else
            str1 = Chr(55 + int1) & str1
        End If
    Loop Until lngInput = 0
    Text2.Text = str1
End Sub
```

2.

```
Private Sub Command1_Click()
    Dim strSource As String
    Dim str1 As String
    Dim intMax As Integer
```

```
    Dim int1 As Integer,intNum As Integer
    strSource = Text1.Text
    If Len(strSource) = 0 Then
        MsgBox "请在文本框中输入 0 或 1"
        Exit Sub
    End If
    For int1 = 1 To Len(strSource)
        str1 = Mid(strSource,int1,1)
        If str1 <> "1" And str1 <> "0" Then
            MsgBox "不能输入非 0 或 1 的字符"
            Exit Sub
        End If
    Next
    str1 = Left(strSource,1)
    intNum = 1
    For int1 = 2 To Len(strSource)
        If str1 = Mid(strSource,int1,1) Then
            intNum = intNum + 1
        Else
            If intMax < intNum Then
                intMax = intNum
            End If
            str1 = Mid(strSource,int1,1)
            intNum = 1
        End If
    Next
    If intMax < intNum Then
        intMax = intNum
    End If
    Text2.Text = intMax
End Sub
```

3.

```
Private Sub Command1_Click()
    Dim str1 As String
    Dim str2 As String
    Dim int1 As Integer
    str1 = Text1.Text
    int1 = 1
    Do
        Do While Mid(str1,int1,1) <> " " And int1 <= Len(str1)
            str2 = str2 & Mid(str1,int1,1)
            int1 = int1 + 1
        Loop
        List1.AddItem str2
        str2 = ""
        int1 = int1 + 1
    Loop While int1 <= Len(str1)
End Sub
```

4.

```
Function Convert(strInput As String) As String
    Dim str1 As String,str2 As String
    Dim int1 As Integer
    For int1 = 1 To Len(strInput)
```

```
        str2 = Mid(strInput,int1,1)
        If str2 >= "A" And str2 <= "Z" Or str2 >= "a" And _
                    str2 <= "z"  Or str2 = " " Then
            str1 = LCase(str2) & str1
        End If
    Next
    Mid(str1,1,1) = UCase(Mid(str1,1,1))
    For int1 = 2 To Len(str1) - 1
        If Mid(str1,int1,1) = " " Then
            Mid(str1,int1 + 1,1) = UCase(Mid(str1,int1 + 1,1))
        End If
    Next
    Convert = str1
End Function
```

5.

```
Dim Grid(7,7) As Integer                         '模块级数组

Private Sub Command1_Click()                     '生成随机赋值的数组
    Dim i As Integer,j As Integer,k As Integer
    Dim x As Integer,y As Integer
    k = 1
    Erase Grid
    Randomize
    For k = 1 To 20
        Do
            x = Rnd * 7
            y = Rnd * 7
            If Grid(x,y) = 0 Then
                Grid(x,y) = 1
                Exit Do
            End If
        Loop
    Next
    Print "随机生成的数组为:"
    For i = 0 To 7
        For j = 0 To 7
            If Grid(i,j) = 1 Then Print "1"; Else Print "0";
        Next
        Print
    Next
End Sub

Private Sub Command2_Click()                     '判断相邻关系,计数,显示
    Dim k As Integer,n As Integer
    Dim num As Integer
    Dim i As Integer,j As Integer
    Dim Meet(7,7) As Boolean                     '保存满足相邻关系的元素位置
            '横向搜索相邻关系
    For i = 0 To 7
        num = 0
        For j = 0 To 7
            If Grid(i,j) = 1 Then
                num = num + 1
            Else
```

```
                If num >= 3 Then
                    For k = j - 1 To j - num Step -1
                        Meet(i,k) = True
                    Next
                End If
                num = 0
            End If
        Next
        If num >= 3 Then
            For k = j - 1 To j - num Step -1
                Meet(i,k) = True
            Next
        End If
    Next
        '纵向搜索相邻关系
    For j = 0 To 7
        num = 0
        For i = 0 To 7
            If Grid(i,j) = 1 Then
                num = num + 1
            Else
                If num >= 3 Then
                    For k = i - 1 To i - num Step -1
                        Meet(k,j) = True
                    Next
                End If
                num = 0
            End If
        Next
        If num >= 3 Then
            For k = i - 1 To i - num Step -1
                Meet(k,j) = True
            Next
        End If
    Next
    num = 0     '计算相邻的元素个数
    For i = 0 To 7
        For j = 0 To 7
            If Meet(i,j) Then
                num = num + 1
            End If
        Next
    Next
    Print "构成相邻关系的个数：" & num
    Print "位置如下："
    For i = 0 To 7
        For j = 0 To 7
            If Meet(i,j) Then Print "■"; Else Print "□";
        Next
        Print
    Next
End Sub

Private Sub Command3_Click()   '清除显示内容，为重新生成作准备
    Cls
End Sub
```

习题 10

一、选择题

1. C 2. D 3. A 4. C 5. D 6. D

二、判断题

1. × 2. × 3. √ 4. √

三、填空题

(1) 11 (2) 12

四、编程题

1. 最小正根为 0.7408413(程序略,参考例 5.21、例 5.22)。

2.

```
Private Sub Form_Click()
    Width = 4000
    Height = 4000
    Dim sng1 As Single
    Line (0,1800) - (ScaleWidth,1800)
    Line (1800,0) - (1800,ScaleHeight)
    For sng1 = 0 To 6.3 Step 0.002
        PSet (1800 + 1500 * Sin(2 * sng1),1800 + 1500 * Cos(3 * sng1))
    Next
End Sub
```

3.

```
Private Sub Form_Click()
    Dim sng1 As Single
    Dim r1 As Integer
    Dim r2 As Integer
    r1 = 800
    r2 = 1200
'   r1 = 1000
'   r2 = 1000
'   r1 = 1200
'   r2 = 800
    For sng1 = 0 To 6.28 Step 0.15
        Circle (ScaleWidth / 2 + Cos(sng1) * r1,ScaleHeight / 2 + ␣_
                    Sin(sng1) * r1),r2
    Next
End Sub
```

4.

```
Dim intDirect(0 To 3) As Integer            '此数组决定画线方向
Dim int1 As Integer
intDirect(0) = 1 : intDirect(1) = 0
intDirect(2) = -1 : intDirect(3) = 0
CurrentX = ScaleWidth / 2 : CurrentY = ScaleHeight / 2  '画线的起点坐标
For int1 = 1 To 18
    Line -Step(ScaleWidth / 20 * int1 * intDirect((int1 - 1) Mod 4), ␣_
        ScaleHeight / 20 * int1 * intDirect(int1 Mod 4))
Next
```

5.

```
Const PI = 3.14159
Private Sub cmdFractal_Click()
   ScaleTop = 50
   ScaleLeft = 0
   ScaleWidth = 100
   ScaleHeight = -50
   Call Fractal(0,10,100,10)
End Sub

Sub Fractal(aX As Single,aY As Single,bX As Single,bY As Single)
   If (bX - aX) * (bX - aX) + (bY - aY) * (bY - aY) < 10 Then
      Line (aX,aY) - (bX,bY)
   Else
      Dim cX As Single,cY As Single
      Dim dX As Single,dY As Single
      Dim eX As Single,eY As Single
      Dim l As Single
      Dim alpha As Single
      cX = aX + (bX - aX) / 3
      cY = aY + (bY - aY) / 3
      eX = bX - (bX - aX) / 3
      eY = bY - (bY - aY) / 3
      Call Fractal(aX,aY,cX,cY)
      Call Fractal(eX,eY,bX,bY)
      l = Sqr((eX - cX) * (eX - cX) + (eY - cY) * (eY - cY))
      alpha = Atn((eY - cY) / (eX - cX))
      If (alpha >= 0 And (eX - cX) < 0) Or (alpha <= 0 And ␣_
                           (eX - cX) < 0) Then
         alpha = alpha + PI
      End If
      dY = cY + Sin(alpha + PI / 3) * l
      dX = cX + Cos(alpha + PI / 3) * l
      Call Fractal(cX,cY,dX,dY) '
      Call Fractal(dX,dY,eX,eY)
   End If
End Sub
```

6.

```
Const a As Single = 1.2
Private Sub Form_Click()
   Width = 8000
   Height = 8000
Line (ScaleWidth / 3,ScaleWidth / 3) - (ScaleWidth * 2 / 3, ␣_
                        ScaleWidth * 2 / 3),,B
DrawRect 1,ScaleWidth / 2 + ScaleWidth / 6 + ␣_
            ScaleWidth / 18 * a,ScaleWidth / 2,ScaleWidth / 9 * a
   DrawRect 2,ScaleWidth / 2,ScaleWidth / 2 - ScaleWidth / 6 - ␣_
            ScaleWidth / 18 * a,ScaleWidth / 9 * a
DrawRect 3,ScaleWidth / 2 - ScaleWidth / 6 - ␣_
             ScaleWidth / 18 * a,ScaleWidth / 2,ScaleWidth / 9 * a
   DrawRect 4,ScaleWidth / 2,ScaleWidth / 2 + ScaleWidth / 6 + ␣_
                   ScaleWidth / 18 * a,ScaleWidth / 9 * a
End Sub
```

```
Private Sub DrawRect(Direct As Integer,X As Integer, ␣_
                     Y As Integer,L As Integer)
   If L < 100 Then
      Line (X - L / 2,Y - L / 2)-(X + L / 2,Y + L / 2),,B
   Else
      Line (X - L / 2,Y - L / 2)-(X + L / 2,Y + L / 2),,B
      Select Case Direct
      Case 1
         DrawRect 1,X + L / 2 + L / 6 * a,Y,L / 3 * a
         DrawRect 2,X,Y - L / 2 - L / 6 * a,L / 3 * a
         DrawRect 4,X,Y + L / 2 + L / 6 * a,L / 3 * a
      Case 2
         DrawRect 1,X + L / 2 + L / 6 * a,Y,L / 3 * a
         DrawRect 2,X,Y - L / 2 - L / 6 * a,L / 3 * a
         DrawRect 3,X - L / 2 - L / 6 * a,Y,L / 3 * a
      Case 3
         DrawRect 2,X,Y - L / 2 - L / 6 * a,L / 3 * a
         DrawRect 3,X - L / 2 - L / 6 * a,Y,L / 3 * a
         DrawRect 4,X,Y + L / 2 + L / 6 * a,L / 3 * a
      Case 4
         DrawRect 1,X + L / 2 + L / 6 * a,Y,L / 3 * a
         DrawRect 3,X - L / 2 - L / 6 * a,Y,L / 3 * a
         DrawRect 4,X,Y + L / 2 + L / 6 * a,L / 3 * a
       End Select
   End If
End Sub
```

习题 11

一、选择题

1. D　2. D　3. C　4. D　5. B　6. D

二、判断题

1. √　2. ×　3. ×　4. ×　5. √

三、填空题

(1) 5　(2) 10　(3) 2

习题 12

一、选择题

1. C　2. A　3. B　4. D

二、填空题

1. (1) "c: \dataout. txt"　(2) For　(3) As
   (4) 2 To 100　(5) int2>int1\2 Then　(6) intNum
2. (7) Max = A(I,1)　(8) K = J　(9) J > M
3. (10) Open "e: \out. txt" For Output As 2　(11) EOF(10)
   (12) int2=1 To int1
4. (13) Open strFileName For Input As #1　(14) i

(15) k = j　　(16) b(p,k) = temp

(17) c() As Single　　(18) i = i + 1

5. (19) 2 * i − 1　　(20) 2　　(21) 0

(22) s(b,m,n)　　(23) "c:\out.txt"　　(24) As 10

(25) c(i)　　(26) Boolean　　(27) int1 > i/2

(28) x() As Integer　　(29) f = True　　(30) m + n

三、改错题

(1) 第 4 行应为：

```
Do While Not EOF(1) 或 Do Until EOF(1)
```

(2) 第 6 行应为：

```
ReDim Preserve a(n)
```

(3) 第 10 行应为：

```
For i = 1 To n - 1
```

(4) 第 13 行应为：

```
For j = i To n - 1
```

(5) 第 16 行应为：

```
If j = n Then
```

四、编程题

1.

```
Private Sub cmdCal_Click()
    Dim intInput As Integer
    Dim lngResult As Long
    Open "c:\test1.txt" For Input As 1
    Input #1,intInput
    Close
    If intInput > 12 Then
        MsgBox "数据太大,不能计算。"
        End
    End If
    txtInput.Text = intInput
    lngResult = factor(intInput)
    txtResult.Text = lngResult
    Open "c:\testout1.txt" For Output As 1
    Print #1,lngResult
    Close
End Sub

Private Function factor(n As Integer) As Long
    If n = 1 Then
        factor = 1
    Else
        factor = factor(n - 1) * n
    End If
```

```
End Function
```

2.

```
Private Sub cmdCal_Click()
    Dim strInput As String
    Dim strResult As String
    Open "c:\test2.txt" For Input As 1
    Input #1,strInput
    Close
    txtInput.Text = strInput
    strResult = rev(strInput)
    txtResult.Text = strResult
    Open "c:\testout2.txt" For Output As 1
    Print #1,strResult
    Close
End Sub

Private Function rev(s As String) As String
    Dim s1() As String * 1
    Dim int1 As Integer,int2 As Integer
    Dim s2 As String * 1
    ReDim s1(1 To Len(s))
    For int1 = 1 To Len(s)
        s1(int1) = Mid(s,int1,1)
    Next
                                            '比较法排序
    For int1 = 1 To UBound(s1) - 1
        For int2 = int1 + 1 To UBound(s1)
            If s1(int1) > s1(int2) Then
                s2 = s1(int1)
                s1(int1) = s1(int2)
                s1(int2) = s2
            End If
        Next
    Next
    For int1 = 1 To Len(s)
        rev = rev & s1(int1)
    Next
End Function
```

3.（略）

4.（略）

5.（略）

6.（略）

附录B

对象的命名前缀与默认属性

类型名	前缀	默认属性	类型名	前缀	默认属性
CheckBox	chk	Value	Label	lbl	Caption
ComboBox	cbo	Text	Line	lin	Visible
CommandButton	cmd	Value	ListBox	lst	Text
Data	dat		Menu	mnu	Caption
DirListBox	dir	Path	OptionButton	opt	Value
DrvListBox	drv	Drive	PictureBox	pic	Picture
FileListBox	fil	Path	Shape	shp	Shape
Form	frm		TextBox	txt	Text
Frame	fra	Caption	Timer	tmr	Interval
HScrollBar	hsb	Value	VScrollBar	vsb	Value
Image	img	Picture			

附录C

变量的命名前缀

类型	前缀	类型	前缀	类型	前缀
Boolean	bln	Double	dbl	Single	sng
Byte	byt	Integer	int	String	str
Collection	col	Long	lng	User-Defined Type	udt
Currency	cur	Object	obj	Variant	vnt
Date	dtm				

附录D

键　　码

（适用于KeyDown、KeyUp事件）

D.1 特殊键

常量	键码	键	常量	键码	键
vbKeyLButton	1	鼠标左键	vbKeyPageDown	34	Page Down
vbKeyRButton	2	鼠标右键	vbKeyEnd	35	End
vbKeyCancel	3	Cancel	vbKeyHome	36	Home
vbKeyMButton	4	鼠标中键	vbKeyLeft	37	←(向左箭头)
vbKeyBack	8	Backspace(退格键)	vbKeyUp	38	↑(向上箭头)
vbKeyTab	9	Tab	vbKeyRight	39	→(向右箭头)
vbKeyClear	12	Clear	vbKeyDown	40	↓(向下箭头)
vbKeyReturn	13	Enter(回车键)	vbKeySelect	41	Select
vbKeyShift	16	Shift	vbKeyPrint	42	Print Screen
vbKeyControl	17	Ctrl	vbKeyExecute	43	Execute
vbKeyMenu	18	Menu	vbKeySnapshot	44	Snapshot
vbKeyPause	19	Pause	vbKeyInsert	45	Insert
vbKeyCapital	20	Caps Lock	vbKeyDelete	46	Delete
vbKeyEscape	27	Esc	vbKeyHelp	47	Help
vbKeySpace	32	Spacebar(空格键)	vbKeyNumlock	144	Num Lock
vbKeyPageUp	33	Page Up			

D.2 字母键

A～Z(不区分大小写)键与大写字母“A”～“Z”的ASCII码相同。

常量	键码	键	常量	键码	键	常量	键码	键
vbKeyA	65	A	vbKeyJ	74	J	vbKeyS	83	S
vbKeyB	66	B	vbKeyK	75	K	vbKeyT	84	T
vbKeyC	67	C	vbKeyL	76	L	vbKeyU	85	U
vbKeyD	68	D	vbKeyM	77	M	vbKeyV	86	V
vbKeyE	69	E	vbKeyN	78	N	vbKeyW	87	W
vbKeyF	70	F	vbKeyO	79	O	vbKeyX	88	X
vbKeyG	71	G	vbKeyP	80	P	vbKeyY	89	Y
vbKeyH	72	H	vbKeyQ	81	Q	vbKeyZ	90	Z
vbKeyI	73	I	vbKeyR	82	R			

D.3 数 字 键

常量	键码	键	常量	键码	键	常量	键码	键
vbKey0	48	0	vbKey4	52	4	vbKey7	55	7
vbKey1	49	1	vbKey5	53	5	vbKey8	56	8
vbKey2	50	2	vbKey6	54	6	vbKey9	57	9
vbKey3	51	3						

D.4 小键盘上的键

常量	键码	键	常量	键码	键
vbKeyNumpad0	96	0	vbKeyNumpad8	104	8
vbKeyNumpad1	97	1	vbKeyNumpad9	105	9
vbKeyNumpad2	98	2	vbKeyMultiply	106	*
vbKeyNumpad3	99	3	vbKeyAdd	107	+
vbKeyNumpad4	100	4	vbKeySeparator	108	Enter
vbKeyNumpad5	101	5	vbKeySubtract	109	—
vbKeyNumpad6	102	6	vbKeyDecimal	110	.
vbKeyNumpad7	103	7	vbKeyDivide	111	/

D.5 功 能 键

常量	键码	键	常量	键码	键	常量	键码	键
vbKeyF1	112	F1	vbKeyF7	118	F7	vbKeyF12	123	F12
vbKeyF2	113	F2	vbKeyF8	119	F8	vbKeyF13	124	F13
vbKeyF3	114	F3	vbKeyF9	120	F9	vbKeyF14	125	F14
vbKeyF4	115	F4	vbKeyF10	121	F10	vbKeyF15	126	F15
vbKeyF5	116	F5	vbKeyF11	122	F11	vbKeyF16	127	F16
vbKeyF6	117	F6						

附录E

ASCII 码字符集

ASCII 码	字符	ASCII 码	字符	ASCII 码	字符	ASCII 码	字符
0		32	（空格）	64	@	96	`
1	#	33	!	65	A	97	a
2	#	34	"	66	B	98	b
3	#	35	#	67	C	99	c
4	#	36	$	68	D	100	d
5	#	37	%	69	E	101	e
6	#	38	&	70	F	102	f
7	#	39	'	71	G	103	g
8	*	40	(	72	H	104	h
9	*	41	)	73	I	105	i
10	*	42	*	74	J	106	j
11	#	43	+	75	K	107	k
12	#	44	,	76	L	108	l
13	*	45	-	77	M	109	m
14	#	46	.	78	N	110	n
15	#	47	/	79	O	111	o
16	#	48	0	80	P	112	p
17	#	49	1	81	Q	113	q
18	#	50	2	82	R	114	r
19	#	51	3	83	S	115	s
20	#	52	4	84	T	116	t
21	#	53	5	85	U	117	u
22	#	54	6	86	V	118	v
23	#	55	7	87	W	119	w
24	#	56	8	88	X	120	x
25	#	57	9	89	Y	121	y
26	#	58	:	90	Z	122	z
27	#	59	;	91	[	123	{
28	#	60	<	92	\	124	|
29	#	61	=	93	]	125	}
30	#	62	>	94	^	126	～
31	#	63	?	95	_	127	#

注：(1) 标有“#”号的是控制符，Microsoft Windows 不直接支持这些字符。

(2) 值为 8、9、10 和 13 的字符分别为退格、制表、换行和回车符。它们并没有特定的图形显示，但会依不同的应用程序对文本显示有不同的影响。

(3) 码值在 0～127 之间的为标准 ASCII 码，码值在 128～255 之间的为扩展 ASCII 码，扩展 ASCII 码因系统而异。

附录F

SendKeys 语句特殊击键

击键	代码	击键	代码
Backspace 退格键	{BACKSPACE},	F1	{F1}
	{BS}, or {BKSP}	F2	{F2}
Break	{BREAK}	F3	{F3}
Caps Lock 大写锁定键	{CAPSLOCK}	F4	{F4}
Del 或 Delete	{DELETE} or {DEL}	F5	{F5}
↓	{DOWN}	F6	{F6}
End	{END}	F7	{F7}
Enter(回车键)	{ENTER} or ~	F8	{F8}
Esc	{ESC}	F9	{F9}
Help	{HELP}	F10	{F10}
Home	{HOME}	F11	{F11}
Ins or Insert	{INSERT} or {INS}	F12	{F12}
←	{LEFT}	F13	{F13}
Num Lock	{NUMLOCK}	F14	{F14}
Page Down	{PGDN}	F15	{F15}
Page Up	{PGUP}	F16	{F16}
Print Screen	{PRTSC}	Shift	+
→	{RIGHT}	Ctrl	^
Scroll Lock	{SCROLLLOCK}	Alt	%
Tab	{TAB}		
↑	{UP}		

附录G

可捕获的错误

代码	信息	代码	信息
3	没有 Return 的 GoSub	74	不能用其他磁盘机重命名
5	无效的过程调用	75	路径/文件访问错误
6	溢出	76	找不到路径
7	内存不足	91	尚未设置对象变量或 With 块变量
9	数组下标越界	92	For 循环没有被初始化
10	数组为固定的或暂时锁定	93	无效的模式字符串
11	除以零	94	Null 的使用无效
13	类型不匹配	97	不能在对象上调用 Friend 过程
14	字符串空间不足	298	系统 DLL 不能被加载
16	表达式太复杂	320	在指定的文件中不能使用字符设备名
17	不能完成所要求的操作	321	无效的文件格式
18	发生用户中断	322	不能建立必要的临时文件
20	没有恢复的错误	325	源文件中有无效的格式
28	堆栈空间不足	327	未找到命名的数据值
35	没有定义子程序、函数或属性	328	非法参数，不能写入数组
47	DLL 应用程序的客户端过多	335	不能访问系统注册表
48	装入 DLL 时发生错误	336	ActiveX 部件不能正确注册
49	DLL 调用规格错误	337	未找到 ActiveX 部件
51	内部错误	338	ActiveX 部件不能正确运行
52	错误的文件名或数目	360	对象已经加载
53	文件找不到	361	不能加载或卸载该对象
54	错误的文件方式	363	未找到指定的 ActiveX 控件
55	文件已打开	364	对象未卸载
57	I/O 设备错误	365	在该上下文中不能卸载
58	文件已经存在	368	指定文件过时
59	记录的长度错误	371	指定的对象不能用作供显示的所有者窗体
61	磁盘已满	380	属性值无效
62	读取已超过文件结尾	381	无效的属性数组索引
63	记录的个数错误	382	属性设置不能在运行时完成
67	文件过多	383	属性设置不能用于只读属性
68	设备不可用	385	需要属性数组索引
70	没有访问权限	387	属性设置不允许
71	磁盘尚未就绪	393	属性的取得不能在运行时完成

续表

代码	信息	代码	信息
394	属性的取得不能用于只写属性	457	此键已经与集合对象中的某元素相关
400	窗体已经显示,不能显示为模式窗体	458	变量使用的型态是 Visual Basic 不支持的
402	代码必须先关闭顶端模式窗体	459	此部件不支持事件
419	允许使用否定的对象	460	剪贴板格式无效
422	找不到属性	461	未找到方法或数据成员
423	找不到属性或方法	462	远程服务器机器不存在或不可用
424	需要对象	463	类未在本地机器上注册
425	无效的对象使用	480	不能创建 AutoRedraw 图像
429	ActiveX 控件不能建立对象	481	图片无效
430	类不支持自动操作	482	打印机错误
432	在自动操作期间找不到文件或类名	483	打印驱动不支持指定的属性
438	对象不支持此属性或方法	484	从系统得到打印机信息时出错
440	自动操作错误	485	无效的图片类型
442	连接至型态程序库或对象程序库的远程处理已经丢失	486	不能用这种类型的打印机打印窗体图像
		520	不能清空剪贴板
443	自动操作对象没有默认值	521	不能打开剪贴板
445	对象不支持此动作	735	不能将文件保存至 TEMP 目录
446	对象不支持指定参数	744	找不到要搜寻的文本
447	对象不支持当前的位置设置	746	取代数据过长
448	找不到指定参数	31001	内存溢出
449	参数无选择性或无效的属性设置	31004	无对象
450	参数的个数错误或无效的属性设置	31018	未设置类
451	对象不是集合对象	31027	不能激活对象
452	序数无效	31032	不能创建内嵌对象
453	找不到指定的 DLL 函数	31036	存储到文件时出错
454	找不到源代码	31037	从文件读出时出错
455	代码源锁定错误		

附录H

知识点索引

（注：标有“★”者为重要的知识点）

知识点	页码
Activate 事件	266
ActiveX 控件	7
Asc 函数★	222
AutoRedraw 属性	253
BackColor 属性	250
ByRef 关键字★	137
ByVal 关键字★	136
Call 语句★	130
ChDir 语句	301
ChDrive 语句	301
Choose 函数	233
Chr 函数★	222
ClipControls 属性	254
Cls 方法	249
Cos 函数★	251
CurDir 函数	301
CurrentX 属性	244
CurrentY 属性	244
DateAdd 函数	230
DateDiff 函数	231
DateSerial 函数	230
Deactivate 事件	267
Debug 对象	271
Dir 函数	285
DrawMode 属性	250
DrawStyle 属性	250

知识点	页码
DrawWidth 属性	250
EOF 函数★	298
Erase 语句	160
Exit Do 语句★	104
Exit For 语句★	106
Exit Sub 语句★	110
FileAttr 函数	302
FileDateTime 函数	302
FileLen 函数	293
FillColor 属性	250
FillStyle 属性	179
Fix 函数★	219
FontTransparent 属性	256
Font 属性	208
ForeColor 属性	250
Format 函数	223
FreeFile 函数	298
Function 过程★	132
GetAttr 函数	302
GoTo 语句	44
Hex 函数	223
If 语句★	91
If 语句的嵌套★	93
Image 属性	253
Initialize 事件	266
Input # 语句★	284

知识点	页码
InputBox 函数	236
Input 函数	298
InStr 函数★	221
IsArray 函数	161
IsNull 函数	233
Is 运算符	78
Kill 语句	297
LBound 函数★	160
LCase 函数★	222
Left 函数★	221
Len 函数★	221
Line Input # 语句★	284
Line 方法	246
Line 控件	177
LoadPicture 函数★	180
Load 事件★	30
Load 语句★	210
LOF 函数	298
LSet 语句	223
LTrim 函数★	221
Mid 函数★	222
MkDir 语句	301
Mod 运算符★	75
MouseDown 事件★	202
MouseIcon 属性★	203
MouseMove 事件★	202

知识点	页码
MousePointer 属性	203
MouseUp 事件★	202
MSDN 帮助	13
MsgBox 函数	234
Name 语句	297
Name 属性★	24
Now 函数	230
Oct 函数	223
On Error 语句	277
Open 语句★	269
Option Base 语句★	150
Option Explicit 语句★	60
Optional 关键字	140
PaintPicture 方法	247
Paint 事件	254
ParamArray 关键字	165
PME 模型★	4
Point 方法	249
Preserve 关键字★	156
Print # 语句★	283
Print 方法★	28
PSet 方法	246
QueryUnload 事件★	267
ReDim 语句	72
Resume 语句	277
Right 函数★	221
RmDir 语句	302
Rnd 函数★	219
RSet 语句	223
RTrim 函数★	221
SavePicture 语句	253
ScaleHeight 属性	181
ScaleLeft 属性	251
ScaleMode 属性	257
ScaleTop 属性	251
ScaleWidth 属性	181
Scale 方法	258
Seek 函数	297
Seek 语句	298
Select Case 语句★	90
Shape 控件	178
Shell 函数	300
Sin 函数★	135
Space 函数★	220
Str 函数★	220
Switch 函数★	233
Terminate 事件	268
TextHeight 方法	257
TextWidth 方法	257
Timer 函数★	232
Time 函数	229
To 关键字★	150
Trim 函数★	221
TypeName 函数	232
UBound 函数★	160
UCase 函数★	222
Unload 事件★	268
Unload 语句★	210
Val 函数★	220
VarType 函数	232
With 语句★	110
Write # 语句★	283
Zorder 方法	254
按地址传递参数★	137
按位逻辑运算★	81
按值传递参数★	136
保留字★	24
本地窗口	270
比较运算符★	75
编译错误	92
变量★	27
变量的默认值★	59
变量的同名问题★	63
变量的作用域★	57
变体变量	65
标签控件★	34
表达式★	60
不定数量的参数	165
菜单★	11
常规数组★	149
成员提示	31
程序的终止★	269
窗体★	6
窗体的 Hide 方法	265
窗体的 Show 方法	264
打开二进制文件	294
打开随机文件	287
单目运算符	75
单选框控件★	188
递归★	141
递推法★	114
调试窗口	270
调用 Function 过程★	133
调用 Sub 过程★	130
调用对象的方法★	66
迭代法★	114
定时器控件★	182
定义变量★	53
动态数组★	149
读二进制文件	295
读顺序文件★	284
读随机文件	288
对象★	3
对象窗口★	30
对象的默认属性	38
对象名★	18
对象型变量	59
二进制文件	281
方法★	4
访问变量★	59
非模态窗口	265

知识点	页码
符号常量★	54
复选框控件★	186
赋值语句★	27
关闭文件★	268
关键字★	24
滚动条控件	182
过程的首部★	29
函数过程★	128
绘图坐标系统	257
绘制图形	246
绘制文字	244
集成开发环境★	6
监视窗口	270
界定符★	55
可选参数	28
空字符串★	55
控件★	7
控件的键盘输入焦点	200
控件数组★	19
控制结构★	2
框架控件	184
类	3
立即窗口	270
列表框控件★	190
逻辑错误	91
逻辑运算符★	70
命令按钮控件★	34
命名参数	140
模块	17
模态窗口	265
默认按钮★	36
默认事件	31
目录列表框控件	199
内部常量	25
启动 Visual Basic	11
启动对象★	263
穷举法★	116

知识点	页码
驱动器列表框控件	198
容器控件	182
使用断点	275
使用括号改变计算顺序★	84
事件★	5
事件过程★	29
事件驱动机制★	33
输入框函数★	236
数据类型★	53
数据类型转换★	60
数组★	149
数组作参数与返回值★	163
双目运算符★	75
算术运算符★	74
随机访问文件	281
通用过程★	45
通用过程的重名问题★	131
图片框控件	181
图像控件	180
图形分层	254
文本框控件★	37
文件的标识方法★	281
文件号★	282
文件列表框控件	199
向窗体上添加控件的方法	19
消息框函数★	234
写二进制文件	295
写顺序文件★	283
写随机文件	287
形状控件	178
选定控件的方法★	20
选择法排序★	309
循环的嵌套★	106
颜色的表示	242
溢出错误★	40
语法着色	31
运算符★	74

知识点	页码
运算符的优先级★	83
运行时错误	151
运行时属性	39
直接常量★	54
直线控件	177
只读属性	24
属性★	4
属性窗口★	18
子过程★	128
自定义数据类型★	149
自定义数据类型参数	170
自动完成	31
字符串	53
字符串匹配	77
组合框控件★	196
例 2.1 窗体的 Click 和 DblClick 事件过程	32
例 2.2 窗体 Resize 事件过程	33
例 2.3 使用按钮移动窗体	37
例 2.4 文本框 Change 事件过程	40
例 2.5 创建简单程序	42
例 3.1 使用过程级变量★	61
例 3.2 使用模块级变量★	61
例 3.3 为模块级变量赋初值★	62
例 4.1 使用逻辑运算符	80
例 4.2 编写表达式★	80
例 4.3 判断坐标	80
例 4.4 按位逻辑运算	81
例 4.5 验证浮点数的精度	85
例 4.6 编写逻辑表达式	86
例 4.7 表达式求值★	86
例 5.1 判断奇偶性(1)★	93
例 5.2 判断奇偶性(2)★	94
例 5.3 三数求最大	95
例 5.4 分数转换为等级(1)	96

知识点	页码
例 5.5 分数转换为等级(2)	97
例 5.6 分数转换为等级(3)	99
例 5.7 判断整数所在的区间	100
例 5.8 计算 1+…+100 的值★	101
例 5.9 计算 1+…+n 的值★	102
例 5.10 计算阶乘★	103
例 5.11 使用 Exit Do 计算阶乘★	104
例 5.12 使用 For 循环计算阶乘★	105
例 5.13 使用 GoTo 语句计算阶乘	109
例 5.14 使用 GoSub…Return 语句计算阶乘	110
例 5.15 求一元二次方程的根★	111
例 5.16 验证质数★	112
例 5.17 求水仙花数★	113
例 5.18 求 Fibonacci 数列的值★	114
例 5.19 使用级数求 π 的值★	114
例 5.20 将一角钱换成零钱★	116
例 5.21 二分迭代法★	116
例 5.22 牛顿迭代法★	118
例 5.23 面积法求积分★	119
例 5.24 猜数字游戏	121
例 6.1 调用有参数的 Sub 过程★	130
例 6.2 使用函数计算 10!－9! 的值	133
例 6.3 计算 1～100 之间质数的个数★	134
例 6.4 计算分数数列	135
例 6.5 编制 Sin 函数★	135
例 6.6 欧几里得法求最大公约数★	136
例 6.7 检验参数按值和按地址传递★	137
例 6.8 按地址传递求正弦值	139
例 6.9 按地址传递的副作用	139
例 6.10 使用可选参数	140
例 6.11 使用命名参数	141
例 6.12 递归求阶乘★	141
例 6.13 递归求 Fibonacci 数列的值	143
例 7.1 十进制数转二进制数★	154
例 7.2 数组的最值和平均值★	155
例 7.3 矩阵的转置	157
例 7.4 杨辉三角(1)★	158
例 7.5 杨辉三角(2)	161
例 7.6 使用数组参数★	163
例 7.7 顺序查找★	163
例 7.8 折半查找★	164
例 7.9 使用 ParamArray 参数	166
例 7.10 矩阵乘法	166
例 7.11 自定义类型参数	170
例 7.12 自定义类型的返回值	171
例 8.1 形状控件	179
例 8.2 使用滚动条	183
例 8.3 按钮自动移动★	185
例 8.4 调查表程序★	188
例 8.5 城市与人口程序★	194
例 8.6 移动列表框条目	195
例 8.7 图片查看程序	200
例 8.8 KeyPress 事件的应用	205
例 8.9 计算器程序★	208
例 8.10 弹出式菜单	215
例 9.1 为数组元素随机赋值★	219
例 9.2 删除字符串中的空格★	223
例 9.3 提示输入学号★	236
例 10.1 显示“乘法九九表”	245
例 10.2 逐渐变大的圆	249
例 10.3 画正弦和余弦曲线	251
例 10.4 画曲线	252
例 10.5 简单的画图程序	254
例 10.6 使用自定义坐标画正弦曲线	259
例 11.1 使用启动对象★	265
例 11.2 显示模态窗口	265
例 11.3 使用 QueryUnload 事件★	267
例 11.4 在“立即”窗口中显示数据	271
例 11.5 使用 Debug 对象进入中断状态	271
例 11.6 处理运行时错误	278
例 12.1 写顺序文件★	284
例 12.2 课程管理程序★	285
例 12.3 学生信息管理程序	288
例 12.4 文件加密解密程序	295
例 12.5 查找文件★	299
例 12.6 数值排序★	302

参 考 文 献

1. Microsoft. 中文 Visual Basic 5.0 程序员指南. 微软(中国)公司译. 北京：科学出版社，1998
2. Evangelos Petroutsos. Visual Basic 6 从入门到精通. 邱仲潘译. 北京：电子工业出版社，1999
3. Christopher J. Bockmann 等. Visual Basic 程序员实用例库. 程志锐，李银胜译. 北京：电子工业出版社，1999
4. Microsoft. Visual Basic 6.0 中文版语言参考手册. 微软(中国)公司译. 北京：希望电子出版社，1999
5. Microsoft. 中文 Visual Basic 6.0 程序员指南. 微软(中国)公司译. 北京：希望电子出版社，1999
6. Michael Halvorson. Visual Basic 中文版循序渐进教程. 欣力，李莉译. 北京：希望电子出版社，1999
7. Microsoft. Microsoft Win32 程序员参考大全. 微软(中国)公司译. 北京：清华大学出版社，1995
8. 杨益军，等. Visual Basic 5.0 中文版从入门到精通. 西安：西安电子科技大学出版社，1998
9. 谭浩强，等. C 语言程序设计教程(第二版). 北京：高等教育出版社，1998
10. 宜晨. Visual Basic 6.0 中文版实用培训教程. 北京：电子工业出版社，1998
11. 陆润民. C 语言绘图教程. 北京：清华大学出版社，1996
12. 周霭如，等. Visual Basic 程序设计教程. 北京：清华大学出版社，2000
13. 刘瑞新，等. Visual Basic 程序设计教程. 北京：电子工业出版社，2000
14. 陈华生，等. Visual Basic 程序设计教程. 苏州：苏州大学出版社，1999
15. 徐士良. 计算机软件技术基础. 北京：清华大学出版社，2002
16. 裘宗燕. 从问题到程序——程序设计与 C 语言引论. 北京：机械工业出版社，2005
17. 王栋. Visual Basic 课程设计. 北京：清华大学出版社，2004
18. 王栋. Visual Basic 程序开发实例教程. 北京：清华大学出版社，2006